科学出版社“十四五”普通高等教育研究生规划教材

微纳制造与微机电系统

李经民　刘　冲　王立鼎　编著

科学出版社
北　京

内 容 简 介

本书体系严密，深入浅出，将基本概念、工艺技术、典型器件和系统应用相结合，使读者能够全面地理解和掌握微纳制造与微机电系统相关知识。全书共 8 章，第 1 章概述 MEMS 的定义、特点、制造技术、发展历程与未来发展趋势；第 2、3 章分别介绍体硅和表面微加工技术的原理、流程、常见问题与解决方法；第 4 章阐述近年来体硅和表面硅工艺在 MEMS 器件制造方面的应用；第 5 章介绍 LIGA/准 LIGA 技术；第 6 章介绍 MEMS 微传感器；第 7 章介绍 MEMS 微执行器；第 8 章介绍 MEMS 技术在生物医学、军事安全、远程通信以及航空航天等领域的典型应用案例。

本书可作为高等院校机械工程、仪器科学与技术、电子科学与技术、物理学等专业本科生和研究生的学习用书，也可作为从事微纳制造和微机电系统研制相关工作科研人员的参考用书。

图书在版编目（CIP）数据

微纳制造与微机电系统 / 李经民, 刘冲, 王立鼎编著. -- 北京 : 科学出版社, 2024. 8. --（科学出版社“十四五”普通高等教育研究生规划教材）. -- ISBN 978-7-03-079358-4

Ⅰ. TH-39

中国国家版本馆 CIP 数据核字第 20242J010W 号

责任编辑：杨慎欣　张培静 / 责任校对：何艳萍
责任印制：徐晓晨 / 封面设计：无极书装

科学出版社 出版
北京东黄城根北街 16 号
邮政编码：100717
http://www. sciencep. com

北京华宇信诺印刷有限公司印刷
科学出版社发行　各地新华书店经销
*
2024 年 8 月第　一　版　开本：787×1092　1/16
2024 年 8 月第一次印刷　印张：18 1/4
字数：467 000

定价：82. 00 元
（如有印装质量问题，我社负责调换）

前　言

微机电系统（micro electro mechanical systems，MEMS）是由电子和机械元件组成的集成微系统，它采用与集成电路兼容的工艺来实现传统机电系统的微型化和集成化，组成器件的特征尺寸主要在亚微米至数百微米范围内。近年来，MEMS 技术被广泛应用于微传感器和微执行器制造，并应用于医疗保健、体育运动、环境检测、休闲娱乐等方面，在智能电子终端、便携式穿戴设备、智慧家居等领域有着较好的商业表现。

目前，国内诸多高校已经面向本科生和研究生开设了微机电系统相关课程，但讲授过程中多采用教师自备教案或外文教材，所授知识难以统一且不便于理解，缺乏一本同时包含 MEMS 加工原理、典型工艺范例与最新研究发展现状等内容的教材。本书结合近年来国内外 MEMS 的最新研究成果，深入浅出地阐述了硅基体微加工与表面微加工工艺，兼顾介绍了非硅材料微加工技术，并列举了大量典型的工艺应用与最新研究成果，以便于学生理解掌握。全书在内容和章节安排上注重入门性、逻辑性、全面性与适应性，激发学生学习的热情，努力拓宽学生的专业视野。

本书是在大连理工大学“新工科”系列精品教材项目以及大连理工大学拔尖创新人才培养质量提升计划——研究生核心教材建设项目支持下完成的，在此表示由衷的感谢。

本书由李经民、刘冲、王立鼎编著。感谢课题组的丁来钱、郭利华、尹树庆、李欣芯、赵禹任、单杰、姜楠、左少华、尹文豪、金纯铂、梁超、魏娟、李扬等在本书编写过程中的辛勤付出。

限于作者经验与知识水平，书中难免存在不尽之处，敬请读者批评指正。

作　者

2023 年 3 月 16 日

目　录

第 1 章 微机电系统概述

微机电系统（MEMS）又称为微电子机械系统，是一种在微电子技术基础上发展起来的多学科交叉前沿技术。本章主要概述 MEMS 的定义、特点、制造技术、发展历程和未来发展趋势，同时介绍了本书的主要内容与结构，使读者对书中各章节知识框架有一个总体的理解与把握。

1.1 微机电系统定义

MEMS 是由电子和机械元件组成的集成微器件、微系统，它采用与集成电路兼容的工艺制造，特征尺寸范围介于微米与毫米之间，具备数据处理、传感、执行等功能。

MEMS 以电子、机械、材料、化学和生物等学科的知识体系为基础，融合了硅微加工工艺、LIGA（德语 lithographie、galvanoformung 和 abformung 的缩写，分别代表光刻、电铸和注塑）、准 LIGA 和精密特种加工等多种制造技术，将微驱动器、微传感器、微控制器、微执行器、微电源等多种具有特定功能的微结构单元集成在一起，具有灵敏性好、性能稳定、可靠性高、能耗低等优势。

1.2 微机电系统主要特点

MEMS 技术具有典型的多学科交叉特点，涉及自然科学及工程技术的多个研究领域。近年来，随着微细加工的快速发展，MEMS 因其具有微型化、集成化、便携化和智能化等特点被广泛应用于生物医学、军事安全、远程通信、航空航天等领域。

1. 微型化

MEMS 微结构的特征尺寸在尺度体系中的位置如图 1-1 所示，主要介于 1μm～1mm（10^{-6}～10^{-3}m）之间。MEMS 器件体积小、重量轻，几乎不受热膨胀、挠曲等因素影响，具有较好的抗干扰性和稳定性，且兼具功耗低、谐振频率高、响应时间短等多种优势。

2. 集成化

MEMS 技术能够同时将微驱动器、微传感器、微执行器等电子元件和机械元件集成到一块芯片上，以实现检测、信号处理与控制、机械动作或动力输出等功能。集成方式包括整片基底的一次加工成型、多功能单元通过键合连接等。图 1-2 为一种人工电子耳蜗微电极阵列芯片，集成了 8 线聚合物电缆、32 通道薄膜电极阵列、微控制器及无线通信接口，该电子植入芯片可以修复功能性缺失的人耳听觉[1]。

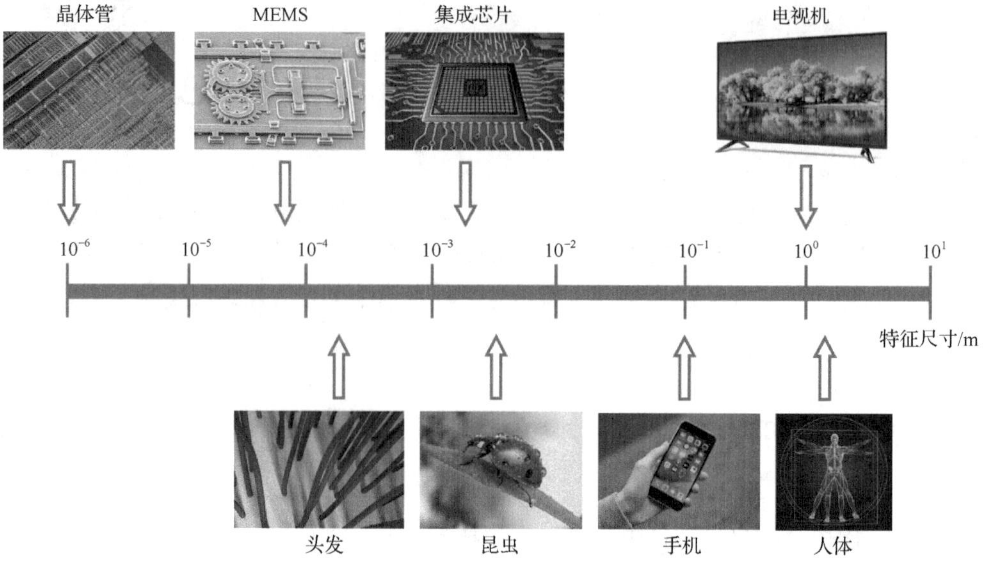

图 1-1　MEMS 微结构的特征尺寸在尺度体系中的位置

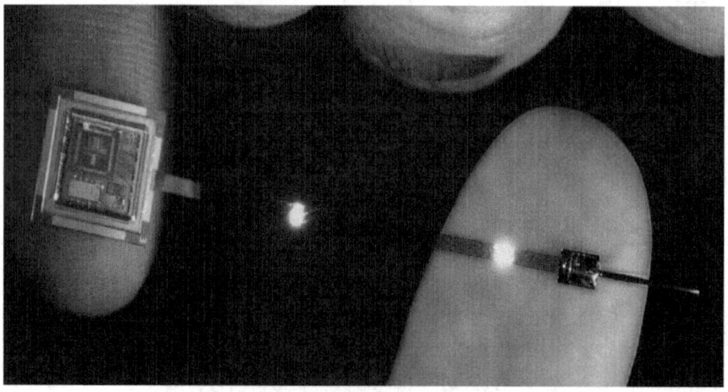

图 1-2　人工电子耳蜗微电极阵列芯片

3. 便携化

MEMS 器件或系统的微型化与集成化直接决定了其便携化的特点。以陀螺仪为例，过去用于确定飞机座舱横摇、俯仰和偏航等姿态的航空陀螺仪系统重达数千克，而现在已经能够开发出重量还不到 1mg 的 MEMS 陀螺仪，如图 1-3（a）所示，被广泛应用于便携式智能设备、导航设备和可穿戴设备中。在重大疾病诊疗领域，与传统医疗诊断设备相比，正在蓬勃发展的即时检测微流控芯片如图 1-3（b）所示，其具有样品消耗量小、通量高、便携化等优势，能够在各类突发情况下实现对疾病标志物的快速现场检测。

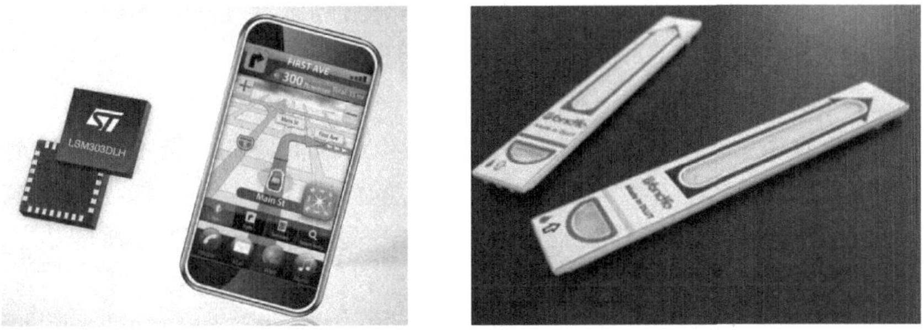

（a）智能设备中的MEMS陀螺仪　　　　（b）即时检测微流控芯片

图 1-3　MEMS 便携化应用案例

4. 智能化

智能 MEMS 主要由传感元件、致动元件、微处理器以及电子电路等部分集成，具备高精度、高分辨率、高自适应性、高可靠性等特点，能够实现对环境信号的感知、处理、传输与转换，以及数据分析与决策等功能。图 1-4 展示了由加州大学伯克利分校研制的智能微尘（smart dust）系统[2]，在不到 $1cm^3$ 的空间内集成了传感器、通信器件、运算控制电路和电池等多种器件，能够大量散布于战场、桥梁和楼宇等场所，并通过各智能微尘间的通信和自协调形成监控网络。

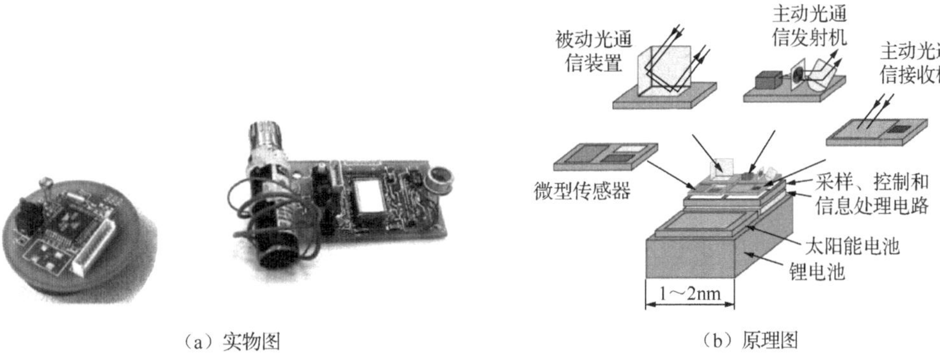

（a）实物图　　　　（b）原理图

图 1-4　智能微尘系统

1.3　微机电系统制造技术

MEMS 制造技术是随着半导体集成电路技术、微细加工技术和超精密机械加工技术的不断进步而发展起来的。其制造工艺主要有三种：一是以美国为代表的、以集成电路加工技术为基础的硅基微加工技术；二是以德国为代表的 LIGA 技术；三是以日本为代表的精密加工技术，如微细电火花（electrical discharge machining，EDM）、超声波加工等。

本书所介绍的 MEMS 制造技术主要指硅基微加工技术和 LIGA/准 LIGA 技术，包括常用的体硅工艺、表面硅工艺、微电铸、微复制成型等。要掌握 MEMS 制造技术，就必须要熟悉硅基微加工技术的基本工艺步骤。由于 MEMS 器件一般需要集成驱动、执行可动微结构，且需与外部环境进行能量交互，涉及残余应力变形、黏附等微器件特有问题，其制造工艺又在基本硅基微加工技术的基础上有所发展，具有显著的不同之处，因此，本书主要从以下方面对 MEMS 制造技术进行介绍。

（1）基本硅基微加工技术。分为体硅微加工技术和表面微加工技术，包括光刻、薄膜制备、刻蚀、剥离等基本工艺。由于 MEMS 器件具有高深宽比、可动结构等半导体或微电子器件所不具备的特点，其所使用的硅微加工基本工艺涉及高深宽比涂胶、反应离子刻蚀延迟效应和释放黏附等独有的技术难点。

（2）LIGA/准 LIGA 技术。利用 X 射线深层光刻、微电铸、微注塑的 LIGA 技术。由于 LIGA 技术中所使用的同步辐射 X 射线源稀缺且昂贵，难以实现真正意义上的普及，因而出现了如紫外光刻 LIGA、激光烧蚀 LIGA、深层刻蚀微电铸微复制等准 LIGA 技术。

MEMS 制造技术在诸多专业领域里得到了广泛的应用，不仅极大地改进了传统领域装备的技术性能，而且催生了一大批新技术。MEMS 可以完成大尺寸机电系统所不能完成的任务，也可嵌入大尺寸系统中，把自动化、智能化和可靠性提高到一个新的水平。MEMS 制造技术作为一种高新技术在世界范围内得到了高度重视，它与纳米技术结合在一起，将对未来科技发展产生革命性的影响。

1.4 微机电系统发展历程与未来发展趋势

1.4.1 发展历程

MEMS 这一概念的提出可以追溯到 1959 年 12 月 29 日，Feynman 教授在加州理工学院进行的题名为“There’s Plenty of Room at the Bottom”的演讲。他指出：“如果人类能够在原子/分子尺度上加工材料、制备装置，我们将有许多激动人心的新发现。”MEMS 这一词汇最早于 1986 年美国犹他大学向美国国防部高级研究计划局递交的项目申请书中被提出。MEMS 发展历程大致可以归纳为如下三个阶段。

1. 萌芽阶段：20 世纪 50 年代至 20 世纪 80 年代末

MEMS 是由集成电路技术发展而来的。它经过了大约 30 年的萌芽、孕育阶段。在这段时期，主要是开展了一些 MEMS 初期研究工作。例如，开发了各向异性刻蚀技术用于在平面上加工三维结构，发现和研究了单晶硅和多晶硅的压阻效应并对其进行了优化等。

20 世纪 50～60 年代，美国 Bell 实验室于 1954 年发现湿法刻蚀技术应用在硅基材料上时具有各向异性[3]。1962 年，第一个硅微压力传感器问世，开创了 MEMS 技术的先河。1967 年，美国 Westinghouse 公司的 Harvey 提出了表面硅加工工艺并以此技术发明了谐振栅晶体管（resonant gate transistor，RCT）[4]。1968 年美国 Mallory 公司报道了硅-玻璃的静电键合技术。

20 世纪 70 年代，BM 实验室的 Petersen 及其同事采用体硅微加工技术研制了可嵌入压阻传感器的隔膜，从而开发出了隔膜型（diaphragm-type）硅微加工压力传感器。美国 Motorola 公司、Analog Device 公司以及德国 Bosch 公司分别研发了压阻式压力传感器、差动电容式加速度计和低成本三维加速度传感器等。在这个时期，MEMS 技术还不为人们所熟识。然而，体硅微机械加工和表面微机械加工技术发展迅速，一些实验室开始使用相关技术制作悬臂梁、薄膜、沟道以及喷嘴等微机械装置。1978 年，美国 IBM 公司的 Bassous 等首次研制了硅微喷嘴。1979 年，惠普公司开发了第一个 MEMS 喷墨打印头。

20 世纪 80 年代，Petersen 于 1982 年发表了一篇具有重要影响的论文“Silicon as a Mechanical Material”，正式开启了 MEMS 此后数十年的研究热潮[5]。这一时期的研究者在单晶硅基底或多晶硅薄膜制备方面开展了大量工作。这两种材料广泛应用于集成电路制造中。单晶硅用于集成电路基底制备，多晶硅用于制作晶体管的栅电极。采用单晶硅基底和多晶硅薄膜可以制作诸如悬臂梁、薄膜等三维微机械结构。1988 年，美国加州大学伯克利分校首次研制出了表面微机械加工的多晶硅静电马达[6]。马达的直径小于 120μm，厚度仅为 1μm，在 350V 的三相电压驱动下可达到的最大转速为 500r/min。虽然这种马达在当时的应用有限，但是它的出现激起了科学界和普通大众对 MEMS 研发的热情。1987～1988 年，一系列微机械、微电子学术会议召开，MEMS 一词在这些会议中被正式提出和采纳，逐渐成为一个世界性的学术用语。

2. 快速发展阶段：20 世纪 90 年代至 21 世纪初

20 世纪 90 年代初，全世界的 MEMS 研究进入了一个突飞猛进、日新月异的发展阶段。各国政府和私人基金机构都设立基金支持 MEMS 研究。一些公司前期的科研投入开始产生效益。非常成功的例子有美国 Analog Devices 公司生产的用于汽车安全气囊系统的集成惯性传感器[7]，以及美国 Texas Instruments 公司研制的用于投影显示的数字光处理芯片。这些产品的出现促进了 MEMS 技术的快速发展和产业化应用。

20 世纪 90 年代后期，光 MEMS 发展迅速。世界各地的研究人员竞相开发微光机电系统（micro opto electro mechanical systems，MOEMS）和器件，希望能将二元光学透镜、衍射光、可调光微镜、干涉滤波器、相位调制器等部件应用到光学显示、自适应光学系统、可调滤波器、气体光谱分析仪和路由器等领域[8]。光 MEMS 产品的发展势头迅猛。

3. 产业化发展阶段：21 世纪初至今

MEMS 技术发展进入了更加活跃的时期，汽车、显示技术、移动通信、医疗及健康监护、游戏机和个人电子消费品等行业的发展促进了 MEMS 产业的快速发展。大量的 MEMS 产品问世，MEMS 器件的设计、制造、封装、测试技术日趋完善，强大且可持续发展的 MEMS 工业体系逐渐形成。许多新公司及其产品受到了人们的关注，如 MEMSIC 公司和 STMicroelectronics 公司的加速度计、InvenSense 公司的陀螺仪、SiTime 公司和 Discera 公司的谐振器、Knowles 公司的声传感器、DustNetwork 公司的无线传感器、eInk 公司的电子纸显示器等。许多大公司，如 Sony、GE、Honeywell、TRW、Qualcomm、Omron 等，相继组建了专门的 MEMS 产品开发组，并提供代加工服务。2010 年后，物联网和可穿戴设备助推了 MEMS 技术的又一次产业化浪潮。以微流控技术等为代表的生物医学微系统技术也在这一时期实现了跨越式发展，相关产品在生物医药、快速检测、传染病防控等领域取得了重要应用。2019 年后，受疫情影响，MEMS 产品市场增速放缓，但总体趋势仍然向好。2020 年，全球 MEMS 市场规模超过了 110 亿美元。

目前，MEMS 研究已进入新领域，其中包括能源领域（如太阳能电池、微型电池、能量收集、智能电网管理）[9,10]、信号处理与智能传感领域（如谐振器、无线传感网络）[11-14]、智能制造领域（如微麦克风、显示器、投影仪、自动聚焦镜头）[15]、医疗诊断领域[16-20]等。

1.4.2 未来发展趋势

未来 10 年，在市场需求的引导和行业技术水平不断进步双重因素加持下，MEMS 技术将继续保持快速发展态势。

（1）不断提升智能化水平。虚拟现实系统和个人消费电子产品等领域的智能化浪潮对 MEMS 的智能化水平提出了更高要求。通过加入逻辑、计算等模块，使 MEMS 具备自主决策功能，实现终端设备的智能化。

（2）微型、低功耗趋势进一步深化。随着下游应用端对于产品轻薄、便携的需求不断提高，MEMS 须通过优化设计、升级制造方法等方式，不断缩小器件尺寸。而随着下游应用对产品性能要求的不断提升，产品中 MEMS 传感器的使用数量急剧增加，能耗也将随之上升，使得降低功耗、采用自供能技术以增强续航能力成为 MEMS 发展的重要趋势。微型化、低功耗的发展趋势也将使 MEMS 逐步向纳机电系统（nano electro mechanical systems，NEMS）演进。

（3）多传感器集成与协同。为了提高终端产品智能化水平、降低功耗和成本，MEMS 不断提升集成化程度，多传感器融合技术不断发展，即通过 MEMS 工艺实现多个微传感器或微系统的规模化集成，发挥其协同作用，形成可以同时检测多种变化、输出多个信号的集成 MEMS。多传感集成与融合已成为未来 MEMS 的发展趋势之一。

（4）快速而复杂的系统设计成为现实。MEMS 设计方法和关键技术逐渐成熟，设计的复杂度将继续增加。随着现代设计和仿真工具的不断进步，设计人员可以在较短时间内完成复杂、具有较高精度的 MEMS 设计。MEMS 设计能力的提升将会显著缩短其产品的上市时间，加快 MEMS 的更新换代。

（5）产品制造和生产能力持续增强。随着高性能制造、极端制造、绿色制造等一系列先进制造理念的提出，传统制造业被注入新的活力，MEMS 制造技术与装备的发展也将日趋成熟，有利于形成体系完备、配套完善、组织协作能力强的 MEMS 生产线，大幅度提高产品生产效率，进一步引领 MEMS 产业向智能制造领域迈进。

（6）应用更为广泛，产品竞争更加激烈。为满足各种应用需求，MEMS 器件的功能将更具多样性，应用技术将持续发展，机器人、医疗设备、虚拟现实系统、执行器以及显示器等将成为 MEMS 研发与应用中新的增长点。更广泛的应用将不断刺激相关领域技术创新，使新产品的竞争更加激烈。

当前，国际上的 MEMS 技术正处在产业化蓬勃发展阶段，未来 MEMS 技术将对工业、农业、国防等领域产生重大影响，发展 MEMS 技术对提高我国的科学技术水平与竞争力有着重要意义。

1.5　本书的主要结构与内容

本书主要适用于机械工程、仪器科学与技术、电子科学与技术以及物理学等学科专业读者的基础学习与知识拓展，旨在提升读者对 MEMS 基础知识的储备水平，增强其对国内外 MEMS 制造技术发展和典型器件应用现状的了解，培养更多 MEMS 领域的高素质专业人才。

为加强对 MEMS 相关知识体系的梳理与拓展，深化对微纳制造技术的理解与掌握，本书在章节结构、内容表述等方面力求科学合理。图 1-5 是本书的主要结构与内容框架。全书共 8 章，总体上按照“基础工艺→典型器件→系统应用”的逻辑顺序对 MEMS 知识体系展开表述，凝练关键工艺原理，展示器件优异功能，列举典型应用案例。

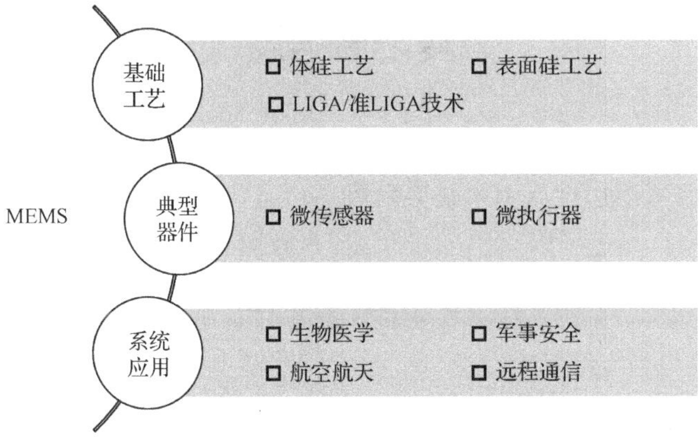

图 1-5　本书的主要结构与内容框架

各章主要内容概括如下：

第 1 章微机电系统概述，主要介绍了 MEMS 的基本概念、主要特点和相关制造技术，简述了 MEMS 的发展历程，并展望了其未来发展趋势。

第 2 章体硅微加工技术，介绍了 MEMS 制造技术中的体硅加工工艺，从晶体结构角度讲解了单晶硅刻蚀机理，详细介绍了单晶硅制备、硅片预处理、光刻、化学湿法腐蚀、干法刻蚀等典型工艺与技术，讨论了常见工艺问题与解决方法。

第 3 章表面微加工技术，介绍了 MEMS 制造技术中的表面硅加工工艺，概述了表面硅工艺中常用的结构层、牺牲层材料及工艺特点，详细讲解了溅射、蒸镀、化学气相沉积等薄膜制备工艺以及剥离工艺，讨论分析了表面硅工艺中的常见问题。

第 4 章硅基微加工工艺实例，介绍了体硅与表面微加工的典型工艺案例，作为对第 2、3 章内容的扩展和延伸，本章结合近些年国内外优秀的硅加工工艺研究成果，详细讲解了典型硅基微器件的加工工艺流程，从实验角度阐述了微加工工艺的相关知识。

第 5 章 LIGA/准 LIGA 技术，简述了 LIGA/准 LIGA 技术特点，讲解了包括同步辐射 X 射线光刻、微电铸、微复制等在内的 LIGA 技术工艺流程，以及包括紫外光刻 LIGA 深层刻蚀微电铸微复制、激光烧蚀 LIGA 等在内的准 LIGA 技术工艺流程。

第 6 章微传感器，按照测量对象的不同，分别介绍了物理量、化学物质、生物信号等三类微传感器，详细讲解了多种微传感器的基本设计思路与制造工艺路线。

第 7 章微执行器，以应用为导向，分别阐述了微机械、微生化及其他各类微执行器的研制思路，详细介绍了微执行器的制造工艺方法。

第 8 章微机电系统典型应用，介绍了多功能、系统级 MEMS 在生物医学、军事安全、远程通信、航空航天等重要领域的典型应用。

本书对 MEMS 从单功能器件级到多功能系统级的设计、制造进行了全面讲解，使读者更好地理解 MEMS 全貌。设立典型工艺问题讨论章节，对微纳制造过程中出现的工艺问题进行深入浅出的分析，并引导读者提出解决方案。本书聚焦了近年来 MEMS 领域的最新研究成果，使读者了解 MEMS 领域最新研究动态，拓宽读者视野。

复习思考题

1-1 简要说明 MEMS 的定义及主要特点。

1-2 简述 MEMS 发展历程与未来发展趋势。

参 考 文 献

[1] Pamela T B, Kensall D W. A 32-site 4-channel high-density electrode array for a cochlear prosthesis[J]. IEEE Journal of Solid-State Circuits, 2006, 41(12): 2965-2973.

[2] McInnes C R. A continuum model for the orbit evolution of self-propelled "smart dust" swarms[J]. Celestial Mechanics and Dynamical Astronomy, 2016, 126(4): 501-517.

[3] Smith C S. Piezoresistive effect in germanium and silicon[J]. Physical Review, 1954, 94: 42-49.

[4] Nathanson H C, Newell W E, Wickstrom R A, et al. The resonant gate transistor[J]. IEEE Transactions on Electron Devices, 1967, 14(3): 117-133.

[5] Petersen K E. Silicon as a mechanical material[J]. Proceedings of the IEEE, 1982, 70(5): 420-457.

[6] Fan L S, Tai Y C, Muller R S. IC-processed electrostatic micro-motors[C]. Technical Digest, International Electron Devices Meeting, San Francisco, CA, USA, 1988: 666-669.

[7] Eddy D S, Sparks D R. Application of MEMS technology in automotive sensors and Actuators[J]. Proceedings of the IEEE, 1998, 86(8): 1747-1755.

[8] Wu M C, Patterson P R. Free-Space Optical MEMS[M]. New York: Springer, 2006.

[9] Sabate N, Esquivel J P, Santander J, et al. New approach for batch microfabrication of silicon-based micro fuel cells[J]. Microsystem Technologies-Micro-and Nanosystems-Information Storage and Processing Systems, 2014, 20(2): 341-348.

[10] Rao A S, Rashmi K R, Manjunatha D V, et al. Enhancement of power output in passive micro-direct methanol fuel cells with optimized methanol concentration and trapezoidal flow channels[J]. Journal of Micromechanics and Microengineering, 2019, 29(7): 075006.

[11] Gronicz J, Aaltonen L, Chekurov N, et al. Electro-mechanical hybrid PLL for MEMS oscillator temperature compensation system[J]. Analog Integrated Circuits and Signal Processing, 2016, 86(3): 385-391.

[12] Sobreviela G, Zhao C, Pandit M, et al. Parametric noise reduction in a high-order nonlinear MEMS resonator utilizing its bifurcation points[J]. Journal of Microelectromechanical Systems, 2017, 26(6): 1189-1195.

[13] Kawakami K, Kaneuchi S, Tanigawa H, et al. MEMS resonator with wide frequency tuning range and linear response to control voltages for use in voltage control oscillators[J]. Journal of Micromechanics and Microengineering, 2019, 29(12): 125007.

[14] Cai H H, Meng X Y, Sun D C, et al. Design of a miniaturization wireless sensor network[J]. Journal of Astronautic Metrology and Measurement, 2017, 37(3): 60-65.

[15] Shah M A, Shah I A, Lee D G, et al. Design approaches of MEMS microphones for enhanced performance[J]. Journal of Sensors, 2019: 9294528.

[16] Jonsson C, Aronsson M, Rundstrom G, et al. Silane-dextran chemistry on lateral flow polymer chips for immunoassays[J]. Lab on a Chip, 2008, 8(7):1191-1197.

[17] Li F Y, Li H L, Wang Z Y, et al. Mobile phone mediated point-of-care testing of HIV p24 antigen through plastic micro-pit array chips[J]. Sensors and Actuators B: Chemical, 2018, 271: 189-194.

[18] Liang C, Liu Y C, Niu A Y, et al. Smartphone-App based point-of-care testing for myocardial infarction biomarker cTnI through an autonomous capillary microfluidic chip[J]. Lab on a Chip, 2019,19(10): 1797-1807.

[19] Wei J, Cheng L C, Li J M, et al. A microfluidic platform culturing two cell lines paralleled under in-vivo like fluidic microenvironment for testing the tumor targeting of nanoparticles[J]. Talanta, 2020, 208: 120355.

[20] Li Y, Zuo S H, Ding L Q, et al. Sensitive immunoassay of cardiac troponin I using an optimized microelectrode array in a novel integrated microfluidic electrochemical device[J]. Analytical and Bioanalytical Chemistry, 2020, 412(30): 8325-8338.

第 2 章 体硅微加工技术

硅基 MEMS 具有良好的机械、热学和电学性能，是目前应用最为广泛的一类微机电系统。硅基 MEMS 加工工艺分为体硅微加工工艺和表面微加工工艺。其中体硅微加工工艺是指从硅基底（通常是硅晶圆片）去除部分材料，从而得到所需的三维微结构的工艺，具体流程包括硅片预处理、光刻、湿法腐蚀/干法刻蚀等。本章主要对硅材料性质、体硅微加工工艺方法及原理等进行介绍，并对常见工艺问题与解决方法进行讨论，增加读者对体硅微加工技术的理解。

2.1 硅的分类

硅材料储量丰富，成本低，按照晶体结构通常可以分为非晶硅、单晶硅和多晶硅（图 2-1）。单晶硅和多晶硅统称为晶体硅，其原子通常呈正四面体排列，晶体硬而脆，具有金属光泽，导电性表现为半导体的性质。而非晶硅的原子分布不完全遵从正四面体规律，晶格内部有许多“悬空键”（即没有和周围硅原子成键）和空洞，这些缺陷对非晶硅的电学性质有较大影响。通过将熔融的单质硅凝固制备晶体硅，在这个过程中硅原子以金刚石晶格为基本单元排列成许多晶核，如果这些晶核长成晶面取向相同的晶粒，则形成单晶硅，如果这些晶核长成晶面取向不同的晶粒，则形成多晶硅。多晶硅在力学性质、光学性质、热学性质和电学性质等方面均不及单晶硅[1]。因此，硅基半导体工艺中通常使用单晶硅，本书将主要介绍单晶硅的结构特点及其应用。

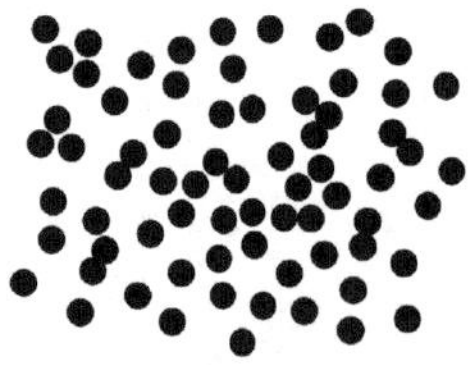

（a）非晶硅的晶体结构

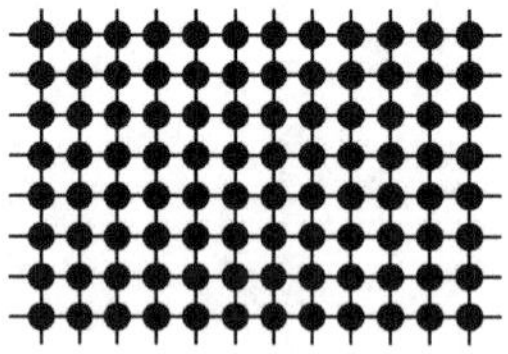

（b）单晶硅的晶体结构

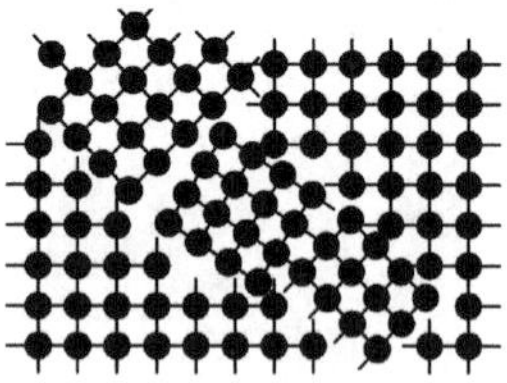

（c）多晶硅的晶体结构

图 2-1 硅的晶体结构

2.2 单晶硅

单晶硅具有优异的机械特性，其材料密度为 2.33g/cm^3，是不锈钢密度的 1/3.5，而弯曲强度却为不锈钢的 3.5 倍，具有较高的比强度和较高的比刚度。单晶硅具有很好的热导性，是不锈钢的 5 倍，而热膨胀系数则不到不锈钢的 1/7，可以有效避免热应力产生[2]。因此，单晶硅广泛应用于微机械结构和半导体电路元件的制造。有关单晶硅的机械物理性质如表 2-1 所示。

表 2-1　单晶硅的机械物理性质

性质	数值
密度/(g/cm^3)	2.33
弯曲强度/MPa	70～200
屈服强度/MPa	7000
弹性模量/MPa	<100>：$130×10^3$ <110>：$170×10^3$ <111>：$190×10^3$
泊松比	<100>：0.18 <110>：0.27 <111>：0.28
热线胀系数/℃	$2.33×10^{-6}$
热导率/[J/(cm·s·℃)]	1.2552
应变灵敏系数	<100>：N 型 Si：−132；P 型 Si：+10 <110>：N 型 Si：−52；P 型 Si：+123 <111>：N 型 Si：−13；P 型 Si：+177

大部分 MEMS 器件采用单晶硅制作，不仅是因为其具有优越的机械性能，更重要的是可以利用微机械加工技术制作出尺寸从纳米级到毫米级的微结构和微元件，并且可达到极高的加工精度。使用微机械加工技术对单晶硅材料进行加工时，需考虑其结构特点。

单晶硅的结构特点表现为内部原子呈周期性排列，每个硅原子周围都有四个最近邻的硅原子，组成面心立方体结构（图 2-2）[3]，这四个原子分别处在正四面体的顶点上，任意一个顶点上的原子和中心原子各贡献一个价电子为该两个原子所共有，即为共价键。这样，每个硅原子和周围四个硅原子组成四个共价键，上述正四面体累积起来就得到单晶硅的立方晶体结构。硅晶胞中每条空间对角线上距顶点 1/4 对角线长的地方有 1 个格点，一个基本晶胞的原子数为 18，晶格常数为 a=54.3nm。

单晶硅沿不同方向、不同平面的原子排列形式不同，通常用米勒指数（Miller index），即晶向指数和晶面指数，来表示不同的晶向和晶面。米勒指数定义为：晶轴对应于笛卡儿坐标系中的 x、y、z 轴，立方硅晶胞沿着这 3 个晶轴整齐地按行或按列排列，每个点的位置都可以表示为晶轴坐标。与晶格相交的平面称为晶面，可以用其在 x、y、z 轴上的截距（m、l、n）来描述，考虑到晶面可能平行于晶轴而出现无穷大截距，因此米勒指数是通过对截距求倒数并化为最小整数的方式求得的，而非直接使用截距本身，如晶面在坐标轴上的截距为 1、3、2，其倒数为 1、1/3、1/2，约简得 6、2、3。

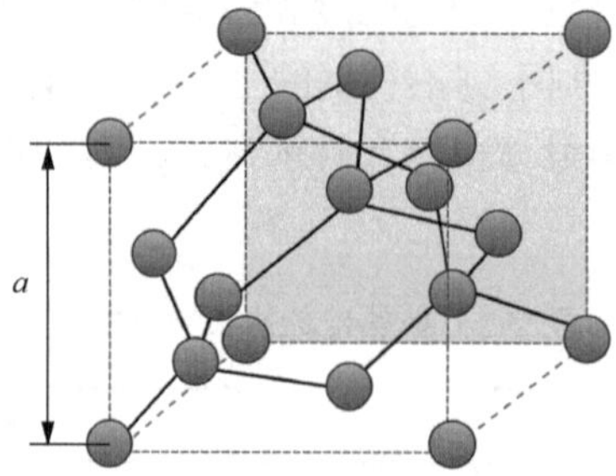

图 2-2　单晶硅的晶体结构[3]

使用圆括号括起来的米勒指数表示晶面，如(*abc*)，称为晶面指数；使用方括号括起来的米勒指数表示晶向，如[*abc*]，称为晶向指数。晶面指数表示晶格平面，晶向指数表示平面的法线方向。米勒指数中数字顺序互换后的晶面(001)、(010)、(100)为等效晶面，等效晶面具有相同的结晶特性，即它们有相同的化学、机械和电学特性。一组等效晶面用包含在花括号内的米勒指数表示，如{*abc*}，称为晶面族。同样地，米勒指数中数字顺序互换后的晶向[001]、[010]、[100]为等效晶向，一组等效晶向用包含在尖括号内的米勒指数表示，如<*abc*>，称为晶向族。图 2-3 为硅晶体的主要晶向和晶面，即(100)、(110)、(111)晶面和[100]、[110]、[111]晶向。不同晶向的单晶硅具有不同的属性，如，晶体生长时，[100]向生长速度最快，[110]向次之，[111]向最慢；在进行湿法腐蚀时，[100]向腐蚀速度最快，[110]向次之，[111]向最慢。

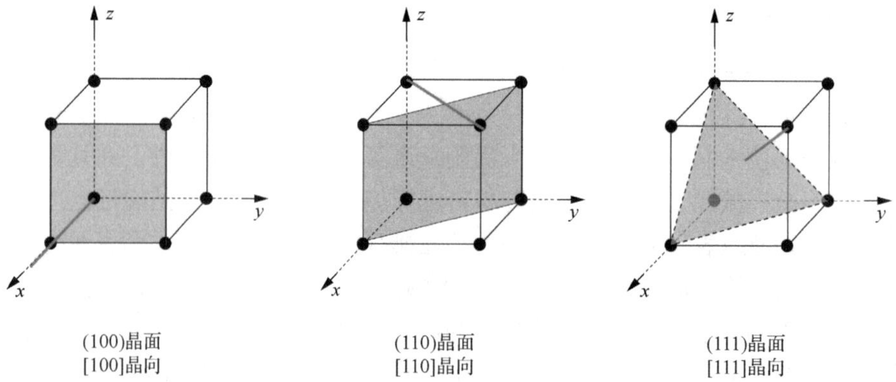

图 2-3　硅晶体的主要晶面和晶向

2.3　单晶硅的制备

对单晶硅的材料性质和晶体结构有所理解后，本节主要介绍单晶硅的制备方法。单晶硅的制备原理基于单晶硅的晶体结构特点，制备过程需要实现从多晶到单晶的转变，即原子由液相的随机排列直接转变为有序阵列，由不对称结构转变为对称结构。这种转变不是整体效应，而是通过固液界面的移动逐渐完成的，为实现上述转化过程，要以多晶硅为原材料，使其完成由固态硅到熔融态硅，再到固态晶体硅的转变过程。目前应用最广泛的单晶硅的制备方法有两种：直拉法和区熔法。

2.3.1　直拉法

多晶硅是制备单晶硅的原材料，本节首先介绍多晶硅的制备过程及其中涉及的化学反应。

石英砂（SiO_2）是制备多晶硅的原材料，首先将石英砂和各种不同类型的含碳材料（如煤、焦炭和木片等）一起放到熔炉中，在加热的熔炉中会发生一系列的化学反应，从而初步制备出纯度约为98%的冶金级硅：

$$SiO_2+2C \xrightarrow{1600\sim1800℃} Si+2CO \tag{2-1}$$

将上述过程制得的冶金级硅研磨成粉，在 300℃的温度下和氯化氢（HCl）发生化学反应，生成三氯硅烷（$SiHCl_3$）：

$$Si+3HCl \xrightarrow{300℃} SiHCl_3+H_2 \tag{2-2}$$

制得的三氯硅烷的沸点为 32℃，在室温下呈液态，因此可以使用分馏法除去三氯硅烷液体中的杂质，提纯后的三氯硅烷可以与氢气发生还原反应，得到电子级的硅：

$$SiHCl_3+H_2 \xrightarrow{1600\sim1800℃} Si+3HCl \tag{2-3}$$

经过以上熔化、研磨、通氢气反应一系列过程制备得到的电子级硅是高纯度的多晶硅，杂质浓度约为十亿分之一，以此为原材料，利用直拉法和区熔法可制备单晶硅。

直拉法是目前制备单晶硅的主要方法，85%的半导体器件是采用直拉单晶硅制作的[4]。直拉单晶硅机械强度较高，在制作电子器件过程中不易产生形变。该方法可以拉制大直径单晶硅棒，有利于降低电子元器件单位成本。

利用直拉法制备单晶硅的工艺流程如图 2-4 所示，主要包括熔化硅、引晶、缩颈、放肩、等径生长和收尾等。

（1）熔化硅。将高纯多晶硅原材料（硅料）放入石英坩埚，加热使硅料熔化，装炉过程要注意避免材料挂在炉边、材料与材料间的空隙过大等问题。熔化过程要避免加热功率过高和过低，功率过高会加剧石英坩埚与硅料的反应，缩短容器的使用寿命，增加进入熔硅的杂质，功率过低会使化料时间加长，降低产能。

（2）引晶。硅料全熔后，在熔融的硅料中插入具有一定晶向的籽晶，称为引晶，引晶时需将籽晶在距液面 3～5mm 的位置处预热数分钟，使其表面温度稳定后再与熔硅接触，接触后硅原子会顺着晶种的硅原子排列结构在固液交界面上形成规则的结晶，成为单晶体。

（3）缩颈。引晶结束后提高拉速，以减少单晶中的位错，该过程称为缩颈。

（4）放肩。当拉出的细颈达到规定长度后，适当降低温度与拉速，目的是使细颈逐渐长粗到规定直径，这个过程称为放肩，影响放肩过程的主要因素为温度和拉速。

（5）等径生长。放肩结束后再次提高拉速，晶体逐渐进入等径生长，等径生长是单晶硅制备的主要工艺，上述工艺（1）～（4）是为该工艺做准备的，该工艺过程涉及三个重要参数，分别为晶体的转速、拉速以及温度，这三个参数决定所制备的单晶硅的直径均匀度以及晶体是否具有微缺陷。

（6）收尾。当坩埚中的熔融硅剩余不多时，提高拉速，使直径逐渐变小，完成收尾，得到单晶硅棒，收尾过程中要避免生长界面突然脱离熔硅时温度的突变，因为温度的突变会产生位错和向上滑移，尾部长度也有具体的要求，一般要使其大于一个等径直径。

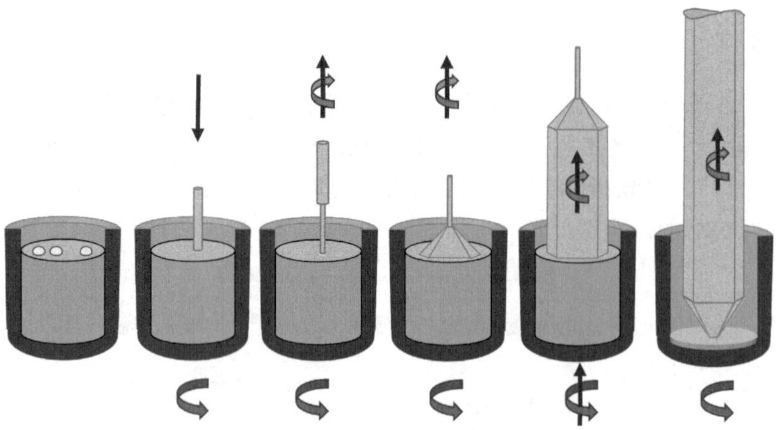

图 2-4　直拉法制备单晶硅工艺流程

2.3.2　区熔法

区熔法是指根据熔融混合物在冷凝结晶过程中组分重新分布（称为偏析）的原理，通过多次熔融和凝固，制备高纯度（可达 99.999%）金属材料、半导体材料和有机化合物材料的一种方法[5]。区熔法分为水平区熔法和垂直区熔法，水平和垂直是指锭料在装置中的放置方位。水平区熔法须使用石英舟或坩埚作为容器，硅在熔融状态下易与容器发生反应，因此不能利用该方法制取高纯度的单晶硅。垂直区熔法锭料垂直放置，不需要使用容器，可制备高纯度的单晶硅，本书主要介绍垂直区熔法。

用垂直区熔法制备单晶硅的工艺流程如图 2-5 所示，同样需要经过熔化硅、引晶、缩颈、放肩、等径生长、收尾等过程。具体操作为：首先在石英管中充满惰性气体；然后插入一根底部带有籽晶的多晶硅棒进行引晶，将其保持在垂直方向并旋转，利用高频线圈在单晶籽晶和其上方悬挂的多晶硅棒的接触处产生熔区；使熔区向上移动，采用缩颈工艺减少位错，经过放肩、等径生长和收尾，得到规定直径的单晶硅棒。在上述过程中，硅熔体完全依靠其表面张力和高频电磁力的支托悬浮于多晶棒与单晶之间，故垂直区熔法也称为悬浮区熔法。

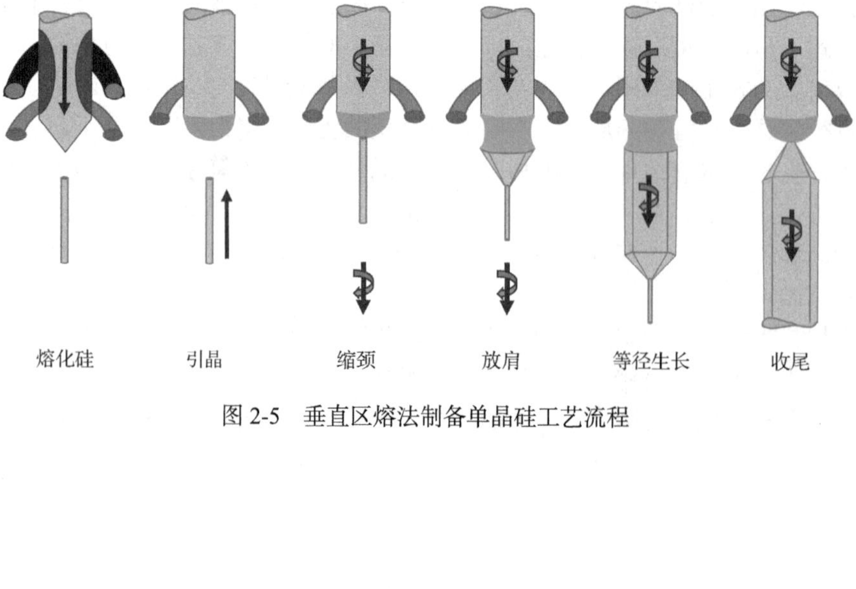

图 2-5　垂直区熔法制备单晶硅工艺流程

2.3.3 直拉法和区熔法比较

直拉法工艺成熟、设备简单、生产效率高，易于制备大直径单晶硅棒，目前直径 300mm 的单晶硅已商品化，直径 450mm 的单晶硅已试制成功，直径的增大有利于降低电子元器件的单位成本。但是，使用直拉法制备单晶硅时，原料易被坩埚污染，所制备的单晶硅纯度低，无法制得高纯度的高阻硅。区熔法制备的硅单晶纯度高，含氧量与含碳量低，可生长高阻硅。但区熔设备不及直拉设备成熟，工艺较为烦琐，生产成本高，在生产大直径硅棒方面还存在一定难度。两种方法的区别如表 2-2 所示，实际加工生产时，研究人员根据需求选择合适的成型方法。

表 2-2　直拉法与区熔法的区别

项目	直拉法	区熔法
炉子	直拉炉	区熔炉
工艺	有坩埚，电阻加热	无坩埚，高频电力加热
直径	能生长直径 450mm 单晶硅棒	能生长直径 200mm 单晶硅棒
纯度	氧、碳含量高，纯度易受坩埚污染	纯度较高
应用	晶体管、二极管、集成电路	高压整流器、可控硅、探测器
优点	工艺成熟，成本低，可大规模生产	纯度很高，电学性能稳定
缺点	纯度低，电阻率不均匀	工艺烦琐，成本高
工艺流程	熔化硅→引晶→缩颈→放肩→等径生长→收尾	熔化硅→引晶→缩颈→放肩→等径生长→收尾

2.4 晶圆片的制备

晶圆片常作为制备微结构和微元件的基底（也称衬底），其制备的原材料为通过直拉法或区熔法制得的单晶硅棒，制备工艺流程主要有裁切与检测、外径研磨、切片、圆边、研磨、刻蚀、去疵、抛光、清洗、检验、包装[6]。

（1）裁切与检测（cutting and inspection）。将制备的单晶硅棒去掉直径偏小的头尾部分，并对尺寸进行检测，以确定下一步加工的工艺参数。

（2）外径研磨（outer diameter grinding）。在成型过程中，单晶硅棒的外径尺寸和圆度会产生一定的偏差，须对其外圆柱面进行修整、研磨，使其外径尺寸和形状误差小于允许偏差。

（3）切片（wire saw slicing）。使用锯片将单晶硅棒切割成晶圆片。切片决定了晶圆片的四个参数，即晶面结晶方向、晶圆片厚度、晶面倾斜度和晶圆片弯曲度。

（4）圆边（edge profiling）。单晶硅是硬脆性材料，刚切片制得的晶圆片外边缘较为锋利，易产生边角崩裂，影响晶圆片强度，破坏晶圆片表面光洁，可能给后续工序带来污染颗粒，因此须采用专用设备对晶圆片边缘形状和外径尺寸进行修整。

（5）研磨（lapping）。研磨的目的在于去掉切割时在晶圆片表面产生的锯痕和破损，使晶圆片表面达到所要求的光洁度。

（6）刻蚀（etching）。经上述几道工序加工后，晶圆片表面往往会因加工应力而产生一层损伤层，通常采用化学刻蚀方法进行去除。

（7）去疵（gettering）。用喷砂法将晶圆片上的瑕疵与缺陷赶到下半层，以利于后续加工。

（8）抛光（polishing）。对晶圆片的边缘和表面进行抛光处理，获得极佳的表面平整度，以利于后续晶圆处理。

（9）清洗（cleaning）。将加工完的晶圆片进行彻底清洗、风干。

（10）检验（inspection）。进行全面检验，以保证产品达到规定的尺寸、形状、表面光洁度和平整度等要求。

（11）包装（packing）。将成品用柔性材料分隔、包裹、装箱，准备发往芯片制造车间或订货客户处。

表 2-3 是国际半导体产业协会（Semiconductor Equipment and Materials International，SEMI）发布的抛光硅晶圆片的尺寸标准规格。对于微电子行业来说，采用大直径的晶圆片可以在一块基底上生产更多的元芯，以降低成本。因此，微电子行业一般使用规格为 6in（1in=2.54cm）及以上的晶圆片。对于 MEMS 器件来说，目前还没有进入大规模商业化生产的阶段，大部分使用的都是 2in 或 4in 的晶圆片，少数商业化量产的器件采用 6in 晶圆片制造。

表 2-3　标准晶圆片直径和厚度

规格	公制直径/mm	厚度/μm
2in	50.8±0.38	279±25
4in	100±0.5	525±20 或 625±20
6in	150±0.2	675±20 或 625±15
8in	200±0.2	725±20
12in	304.8±0.2	775±20

2.5　晶圆片预处理

以晶圆片为基底制造微器件，在进行光刻、化学湿法腐蚀及干法刻蚀等工艺前，需要对其预处理，如清洗、氧化、扩散和离子注入等。

2.5.1　清洗

晶圆片的清洗是整个半导体和 MEMS 器件制造中极为重要的环节之一，是完成后续工艺的前提。清洗的质量对后续工序的开展、最终产品质量等有重要的影响。

在介绍晶圆片的清洗工艺前首先对其表面的污染物类型、来源、吸附机制等进行概述。理想的晶圆片表面应该是硅原子规则排列所形成的表面，表面内部的硅原子以共价键结合，外部无其他原子，因此表面最外层每个硅原子将有一个未配对的电子，这种表面状态称为可以俘获电子的表面态。而实际晶圆片表面由于暴露在环境气氛中，会发生氧化及吸附，其表面由内表面和外表面组成：内表面是硅与自然氧化层的分界面；外表面是自然氧化层与环境气氛的分界面，会吸附一些污染杂质原子。

吸附可分为物理吸附和化学吸附，二者的主要区别在于吸附力的形式和大小不同。物理吸附力来自固体和被吸附分子间的范德瓦耳斯力，因而其又被称为范德瓦耳斯吸附，是一种可逆过程。物理吸附时，吸附层内的原子数不取决于物质表面性质，而取决于表面面积和分子吸附面积。化学吸附主要靠化学键力结合，这种力在一定情况下是共价键力，但也或多或少地混合着离子的相互作用力。化学吸附的脱附需要更大的能量，而且脱附后，脱附的物质发生了化学变化，不再是原有的性状，故化学吸附过程是不可逆的。化学吸附中被吸附的原子数等于晶圆片表面原子数。因为硅在不同晶面的原子数是不同的，所以各面吸附层内被吸附的原子数也不相同。晶圆片表面吸附的杂质原子来源于加工及器件制造过程中的污染，根据吸附类型以及所吸附的污染杂质原子的来源不同，可以对晶圆片表面的污染进行分类，如表 2-4 所示。

表 2-4　晶圆片表面的污染类型

分类依据	污染级别
沾染杂质的形态	微粒型污染质、膜层污染质
吸附力的性质	物理吸附型杂质、化学吸附型杂质
被吸附物质的存在形态	分子型、原子型、离子型吸附型杂质
物化性质	有机物、无机盐、金属离子和机械微粒等

晶圆清洗工艺的目的就是在不改变、不损坏晶圆表面或基板的情况下去除其表面吸附的杂质，清洗方法主要有化学清洗、超声清洗、兆声清洗、离心喷洗、擦拭清洗、气相干洗和高压喷洗等，其中实验室常用清洗方法为化学清洗，清洗流程如下。

（1）将晶圆片放到浓硫酸中，浓硫酸煮至沸腾（约 10min），待冷却后倒掉浓硫酸，把晶圆片取出并用热、冷去离子水冲洗干净，完成晶圆片的初步清洗。

（2）在丙酮和无水乙醇溶液中各超声清洗 5min，然后用热、冷去离子水将晶圆片冲洗干净，去除分子型杂质。

（3）把晶圆片置于 1 号洗液（体积比为：氨水∶去离子水∶过氧化氢=1∶5∶2）中，将 1 号洗液煮至沸腾，待冷却后倒掉残液，将晶圆片取出，用去离子水冲洗干净，去除离子型杂质。

（4）把晶圆片放到 2 号洗液（体积比为：盐酸∶去离子水∶过氧化氢=1∶8∶2）中，然后将 2 号洗液煮沸 2～3min，待冷却后倒掉残液，把晶圆片取出，用热、冷去离子水冲洗干净，去除离子型及原子型杂质。

（5）将氢氟酸与水按体积比为 1∶6 的比例进行混合，得到稀释的氢氟酸，将晶圆片放到氢氟酸稀释液中进行腐蚀，腐蚀时间为 30s，腐蚀后将晶圆片取出并用去离子水冲洗干净，去除晶圆片表面的天然氧化层（厚度约 1.5～2nm）。

（6）将晶圆片置于烘箱中，设置烘箱的加热温度为 140℃，加热时间为 30min，烘干后取出装入洁净的密封盒中备用。

束流清洗是一种新型的晶圆片表面清洗技术，通常指利用高能量的束状物质流对晶圆片表面的污染杂质进行冲击去除，从而达到清洗晶圆表面的目的。常用的束流清洗技术包括微集射束流清洗、激光束清洗、冷凝喷雾处理等。以微集射束流清洗为例，该技术基于电流体喷射原理，通过毛细管向晶圆片表面喷射清洗液，清除晶圆片表面的颗粒和有机物薄膜污染。喷射出的微束流对污染颗粒产生冲击作用，克服颗粒与晶圆片表面间的范德瓦耳斯附着力，使污染颗粒脱离晶圆片表面，达到清洗的目的。当清洗液流速极高时，会在晶圆片表面物质中产生微流冲击波，这种冲击波可除去晶圆片表面的膜层。

2.5.2 氧化

氧化是指在晶圆片上生长一层二氧化硅以达到表面保护、器件隔离、掺杂屏蔽、介电层构建等目的。硅的氧化方法包括热氧化法和电化学阳极氧化法，其中热氧化法是硅器件制造中最重要的方法，也是现代硅集成电路制造中的关键工艺之一，因此本节将主要介绍热氧化法。

热氧化是指氧气分子或水分子在高温下与硅发生化学反应，在硅片表面生长二氧化硅的过程。热氧化分为干氧、水汽和湿氧氧化，其化学反应式分别如下：

$$Si+O_2 \longrightarrow SiO_2 \tag{2-4}$$

$$Si+H_2O \longrightarrow SiO_2+H_2 \tag{2-5}$$

$$Si+H_2O+O_2 \longrightarrow SiO_2+H_2 \tag{2-6}$$

干氧氧化是以干燥纯净氧气作为环境，在高温下直接与硅反应生成二氧化硅；水汽氧化是以高纯水汽（或直接通入氢气与氧气）作为氧化气氛；湿氧氧化为干氧氧化和水汽氧化的混合。干氧氧化可以得到致密性更好、具有更高击穿电压（5～10mV/cm）的高质量的氧化膜。水汽氧化生成的二氧化硅膜结构疏松，表面缺陷多，对杂质屏蔽能力差，在工艺中很少单独使用。湿氧氧化生成膜的致密性略差于干氧氧化，但生长速度快，掩蔽能力和钝化效果均能满足一般器件要求。实际生产中常采用“干氧→湿氧→干氧”这样的顺序进行氧化，既保证了生成膜的厚度，又可提高膜的质量。在上述氧化过程中，硅与二氧化硅的初始界面会向硅内部移动（图 2-6），移动距离一般在数纳米到 2μm 之间。

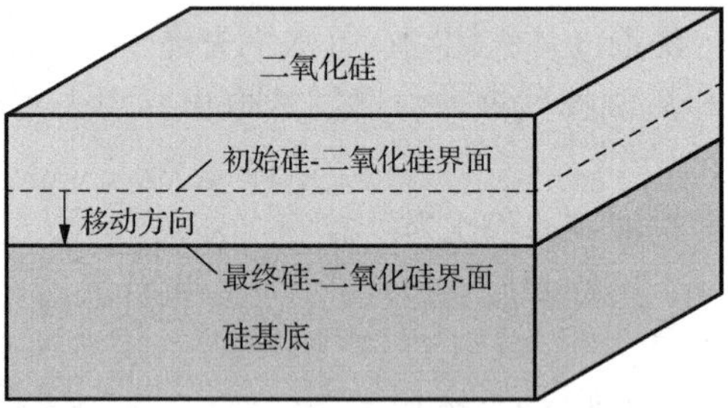

图 2-6　热氧化法中硅-二氧化硅界面移动示意图

由热氧化法在硅表面生长的二氧化硅是一个正四面体结构。硅原子位于四面体中心位置，四个氧原子分别位于四面体的四个顶点，将硅原子围绕在中间（图 2-7）。其中硅氧原子之间的距离为 1.6Å，氧原子之间的距离为 2.27Å。这些四面体通过各种键连接，形成不同状态和结构的二氧化硅。热氧化形成的二氧化硅的密度为 2.21g/cm^3，电阻率为 5×10^5g·cm，介电常数为 3.9，是良好的绝缘和介电材料，在半导体器件和集成电路的制造中被广泛地用作绝缘栅材料、绝缘隔离材料、互联导线隔离材料和电容器的介质层材料等。

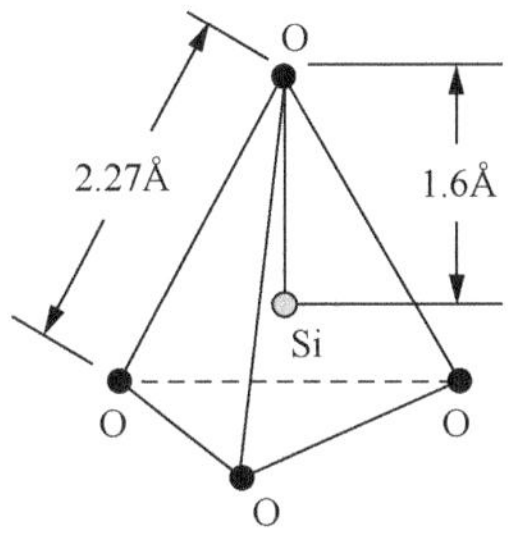

图 2-7　用热氧化法生成的二氧化硅结构示意图

晶圆片热氧化所用的反应器为电阻加热氧化炉，其截面示意图如图 2-8 所示，主要由陶瓷梳状支架、电阻加热器、熔凝石英炉管、熔凝石英舟等组成。炉管的装片端置于具有垂直流向过滤空气的护罩中，护罩用来减少晶圆片生产过程中扩散至周围空气的灰尘和微粒，将装片时可能受到的污染减至最小。氧化温度一般保持在 900～1200℃，典型的气体流速大约为 1L/min。氧化系统用微处理器控制晶圆片的自动装入与送出，并精确控制温度从低温线性上升到氧化所需的温度，以避免晶圆片由于温度突变而产生形变，温控系统可以使温度的变化保持在-1～1℃范围内，并在氧化完成后进行线性降温。

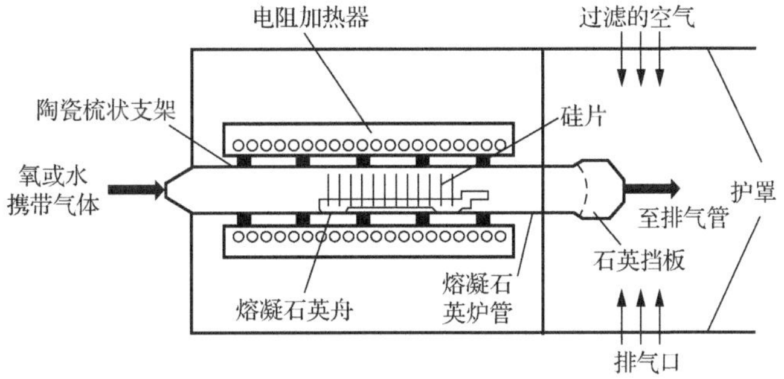

图 2-8　电阻加热氧化炉的截面示意图

2.5.3　扩散和离子注入

晶圆片的导电性主要通过向其中掺杂一定数量和种类的其他元素来改善，掺杂主要分为扩散和离子注入两类。

扩散是一种化学反应过程，指将晶圆片暴露在一定数量、种类的掺杂元素气态环境下，使掺杂原子通过扩散迁移到晶圆中，形成一层薄膜。扩散从基体表面吸附和界面反应开始，通过加热方式形成掺入物扩散层薄膜，其本质是质量和能量的迁移。热扩散层形成的条件如下。

（1）渗入元素必须能与基体形成固溶体或化合物。

（2）渗入元素可以在界面被吸附。

（3）基体必须保持一定的温度，使原子获得足够的扩散动力。

（4）生成活性原子的化学反应必须满足一定的热力学条件。

热扩散过程的扩散方程为

$$\frac{\partial C}{\partial t}=D\frac{\partial^2 C}{\partial x^2} \tag{2-7}$$

式中，D 为热扩散系数；C 为渗入元素浓度；x 为扩散方向；t 为扩散时间。热扩散系数 D 与渗入元素的自身原子特性和温度有关，提高扩散温度，可以提高热扩散系数。

在晶圆片表面掺入五价杂质元素（如磷、砷）称为 N 型掺杂，掺入三价杂质元素（如硼）称为 P 型掺杂。N 型掺杂晶圆片的自由电子是多数载流子，主要由杂质原子提供，空穴是少数载流子，由热激发形成；而在 P 型掺杂晶圆片中空穴是多数载流子，它主要由掺杂形成，自由电子是少数载流子，由热激发形成。为了实现晶圆片表面不同浓度的 P 型或 N 型杂质掺杂，通常将其放入石英管炉中，在对石英管炉的严格温度（800～1200℃）控制下，通入含杂质元素的气体以实现浓度和深度可控的半导体掺杂。晶圆片的杂质掺杂源包括固相源（硼 BN、砷 As_2O_3、磷 P_2O_3）、液相源（硼 BBr_3、砷 AsA 和磷 $POCl_3$）及气相源（硼 B_2H_6、砷 AsH_3 和磷 PH_3），其中液相源使用得最广泛。图 2-9 是掺杂液相源所使用的石英管炉及气流系统的结构图，该系统与热氧化系统较为相似。不同类型的掺杂涉及的化学反应不同，本节以使用液相源的磷扩散为例对反应过程进行详细介绍，$POCl_3$ 与氧气在石英管中首先发生化学反应生成 P_2O_5：

$$4POCl_3+3O_2 \longrightarrow 2P_2O_5+6Cl_2 \tag{2-8}$$

P_2O_5 在晶圆片表面形成磷硅玻璃，然后由硅还原出磷：

$$2P_2O_5+5Si \longrightarrow 4P+5SiO_2 \tag{2-9}$$

磷被释放并扩散进入硅，Cl_2 则被排放。

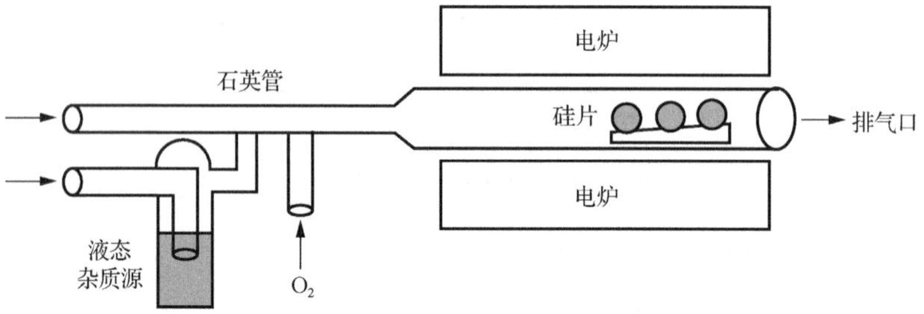

图 2-9　掺杂液相源所使用的石英管炉及气流系统结构图

离子注入是将掺杂物电离成离子后再聚焦成离子束，在电场中加速获得极高的动能而注入基底实现掺杂的方法。该方法具有可控性好、工艺灵活、横向扩展小、易于实现自动控制、杂质的选择范围广等优点，目前广泛应用于结构零件的表面改性中。离子注入技术也存在一些缺点，如易产生大量晶格缺陷、结深不足、生产效率较低、系统复杂昂贵等。

离子注入的基本原理为：将能量为 100keV 数量级的掺杂离子束入射到晶圆片中，离子束与晶圆片中的原子或分子将发生一系列物理的和化学的相互作用，入射离子逐渐损失能量，最后停留在晶圆片中，并使晶圆片表面成分、结构和性能发生变化，从而优化材料表面性能，或获得某些新的优异性能。

离子注入装置的构成如图 2-10 所示，主要由以下七个部分组成。

（1）离子源。用于将掺杂源气体离子化的容器，常用的掺杂源气体有 BF_3、AsH_3 和 PH_3 等。

（2）质量分析仪。不同离子具有不同的电荷质量比，因而在分析器磁场中偏转的角度不同，利用质量分析仪可分离出所需的掺杂离子，提高离子束的纯度。

（3）加速系统。采用高压静电场对离子束进行加速，加速能量是决定离子注入深度的一个重要参数。

（4）中性束偏移器。根据偏移角度，利用偏移电极分离中性原子。

（5）聚焦系统。将加速后的离子聚集成直径为数毫米的离子束。

（6）偏转扫描系统。用于对离子束进行 x、y 方向扫描。

（7）工作室。放置样品的容器，其位置可调。

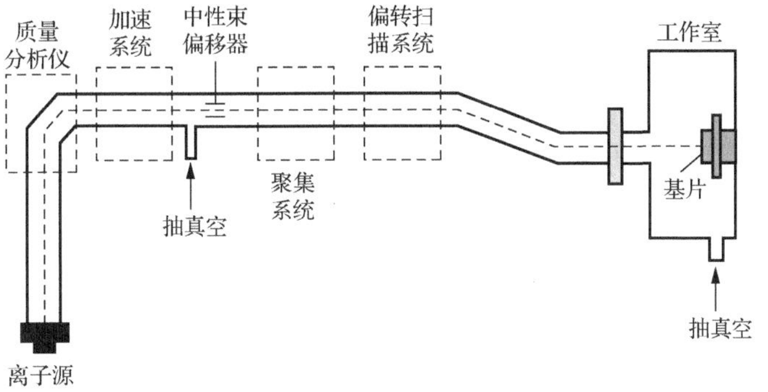

图 2-10　离子注入系统示意图

扩散和离子注入的掺杂方法在微器件的制造中被互补应用，如扩散可应用于形成深结，离子注入可应用于形成浅结。表 2-5 给出了离子注入和热扩散方法在主要工艺特征上的不同。

表 2-5　离子注入和热扩散工艺比较

性质	离子注入	热扩散
工作温度	低温＜400℃，光刻胶软掩膜	高温 900～1200℃，硬掩膜
各向同/异性	各向异性	各向同性
可控性	可独立控制结深和浓度	不能独立控制结深和浓度

根据掺杂程度不同，晶圆片的掺杂可分为轻掺和重掺。重掺晶圆片的掺杂元素掺入量大，用 n++或 p++表示，电阻率低（小于 $1\times10^{-4}\Omega\cdot m$），一般用于功率器件等产品；轻掺晶圆片掺杂元素掺入量少，电阻率高（大于 $6.8\times10^{-4}\Omega\cdot m$），一般用于集成电路领域，技术难度和产品质量要求更高。由于集成电路在全球半导体市场中占比超过 80%，全球对轻掺硅片需求更大。

2.6　光刻技术

光刻是制造集成电路图形结构以及 MEMS 器件微结构的关键工艺之一，它是利用光致抗蚀剂的光化学反应，结合化学、物理刻蚀方法，在各种薄膜或单晶硅上制备出符合要求的精密、微细和复杂薄层图形的方法。通常所说的光刻三要素是指光刻胶、掩膜版和光刻机，下面对三要素进行详细介绍。

2.6.1 光刻胶

光刻胶，又称光致抗蚀剂，是由感光树脂、增感剂和溶剂三种主要成分组成的对光敏感的混合液体，在光刻工艺中用作抗刻蚀层[7]。曝光后的光刻胶会发生光化学反应，使得曝光区域材料的溶解度、亲和性等性质发生明显变化，再经适当的溶剂处理，溶解掉可溶性部分，即可得到所需的光刻胶图形。在 MEMS 微结构制造中，光刻胶图形可作为掩膜，掩蔽不需要刻蚀加工的硅、二氧化硅、氮化硅等材料。

用于评价光刻胶性能的指标主要如下。

（1）分辨率。分辨率是指某种光刻胶光刻时所能得到的最小尺寸，它通常用 1mm 的宽度上能刻蚀出最多线条的数目来表示。

（2）灵敏度。光刻胶的感光灵敏度反映了光刻胶感光所必需的照射量。

（3）黏附性。光刻胶与基底（如硅、二氧化硅、金属等）之间黏附的牢固程度直接影响到光刻的质量。

（4）抗腐蚀性。光刻工艺要求坚膜后的光刻胶能够较长时间地抵抗腐蚀液的侵蚀。

（5）稳定性。光刻工艺要求光刻胶在室温和避光情况下，加入增感剂后不发生暗反应，烘干时不发生热交联反应。

根据光刻胶曝光前后在相应溶剂中溶解特性的不同，可将其分为正性光刻胶（正胶）和负性光刻胶（负胶）两种。正胶是指光刻胶曝光前对某些溶剂是不可溶的，曝光后是可溶的；负胶则指光刻胶曝光前对某些溶剂是可溶的，曝光后是不可溶的。正胶的黏附性和耐腐蚀性比负胶差，但其分辨率高，能够再现的最小特征尺寸更小，线条边沿质量好。常用的正胶型号有 AZ703、AZ50XT、BP212 等。负胶灵敏度更高，曝光过程快、时间短，但分辨率不及正胶。此外，负胶还具有黏附力强、耐腐蚀、容易使用、价格便宜等特点。常用的负胶型号有 SU-8、BN303、BN308 等。正胶和负胶的性能对比如表 2-6 所示。

表 2-6 常用正胶和负胶性能对比

性能	正胶	负胶
黏附力	一般	优良
显影剂	水溶性	有机
分辨率	0.5μm	2μm
台阶保形覆盖	好	差
抗干法刻蚀能力	优良	一般
抗湿法腐蚀能力	一般	优良
对微尘颗粒的敏感度	不敏感	容易形成针孔
热稳定性	优良	一般
曝光速度	慢	快
能否用于剥离工艺	适合	不适合
显影后残留	少见	常见

2.6.2　掩膜版

掩膜版（photomask）又称为光掩膜、光罩、光刻掩膜版，是微电子制造过程中图形转移的工具或者母版，承载着图形设计和工艺技术信息，被认为是光刻工艺的“底片”[8]。掩膜版主要由基板和遮光膜两个部分组成。基板分为树脂基板和玻璃基板，玻璃基板的主流产品为石英基板和苏打基板。遮光膜分为乳胶和硬质遮光膜两种。掩膜版按照产品可分为 4 类，分别为铬版、干版、菲林版和液体凸版。其中，铬版的精度最高，耐用性更好，广泛应用于集成电路（integrated circuit，IC）、平板显示器（flat panel display，FPD）、印制电路板（printed circuit board，PCB）等行业；而干版、液体凸版和菲林版主要应用于中低精度的行业。本书以铬版为例对掩膜版的制备工艺进行介绍。

掩膜版的制备工艺又称制版，具体流程为首先在基板上制备一层金属铬和感光胶，再使用电子激光设备将设计好的电路图形曝光在感光胶上，之后将不需要的金属铬和感光胶层洗去，将曝光的区域显影出来，从而得到掩膜版产品。掩膜版质量对光刻成品率影响较大，因此制版完成后，要对掩膜版的质量进行检查，检查过程分为尺寸测量、套刻精度测量以及缺陷检查等。高质量的掩膜版必须满足图形缺陷少、线条准确、精度高、无畸变、各层掩膜版间可互相套准等要求，目前，一般集成电路的各层掩膜版互相套准精度为 1～2μm，对要求较高的器件，套准精度达到 0.25μm。图 2-11 为以玻璃为基底，以金属铬为遮光膜的掩膜版制备的工艺流程，详细步骤如下。

（1）图形设计。根据制造需求设计图形，并通过专业设计软件对所设计的图形做二次编辑处理与检查。

（2）图形转换。将版图设计数据分层，运算，再按照相应的工艺参数将文件格式转换为光刻设备专用的数据形式。

（3）图形光刻。通过光刻机进行激光光束直写完成图形的曝光，掩膜版制造都是采用正胶，通过激光作用可使需要曝光区域的光刻胶内部发生交联反应，从而产生性能改变。

（4）显影。将曝光完成后的掩膜版显影，以便进行刻蚀。在显影液的作用下，经过激光曝光区域的光刻胶会溶解，而未曝光区域则会保留并继续保护玻璃基底上的铬膜。

（5）刻蚀。对铬层进行刻蚀，保留图形，在刻蚀液的作用下，没有光刻胶保护的区域会被腐蚀溶解，而有光刻胶保护的区域的铬膜则会保留。

（6）脱膜。光刻胶的保护功能已经完成，脱膜工序通过脱膜液去除多余光刻胶。

（7）清洗。将掩膜版正反面的污染物清洗干净，为缺陷检验做准备。

（8）尺寸测量。对掩膜版关键尺寸精度和图形位置精度进行测量，判定尺寸的准确程度。

（9）缺陷检查。检测掩膜版制版过程产生的缺陷并记录坐标及相关信息。

（10）缺陷修补。对检验发现的缺陷进行修补。修补包括对丢失的细微铬膜进行沉积补正以及对多余的铬膜进行激光切除等。

（11）清洗。再次清洗，本次清洗的目的是为贴合掩膜版保护膜做准备。

（12）贴膜。在掩膜版上贴掩膜版保护膜防止其吸附杂质，备用。

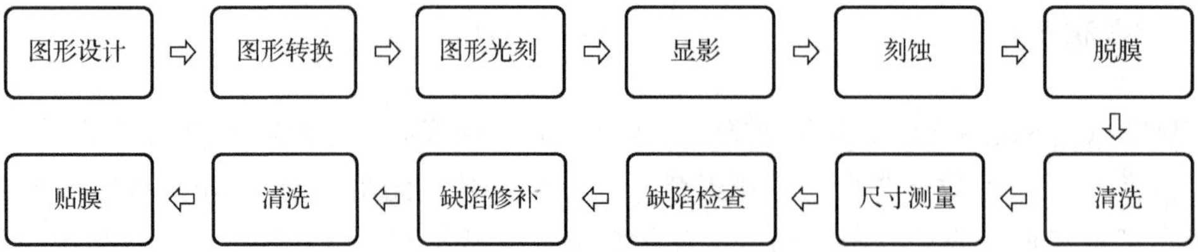

图 2-11　掩膜版制备工艺流程

2.6.3　光刻机

光刻机又称曝光机，是集成电路生产过程中光刻工艺的主要设备[9]，其通过具有图形的掩膜版对涂有光刻胶的基底进行曝光（图 2-12），光刻胶曝光后会发生性质变化，从而使掩膜版上的图形转移到基底上，在基底上形成各种微结构图形。

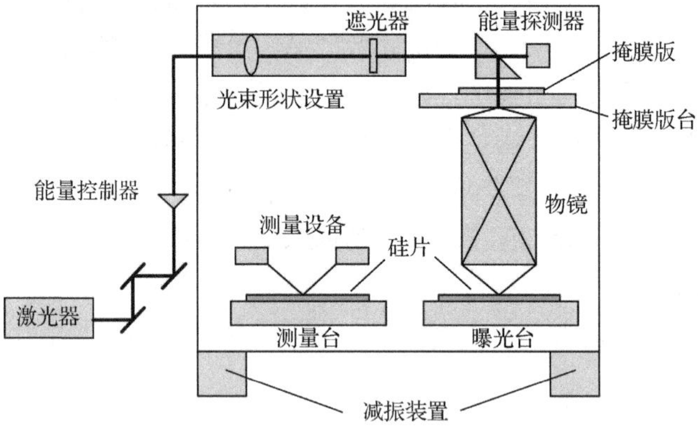

图 2-12　光刻机工作原理图

光刻机的工艺能力取决于光源的波长[10]，根据波长的不同可将光源分为紫外光（ultraviolet，UV）、深紫外光（deep ultraviolet，DUV）、极紫外光（extreme ultraviolet，EUV）以及 X 射线等多种类型。不同类型光刻机对应的曝光方式、抗蚀剂以及掩膜材料具有很大的区别，如表 2-7 所示。

表 2-7　光刻机中使用的各种光源的比较

光源	波长/nm	曝光方式	抗蚀剂	掩膜材料	分辨率/μm
紫外光	365～436	各种有掩膜方式	光致	玻璃、Cr	0.5
深紫外光	193～248	各种有掩膜方式	电子	石英、Cr、Al	0.2
极紫外光	10～15	缩小全反射投影	电子	多涂层反射层/金属吸收层	0.1
X 射线	0.2～4	接近式曝光	电子	Si、Si_3N_4、Pt	0.1

光刻机的主要技术指标主要有如下几点。

1. 显微物镜分辨率

显微物镜的分辨率是指能够成像的最小可测距离 δ，与系统所用光源的波长成正比，与所用物镜的数值孔径成反比，其关系式如下：

$$\delta = \frac{0.61\lambda}{N_a} \tag{2-10}$$

式中，N_a 为物镜的数值孔径；λ 为光的波长。从上式可知，显微镜的分辨率在选用一定光源（波长）后，就取决于显微镜的数值孔径。要求观察系统的显微镜能够分辨到 500 线对/mm 以上，即线宽为 2μm 以内的线条在显微镜下观察时，必须具有对比度清晰的边缘。一般而言，显微物镜分辨率越高，它的景深就越浅，要同时看清楚掩膜版和硅片上的图形是有困难的。因此，我们希望主物镜的景深不小于 40μm（因为一般接近间隙常在 5～30μm）。

2. 曝光均匀性

为了使硅片表面具有相同的复印效果，成像场必须有均匀的照度分布，因此，在进行光路系统设计时，必须考虑光的衍射及驻波效应。

3. 对准精度

对于采用人工对准的光刻机而言，所谓的对准精度是指用机械对准方式，从光学系统所能观察到的清晰图形的能力。因此，对准精度的误差主要是瞄准误差和对准机构误差两部分叠加的结果。特别是接近式光刻机，是在相距一定空间的情况下对准的，由于物镜景深关系，往往不能清晰成像，因而降低了瞄准精度。对准机构误差是由机构系统误差分辨率（读数机构的当量）构成的，因此，在机构设计时应考虑使用微调机构。

2.6.4　光刻工艺流程

光刻工艺是一个较为复杂的过程，一般可以分为如图 2-13 所示的八个步骤。

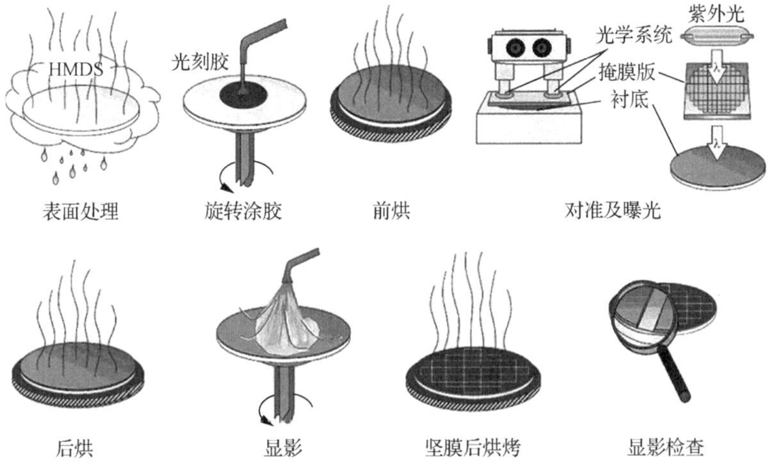

图 2-13　光刻的八个步骤示意图

（1）表面处理。包括清洗、干燥及表面修饰。光刻基片一般需要通过多种有机试剂清洗、强酸强碱处理及去离子水冲洗，以去除各种污染物。干燥是为了去除基片表面的大部分水汽。表面修饰是为了在基片表面形成一层化学键，使后续旋涂的光刻胶更容易黏附在基片上。

（2）旋转涂胶。将基片固定到涂胶机的载物台上，控制载物台以一定速度旋转，使光刻胶均匀地涂布在基片上。通常情况下，一次旋转涂胶会采用两个旋涂速度，一个低速和一个高速。低速涂胶阶段，基片中间聚集成团的光刻胶慢慢向周围延展，当涂胶的直径达到规定值后，旋胶机进入高速状态。在加速过程中，离心力会使光刻胶向基片边缘延展，在基片表面形成平整均匀的胶膜，多余的光刻胶会被甩出。胶膜的最终厚度一般由光刻胶黏度、旋转速度等因素决定。

（3）前烘。前烘又称为软烘，即将胶膜加热至一定温度，去除其中的溶剂，使胶膜干燥的工艺过程。其作用包括：增加胶膜与基底的结合力；减小胶膜内应力；防止光刻胶粘到掩膜版或设备上，保持器械洁净。前烘加热一般采用简单的热烘板，但是对于一些特殊要求，可能会使用红外烘箱、微波烘焙或者真空烘焙等。

（4）对准及曝光。对准指的是将掩膜版上的图形在晶圆片表面准确定位，曝光指的是通过曝光灯或其他辐射源将图形转移到光刻胶层上。

（5）后烘。后烘是在曝光后对光刻胶膜进行加热的过程，其目的是去除曝光时的驻波效应。驻波是在垂直照射光刻中常出现的问题，当光线从基片表面反射回光刻胶时，反射光线会与入射光线发生相长干涉或相消干涉，形成能量变化，导致显影时在光刻胶侧壁形成波浪条纹结构。后烘有助于光反应产物的扩散，使显影后的光刻胶结构具有更陡峭和更光滑的侧壁。

（6）显影。显影是在光刻胶上产生图形的关键工艺步骤。对于正胶和负胶来说，显影过程分别相当于去除曝光部分和去除未曝光部分的过程。常见的显影方式包括浸入式和旋转喷雾式。其中，浸入式是最简单的显影方式，基片在曝光、烘烤后放到显影液中浸泡一段时间，再进行冲洗即可；旋转喷雾式指的是基片被负压固定在旋转机上，在上表面喷洒雾状的显影液的显影方式，这种方法降低了化学品的使用，提高了图形的清晰度。

（7）坚膜后烘烤。坚膜后烘烤又叫硬烘，它的作用是挥发掉存留的光刻胶溶剂，提高光刻胶在基片表面的黏附性，提高光刻胶的硬度及化学稳定性。

（8）显影检查。显影检查其实是一次质量检查过程，检查整体过程中有可能出现的错误，挑拣出需要返工的基片。显影中常见的错误如图 2-14 所示，显影不充分、不完全或者过显影等缺陷均需返工。

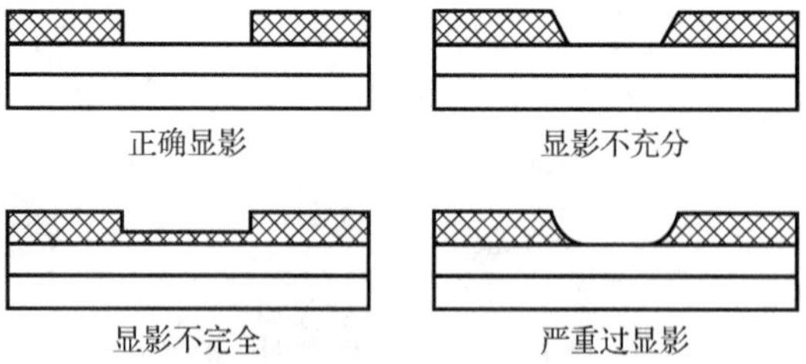

图 2-14　正确及不正确的显影

2.6.5　旋转涂胶工艺分析

硅片经脱水烘干后，在其表面涂覆光刻胶的常用方法为旋转涂胶（旋涂）。如图 2-15 所示，涂胶时，硅片通过真空吸附被固定在旋涂盘上，操作人员将一定量的光刻胶滴在基片中心，再通过离心旋转的方式在硅片表面生成均匀的光刻胶膜。

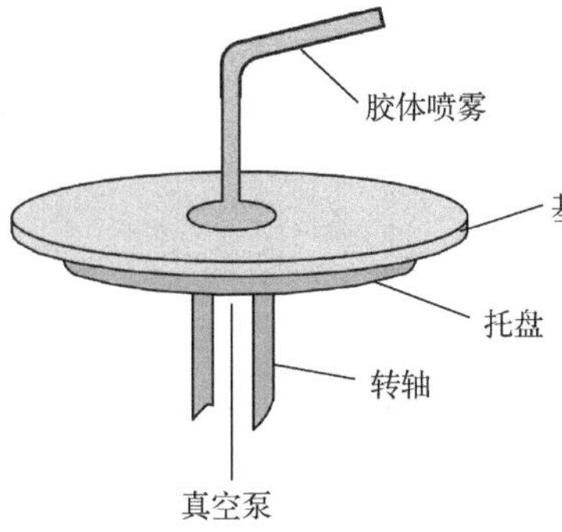

图 2-15　涂胶工艺过程

涂胶时转速分为预涂、加速、涂覆和去边四个过程，如图 2-16 所示。

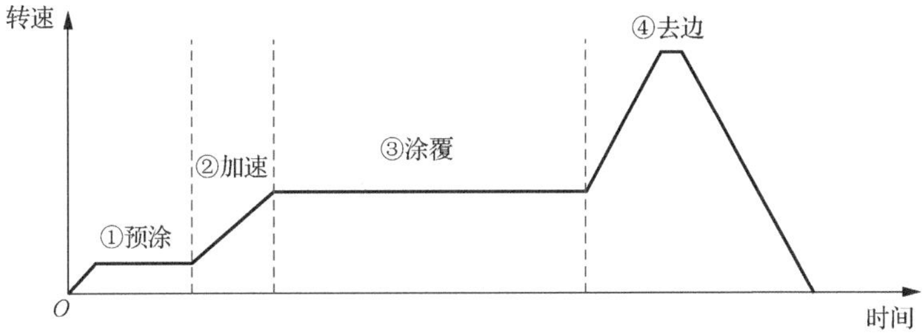

图 2-16　涂胶转速曲线

（1）预涂。预涂的目的是使光刻胶在硅片上铺展开来，预涂转速一般在每分钟数百转左右。

（2）加速。指在很短的时间内将转速由每分钟数百转提升至每分钟数千转，使光刻胶在硅片表面快速延展，并将多余的光刻胶甩离基底，此步骤对于旋涂厚度的均匀性具有重要影响。

（3）涂覆。该步骤需要在数十秒时间内始终保持每分钟数千转的转速，以形成干燥、均匀的光刻胶薄膜，转速决定最终的胶膜厚度。

（4）去边。去边的目的是消除边珠效应，其转速须达到涂覆转速的数倍。边珠是指黏度较大的光刻胶在旋涂的过程中沿基底边缘形成厚度突然增加的部分，其厚度是正常胶膜的 20～30 倍。除去边工艺外，也可采用在基底边缘倒角或在旋涂结束时使用去边珠试剂等方法来去除边珠，边珠效应的产生原理及去除的具体方法会在 2.9.1 节进行详细介绍。

通常所说的涂胶转速指的是涂覆转速，而预涂转速、加速度和去边转速等需要结合具体的设备实验摸索。一般购买光刻胶所附带的数据表中会给出光刻胶的涂覆转速和厚度的关系曲线（转速曲线），国产正胶 BP212、BP218 和进口正胶 AZ1518、AZ4602 的涂覆曲线如图 2-17 所示，光刻胶型号后的数字表示胶的黏度，CP 表示的黏度采用动力黏度计量，cSt 表示的黏度采用运动黏度计量[11]。

相同转速下，黏度越高的胶，其涂覆所得到的胶膜厚度越大，但厚度的增加可能会导致胶膜均匀性变差。对于同一种胶，涂覆转速越高，胶膜厚度越小，但是当转速达到一定值后，胶膜厚度变化量会越来越小，直至与转速无关[12]。借助转速曲线，操作者可以根据所需要的胶膜厚度确定涂覆转速，并通过一定的实验确定预涂转速、加速度、去边转速和涂覆时间等。国产 BP212 和 BP218 系列正胶的涂胶参数如表 2-8 所示，供读者参考。

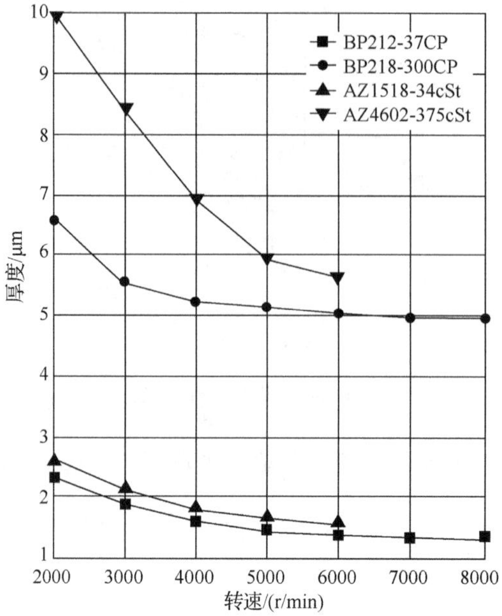

图 2-17　胶厚与涂覆转速的关系曲线

表 2-8　国产 BP212 和 BP218 系列正胶的涂胶参数

型号	预涂			涂覆			去边		
	加速度/(r/s²)	转速/(r/min)	时间/s	加速度/(r/s²)	转速/(r/min)	时间/s	加速度/(r/s²)	转速/(r/min)	时间/s
BP212	4	500	15	500	4000	60	0	0	0
BP218	3	1000	10	500	5000	90	500	6000	5

涂胶过程中，由于材料差异、工艺参数、操作方式和设备稳定性等因素，可能产生一些胶膜涂覆缺陷，从而对后续工艺产生不利影响。常见的缺陷如图 2-18 所示，每一种缺陷的成因和常用解决方法如下。

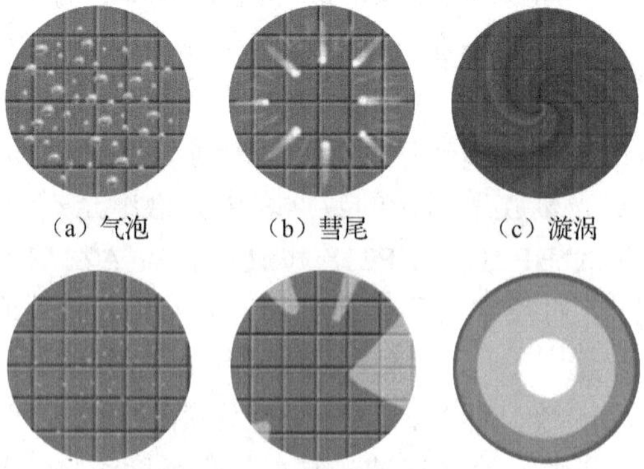
（a）气泡　（b）彗尾　（c）漩涡
（d）针孔　（e）不完全覆盖　（f）彩色条纹

图 2-18　涂胶过程中常见缺陷

（1）气泡（air bubbles）。滴胶时引入了气泡，在涂胶过程中无法完全消除，从而在胶层中产生气孔缺陷。解决办法是在吸取光刻胶时应将滴管完全吸满，并排出滴管中的气泡。

（2）彗尾（comet tail）。滴胶和涂胶之间的时间间隔太长，光刻胶部分凝固，或是涂胶前硅片上有厚度大于胶厚的颗粒，导致不同位置的光刻胶重量分布不均匀，涂胶时在胶层上由于离心作用形成彗尾。解决办法是滴胶后迅速启动涂胶程序，以及保证硅片的洁净度。

（3）漩涡（swirl）。涂胶速度或加速度过高。可通过合理控制涂胶速度和加速度来解决该问题。

（4）针孔（pin hole）。胶液中或硅片上有杂质，涂胶后胶层中产生针孔缺陷。解决方法是每次滴完胶后，用无尘纸将滴管上的余胶擦干净，以免其干燥脱落后在胶中形成杂质，滴胶前检查硅片的洁净度，有杂质及时清洗。

（5）不完全覆盖（uncoated area）。滴胶量过少，旋涂后胶层无法完全覆盖硅片表面。解决办法是滴胶时要根据硅基底的大小吸取足量的光刻胶。

（6）彩色条纹（striation）。光刻胶溶剂挥发速率沿硅片径向分布不均匀，造成光刻胶厚度在径向上分布不均匀。可通过优化涂胶速度和加速度来改善该问题。

2.6.6　曝光方式

光刻掩膜版与涂覆有光刻胶的基底对准后的下一个光刻工艺步骤是曝光，当光刻机光源的光线经过掩膜版照射到光刻胶上时，光刻胶未被掩膜版遮蔽部分的感光剂会产生高分子聚合（负胶）或分解（正胶）反应，从而在光刻胶上形成图形。按照曝光过程中光刻掩膜版和基底之间的距离关系，可将曝光方式分为接触式、接近式以及投影式三种类型，如图 2-19 所示[13]，其定义和优缺点如下所述。

（1）接触式（contact）曝光。光刻掩膜版和光刻胶直接接触，曝光后光刻胶的图形的形状和尺寸大小完全复制光刻掩膜版上的图形。优点是系统简单，价格便宜，分辨率高（0.4μm）；缺点是光刻掩膜版容易被光刻胶污染。

（2）接近式（proximity）曝光。光刻掩膜版与光刻胶之间有 10～25μm 的距离。优点是不会损伤掩膜版；缺点是分辨率低（2～4μm）。

（3）投影式（projection）曝光。以投射方式将光刻掩膜版上图形转移到光刻胶上，曝光后光刻胶的图形的形状与掩膜版的相同，但图形尺寸会等比例缩小，分辨率介于接触式和接近式之间。优点是掩膜版的制造成本低，无掩膜版损伤；缺点是设备造价昂贵（高达数百万美元），完成整个基底曝光所花费的时间较长。

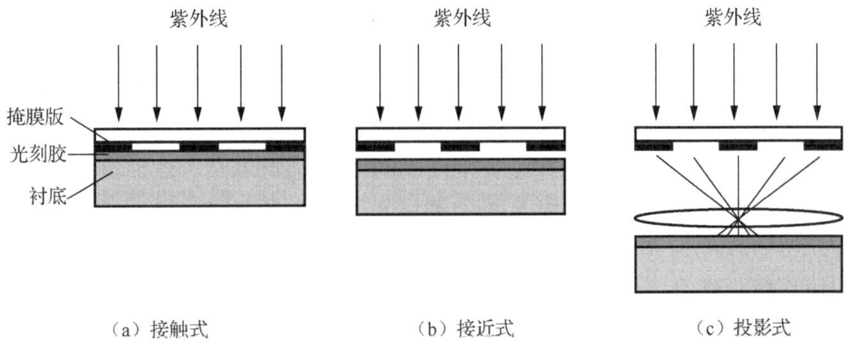

图 2-19　三种曝光方式

光刻胶的曝光指标有两个，分别为分辨率和对比度[14]，三种曝光方式的曝光指标有相同之处，也有不同之处。

（1）分辨率是指掩膜版上相邻两点在晶圆表面可以清晰成像的最小距离，衍射是曝光过程中影响分辨率的主要因素。当掩膜版和基底之间有一定间隙时，光源透过掩膜版后会在光刻胶上形成一个衍射斑（图 2-20），使得曝光能量超过掩膜版所限定的区域而分散到更大的面积上，使分辨率降低。对于接近式曝光，其理论极限分辨率 ω 与曝光波长 λ、掩膜版-基底间距 s 以及光刻胶厚度 t 的关系可以表示为

$$\omega = \frac{3}{2}\sqrt{\lambda(s+0.5t)} \tag{2-11}$$

曝光波长 λ 越短，掩膜版-基底间距 s 越小，光刻胶厚度 t 越小，曝光的理论极限分辨率越高。对于接触式曝光，由于光刻胶上可能存在颗粒黏附、边珠效应和基底初始弯曲变形等因素的影响，掩膜版和光刻胶之间仍然可能存在一定的间隙，因此其理论极限分辨率 ω 也可以采用式（2-11）进行计算。对于投影式曝光，光源透过掩膜版由透镜聚焦投影成像到光刻胶上，其分辨率与透镜的数值孔径 N_n 有关，N_n 是一个无量纲数，用以衡量系统能够收集的光的角度范围，是透镜与光刻胶之间光的折射率 n 和孔径角的二分之一 α 的正弦之乘积，投影式曝光的分辨率采用式（2-13）进行计算。

$$N_n = n\sin\alpha \tag{2-12}$$

$$\omega = k\frac{\lambda}{N_n} \tag{2-13}$$

式中，k 是一个与工艺条件有关的参数。

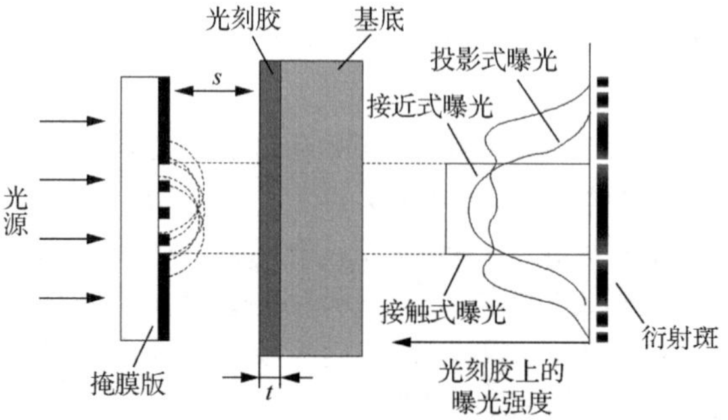

图 2-20　三种曝光方式下光刻胶上的曝光强度分布

（2）对比度是指光刻胶从曝光区到非曝光区过渡的陡度，直接影响到曝光区域光刻胶显影后的倾角和线宽，对比度越好，形成图形的侧壁越陡直，成型质量越好。对比度的测定通常是将厚度为一定值的一组光刻胶样品在不同的辐照剂量下曝光，然后测量各样品显影之后光刻胶的残留厚度，绘制出残留厚度与曝光剂量之间的关系曲线，以此曲线计算得到光刻胶的对比度值，该曲线称为光刻胶对比度曲线。负胶的特性是曝光区域发生交联，难溶于显影液，而正胶的特性是曝光区域更加容易溶解于显影液，因此二者的对比度曲线的变化趋势是相反的，如图 2-21 所示。

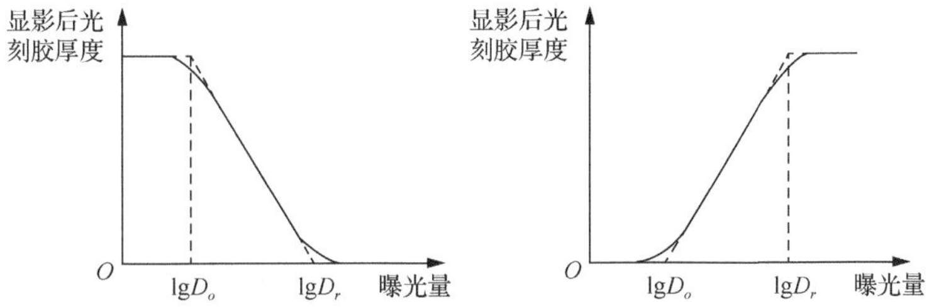

（a）正胶　　（b）负胶

图 2-21　光刻胶的对比度曲线

图 2-21（a）中，D_o 为不会使正胶感光的曝光量，D_r 为完全除去正胶胶膜所需要的曝光量；图 2-21（b）中，D_o 为使负胶开始交联的最小曝光量，D_r 为负胶完全交联的曝光量。对比度被定义为对数坐标下曲线的斜率，可由下式进行计算：

$$\gamma = \frac{1}{\lg \dfrac{D_r}{D_o}} \tag{2-14}$$

D_o 和 D_r 的值越接近，对比度越大，曲线越陡直，图形转移越准确。一般来说，正胶的对比度介于 3～10 之间，负胶的对比度介于 1～3 之间。由于曝光曲线不可能是完全陡直的，所以正胶和负胶曝光并显影后所得到的侧壁也不完全是陡直的，正胶与基底之间的夹角 β 为钝角，负胶与基底之间的夹角 β 为锐角，如图 2-22 所示。

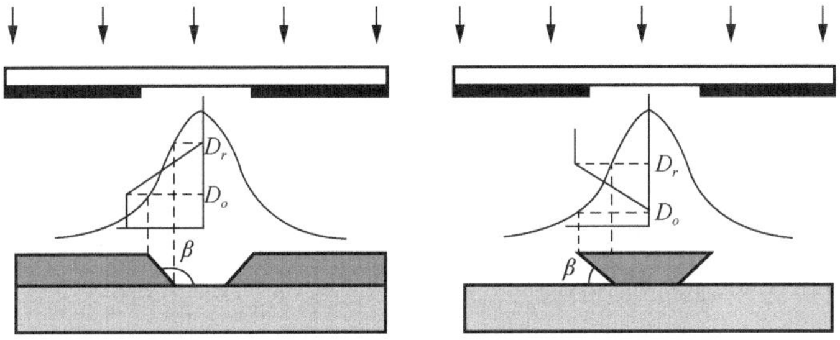

（a）正胶　　（b）负胶

图 2-22　光刻胶曝光并显影后的侧壁形貌

对比度与曝光量相关，额定的曝光量一般在光刻胶的数据表上给出（单位为 mJ/cm^2），曝光的时候需要根据光刻机光源的光强（单位为 mW/cm^2）和额定曝光量计算所需要的曝光时间。图 2-23 给出了 Shipley 1822 正胶在如表 2-9 所示的条件下，采用不同的曝光剂量所得到的侧壁形貌。曝光时间为 3s 时，曝光区的正胶在显影时部分溶解，得到的图形线宽大于设计的线宽，且侧壁不平整，边缘模糊；曝光时间为 6s 时，曝光区的正胶完全溶解，得到的图形线宽与设计的线宽接近，且侧壁较平整；曝光时间大于 6s 时，由于光的衍射，非曝光区的正胶也被部分溶解，得到的图形的线宽小于设计的线宽，图形轮廓变得模糊。因此，Shipley 1822 正胶在表 2-9 所示加工条件下最佳的曝光时间为 6s，欠曝光和过曝光都无法得到良好的线条。

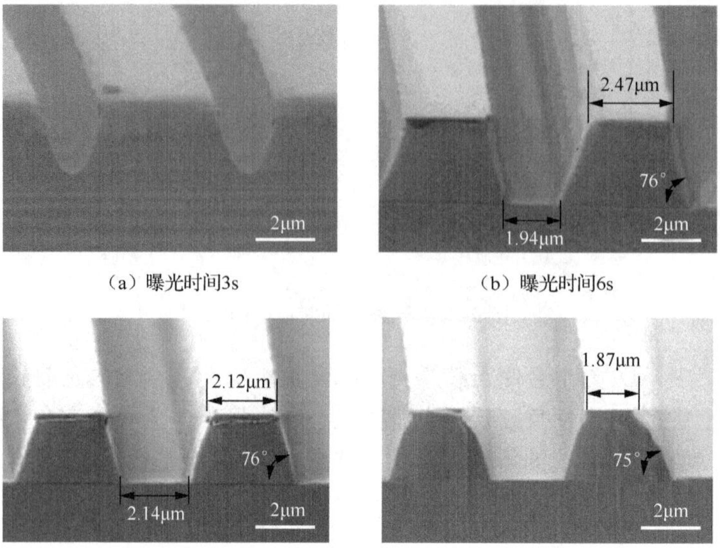

（a）曝光时间3s　（b）曝光时间6s

（c）曝光时间7.5s　（d）曝光时间9s

图 2-23　曝光时间对 Shipley 1822 正胶侧壁形貌的影响（胶厚为 3μm）

表 2-9　Shipley 1822 正胶的光刻条件

光刻胶名称	旋涂转速/(r/min)	旋涂时间/s	软烘温度/℃	软烘时间/s	曝光光强/(mW/cm^2)	显影液	显影时间/s
Shipley 1822	4000	40	115	180	25	CD-30	60

综上可知，采用不同类型的曝光方式对光刻胶进行曝光的分辨率的计算具有不同的数学表达式，因为分辨率与光刻胶和掩膜版之间的距离有关；而三者的对比度计算的数学表达式是相同的，因为对比度是评价曝光显影后结构的形貌指标，与曝光时间以及光刻胶的正负性有关，而与光刻胶和掩膜版之间的距离无关。

2.7　湿法腐蚀

在微机械结构元件的加工中，体硅工艺的本质就是以硅基上图形化后的光刻胶为掩蔽层，有选择地腐蚀或刻蚀掉部分硅材料，使留下的硅结构满足器件构造的需求。根据使用的腐蚀/刻蚀介质的不同，可分为湿法腐蚀和干法刻蚀[15, 16]。当腐蚀液为化学液体时，所进行的腐蚀称为化学湿法腐蚀，而刻蚀剂为气体时则称为干法刻蚀。

在湿法腐蚀过程中，腐蚀液将其所接触的材料通过化学反应逐步刻蚀溶掉。用于湿法腐蚀的试剂很多，有酸性腐蚀液、碱性腐蚀液以及有机腐蚀液等。根据所选择的腐蚀液，湿法腐蚀可分为各向同性腐蚀和各向异性腐蚀。各向同性腐蚀是指硅的不同方向的腐蚀速率相同[17]；各向异性腐蚀则是指硅的不同晶向具有不同的腐蚀速率[18]，也即腐蚀速率与单晶硅的晶向密切相关（图 2-24）。

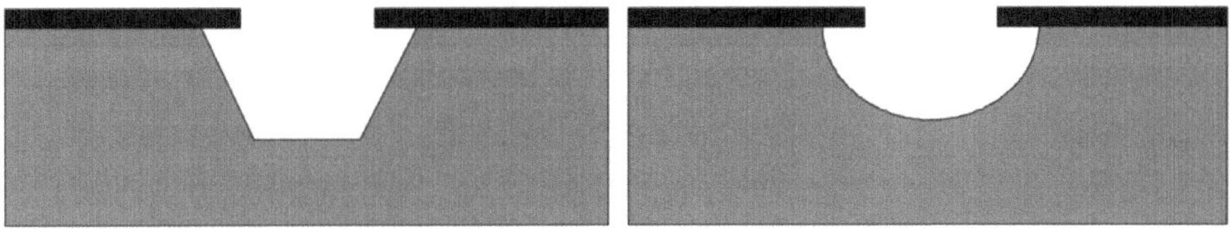

图 2-24　各向异性和各向同性腐蚀得到的侧壁形貌示意图

2.7.1　各向同性湿法腐蚀

在硅的各向同性湿法腐蚀的过程中，其侧向与纵向腐蚀速率相同，整体刻蚀速率较快。硅的各向同性湿法腐蚀常用于尺寸较大、精度要求不高的微结构的制备。下面对硅的各向同性的腐蚀原理以及其影响因素进行介绍。

1. 原理

硅各向同性湿法腐蚀的原理可概述为腐蚀液先将与其接触的材料氧化，然后发生化学反应使一种或多种氧化物溶解。在同一腐蚀液中，由于混有各种腐蚀成分，氧化和氧化物溶解这两个过程是同时进行的。这种氧化化学反应要求有阳极和阴极，而腐蚀过程没有外加电压，所以硅表面上的阳极和阴极是随机分布的局部区域。由于局域化电解电池作用，硅表面会发生氧化反应并引起相当大的腐蚀电流（超过 $100A/cm^2$）。每一个局域化区（大于原子尺度）在某段时间内会既被作为阳极又被作为阴极，如果作为阳极和阴极的时间大致相等，就会形成均匀腐蚀，反之，若两者的时间相差很大，则出现选择性腐蚀。

各向同性湿法腐蚀液最为常用的是氢氟酸-硝酸（$HF\text{-}HNO_3$）溶液，因为该腐蚀液的成分没有金属离子，可避免金属离子在硅表面的吸附。将 H_2O 或醋酸（CH_3COOH）作为稀释剂与这两个主要组分相混合制成腐蚀液，对于 HF、HNO_3 和 H_2O 混合制成的腐蚀液，硅表面的阳极反应为

$$Si+2e^+ \longrightarrow Si^{2+} \quad (2\text{-}15)$$

其中 e^+表示空穴，即 Si 得到空穴后从原来的状态升到高价的氧化态。腐蚀液中水的解离反应为

$$H_2O \longrightarrow (OH)^- + H^+ \quad (2\text{-}16)$$

高价的 Si^{2+}与$(OH)^-$结合生成 $Si(OH)_2$，$Si(OH)_2$ 不稳定，分解放出 H_2 并生成 SiO_2：

$$Si^{2+} + 2(OH)^- = Si(OH)_2 \quad (2\text{-}17)$$

$$Si(OH)_2 = SiO_2 + H_2 \quad (2\text{-}18)$$

生成的 SiO_2 立即与腐蚀液中的 HF 反应：

$$SiO_2 + 6HF = H_2SiF_6 + 2H_2O \quad (2\text{-}19)$$

H_2SiF_6 是一种可溶性的络合物，通过搅拌，可使其远离硅片，这一反应也被称为络合化反应。在上述腐蚀过程中，HF 的作用是促进阳极反应，使阳极反应产物 SiO_2 溶解掉，否则，所生成的 SiO_2 就会阻碍硅的电极反应而使腐蚀停止。

通过对腐蚀过程的分析可知，阳极反应需要空穴，可由 HNO_3 在局域阴极处被还原而产

生，一般而言，HNO_3 中普遍存在 HNO_2 杂质，因此反应过程为

$$HNO_2+HNO_3 = N_2O_4+H_2O \tag{2-20}$$

$$N_2O_4 = 2NO_2 \tag{2-21}$$

$$2NO_2 = 2NO_2^-+2e^+ \tag{2-22}$$

$$2NO_2^-+2H^+ = 2HNO_2 \tag{2-23}$$

最后式（2-23）中所产生的 HNO_2 再按化学方程式（2-20）反应，反应生成物则自身促进反应，因此这是自催化反应。化学方程式（2-23）是可逆控制反应，故有时加入含有 NO_2^- 的硝酸铵以诱发反应。因为 NO_2^- 在反应中是再生的，所以氧化能力取决于未解离的 HNO_3 的数量。

综上，整个腐蚀过程首先是 HNO_2 的自催化反应，紧接着是 HNO_2 的阴极还原反应，它不断提供空穴参加氧化反应。氧化产物在 HF 中反应，形成可溶性络合物 H_2SiF_6。所有这些过程都在单一的腐蚀混合液中进行，整个反应式为

$$Si+HNO_3+6HF = H_2SiF_6+HNO_2+H_2O+H_2 \tag{2-24}$$

2. 影响腐蚀速率的因素

硅各向同性湿法腐蚀速率受环境温度、腐蚀液成分配比等因素的影响。通常，腐蚀速率随环境温度的升高而增大，并呈线性关系。腐蚀液组成成分比例变化对腐蚀速率的影响如图 2-25 所示，图中曲线表示的是腐蚀速率的等高线，同一曲线上不同位置的点对应的腐蚀液配比不同，但腐蚀速率相同。对于图中选定的一点，作平行于三角坐标轴的直线，其与其坐标轴的交点便是三种化学腐蚀液的体积分数，因此该图也称为三角形配方图。例如，图中给出点对应的腐蚀液中 HF、HNO_3、H_2O 的体积比为 3∶2∶5，在该配比的腐蚀液中硅的腐蚀速率介于 10～50μm/min 之间。

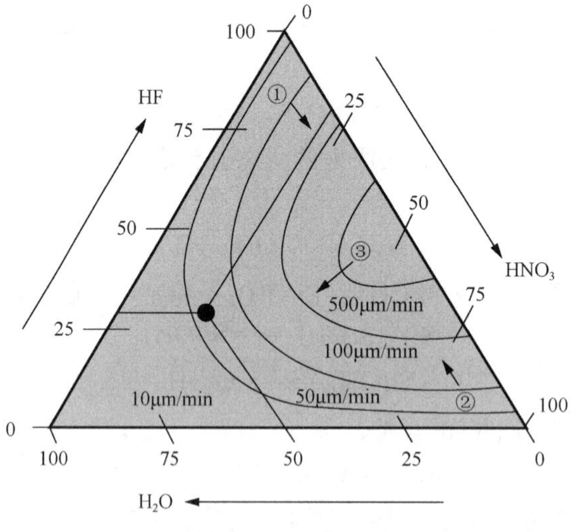

图 2-25　腐蚀速率与腐蚀液成分的关系

三角形配方图中在不同区域取点得到的腐蚀液的配比不同，腐蚀速率随着配比的不同也具有明显差异，下面对不同区域腐蚀液中影响腐蚀速率的主要成分进行分析。

（1）在区域①中，HF 浓度占优，腐蚀速率受 HNO_3 浓度控制，这是由于该区有过量的 HF 可溶解反应产物 SiO_2，所以腐蚀速率受 HNO_3 的浓度所控制，速率曲线平行于 HNO_3 轴。

（2）在区域②中，HNO_3 浓度占优，其浓度足够将 Si 完全氧化成 SiO_2，但如果 HF 浓度较低，生成的 SiO_2 不能全部被腐蚀掉，则会阻碍反应的进行，因此腐蚀速率受 HF 浓度控制，速率曲线平行于 HF 轴。

（3）在区域③中，初始腐蚀速率对 H_2O 的量不敏感，在 H_2O 的量增加到某个程度之后，腐蚀速率会迅速减小。

如 2.5.3 节所述，掺杂硅分为轻掺杂硅和重掺杂硅两种，研究发现，HF∶HNO_3∶H_2O 的体积比为 1∶3∶8 的腐蚀液可腐蚀重掺杂硅，但不腐蚀轻掺杂硅，利用这一特性，可实现硅的各向同性自停止腐蚀（这里的自停止指的是遇到轻掺杂硅层刻蚀自动停止）。

2.7.2　各向异性湿法腐蚀

硅的各向异性湿法腐蚀是制造微机械结构的关键技术之一，利用这种技术能够制造出微型传感器和微执行器的精密三维结构。下面对硅的各向异性的腐蚀原理、影响因素以及实例进行介绍。

1. 原理

硅各向异性湿法腐蚀的基本原理与各向同性类似，都是分为硅氧化以及氧化物溶解两个过程，二者的区别在于腐蚀液的不同，因此其涉及的化学反应过程也有所不同。常用的各向异性湿法腐蚀液大体分为两类：一类是有机腐蚀液，如乙二胺-邻苯二酸-水（ethylene glycol - perchloric acid - water，EPW）；另一类是碱性腐蚀液，如 KOH 等。本节以 KOH 腐蚀液为例，介绍各向异性湿法腐蚀原理。

KOH 腐蚀系统常用 KOH、H_2O 和$(CH_3)_2CHOH$（异丙醇，isopropanol，IPA）的混合液进行腐蚀。其腐蚀的反应式为

$$KOH+H_2O = K^++2OH^-+H^+ \tag{2-25}$$

$$Si+2OH^-+4H_2O = Si(OH)_6^{2-} \tag{2-26}$$

$$Si(OH)_6^{2-}+6(CH_3)_2CHOH = [Si(OC_3H_7)_6]^{2-}+6H_2O \tag{2-27}$$

由上述反应方程可知，在进行腐蚀时，KOH 先将 Si 氧化成含水的硅化合物$Si(OH)_6^{2-}$，接着硅化合物与$(CH_3)_2CHOH$ 反应，形成可溶解的硅络合物$[Si(OC_3H_7)_6]^{2-}$，这种络合物不断离开硅的表面，达到腐蚀去除的目的。

2. 影响腐蚀速率的因素

与各向同性湿法腐蚀不同，除了温度和腐蚀液成分配比是影响各向异性湿法腐蚀速率的因素外，硅的晶面也是影响腐蚀速率的重要因素，下面对这三个因素是如何影响腐蚀速率的进行介绍。

1）硅晶面的影响

关于硅晶面对腐蚀速率影响机制的研究有很多，其中较为完善的模型为 Seidel 模型，该模型指出硅表面悬挂键密度和背键结构是影响晶面腐蚀速率的因素。

由式（2-26）可知，硅的各向异性湿法腐蚀中，OH⁻首先与硅表面不饱和的 Si 原子结合形成 Si—O 键，(100)晶面上每一个硅原子有两个悬挂键，可以结合两个 OH⁻：

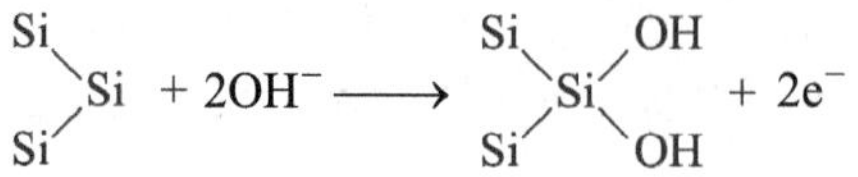

$$\begin{array}{c} Si \\ Si \end{array}\!\!\!Si + 2OH^- \longrightarrow \begin{array}{c} Si \\ Si \end{array}\!\!\!Si\begin{array}{c} OH \\ OH \end{array} + 2e^- \qquad (2\text{-}28)$$

随着反应的进行，Si(OH)₂基团中的 Si—Si 背键打开，以得到可溶性的氢氧化硅复合物：

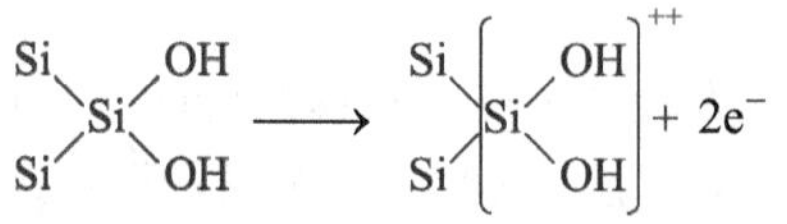

$$\begin{array}{c} Si \\ Si \end{array}\!\!\!Si\begin{array}{c} OH \\ OH \end{array} \longrightarrow \left[\begin{array}{c} Si \\ Si \end{array}\!\!\!Si\begin{array}{c} OH \\ OH \end{array}\right]^{++} + 2e^- \qquad (2\text{-}29)$$

(111)晶面上每一个硅原子有两个悬挂键，只能与一个 OH⁻结合，接着反应需要打开三个 Si—Si 背键，所需的能量要大于打开两个背键的能量，因此方程（2-31）的反应比方程（2-29）的慢，即(111)面的腐蚀速率比(100)面的慢。

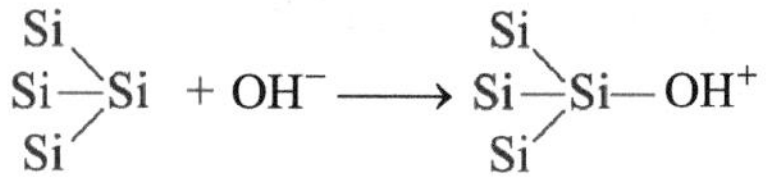

$$\begin{array}{c} Si \\ Si \end{array}\!\!\!Si\!\!-\!\!Si + OH^- \longrightarrow \begin{array}{c} Si \\ Si \end{array}\!\!\!Si\!\!-\!\!Si\!\!-\!\!OH^+ \qquad (2\text{-}30)$$

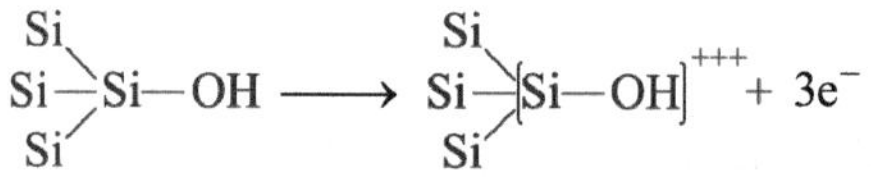

$$\begin{array}{c} Si \\ Si \end{array}\!\!\!Si\!\!-\!\!Si\!\!-\!\!OH \longrightarrow \begin{array}{c} Si \\ Si \end{array}\!\!\!Si\!\!-\!\!Si\!\!-\!\!OH\Big]^{+++} + 3e^- \qquad (2\text{-}31)$$

对于(110)面而言，虽然每一个表面 Si 原子有一个悬挂键，但背键比较复杂，三个背键中一个背键与内部原子连接，另外两个与邻近的表面 Si 原子连接。因此尽管与 OH⁻结合的反应方程与方程（2-30）一致，但形成的 Si—OH 键面密度类似于(100)面。(110)面与主通道方向相应，KOH 溶液容易穿透，所以其腐蚀速率大于(100)面，当 IPA 加入到一定浓度的 KOH 溶液中时，由于 IPA 覆盖在硅的表面，阻碍了主通道效应，所以(110)面的腐蚀速率又小于(100)面。

2）温度和浓度的影响

各向异性湿法腐蚀速率随环境温度的升高而增大，这与各向同性湿法腐蚀中温度的影响一致，因为各向异性湿法腐蚀中起主要腐蚀作用的是 KOH，所以其腐蚀速率与 KOH 的浓度有关。以(100)晶面为例，表 2-10 给出了不同温度和 KOH 浓度下该晶面的腐蚀速率[19]。

表 2-10　不同 KOH 浓度和温度下(100)晶面的腐蚀速率　　　　　　单位：μm/h

KOH 浓度/%	腐蚀速率				
	20℃	40℃	60℃	80℃	100℃
20	1.57	7.09	26.7	86.3	246
30	1.32	5.98	22.3	79.0	206
40	1.17	5.28	19.9	64.4	183
50	0.84	3.77	14.2	45.9	131

KOH 腐蚀液的浓度还对被腐蚀后硅表面的粗糙度有直接影响，因为腐蚀过程中会产生大量气泡，气泡易附着在被腐蚀表面上，起到微掩膜的作用，阻挡腐蚀液与硅片接触，从而在

气泡处留下微凸起，因此气泡的密度是影响表面粗糙度的关键因素，而气泡的密度与 KOH 腐蚀液浓度有关：当 KOH 腐蚀溶液浓度在一定范围内增大时，气泡密度呈上升趋势，刻蚀得到的硅表面粗糙度也不断增大；当腐蚀溶液浓度超过一定值后，气泡密度会随腐蚀溶液浓度增大而逐渐下降，表面粗糙度也会不断减小。实验发现，通常情况下，当 KOH 腐蚀液浓度从 5%增加到 10%时，表面粗糙度会随着腐蚀液浓度的升高而增大；当 KOH 浓度从 10%增加到 40%时，表面粗糙度会随着溶液浓度的升高而减小。图 2-26 为不同浓度 KOH 腐蚀液腐蚀得到的硅片表面形貌扫描电镜（scanning electron microscope，SEM）图。

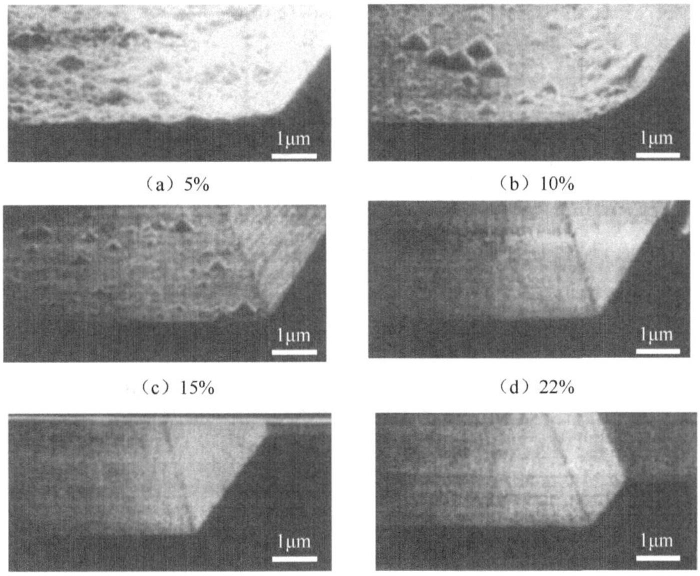

（a）5%　（b）10%　（c）15%　（d）22%　（e）30%　（f）40%

图 2-26　不同浓度 KOH 腐蚀液腐蚀后表面的粗糙度

3. 实例

硅的各向异性湿法腐蚀可以通过硅晶面的选择、腐蚀液浓度的配置以及腐蚀温度的设定精确地控制结构尺寸，生产具有精确尺寸的直边的微结构，本节对硅的各向异性湿法腐蚀的实例进行介绍。相同浓度和温度下，腐蚀液对不同晶面的刻蚀速率具有巨大的差异，刻蚀过程中，当腐蚀液遇到刻蚀速率慢的晶面可认为刻蚀停止，这个过程称为硅的自停止腐蚀，腐蚀停止的面称为自停止面。下面介绍不同晶面硅片被刻蚀产生的微结构形貌。

1）(100)硅片的各向异性湿法腐蚀

为确定晶片的晶向，硅片上一般都有若干定位面，定位面通过磨边确定，其中最大边所对应的平面称为主参考面，如图 2-27（a）所示，(100)硅片的主参考面是(110)面。当腐蚀掩蔽层边缘平行于(100)面，因为腐蚀液对(111)面的腐蚀速率很低，与(100)面成 54.74°夹角的四个(111)面即为停止面，如图 2-27（b）所示，控制腐蚀的时间可以在硅基底上制备出标准梯形结构。

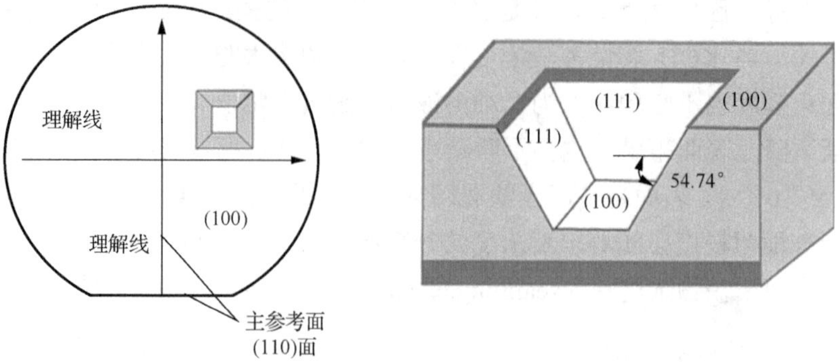

（a）俯视图　　（b）剖视图

图 2-27　当腐蚀掩蔽层平行于主参考面(100)硅片的各向异性湿法腐蚀

(100)面各向异性湿法腐蚀具有的一个重要特点是“刻凸不刻凹”，如图 2-28 所示，凸角虽然受到腐蚀掩蔽层的保护，但是在腐蚀过程中，凸角处会产生(411)快速腐蚀面，导致凸角被快速掏蚀，最终到达(111)腐蚀停止面，而腐蚀的掩蔽层则被掏空形成悬置结构，这一特性经常被用于制备悬臂梁。

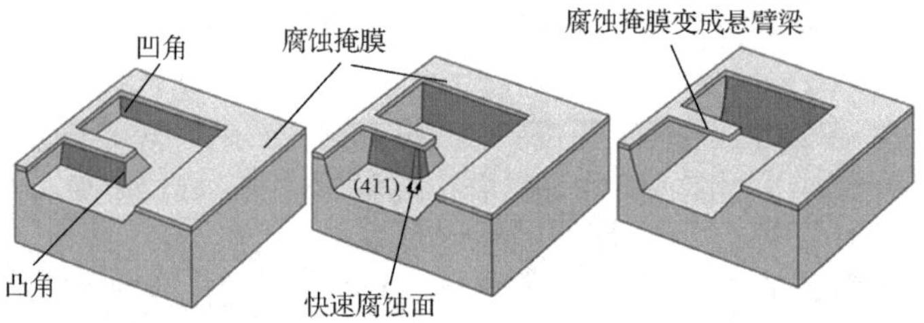

（a）腐蚀开始　　（b）掩蔽层掩蔽下的凸角出现快速腐蚀面　　（c）凸角部分被完全掏蚀掉

图 2-28　(100)面湿法腐蚀中的“刻凸不刻凹”特性

当掩蔽层下的凸角结构需要被留下而不是被侧向掏蚀[20]，需要在设计腐蚀掩蔽层时进行凸角补偿，如图 2-29 所示。凸角补偿需要根据特定的结构、特定的腐蚀液类型和配比进行专门设计并经过多次优化实现，因为有相当多的文献对此进行过研究，故本书不作详细介绍。

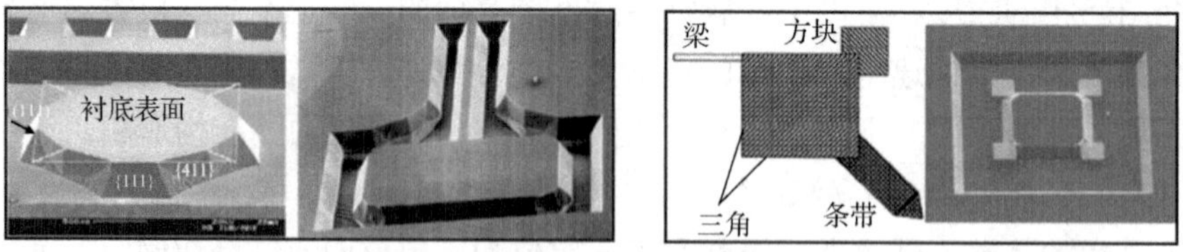

（a）(100)面湿法腐蚀中凸角被腐蚀后的结果　　（b）(100)面湿法腐蚀凸角补偿结构

图 2-29　(100)面湿法腐蚀凸角结构

需要注意的是，由于“刻凸不刻凹”特性的存在，在进行(100)硅湿法腐蚀的时候，对基底的晶向偏差要求比较高。如果基底(100)面与(110)面存在角度偏差，不论腐蚀掩蔽层的形状为规则的矩形还是不规则的多边形，实际腐蚀得到的图形的边界均平行于(110)面，如图 2-30 所示，图形的大小和走向都会与设计的不同，因此需在实验准备阶段选取晶向偏差小的硅片。

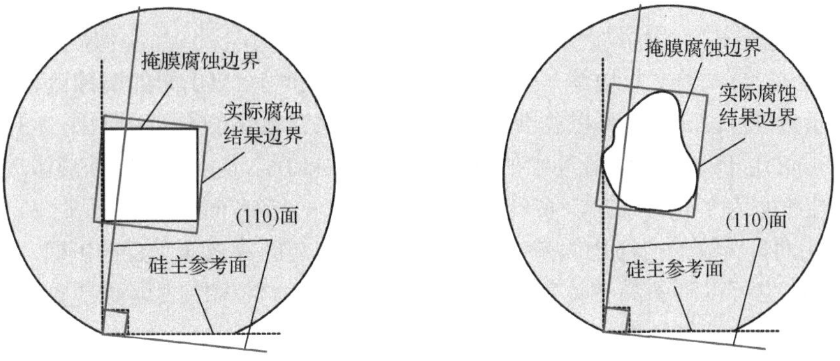

（a）掩膜为矩形　　（b）掩膜为不规则图形

图 2-30　存在晶向偏差时(100)面湿法腐蚀结果

当腐蚀掩膜与主参考面成 45°夹角时，自停止面不再是(111)面，而是(110)面或(100)面，如图 2-31 所示。具体是哪一个面，要视腐蚀液的浓度和添加剂的情况而定，添加剂通常使用 IPA，起减缓反应速率、赶走硅片表面残留的气泡使得硅片表面腐蚀均匀的作用。单晶硅各晶面在 KOH 溶液中腐蚀速率的排序如图 2-32 所示。

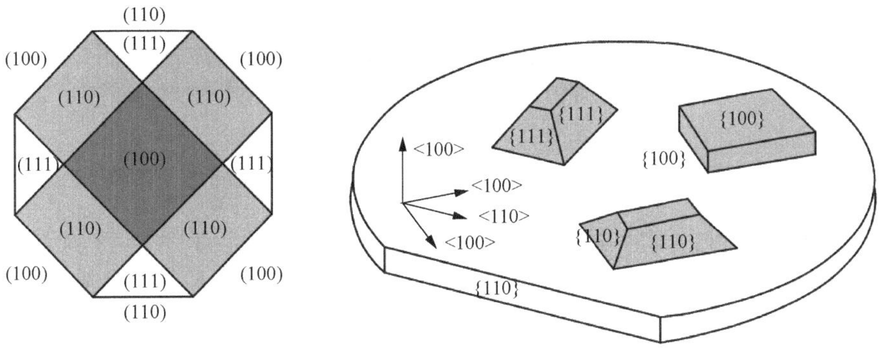

（a）晶面之间位置关系俯视图　　（b）晶面之间位置关系立体图

图 2-31　不同掩膜走向时自停止面的对应关系

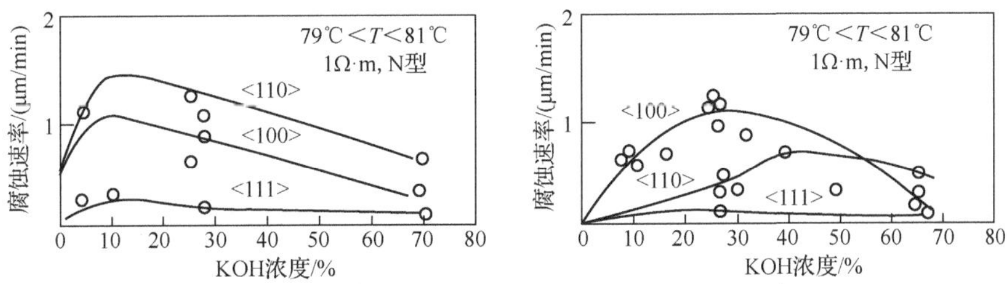

（a）无IPA　　（b）有IPA

图 2-32　KOH 腐蚀液中不同晶向的腐蚀速率

在没有添加 IPA 的 KOH 腐蚀液中，腐蚀速率为(110)>(100)>(111)，当掩膜边缘与主参考面成 45°夹角时，(100)面的腐蚀速率低于(110)面的腐蚀速率，腐蚀自停止面是(100)面，可以得到与硅片表面垂直的侧壁，如图 2-33（a）～（c）所示，这种方法可以用于制备具有垂直侧壁的微沟道结构。在添加 IPA 且 KOH 腐蚀液浓度小于 50%的情况下，腐蚀速率为(100)>(110)>(111)，当掩膜边缘与主参考面成 45°夹角时，(110)面的腐蚀速率低于(100)面，腐蚀的自停止面是(110)面，可以得到与硅片表面成 45°斜坡的侧壁。如图 2-33（d）和（e）所示，该方法可用于制备光学器件中的反射面。在添加 IPA 且 KOH 腐蚀液浓度大于 50%的情况下，腐蚀速率为(110)>(100)>(111)，当掩膜边缘与主参考面成 45°夹角时，(110)面的腐蚀速率低于(100)面，腐蚀的自停止面是(110)面。可以得到与硅片表面垂直的侧壁，如图 2-33（f）所示，这种方法也可以制备具有垂直侧壁的微沟道结构，且沟道的表面质量要比没有添加 IPA 的低浓度 KOH 腐蚀液腐蚀得到的垂直侧壁沟道好。

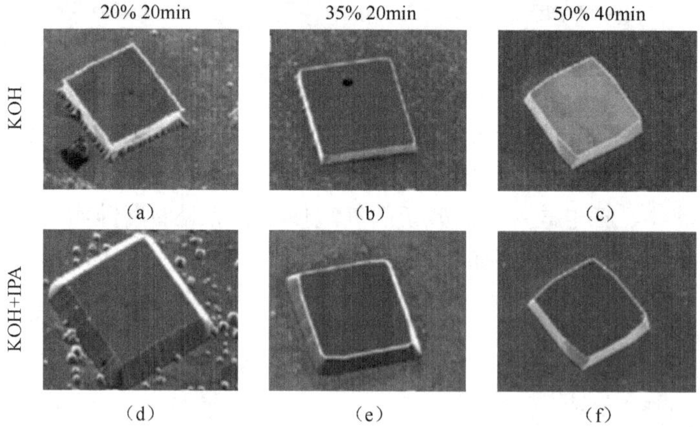

图 2-33　掩膜与主参考面成 45°夹角时(100)硅片在不同工艺条件下的自停止面

2）(110)硅片的各向异性湿法腐蚀

对于(110)晶面的硅片，其腐蚀的自停止面不是 4 个面，而是 6 个(111)面，其中 4 个与硅片表面垂直，2 个与硅片表面成一定倾斜角，如图 2-34 所示。各向异性湿法腐蚀(110)硅片制备沟槽的侧壁为(111)面，底部为(110)面，腐蚀速率差异较大，因此可利用(110)硅片的湿法腐蚀制备高深宽比沟槽结构。

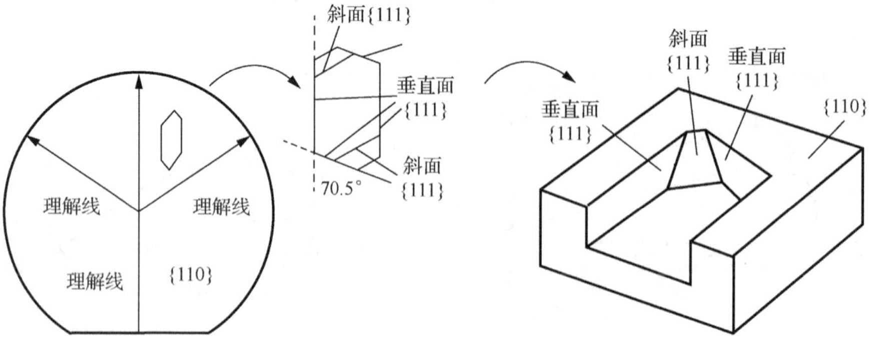

图 2-34　(100)硅片湿法腐蚀的 6 个自停止面

2.8 干法刻蚀

干法刻蚀是指利用气体刻蚀对硅基底进行材料去除的方法，具有分辨率高、各向异性刻蚀能力强、刻蚀选择比大，以及可依托设备进行自动化操作等优点。干法刻蚀可分为物理干法刻蚀、化学干法刻蚀以及物理与化学结合刻蚀[21]。

物理干法刻蚀是利用辉光放电将气体电离成带正电的离子，再利用偏压将离子加速，溅击在被刻蚀物的表面而将被刻蚀物的原子击出，该过程完全是物理上的能量转移，故称为物理性刻蚀。其优点在于具有非常好的方向性，可获得接近垂直的刻蚀轮廓。但是由于离子是全面均匀地溅射在芯片上，光刻胶和被刻蚀材料同时被刻蚀，造成刻蚀选择比偏低。同时，被击出的物质并非挥发性物质，这些物质容易二次沉积在硅的表面及侧壁。物理干法刻蚀包括离子刻蚀（ion etching，IE）（溅射）和离子束刻蚀（ion beam etching，IBE）。

化学干法刻蚀是指刻蚀气体被电离并形成带电离子、分子及反应性很强的原子团，它们扩散到被刻蚀的硅表面后与其表面原子反应生成具有挥发性的反应产物，并被真空设备抽离反应腔。因这种反应完全利用化学反应，故称为化学性刻蚀。这种刻蚀方式与前面所讲的湿法刻蚀类似，只是反应物与产物的状态从液态改为气态，并以等离子体来加快反应速率。化学干法刻蚀具有较高的掩膜/底层的选择比及各向同性。化学干法刻蚀主要有等离子体刻蚀（plasma etching，PE）。

物理与化学结合刻蚀是结合物理性的离子轰击与化学反应刻蚀，该类方法兼具非等向性与高刻蚀选择比的双重优点。刻蚀的进行主要靠化学反应来实现，加入物理离子轰击的作用有两点：一是破坏被刻蚀材质表面的化学键以提高反应速率；二是将二次沉积在被刻蚀薄膜表面的产物或聚合物打掉，以使被刻蚀表面能充分与刻蚀气体接触。由于在表面的二次沉积物可被离子打掉，而在侧壁上的二次沉积物未受到离子的轰击，可以保留下来阻隔刻蚀表面与反应气体的接触，使得侧壁不受刻蚀，所以采用这种方式可以获得各向异性的刻蚀，广泛应用于微加工领域。物理与化学结合刻蚀主要包括反应离子刻蚀（reactive ion etching，RIE）和电感耦合等离子体（inductive coupled plasma，ICP）刻蚀等，本书主要介绍物理与化学结合刻蚀中的反应离子刻蚀，因此本节中所出现的“干法刻蚀”均指“反应离子刻蚀”。

2.8.1 反应离子刻蚀装置及原理

由前述可知，反应离子刻蚀的主要刻蚀粒子是等离子体，等离子体是指在射频电场作用下，气体中原有的分子发生电离，产生由电子、离子、光子等粒子组成的体系。等离子体是自然界中除固体、液体、气体之外的第四种状态，整体表现为准电中性。等离子体中的组分不论是否带电，都具有很强的反应活性，易与被刻蚀物发生反应，故可以在低温条件下进行刻蚀。

反应离子刻蚀装置中最重要的部分是产生电场的电极元件，最常见的刻蚀系统是使用平板形电极的反应器，如图 2-35 所示。射频电源由电极的阴极端经过匹配系统接入，阳极接地。在阴极与阳极间射频电场的作用下，空间初始的少量自由电子运动加速、获得能量。加速后的电子将与气体分子发生碰撞，使气体分子电离。电离的气体分子释放出更多的自由电子，更多的自由电子将继续与气体分子发生碰撞，使气体离子程度持续增加，气体由最初的绝缘状态变为导电状态，在阴阳两极板间形成电场。空间中的自由电子除电离气体分子外，也会不断地与气体离子碰撞复合，最终使电离和复合达到平衡态，在空间形成等离子体。由于气体离子恢复到原子态会向外辐射光子释放能量，并产生辉光，故产生等离子体的过程也叫辉光放电（glow discharge）过程[22]。

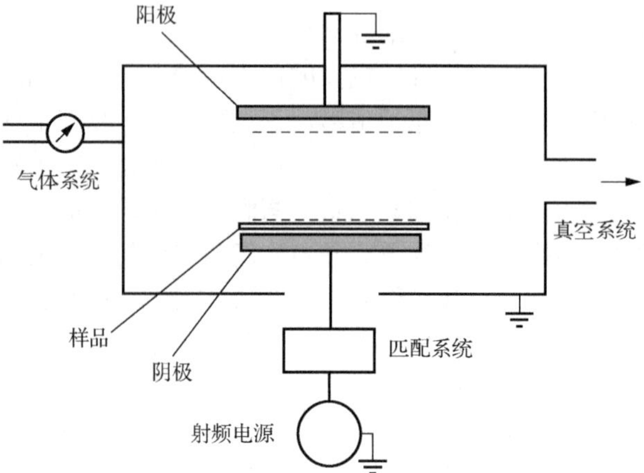

图 2-35　平板形反应离子刻蚀系统示意图

由图 2-35 可知被刻蚀样品被放置在电极的阴极，这是因为在阴极将受到更强的离子轰击，下面对阴极受到更强的离子轰击的原因进行分析。由于阴极和阳极两极板空间内电子和离子数目相同，因此两极板间处处为等电位。而在阴极和阳极的表面附近，由于电子负电荷的积累，会形成负电场。由于阴极未接地，故电子电荷形成的负电场相对较高，负电场能够对离子进行加速，使之轰击电极表面，所以将刻蚀样品放在阴极表面。

在反应离子刻蚀过程中，阴极表面除样品外的其他部位也会受到刻蚀，而且对阴极材料的刻蚀也会消耗掉等离子体中大量的反应活性离子，这就需要增加刻蚀时间，从而降低了刻蚀速率，因此阴极材料一般选用化学惰性材料。除阴极材料外，阳极与反应室侧壁材料也会在物理溅射和化学反应刻蚀的过程中产生多余沉积物，这些沉积物不具有稳定性和永久性，在下一次刻蚀中会因为溅射而离开腔体内壁表面沉积到其他部位，包括被刻蚀样品的表面。因此，即使对于同一刻蚀系统，同样的刻蚀条件，在不同时间的刻蚀可能会得到不同的刻蚀结果。这是因为反应离子刻蚀系统会将前一次刻蚀的沉积物带到下一次刻蚀环境中，影响刻蚀结果。为了减少这种情况，应尽量避免用同一刻蚀系统刻蚀多种不同材料，或者必须在每一次新的刻蚀前对反应室腔体进行一次等离子体“清洗”，即在未放样品之前用氧气或氩气对腔体预刻蚀一段时间，将其表面的沉积物去除。

介绍了反应离子刻蚀的装置后，进一步对其反应原理进行概述。反应离子刻蚀的工作原理可以定性地描述为物理溅射、离子反应、自由基生成以及自由基刻蚀四个过程[23]，如图 2-36 所示。

（1）物理溅射。物理溅射是利用被电场加速的定向运动带电粒子对刻蚀样品表面进行轰击，当粒子动能足够大时，可以破坏样品材料的晶格结构，使表面一定范围内的材料原子被溅射出来，最终可以进行基底的刻蚀。

（2）离子反应。离子反应是刻蚀气体经分解形成的活性粒子与刻蚀表面原子反应，生成挥发性产物，从而实现对基底材料的刻蚀。

（3）自由基生成。入射离子二次释放电子，将样品表面吸附的化学活性气体分子分解形成自由基。

（4）自由基刻蚀。离子二次释放电子形成的自由基是反应性极强的颗粒，会立即与被刻蚀的材料发生反应，或在被刻蚀之前在表面迁移并与表面原子反应，生成挥发性产物。

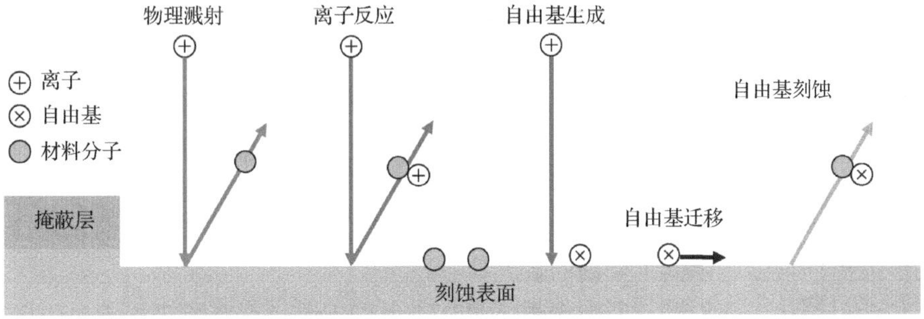

图 2-36　反应离子刻蚀过程示意图

通过上述介绍可知反应离子刻蚀的必备条件之一是化学活性气体的参与，硅的反应离子刻蚀中常用的化学活性气体包括单一气体类型和多种气体类型组合，如表 2-11 所示。微器件的加工工艺中，在硅表面形成二氧化硅（SiO_2）钝化层是硅技术中常用的工艺，而且硅暴露在氧气中时，表面也会形成 SiO_2。选择比是指刻蚀工艺对刻蚀基底和基底上其他材料的刻蚀速率的比值，高选择比代表刻蚀主要是在需要刻蚀的材料上进行，因此在表中列出了 SiO_2 的刻蚀气体以及相应的选择比。

表 2-11　刻蚀气体种类及其选择比

材料	刻蚀气体	选择比
Si	CF_4	对 SiO_2 选择比低
	SF_6	对 SiO_2 选择比低
	$CHF_3CF_4+H_2$	对 SiO_2 无选择比
	CF_4+O_2	对 SiO_2 选择比高
SiO_2	$CF_4+ O_2$	对 Si 选择比低
	SF_6	对 Si 选择比低
	CHF_3+O_2	对 Si 选择比高
	CHF_4+H_2	对 Si 选择比高
	$CHF_3+C_4F_8+CO$	对 Si 选择比高

反应离子刻蚀的另一个必备条件是刻蚀反应生成物必须是挥发性产物，能够被真空系统排出，离开刻蚀表面。反应离子刻蚀生成物的挥发性可以由其沸点温度表示，沸点越高，挥发性越低。表 2-12 中列出了硅与不同刻蚀气体反应生成物的沸点，为了使刻蚀反应生成物能被真空系统有效地从刻蚀表面带走，需要选择那些反应物沸点低的刻蚀气体。除了选择合适的刻蚀气体外，增加刻蚀反应生成物挥发性的另一个办法是对样品台加温，提高样品台的温

度使之接近于反应生成物的沸点。

表 2-12 硅元素与不同刻蚀气体反应生成物的沸点温度

刻蚀气体	反应生成物	沸点 /℃
CF_4、SF_6、F_2、NF_3、S_2F_2	SiF_4	−86
Cl_2	$SiCl_4$	57.6
CH_4	SiH_4	−111.8

综上，反应离子刻蚀是利用等离子体对样品进行物理轰击刻蚀和化学反应刻蚀，化学反应的生成物具有挥发性，可以被真空系统从样品表面带走，具有较好的各向异性以及较高的刻蚀选择比的优点。实际生产过程中，反应离子刻蚀需具备较高的刻蚀速率，否则一次刻蚀程序就需要较长的时间，降低了生产率。由前述可知，反应刻蚀速率与等离子体密度有关，提高射频功率可增加等离子体密度，然而随着频率的增加，待刻蚀样品表面以及掩蔽层材料受到的物理轰击均增强，降低了刻蚀的选择比。

ICP 刻蚀可解决上述问题，即在保持选择比不变的前提下提高刻蚀速率。ICP 刻蚀在反应离子刻蚀装置的基础上增加了一路射频，将产生等离子体的射频电源与物理轰击的射频电源分开，因此只要提高产生等离子体的射频电源功率即可。ICP 刻蚀的装置如图 2-37 所示，产生等离子体的射频电源 RF1 施加射频功率到缠绕在腔室外的螺线圈上，由安培定律可知，线圈上会产生随时间变化的轴向磁场，然后在腔室内产生感应耦合的电场，在电场作用下，刻蚀气体辉光放电产生高密度等离子体，RF1 功率的大小影响等离子体的电离率，从而影响等离子体的密度。射频电源 RF2 连接在腔室内下方的电极上，为等离子体的物理轰击进行加速。两套射频电源将等离子产生区与加速区分隔开来，可对其分别设定功率，既可以提高刻蚀速率，又不降低物理刻蚀的选择比。目前最好的 ICP 源可以实现 20μm/min 以上的刻蚀速率，并有希望达到 50μm/min 甚至 100μm/min[24]。ICP 刻蚀具有控制精度高、刻蚀速率高、大面积刻蚀均匀性好、刻蚀垂直度好、污染少和刻蚀表面平整光滑等优点，常用于高深宽比结构的刻蚀，并且在 MEMS 工业中的应用越来越广泛。

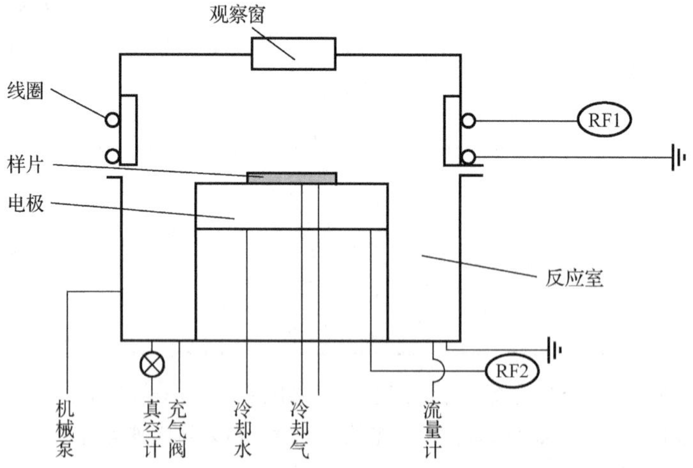

图 2-37 ICP 刻蚀装置示意图

2.8.2　评价刻蚀质量的主要指标

衡量反应离子刻蚀质量的主要指标包括刻蚀速率、各向异性、均匀性、选择比、损伤及表面粗糙度等。

1. 刻蚀速率（etch rate）

刻蚀速率是指在刻蚀过程中去除硅片表面材料的速度，单位通常用 nm/min 表示。刻蚀速率直接取决于反应离子刻蚀的化学和物理作用强度，其定量计算可以通过单位时间内膜厚的测量进行，在实际生产中往往要求刻蚀速率尽可能高。

2. 各向异性（anisotropy）

在反应离子刻蚀中，被刻蚀样品的纵向（底面）受到物理轰击和化学反应两种刻蚀，而横向（侧壁）只受到化学反应一种刻蚀，因此纵向的刻蚀速率远大于横向的刻蚀速率，这称为其刻蚀的各向异性。在硅的刻蚀中，可以采用阻止侧壁的化学反应（钝化）来增加各向异性，该方法被称为反应离子深刻蚀（deep reactive-ion etching，DRIE）或 Bosch 工艺，可以制造高深宽比硅结构。常用的钝化气体为 C_4F_8，刻蚀气体为 SF_6，刻蚀过程如下（图 2-38）。

（1）首先利用 SF_6 气体进行刻蚀，深度数百纳米，持续数秒时间。

（2）结束刻蚀，通入 C_4F_8 气体，与等离子体反应，生成氟碳聚合物，沉积在刻蚀后露出的表面，形成刻蚀保护薄膜，这个过程称为钝化。钝化沉积工艺采用的射频功率较小，目的是减小物理性的各向异性刻蚀，从而确保沉积的各向同性，更好地保护待刻蚀样品的侧壁。

（3）再次通入 SF_6，并提高射频功率，继续向垂直方向刻蚀。沉积在底面的氟碳聚合物薄膜被等离子体轰击去除后，刻蚀会继续向深度方向进行。由于该物理轰击刻蚀过程是各向异性的，所以沉积在侧壁的聚合物薄膜仅会受到轻微轰击，从而对侧壁起到有效保护作用。

刻蚀与钝化每 5～10s 转换一个周期，直至达到所需刻蚀深度。刻蚀结束后，通常使用氧气刻蚀或适当的化学溶液去除钝化层和光刻胶掩膜。需要注意的是，与连续性的各向异性刻蚀工艺不同，由于 SF_6 刻蚀为各向同性化学刻蚀，使用 Bosch 工艺形成的局部侧壁不是光滑垂直的，其局部轮廓呈“扇贝”形，“扇贝”的大小可通过改变 SF_6 刻蚀时间来调节，每个刻蚀程序的时间越长，产生的“扇贝”尺寸越大。

Bosch 工艺具有较高的刻蚀速率，且刻蚀形成的侧壁垂直度较好，结构的深宽比超过 50∶1，因此该工艺被广泛应用于 MEMS 器件的高深宽比结构、通孔或穿孔等结构的刻蚀。

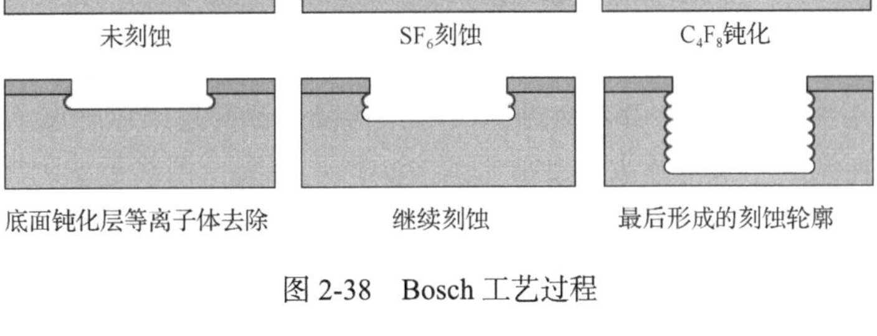

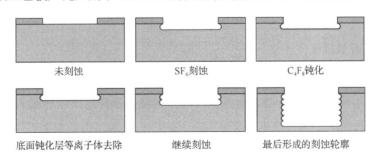

图 2-38　Bosch 工艺过程

3. 均匀性（uniformity）

刻蚀均匀性是一种衡量刻蚀工艺在整个硅片上、整个一批或批与批之间刻蚀能力的参数。刻蚀均匀性可采用下式进行计算：

$$U\% = \frac{X_{\max} - X_{\min}}{2\mathrm{ave}(\sum_{i=1}^{n} X_i)} \times 100\% \tag{2-32}$$

式中，X_i 为测试点处样品的厚度；$X_{\max}$、$X_{\min}$ 分别为所有测试点样品厚度的最大值、最小值；n 为测试点个数。

保持均匀性是保证制造性能一致的关键，其难点在于刻蚀工艺必须在刻蚀具有不同图形分布的硅片上保证均匀性，如图形密的区域、大的图形间隔、高深宽比图形等。影响均匀性的主要因素是刻蚀速率，刻蚀速率与图形深宽比有关，例如具有高深宽比硅槽的刻蚀速率要比具有低深宽比硅槽的刻蚀速率慢，这一现象称为深宽比相关刻蚀。为了提高均匀性，需针对不同的图形面积以及图形线宽的大小，来相应地调节刻蚀参数，如流量比、功率比、压力等。

4. 选择比（selectivity）

反应离子刻蚀过程中，待刻蚀面的掩蔽层材料（如光刻胶等）或待刻蚀面下方不需要被刻蚀掉部分的材料可能也会被刻蚀掉，如图 2-39 所示。用选择比来定量化描述这一现象，选择比是指待刻蚀面的刻蚀速率与不被刻蚀面的刻蚀速率之比，选择比越高越好。选择比往往可以通过合理选择材料和气体成分得到控制。在刻蚀硅时，掩蔽层 SiO_2、Si_3N_4 的刻蚀主要是以离子轰击为主，而 Si 的刻蚀是以氟化物为主的化学刻蚀，可据此选择合适的刻蚀气体、射频功率以及气体流量。

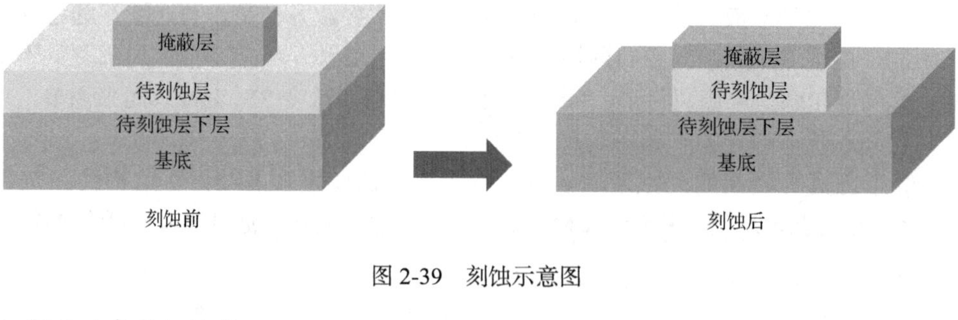

图 2-39　刻蚀示意图

5. 损伤及表面粗糙度

刻蚀过程中，带电质子、高能中性粒子和紫外光都会引起基底损伤，比如当离子对基底的碰撞能量到达几百电子伏时，其对刻蚀表面的损伤就会变得越来越严重，表面粗糙度增加。可通过功率、气体流量、设备升级等方法来减少损伤，但完全消除干法刻蚀造成的损伤是非常困难的，一般使用 SEM 等较为先进的检测手段对刻蚀后硅片的表面粗糙度进行检测，若损伤较小则可以忽略不计，否则需要重新制备。

2.8.3　工艺参数

反应离子刻蚀是一个非常复杂的物理和化学过程，有多种可以调控的参数，例如刻蚀气体种类、刻蚀气体流量、射频功率、反应室气压、样品材料表面温度等，下面对这些参数的选择和调节进行介绍。

1. 刻蚀气体种类

在反应离子刻蚀中，对于不同的被刻蚀材料，要结合材料本身性质、选择比要求、各向异性要求和刻蚀速率等来确定需要使用的刻蚀气体。氮化硅（Si_3N_4）是一种物理、化学性能都非常优秀的材料，在微机械加工工艺中常被用作绝缘层、表面钝化层、最后保护膜和结构功能层，本书以 Si_3N_4 为例介绍刻蚀气体的选择[25,26]。Si_3N_4 的刻蚀气体主要有 CHF_3、CHF_3+CF_4 和 CHF_3+O_2 三种体系，体系中涉及的气体状态以及化学反应过程如下：

$$CHF_3 \longrightarrow CHF_2^* + CF_3^* + F^* + H^* \tag{2-33}$$

$$CF_4 \longrightarrow CF_3^* + CF_2^* + CF^* + F^* \tag{2-34}$$

$$F^* + H^* \longrightarrow HF\uparrow \tag{2-35}$$

$$Si + F^* \longrightarrow SiF_4\uparrow \tag{2-36}$$

$$Si_3N_4 + F^* \longrightarrow SiF_4\uparrow + N_2\uparrow \tag{2-37}$$

式中，有上标星号的 CHF_2^*、CF_3^*、CF_2^*、CF^*、F^*、H^* 表示具有强化学反应活性的活性基，反应生成的 SiF_4、HF、N_2 等挥发性气体被真空系统抽离反应腔体，完成对 Si_3N_4 的刻蚀。

使用 CHF_3 气体体系对 Si_3N_4 刻蚀时，改变气体的流量得出刻蚀速率、均匀性与流量之间的关系曲线，如图 2-40（a）所示；使用 CHF_3+CF_4 气体体系对 Si_3N_4 刻蚀时，保持气体总流量为 30sccm（标准立方厘米每分）不变，改变 CF_4 的流量，得出刻蚀速率与 CF_4 流量之间的关系曲线，如图 2-40（b）所示；使用 CHF_3+O_2 气体体系对 Si_3N_4 刻蚀时，保持 CHF_3 流量为 20sccm 不变，改变加入 O_2 的流量，得出刻蚀速率与 O_2 流量之间的关系曲线，如图 2-40（c）所示。

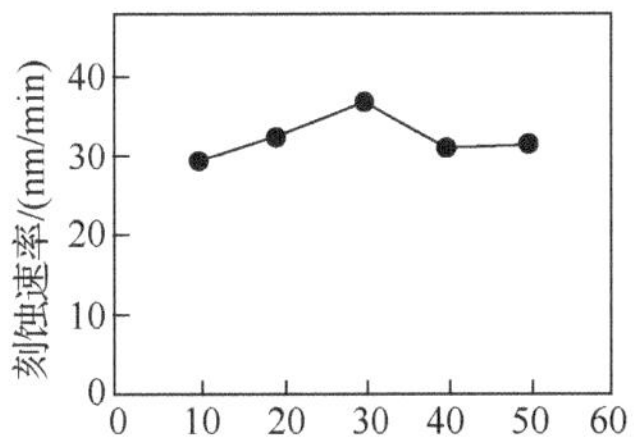

（a）CHF_3体系刻蚀速率随CHF_3流量变化曲线

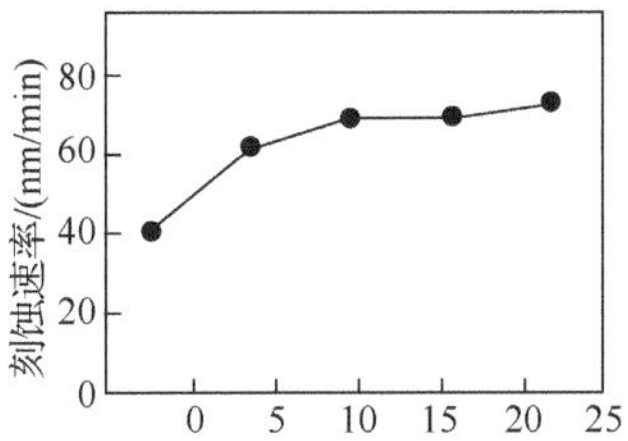

（b）CHF_3+CF_4体系刻蚀速率随CF_4流量变化曲线

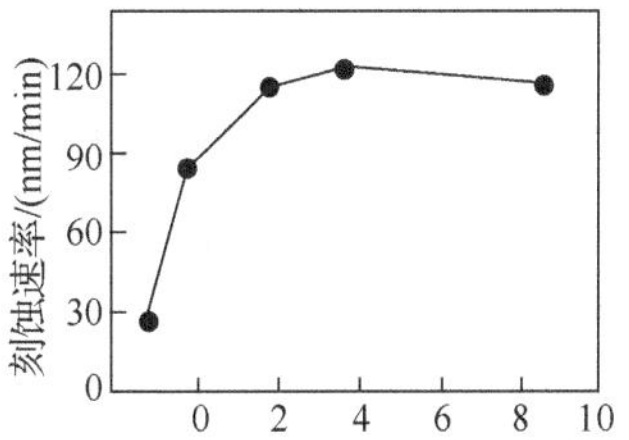

（c）CHF_3+O_2体系刻蚀速率随O_2流量变化曲线

图 2-40　不同气体体系下 Si_3N_4 刻蚀速率随流量变化曲线

比较图 2-40（a）与（b）可以看出，刻蚀速率随气体流量的增大而增大，但采用 CHF_3+CF_4 刻蚀 Si_3N_4 的刻蚀速率比采用 CHF_3 刻蚀时大。这是因为 CF_4 提供更多的氟等离子体，对氮化硅具有较高的刻蚀速率；而 CHF_3 在刻蚀过程中生成较多聚合物，CHF_3 的 H 及本身相对低的 F/C，使其刻蚀速率不高。增加 CF_4 的比例就是增大反应气体中的 F/C，使刻蚀速率增大。

由图 2-40（c）可以看出，O_2 的加入对刻蚀速率的提高有明显的作用，这是因为 O_2 加入后，会发生如下反应：

$$CF^{*}+O_2 \longrightarrow COF\uparrow +CO\uparrow +CO_2\uparrow \tag{2-38}$$

可见 O_2 可消耗掉部分碳氟化物，使氟活性原子比例上升，导致刻蚀速率显著提高。综上，由于 CHF_3+O_2 气体体系具有较高的刻蚀速率，实验中该体系使用比较多。

2. 刻蚀气体流量

反应气体的流量对刻蚀速率有显著影响：流量过小，活性反应粒子产生量不足，刻蚀速率降低；流量过大，活性粒子还未与被刻蚀材料充分反应就被抽走，反应气体的利用率不足，刻蚀速率也较低。因此在这两者之间，一定有一个最优流量，既可以保证较大的刻蚀速率，也可以保证反应气体被充分利用。气体流量对刻蚀速率的影响如图 2-41（a）所示。

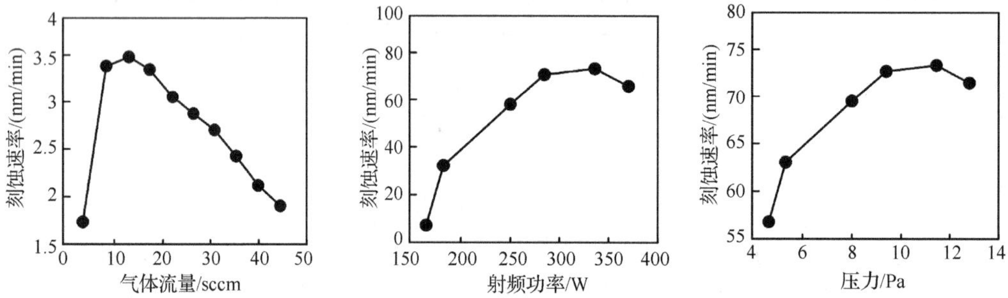

（a）刻蚀速率随气体流量变化曲线　（b）刻蚀速率随射频功率变化曲线　（c）刻蚀速率随压力变化曲线

图 2-41　刻蚀速率随刻蚀参数变化曲线

3. 射频功率

射频功率对刻蚀速率的影响如图 2-41（b）所示，随着射频功率的增大，刻蚀速率非线性地增大，这是因为射频功率的增大，加快反应气体的离化、分解，促进表面化学反应，而且随着射频功率的增大，自由电子能量升高，物理轰击作用增强，加快刻蚀速率。但是当功率达到某一值后，进一步增加功率，刻蚀速率反而下降，这是因为当功率增大到一定值，能够离化分解的分子数已经达到饱和，再继续增大功率，自偏压也进一步增大，降低了刻蚀速率。

4. 反应室气压

反应离子刻蚀一般在 0.133～13.3Pa 的低气压条件下进行。使用该气压范围的原因是在该范围内，气体分子密度低，电子与气体分子碰撞的自由程增大，每次碰撞后的加速能量增大，气体被电离的概率也增大。此外，低气压条件下，由于气体分子密度低，粒子之间的碰撞减少，均垂直射向刻蚀表面加强物理轰击，从而使刻蚀的各向异性增强。低气压也有利于挥发性产物脱离刻蚀表面，从而增大反应速率。在上述压力范围内刻蚀速率随压力的变化如图 2-41（c）所示，随着压力的增大，反应气体浓度增加，增强了化学反应刻蚀，所以刻蚀速率不断增大。随后，当压力超过 13.3Pa 后，刻蚀速率开始减小，因为气体分子密度随着压力的增加而增大，粒子之间碰撞的概率增大，粒子损失能量较多，削弱了其对刻蚀样品的物理轰击作用，从而导致刻蚀速率降低。

5. 样品材料表面温度

较高的温度会促进化学反应过程，同时也有利于化学反应生成的挥发性产物离开刻蚀表面。例如，刻蚀硅材料、反应生成物为 $SiBr_4$ 时，要求基底温度在 150℃以上。即使不对基底特殊加温，被刻蚀的材料表面也会因离子轰击自然升温（温度可达到 100～200℃）。

但是，升温也具有不利影响，当掩蔽层的材料为光刻胶时，温度升高会导致光刻胶软化变形，降低掩蔽层图形的精度；同时，加快对光刻胶的刻蚀，降低刻蚀的选择比。因此，在实验过程中，可以采用其他材料如氧化硅、氮化硅代替光刻胶作为掩蔽层。温度升高的另一个不利影响是增加横向刻蚀速率，使各向异性刻蚀结果变差，可采用样品台冷却的办法解决这个问题。

以上分析表明，反应离子刻蚀的刻蚀速率与多种参数有关，要找到这些参数的最佳组合，达到理想的刻蚀效果，需要大量的实验摸索。通过实验优化刻蚀条件的方法之一是每次改变其中一个条件，固定其他条件，考察该实验条件改变对某一刻蚀指标的影响。

2.9　常见工艺问题及其解决方法

2.9.1　边珠效应

在旋转涂胶过程中，由于光刻胶本身的黏性以及离心力、空气摩擦力等的耦合作用，基片的边缘和侧面区域会产生胶液堆积，从而导致基片表面的胶膜呈中心薄、四周厚的“浅盆状”，难以达到均匀一致，这种现象被称为边珠效应（edge bead effect），或边沿卷边现象、边圈现象，如图 2-42 所示[27]。

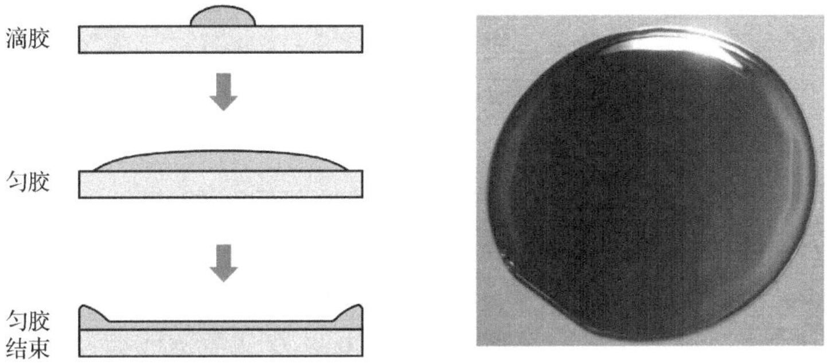

（a）示意图　　（b）实物图

图 2-42　边珠效应

边珠效应会给后续工艺造成如下不良影响。

（1）在机械夹持移动基片时，边珠堆积物易剥落，污染光刻环境。

（2）掩膜版与胶膜接近时，边珠易与掩膜版接触，并黏附在掩膜版上，从而影响掩膜版的透光效果，造成光刻缺陷。

（3）边珠区域的菲聂尔衍射现象强烈，使光刻的精度变差。

（4）在接触式曝光工艺中，边珠会使掩膜版和光刻胶之间形成一个缝隙，造成非接触曝光，使曝光图形变大。

边珠效应的解决方法主要如下。

（1）将带有光刻胶的基底静置于水平板上一段时间，在重力的作用下，边缘光刻胶会自动回流，达到自平整的效果。

（2）利用精密铣削的方法去除边珠，对光刻胶薄膜进行平整加工。

（3）在甩胶机上安装边珠去除装置，去除装置带有定向喷口，可喷出少量溶剂去除边缘胶层。

（4）在正常曝光后用激光曝光边珠部分，将其在显影液或特殊溶剂中溶解掉。

2.9.2 负载效应

干法刻蚀的刻蚀速率随着刻蚀表面积的不同而呈现差异的现象称为负载效应（loading effect）。该效应一般由刻蚀气体的浓度在不同面积表面的分布情况引起[28]。一般而言，刻蚀速率与刻蚀气体的浓度成正比，在反应室内刻蚀气体浓度不变的情况下，当所需刻蚀的表面面积增大时，刻蚀气体在单位面积上的浓度减小，这就导致刻蚀速率下降，在这个过程中，刻蚀速率主要受反应离子刻蚀中化学反应刻蚀的影响。

在干法刻蚀批量生产工艺中，往往有很多不同的产品在生产线上。在刻蚀样品材料及厚度相同的情况下，各产品之间的不同在于刻蚀面积的不同。当产品的刻蚀面积均在一定范围内时，负载效应可忽略不计，可以选择使用单一的刻蚀程序来完成，但是如果超出了此范围，那负载效应就会产生影响，导致产品质量产生严重的缺陷。图 2-43 为一个利用干法刻蚀法对晶圆片加工得到的微结构，使用透射电子显微镜（transmission electron microscope，TEM）观察局部图形成型情况，发现在设计版图上为矩形的图形变成了梯形，这就是由于版图上各区域面积大小差异较大，引起了负载效应，导致刻蚀速率在掩蔽层和被刻蚀材料上严重失衡，甚至一些区域在刻蚀后掩蔽层残留已经远低于标准，一些暴露在等离子体环境中的图形的顶部在没有掩蔽层保护的情况下被刻蚀削尖。

负载效应主要可分为三种：宏观负载效应（macroloading effect）、微观负载效应（microloading effect）以及深宽比相关负载效应（aspect ratio dependent etching loading effect，ARDE）。宏观负载效应是指刻蚀速率随刻蚀面积的增大而下降的现象。对于硅材料，当刻蚀面积占样品总面积的比例小于 1%时，刻蚀速率可以达到 50μm/min；当刻蚀面积占样品总面积的比例大于 20%时，刻蚀速率只能达到 30μm/min。宏观负载效应使得采用同样的工艺参数对不同图形进行刻蚀时，可能会出现不同区域刻蚀深度不同的情况，因此在刻蚀图形前，必须先通过实验摸索出相应的最佳刻蚀参数。微观负载效应是指在图形密度越大的区域刻蚀速率越慢的现象。在图形密集区域，刻蚀离子成分消耗快，供给失衡，刻蚀速率降低，造成图形密集区域刻蚀深度小于图形稀疏区域。深宽比相关负载效应是指在同一基底上具有不同深宽比的图形刻蚀深度不同的现象。随着刻蚀深度的增加，刻蚀表面有效反应成分的更新越来越困难，造成图形深宽比越高，刻深越难。

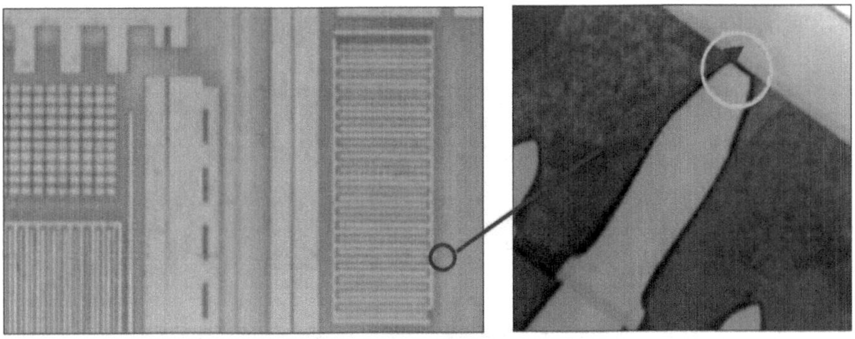

图 2-43　负载效应引起的产品质量的缺陷

解决负载效应的方法主要是合理调配流量比、功率比、压力等刻蚀参数，平衡不同区域表面反应物浓度，改善大面积、窄线条、密集图形区域的反应物供给，即时排除刻蚀产物。

2.9.3　长草现象

长草（grass）现象是指反应离子刻蚀中生成的不易挥发物等沉积到待刻蚀样品表面，在其上形成一层“微掩膜”，经过等离子体再次轰击后，样品表面会形成“草”状结构的情况（图 2-44）[29]。

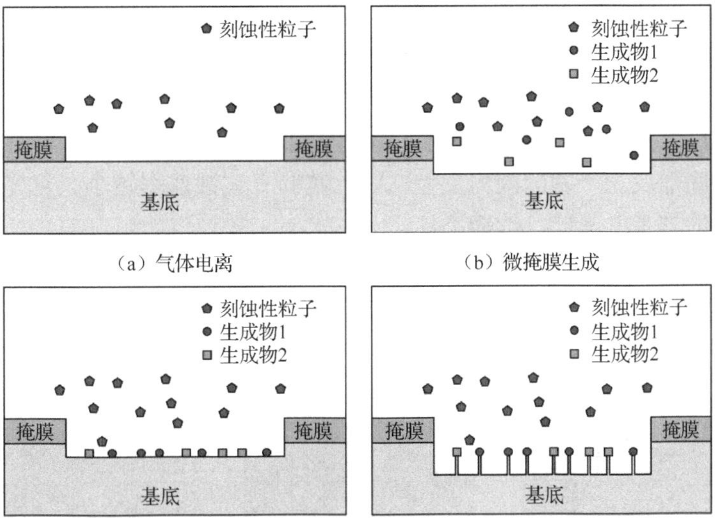

（a）气体电离　（b）微掩膜生成

（c）微掩膜沉积　（d）刻蚀

图 2-44　长草现象生成机制

长草现象会增加结构表面的粗糙度，影响成型微器件的光学特性、传感特性以及机械特性等。该现象可以通过提高射频功率来改善[30]，随着射频功率的增加，等离子体能量增加，物理轰击样品表面的作用加强，吸附在样品表面阻挡刻蚀的生成物被等离子体从样品表面轰击脱落的概率增大，进而减弱了长草效应。图 2-45 为不同射频功率下刻蚀后的样品截面图，可见当射频功率增加到一定数值后，可得到底部表面光滑的沟槽结构。

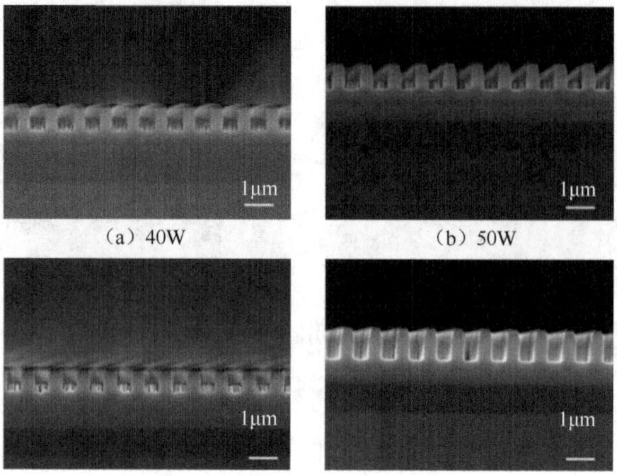

（a）40W　（b）50W　（c）60W　（d）70W

图 2-45　不同射频功率下刻蚀后的样品截面图

实际制造过程中利用长草现象也可以制备特定的微纳结构，需要结合特殊的工艺来实现，本书对此不展开详细论述。

2.9.4　缩口问题

干法刻蚀过程中，会出现随着刻蚀深度的增加刻蚀宽度减小的现象，使刻蚀后沟槽的侧壁并不是完全竖直，而是呈上宽下窄的形状，这种现象称为缩口问题[31]。缩口产生的主要原因是随着刻蚀深度的不断增加，等离子体扩散到凹槽底部的能力变弱，同时由于深度的增加，真空系统抽离槽底部反应产物的能力变差，因此越向下刻蚀速率越小、宽度越窄。缩口现象使得制备微结构的垂直度降低、形貌不佳。

解决该问题可以采用增加刻蚀气体流量的方法。随着反应气体流量的增加，深层刻蚀能力增强，微槽侧壁垂直度越好。图 2-46 为硅的干法刻蚀中不同 SF_6 气体流量下刻蚀得到的沟槽截面图。

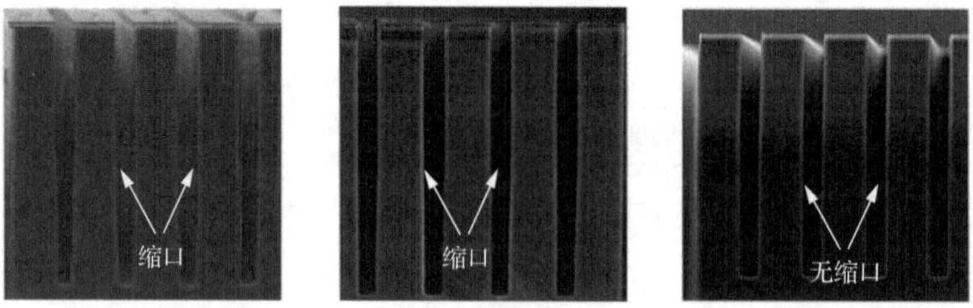

（a）300sccm　（b）330sccm　（c）360sccm

图 2-46　反应气体流量对缩口问题的影响

实际制造过程中，可根据被刻蚀样品材料、形状、大小进行气体流量的选择，以达到消除缩口问题的目的。

2.9.5　基脚效应

在制造基于绝缘体上硅或硅-二氧化硅键合晶圆片的器件时，通常使用 DRIE 工艺来释放微结构。然而，DRIE 在刻蚀完硅层后，并不会在二氧化硅处停止，而是会在硅-二氧化硅界面处继续横向刻蚀，产生底部宽大，形似“脚”的缺口（图 2-47），这种现象称为基脚（footing）效应。

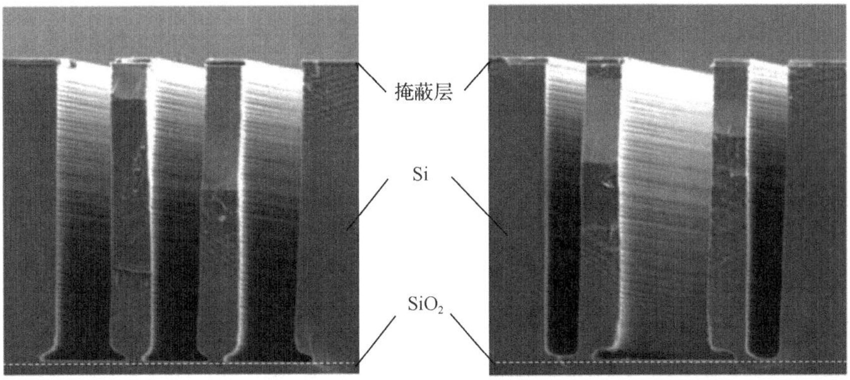

图 2-47　刻蚀过程中的基脚效应[32]

研究表明，基脚效应产生的机理主要有充电效应机制[33]和传热机制[34]两种，其中由于充电引起的刻蚀沟槽中的离子偏转机理较为成熟。在等离子体刻蚀过程中，离子和电子穿过等离子体鞘时的方向性会发生变化，电子的方向性是各向同性的，离子的方向性是各向异性的。方向性的不同使得它们在不同的表面充电，电子主要停留在刻蚀沟槽的开口处，而更多的离子可以到达刻蚀沟槽的底部。刻蚀硅层时，由于掺杂的硅具有导电性，电荷会被中和掉。然而，硅层被刻蚀穿后，由于二氧化硅不具有导电性，沟槽底部的电位会升高，如图 2-48 所示，从而产生局部电场。当这个电场累积到一定值时，就会将后面的离子排斥到侧壁。这个过程会一直持续到足够多的离子被偏转并且到达沟槽底部的电子与离子相等，此时的状态被称为稳态。这些偏转的离子将刻蚀侧壁处的硅，因此在硅-二氧化硅界面处形成缺口。

基脚效应会带来很多负面影响，如材料的质量与刚度的不均匀分布，更严重的会导致与底部相分离的硅成分变得松散，而与其他部分粘连在一起，微器件的结构被破坏，降低制造的可重复性和可靠性。

基脚效应可以通过以下方法来改善。

（1）增加刻蚀过程中底部侧壁 C_4F_8 气体钝化时间[35]。

（2）将反应离子刻蚀中等离子体的放电程序设置为脉冲放电，这是因为在脉冲的断电期间，腔室内的电荷会被导电的壁面中和掉，从而减少对硅-二氧化硅界面处的横向刻蚀[36]。

在实际制造过程中，可根据微结构的具体尺寸参数以及设备性能进行相应的基脚效应改善。

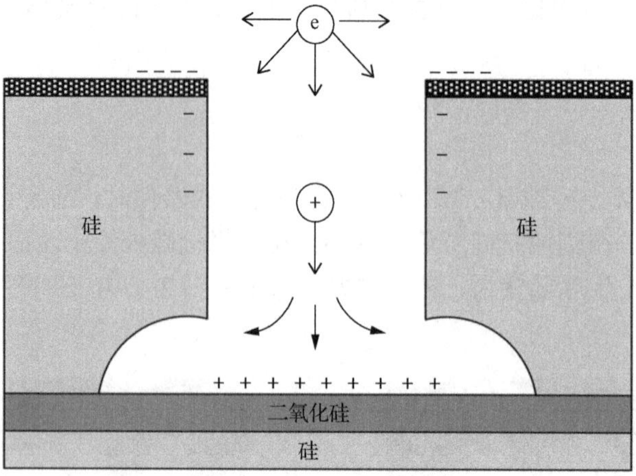

图 2-48　基脚效应产生机制

复习思考题

2-1 制备单晶硅的方法主要有哪几种？

2-2 平板形反应离子刻蚀系统中阴极板和阳极板的位置可以互换吗？

2-3 简述边珠效应的产生原因及解决方法。

参 考 文 献

[1] Herman F. The electronic energy band structure of silicon and germanium[J]. Proceedings of the IRE, 2007, 43(12): 1703-1732.

[2] 彭延辉, 赵立财, 李亮. 材料力学[M]. 成都: 电子科技大学出版社, 2020.

[3] Wu Y Q, Mu D K, Huang H. Deformation and removal of semiconductor and laser single crystals at extremely small scales[J]. International Journal of Extreme Manufacturing, 2020, 2(2): 012006.

[4] Ren J C, Liu D, Wan Y. Modeling and application of czochralski silicon single crystal growth process using hybrid model of data-driven and mechanism-based methodologies[J]. Journal of Process Control, 2021, 104(1): 74-85.

[5] Pfann W G. Techniques of zone melting and crystal growing[J]. Solid State Physics, 1957, 4(24): 423-521.

[6] Ando T, Fu X A. Materials: silicon and beyond[J]. Sensors and Actuators A: Physical, 2019, 296: 340-351.

[7] Cui Z. Development of microfabrication technology for MEMS/MOEMS applications[J]. Proceedings of SPIE - The International Society for Optical Engineering, 2004, 5641: 179-187.

[8] Adelyn P, Hashim U, Ha Y P, et al. Transparent mask design and fabrication of interdigitated electrodes[C]. 2015 IEEE Regional Symposium on Micro and Nanoelectronics (RSM), IEEE, 2015.

[9] Voelkel R, Vogler U, Bich A, et al. Advanced mask aligner lithography: new illumination system[J]. Optics Express, 2010, 18(20): 20968-20978.

[10] 袁淼, 孙义钰, 李艳秋. 先进计算光刻[J]. 激光与光电子学进展, 2022, 59(9):16.

[11] 徐泰然. MEMS 与微系统:设计、制造及纳尺度[M]. 北京: 电子工业出版社, 2017.

[12] 王喆垚. 微系统设计与制造[M]. 北京: 清华大学出版社, 2015.

[13] Stuerzebecher L, Fuchs F, Zeitner U D, et al. High-resolution proximity lithography for nano-optical components[J]. Microelectronic Engineering, 2015, 132: 120-134.

[14] Sthel M S, Lima C R, Cescato L. Photoresist resolution measurement during the exposure process[J]. Applied Optics, 1991,30(35): 5152-5156.

[15] Yao G R, Fan G H, Li J, et al. Research on wet etching of doped GaN[J]. Micronanoelectronic Technology, 2009, 46(10): 621.

[16] Kattelus H P. Wet refinement of dry etched trenches in silicon[J]. Journal of the Electrochemical Society, 1997, 144(9): 3188-3191.

[17] Ilic E, Pardo A, Hauert R, et al. Silicon corrosion in neutral media: the influence of confined geometries and crevice corrosion in simulated physiological solutions[J]. Journal of The Electrochemical Society, 2019, 166(6): C125-C133.

[18] Yao M Q, Su W, Tang B, et al. Silicon anisotropic etching in Triton-mixed and isopropyl alcohol-mixed tetramethyl ammonium hydroxide solution[J]. Micro & Nano Letters, 2015, 10(9): 469-471.

[19] 加德纳. 微传感器 MEMS 与智能器件[M]. 北京: 中国计量出版社, 2007.

[20] Yu J C. Convex corner compensation for a compact seismic mass with high aspect ratio using anisotropic wet etching of (100) silicon[C]. Symposium on Design, Test, Integration & Packaging of MEMS/MOEMS (DTIP), Aix-en-Provence, France, 2011: 197-199.

[21] Curran J E. Physical and chemical etching in plasmas[J]. Thin Solid Films, 1981, 86(2-3): 101-116.

[22] Vaulina O S, Nefedov A P, Petrov O F, et al. Self-oscillations of macroparticles in the dust plasma of glow discharge[J]. Journal of Experimental and Theoretical Physics, 2001, 93(6): 1184-1189.

[23] Bollinger D, Lida S, Matsumoto O. Reactive ion etching: its basis and future[J]. Solid State Technology, 1984, 27(6): 167-173.

[24] 周仑. 硅基深刻蚀的工艺研究[D]. 武汉: 华中科技大学, 2019.

[25] 荀君, 吴志明, 太惠玲，等. 氮化硅的反应离子刻蚀研究[J]. 电子器件, 2009, 32(5): 864-866.

[26] 关一浩, 雷程, 梁庭，等. RIE 反应离子刻蚀氮化硅工艺的研究[J]. 电子测量技术, 2021, 44(7): 107-112.

[27] Reiter T, Mccann M, Connolly J, et al. An investigation of edge bead removal width variability, effects and process control in photolithographic manufacturing[J]. IEEE Transactions on Semiconductor Manufacturing, 2022, 35(1): 60-66.

[28] Chang S, Chin C C, Wang W, et al. Study of loading effect on dry etching process[C]. Photomask and Next Generation Lithography Mask Technology X, Yokohama, Japan, 2003.

[29] Mehran M, Kolahdouz Z, Sanaee Z, et al. Evolution of high aspect ratio and nano-grass structures using a modified low plasma density reactive ion etching[J]. European Physical Journal - Applied Physics, 2011, 55(1): 532-542.

[30] 杨晶晶, 范杰, 马晓辉，等. 基于多层抗蚀剂的 GaAs 基微纳光栅深刻蚀工艺[J]. 中国激光, 2022, 49(3): 169-176.

[31] Yeom J, Yan W, Selby J C, et al. Maximum achievable aspect ratio in deep reactive ion etching of silicon due to aspect ratio dependent transport and the microloading effect[J]. Journal of Vacuum Science & Technology B Microelectronics & Nanometer Structures, 2005, 23(6): 2319-2329.

[32] Seok S H, Lee B L, Kim J H, et al. A new compensation method for the footing effect in MEMS fabrication[J]. Journal of Micromechanics and Microengineering, 2005, 15(10): 1791-1796.

[33] Arnold J C, Sawin H H. Charging of pattern features during plasma etching[J]. Journal of Applied Physics, 1991, 70(10): 5314-5317.

[34] Ayón A A, Ishihara K, Braff R A, et al. Application of the footing effect in the micromachining of self-aligned, free-standing, complimentary metal-oxide-semiconductor compatible structures[J]. Journal of Vacuum Science & Technology A Vacuum Surfaces and Films, 1999, 17(4): 2274-2279.

[35] Maruyama T, Fujiwara N, Ogino S, et al. Reduction of charge build-up with high-power pulsed electron cyclotron resonance plasma[J]. Japanese Journal of Applied Physics, 1997, 36(4B): 2526-2532.

[36] Suguru T. Notch profile defect in aluminum alloy etching using high-density plasma[J]. Japanese Journal of Applied Physics, 1996, 35: 2456-2462.

第 3 章 表面微加工技术

表面硅工艺是一种重要的微加工技术，通常包括薄膜沉积、光刻以及刻蚀等工艺过程。该工艺通过在牺牲层薄膜上沉积结构层，再去除牺牲层释放结构层的方式实现可变形、可动结构的制造[1]。由于薄膜沉积厚度的限制，采用表面硅工艺制造的微结构，其厚度一般在 10μm 以下。

表面硅工艺和体硅工艺具有一定的相似性：①工艺过程都包括光刻、氧化、扩散、离子注入、化学气相沉积（生成氧化物、氮化物和氮氧化物等）和等离子体刻蚀等；②使用的材料也较为类似，如多晶硅、铝、金、钛、铬和镍等。两种工艺也存在明显的不同：①体硅工艺可将任一方向的基底材料去除，而表面硅工艺通常是在特定的基底表面添加薄膜，主要用于 x-y 平面上微结构的加工，在 z 方向的加工较为困难；②体硅工艺会使用较大的模具，材料消耗量大，较表面硅工艺成本更高，而表面硅工艺在制造薄而小的机械结构以及多个微部件的装配方面具有优势；③表面硅工艺可以实现多层复杂的悬空结构制造，但是得到的结构比较脆弱且容易损坏，另外薄膜应力和粘连现象是需要重点解决的问题。

本章对各种可用于 MEMS 和微系统的表面微加工技术做了一个概括的介绍。这些工艺可以用来制造大多数微器件和微系统中的主要几何结构。首先介绍了表面硅工艺的基本流程和表面硅工艺材料；其次介绍了薄膜制备工艺，即在基底以及其他 MEMS 器件的表面沉积一层薄膜，常用的两类沉积方法包括物理气相沉积和化学气相沉积，物理气相沉积主要涉及粒子对热基底表面的轰击，而化学气相沉积则涉及热对流和质量传输，同时还伴随有基底表面的扩散及化学反应，另外还介绍了外延与液相法沉积薄膜的方法；随后介绍了表面硅工艺中薄膜图形化的剥离工艺，目前薄膜图形化主要有刻蚀和剥离两种技术途径，但在部分情况下，刻蚀工艺并不适用；最后介绍了表面微加工技术存在的常见问题，即粘连和薄膜残余应力。

3.1 表面硅工艺的基本流程

表面硅工艺的基本加工思路是：先在硅基底上沉积一层称为牺牲层的材料，然后在牺牲层上沉积一层结构层并加工成所需图形。在结构加工成型后，通过刻蚀的方法将牺牲层刻蚀掉，使结构材料悬空于基底之上，形成各种形状的二维或三维结构。根据不同微器件的结构要求，可能需要反复沉积结构层或牺牲层。

表面硅工艺过程的主要步骤包括沉积牺牲层、刻蚀牺牲层、沉积结构层、刻蚀结构层、去除牺牲层释放结构等。图 3-1 是一个表面硅工艺加工过程的示例：①以清洗干净的硅作为基底；②在硅基底上沉积第一层结构层；③通过刻蚀结构层得到所设计的图形；④在结构层上沉积牺牲层；⑤刻蚀牺牲层，形成结构层在基底上的支撑锚点；⑥在牺牲层上沉积第二层结构层材料；⑦刻蚀第二层结构层，得到需要的结构，并将下面的牺牲层暴露出来；⑧去除牺牲层，干燥结构，得到悬浮在基底上的微结构。

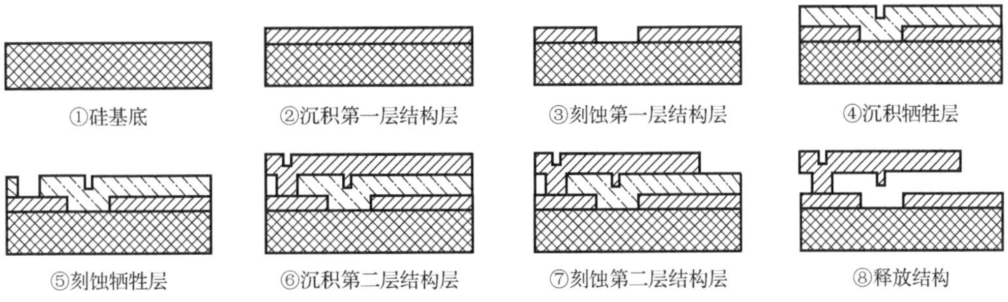
①硅基底
②沉积第一层结构层
③刻蚀第一层结构层
④沉积牺牲层
⑤刻蚀牺牲层
⑥沉积第二层结构层
⑦刻蚀第二层结构层
⑧释放结构

图 3-1　表面硅工艺加工过程

3.2　表面硅工艺材料

3.2.1　结构层材料

常见的结构层材料包括多晶硅、金属、氮化硅、高分子材料等。选择结构层材料的规则如下：①将结构层沉积在牺牲层上时，不能导致牺牲层熔化、溶解、开裂、分解以及变得不稳定或其他形式的毁坏；②用于结构层图形化的工艺不能破坏牺牲层和基底上已有的其他薄层；③用于除去牺牲层的工艺不能侵蚀、溶解、损坏结构层和基底。此外，在选用结构层材料时还应考虑刻蚀速率和刻蚀选择性、可达到的薄膜厚度、材料的沉积温度、结构层本征内应力、表面光滑度和工艺成本等因素。

有些领域需要特殊的材料作为结构层。例如高温、辐射或化学腐蚀严重的环境下，可以使用碳化硅或金刚石作为结构层材料，它们具有机械强度高、摩擦系数低、热导率高、化学性质稳定、不易被腐蚀等特点，在高温压力传感器、大量程加速度传感器、高温气体传感器、温度传感器、微型航天器涡轮引擎等 MEMS 的制造中已被广泛采用。

3.2.2　牺牲层材料

牺牲层材料选择的主要原则是必须要保证牺牲层与结构层之间有较高的刻蚀选择比，即刻蚀结构层时，牺牲层要保留完整，刻蚀牺牲层释放结构层时，结构层要保留完整。

在表面硅工艺中，二氧化硅（SiO_2）是最常用的牺牲层材料。对于多晶硅和 SiO_2 的组合（多晶硅为结构层材料，SiO_2 为牺牲层材料），一般选择采用稀释的氢氟酸溶液（HF）作为刻蚀剂，去除 SiO_2 牺牲层。HF 对 SiO_2 和多晶硅的刻蚀选择比非常高，基本不影响多晶硅结构。HF 对 SiO_2 的刻蚀是各向同性的，在去除牺牲层时，SiO_2 薄层的各个方向都可以较好地刻蚀。但是牺牲层的厚度只有几微米，如果 HF 只能从结构层的边缘通过扩散进入结构层与基底之间的缝隙，过大的结构层薄膜对扩散输运反应物 F^+和产物不利，会影响深处 SiO_2 的刻蚀。实验表明，一般扩散输运的最大距离在 200μm 左右，基本超过了通常微结构的尺寸。对于封闭的结构，可以通过在结构层大平面上设置工艺孔的办法将 F^+从工艺孔输运到结构层与基底之间的 SiO_2 界面，并把反应物再输运出来。

磷硅玻璃（phosphorosilicate glass，PSG）也是常用的牺牲层材料。在 HF 刻蚀磷硅玻璃过程中，磷的掺杂浓度越高，刻蚀速率越快。一般磷硅玻璃在 HF 中的刻蚀速率不够稳定，需要在沉积成薄膜后进行热处理以使刻蚀速率变得均一稳定，通常是在 950℃湿氧的条件下退火 30～60min。在刻蚀牺牲层后，通常需要对牺牲层的尖角做钝化处理，以提高结构层膜厚沉积的均匀程度。

除 SiO_2 和磷硅玻璃外，聚合物材料也可用作牺牲层。聚乙烯碳酸酯（polyethylene carbonate）、聚丙烯碳酸酯（polypropylene carbonate）和聚酰亚胺（polyimide，PI）等高分子材料被加热到 250～300℃左右时，会降解为单体形成无毒的气体，因此使用这些材料作为牺牲层时，去除牺牲层释放结构的过程不需要刻蚀，仅通过加温或光照便可实现气化释放，过程简单。聚甲基丙烯酸甲酯（polymethyl methacrylate，PMMA）也是一种很好的牺牲层材料[2]。PMMA 是电子束曝光中分辨率较好的有机光刻胶之一。使用电子束可以实现 PMMA 有选择地、不同程度地交联，交联后的 PMMA 牺牲层厚度与电子束剂量之间具有一定的函数关系，调节曝光剂量可以有效地调控牺牲层厚度。因此，使用二维电子束光刻常常可以得到三维的 PMMA 牺牲层结构，如图 3-2 所示。

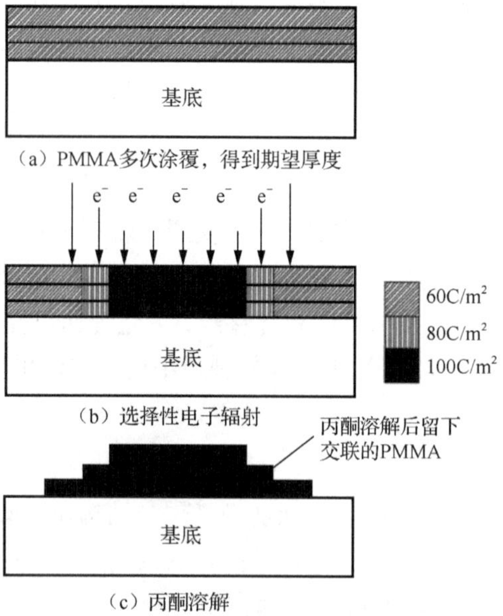

图 3-2　PMMA 牺牲层的电子束光刻

结构层材料不同、腐蚀方式不同，选用的牺牲层材料也不尽相同。表 3-1 给出了常用的牺牲层和结构层材料组合。其中，EPW 是由乙二胺、邻苯二酚和水组成的有机腐蚀剂。

表 3-1　常用牺牲层与结构层材料[3]

牺牲层材料	腐蚀液	结构层材料
磷硅玻璃（PSG）	氢氟酸（HF）	多晶硅、单晶硅、氮化硅
二氧化硅（SiO_2）	氢氟酸（HF）	多晶硅、单晶硅、氮化硅
多晶硅	氢氧化钾溶液（KOH） EPW 腐蚀液	二氧化硅、氮化硅
多孔硅	氢氧化钾溶液（KOH）	二氧化硅、氮化硅
氮化硅（Si_3N_4）	磷酸（H_3PO_4）	二氧化硅、多晶硅、 单晶硅
金（Au）	碘酸铵（NH_4IO_3）	钛（Ti）
铝（Al）	王水 磷酸（H_3PO_4）	二氧化硅、多晶硅、 单晶硅
聚酰亚胺（PI）	氧等离子体	铝、金
聚甲基丙烯酸甲酯（PMMA）	氧等离子体	二氧化硅、氮化硅
光刻胶	丙酮（C_3H_6O）	聚对二甲苯（poly-p-xylene）

3.3　薄膜制备工艺

表面硅工艺的主要特点是在薄膜沉积的基础上，利用光刻、刻蚀等工艺制备微机械结构，最终利用腐蚀技术释放结构单元获得可动结构。薄膜制备工艺是表面硅工艺中最基本的环节。

在微电子器件中经常会用到四种不同类型的薄膜：①用于热隔离的热氧化薄膜；②用于电绝缘的介质层；③用于形成局域导电的多晶硅层；④用作电接触或互连引线的金属薄膜。这些不同类型的薄膜在 MEMS 中均获得了广泛的应用。这些薄膜的制备工艺主要包括气相法和液相法两种。气相法通常分为两类，即物理气相沉积（physical vapor deposition，PVD）和化学气相沉积（chemical vapor deposition，CVD）等；液相法包括电镀（electroplating）、化学镀（chemical plating）、溶胶-凝胶（sol-gel）等。而外延既可在气相中进行，也可在液相中进行。

3.3.1　物理气相沉积成膜

PVD 工艺是一种利用物理机制制备薄膜的技术，通常是指利用物理过程实现物质转移，即将原子或分子由靶材转移到基底表面上。该工艺可以使某些有特殊性能（导电性、耐磨性、散热性、耐腐性等）的微粒均匀致密地沉积到基底上，使得基底具有更好的电学、力学、化学性能。PVD 工艺的成膜过程与大自然中的下雪现象极为相似，雪花下落，均匀覆盖在大地上，见图 3-3。

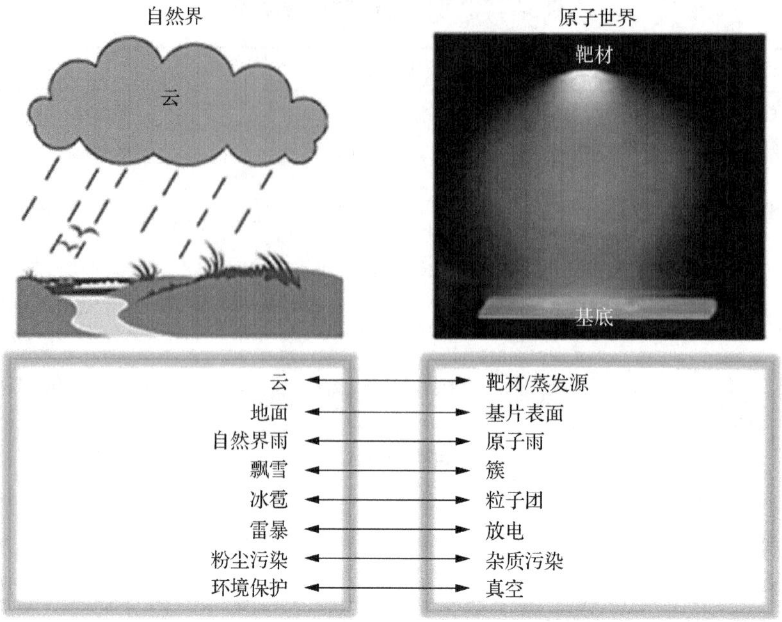

图 3-3　PVD 工艺成膜过程与自然世界的相似性

PVD 工艺主要包含以下三个阶段。

（1）气相物质的产生。对靶材进行加热或高能离子轰击，使靶材表面微粒脱离，产生气相靶材物质。

（2）气相物质的输送。将气相靶材物质输送到基底表面的过程，需要在真空条件下进行，这主要是为了避免气相靶材与过多的气体发生频繁碰撞而凝聚成微粒，使沉积成膜过程无法进行。

（3）气相物质的沉积。气相靶材物质在基底表面凝聚成膜。根据凝聚条件的不同，可以形成非晶态膜、多晶膜或单晶膜。镀料原子在沉积时，若与其他活性气体分子发生反应而形成化合物膜，称为反应镀膜；若是同时有一定能量的离子轰击膜层改变薄膜表面结构和性能，称为离子镀膜。

PVD 工艺的主要优点包括靶材来源广泛、沉积温度低、镀层附着力强和工艺过程易于操控等。由于靶材多种多样，PVD 技术有很多实现方式，应用最为广泛的有蒸发镀膜、溅射镀膜、离子镀膜等。

1. 蒸发镀膜

蒸发镀膜（简称蒸镀）是指在高真空条件下，用蒸发源使物质气化，蒸发粒子流直接射向基底，并在基底上沉积形成固态薄膜的技术。蒸镀是最早发展起来的 PVD 工艺，虽然存在形貌覆盖能力差、难以制备良好合金层等问题，在大多数硅器件工艺中已逐渐被溅射取代，但是由于蒸镀的设备和工艺比较简单，又可以沉积纯度较高的薄膜，再加上近年来电子束辅助蒸镀、激光蒸镀等技术的发展，使蒸镀在 MEMS 器件制造方面仍有广泛的应用。如图 3-4 所示，真空蒸镀装置主要由真空室、基底架、蒸发源和排气系统组成。

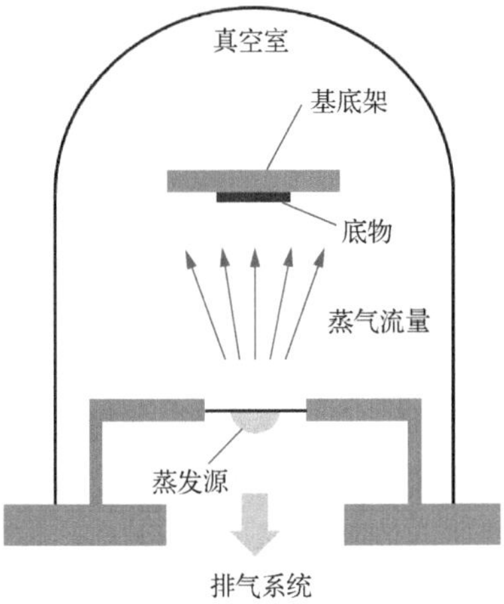

图 3-4　真空蒸镀示意图

1）蒸镀的基本原理

随着温度的升高，材料会经历典型的固相—液相—气相的变化。其实，在任何温度下，材料表面都存在蒸气，只是从固体物质表面蒸发出来的气体分子与该气体分子从空间回到该物质表面的过程能达到平衡。图 3-5 给出了一些常用金属元素平衡蒸气压随温度的变化曲线。某一温度下，若环境中元素的分压强在其平衡蒸气压之下，该元素就会产生蒸气；反之，该元素就会凝结。真空蒸镀就是通过各种方式提高蒸发源温度使镀膜材料蒸发，蒸气遇到温度较低的基底时凝聚成薄膜。为了弥补凝固的蒸气，蒸发源要以一定的速率持续供给蒸气。

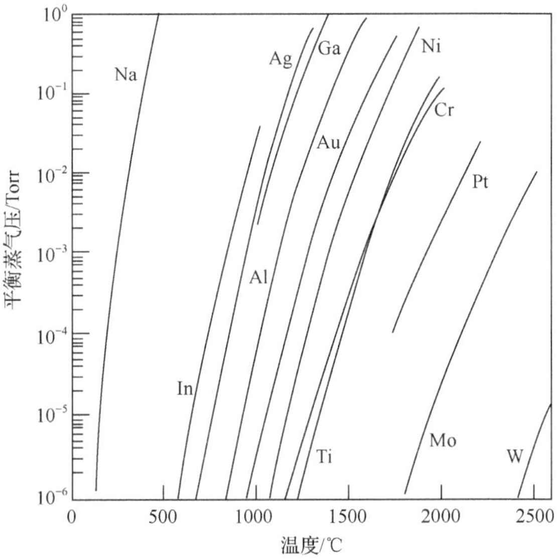

图 3-5　常用金属的平衡蒸气压和温度的关系曲线（1Torr ≈ 133.32Pa）

质量蒸发速率是指在单位时间内，从蒸发源单位表面积以蒸气形式逸出的物质质量。根据分子运动论，可以导出表示质量蒸发速率 Γ［g/(cm^2·s)］的公式如下：

$$\Gamma = \frac{\mathrm{d}m}{\mathrm{d}t} = \alpha\left(p_\mathrm{e} - p_\mathrm{h}\right)\sqrt{\frac{M}{2\pi RT}} \tag{3-1}$$

式中，m 是质量；t 是时间；M 是粒子的原子量；R 是摩尔气体常数；T 是温度；α 是蒸发效率系数，蒸发效率系数定义为平衡状态下蒸发分子质量通量与出射分子质量之比；p_e 和 p_h 分别是元素在该温度下的平衡蒸气压和实际的分压。可见元素的蒸发速率直接取决于源物质温度和蒸发元素的性质，当 $p_\mathrm{h}=0$、$\alpha=1$ 时，可以达到最大质量蒸发速率。

蒸发粒子在单位时间内、在基底的单位面积上沉积的质量称为材料的凝结速率。凝结速率与蒸发源的蒸发速率、蒸发源和基底的几何形状、蒸发源和基底之间的距离有关。真空蒸镀的薄膜沉积速率是由蒸发速率和凝结速率共同决定的，几种 PVD 工艺中蒸镀的沉积速率是最快的，可以达到 0.1～5μm/min。

蒸镀的一个重要限制是台阶覆盖，高差形貌将使入射原子束投射出一定的阴影区，从而形成不连续的薄膜。标准的蒸发工艺不能在纵横比大于 1 的图形上形成连续薄膜，在纵横比为 0.5～1 的图形上形成连续薄膜也存在一定的难度。一种改进台阶覆盖的方法是在蒸发过程中旋转基底，另一种方法是加热基底，使得到达基底的原子在其化学键形成、生长为薄膜之前，能沿表面扩散，见图 3-6。

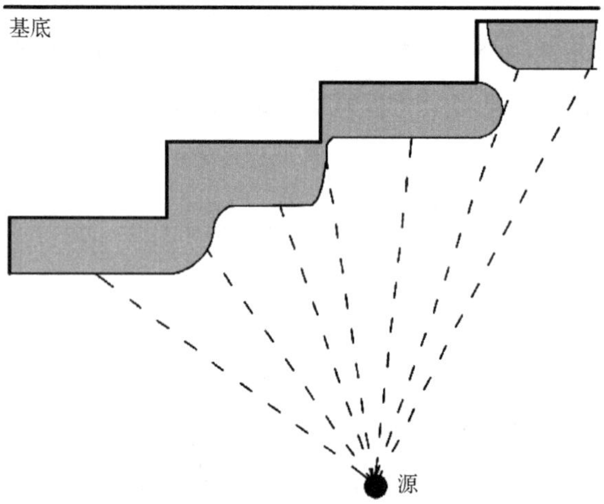

图 3-6　真空蒸镀的台阶覆盖

2）蒸镀的装置

真空蒸镀所采用的装置种类较多，从最简单的电阻加热蒸镀装置到极为复杂的分子束外延设备，都属于真空蒸镀装置范畴。在蒸镀装置中，最重要的组成部分是物质的蒸发源，根据其加热原理，可以将真空蒸镀装置分为多种类型，本节主要介绍电阻蒸发和电子束蒸发两种装置。

（1）电阻蒸发装置。

电阻式加热是应用最广泛的一种蒸发加热方式。加热用的电阻材料要求其使用温度高、高温时蒸气压低、对蒸发物质呈惰性和无放气现象、具有合适的电阻率等。电阻蒸发装置示意图如图 3-7 所示。因此，实际使用的一般是一些难熔金属，如钨（W）、钼（Mo）、钽（Ta），或者高温陶瓷，如石墨、氮化硼（BN）、氧化铝（Al_2O_3）等。

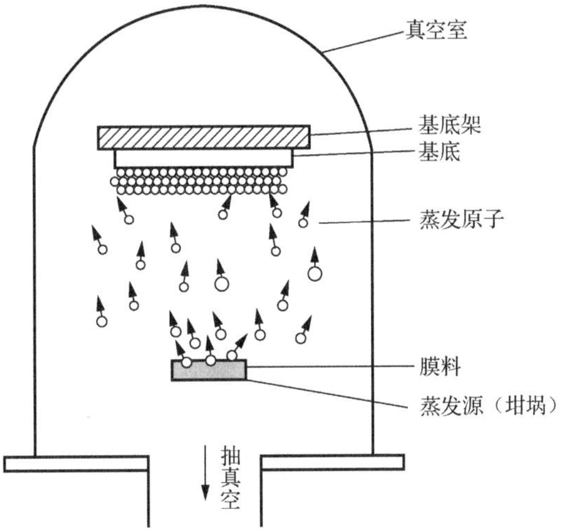

图 3-7　电阻蒸发装置示意图

蒸发源可根据被蒸发材料的性质，结合蒸发源与被蒸发材料的润湿性，制作成不同形状，如图 3-8 所示。使用丝状蒸发源加热时，要求被蒸发物质与加热丝形成较好的浸润，依靠表面张力保持在螺旋之中；锥形篮状蒸发源一般用于蒸发块状、丝状的升华材料及浸润性不好的块状材料；粉末、颗粒类的材料可以用舟状蒸发源或坩埚加热。

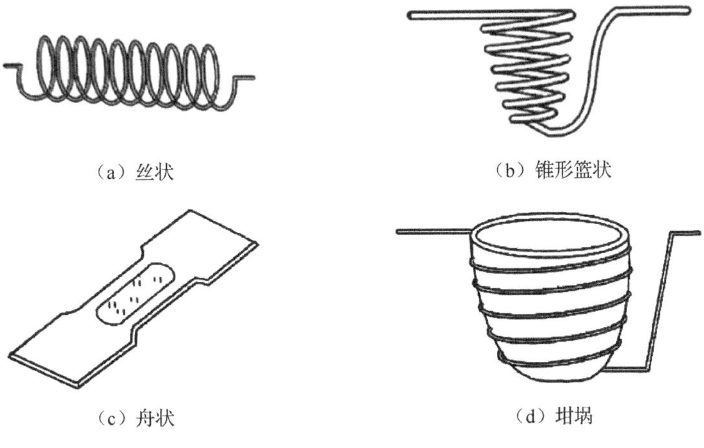

图 3-8　电阻蒸发装置中各种蒸发源形状

电阻加热装置简单耐用，使用广泛。电阻加热方法最主要的问题在于加热元件与被蒸发材料直接接触，容易混入镀膜材料之中产生污染，而且它能达到的最高加热温度约为 1800℃，不能用于难熔材料的加热蒸发。

感应加热是通过给绕在坩埚上的线圈通入高频电流，在材料中感应出涡流，使其加热，是电阻加热的一种改进方法，可用于提高坩埚温度，蒸发难熔金属。而线圈本身可以采用水冷方式进行冷却，有效地避免线圈材料损耗。

（2）电子束蒸发装置。

电子束蒸发装置的原理如图 3-9 所示，靶材被放入水冷的坩埚中，加热的灯丝发射出电子束，电子束受到高压电场的加速，并在横向磁场的作用下偏转 270°后到达坩埚中的蒸发源处；电子束直接轰击其中很小的一部分蒸发源中的靶材，使其温度升高成为气态反应物，坩埚的水冷将电子束加热严格限制在靶材占据的区域，消除了来自相邻组件的任何不必要的污染，可以更好地保持靶材的纯度；另外可以通过控制磁场扫描坩埚内的材料，增大蒸发面积，提高材料的利用率。

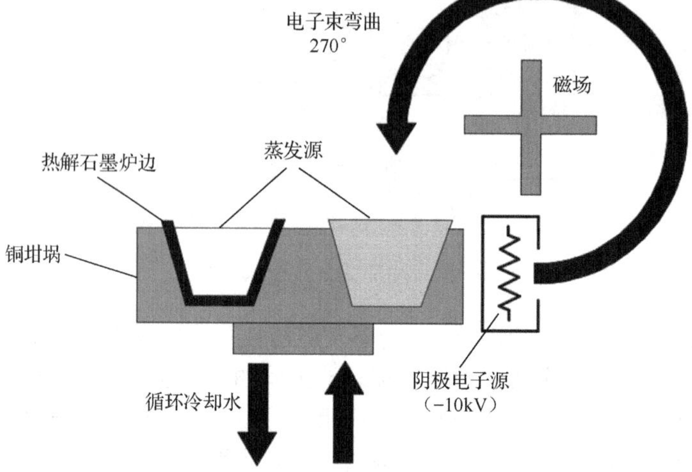

图 3-9　电子束蒸发原理

电子束蒸发装置比电阻蒸发装置的结构更为复杂，它可以把材料加热到 3000℃，除了可以加热适用于电阻蒸发的全部材料之外，还可以加热难熔金属（如 Ni、Pt、Ir、Rh、Ti、V、Zr、W、Ta、Mo）和化合物（如 $A1_2O_3$、SiO_2、SnO_2、TiO_2、ZrO_2）等。

3）多组分蒸镀

蒸镀也可用于制备多组分薄膜。对于由不同元素组成的合金来说，各组分的蒸发过程可以近似看成彼此独立的。如果几种组分有很接近的蒸气压，就可以简单地制备混合物来蒸镀。如果几种组分的蒸气压不同，易蒸发的组分将会优先蒸发并沉积在基底上，从而引起剩余靶材组分的改变，沉积薄膜的组成也将随之产生变化。解决这一问题最常用的方法是“闪蒸”，即向蒸发容器中不断地、每次少量地加入被沉积合金液体，使得含有多种组分的液体流在一定压力和温度下气化，保证不同组分能实现瞬间的同步蒸发。

图 3-10 给出了另外两种蒸发多组分薄膜的方法。第一种方法是在多组分同时蒸发时，分别控制各蒸发源加热至不同温度，从而调节每个组分的蒸发速率，以获得组分确定的合金薄膜。在这种方法中，每个组分均需要确定一个合适的蒸发温度，为了优化薄膜的组织与性能，还需要在蒸气沉积时调整基底的温度。该方法普遍用于 III-V 族化合物薄膜的沉积。第二种方法是先在基底上按次序交替沉积不同组分，沉积完成后，提高样品的温度使各组分互相扩散，从而形成合金多组分薄膜，这种工艺要求基底能承受使各组分互相扩散的高温，见图 3-10。

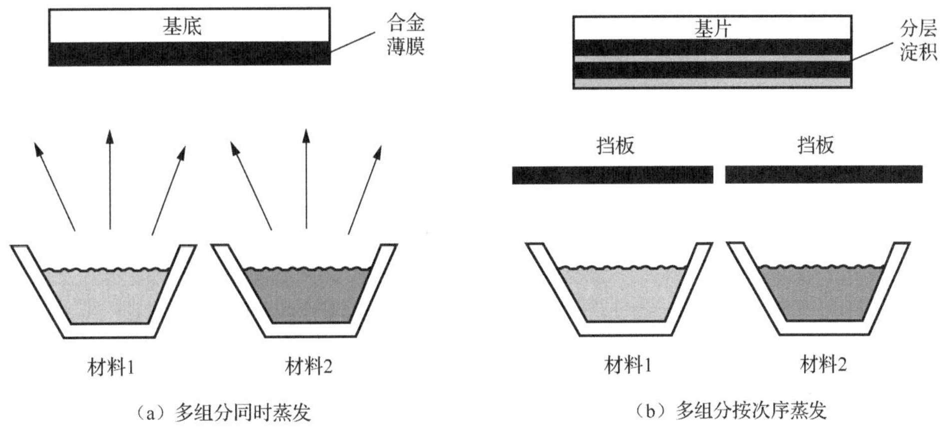

图 3-10　蒸发多组分薄膜的方法

2. 溅射镀膜

溅射镀膜是指在真空中，利用高能粒子轰击靶材表面，使被轰击出的靶材物质沉积在基底上的技术。获得高能粒子的方法有两种：①利用低压气体辉光放电产生等离子体轰击负电位的靶源，一般溅射仪多用此方法；②将高能离子束从独立的离子源引出，轰击置于高真空中的靶源，此种方法称为离子束溅射。

溅射镀膜可以用各种金属、半导体、绝缘体、混合物、化合物等材料作为靶材，不仅可以制备与靶材组分相近的薄膜、组分均匀的合金膜和组分复杂的超导薄膜，还可以制备与靶材完全不同的化合物薄膜，如氧化物、氮化物、硅化物等。此外，溅射镀膜还具有膜层致密、针孔少、纯度高、膜厚可控性和重复性好、膜层与基底之间的附着性好等特点，因而被广泛应用于各种功能薄膜的制备中。

1）溅射基本原理、装置和主要工艺参数

溅射是指当高能粒子（通常是由电场加速的正离子）轰击固体表面时，会发生能量和动量的转移，并伴随许多物理效应：①引起靶材表面的粒子发射，包括溅射原子或分子、发射二次电子、发射正负离子、吸附杂质的解吸和分解、辐射光子等；②在靶材表面产生一系列物理化学效应，有表面加热、表面清洗、表面刻蚀、表面物质的化学反应或分解；③一部分入射离子进入靶材的表面层，称为注入离子，在表面层中产生包括级联碰撞、晶格损伤等效应。伴随离子轰击固体物质表面的各种现象如图 3-11 所示。

溅射装置的基本结构如图 3-12 所示，进行溅射镀膜时，靶材作为阴极，相对于作为阳极的基底处于一定的负电位；系统抽真空之后充入适当压力的惰性气体，如氩气（Ar）；在外加电压的作用下，电极间的气体原子被大量电离，并在电场的作用下，其中的电子会加速飞向阳极，而 Ar^+则加速飞向作为阴极的靶材；离子轰击的结果之一是使大量的靶材原子获得相当高的能量，从而脱离束缚向着各个方向飞散，其中一些受到基底阻挡沉积下来，凝聚成薄膜。

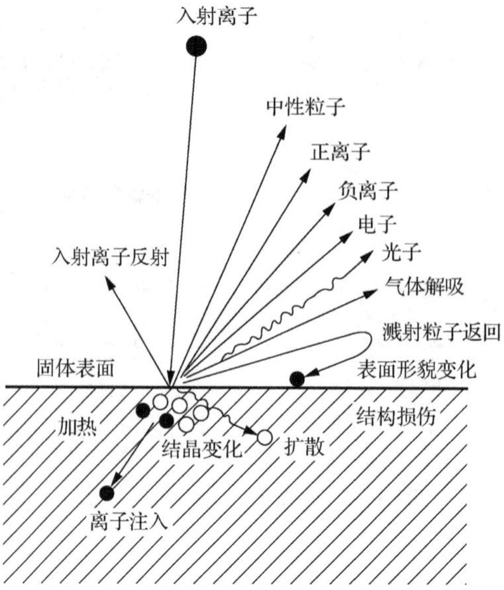

图 3-11　伴随离子轰击固体物质表面的各种现象

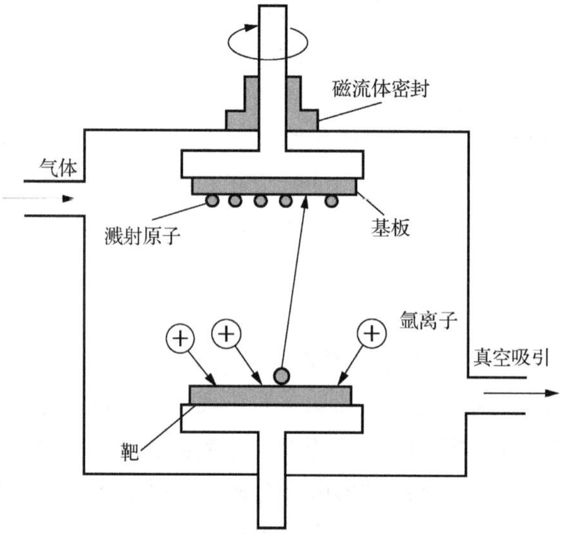

图 3-12　溅射装置的基本结构示意图

溅射镀膜沉积速率的影响因素有射向靶的离子流量、溅射产额、靶材表面积、靶材与基板的距离等工艺参数。提高溅射速率和增大靶材的表面积可以提高沉积速率；减小靶材与基板之间的距离在某些条件下也可以提高沉积速率。溅射产额是指从靶射出的原子（或分子）数量与入射到靶表面的离子数量之比，即一个入射离子从靶材料中喷射出的原子（或分子）数，溅射产额与入射离子的能量和种类、靶材的种类、离子入射角度、靶材温度等密切相关。对于每种材料，都存在一个阈值能量，低于该能量不会发生溅射，该能量通常在 10～30eV 的范围内。一些常见物质的溅射产额已经被制成专门的图表以供查阅，在一般情况下，元素的溅射产额多为 0.01～4，在 600eV 能量下，银的溅射产额为 3.4，硅的溅射产额为 0.5。

2）溅射分类与特点

根据电极的结构及溅射镀膜的过程，溅射可分为直流溅射、射频溅射、磁控溅射、离子束溅射等。

表 3-2 列出了几种溅射镀膜方式的特点及原理。

表 3-2 常用溅射镀膜的特点及原理

溅射方式	典型工作条件	特点	原理示意图
直流溅射	气压：10Pa 靶电压：直流 3000V 靶电流密度：0.5mA/cm^2 沉积速率<0.1μm/min	结构简单，参数不能独立控制	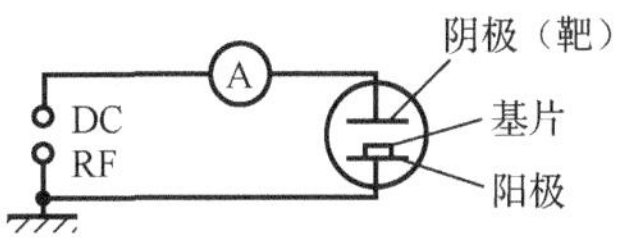
射频溅射	气压：1Pa 靶电压：射频 1000V 靶电流密度：1mA/cm^2 沉积速率≈0.5μm/min	除普通金属外，也可以溅射绝缘材料	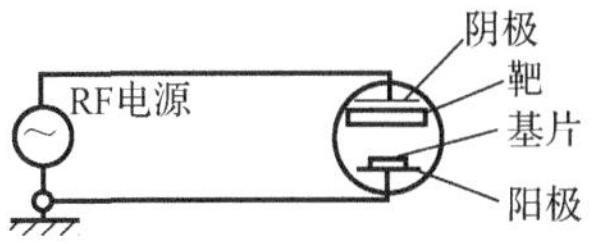
磁控溅射	气压：0.6Pa 靶电压：600V 靶电流密度：20mA/cm^2 沉积速率≈2μm/min	低温、高速、低损伤沉积	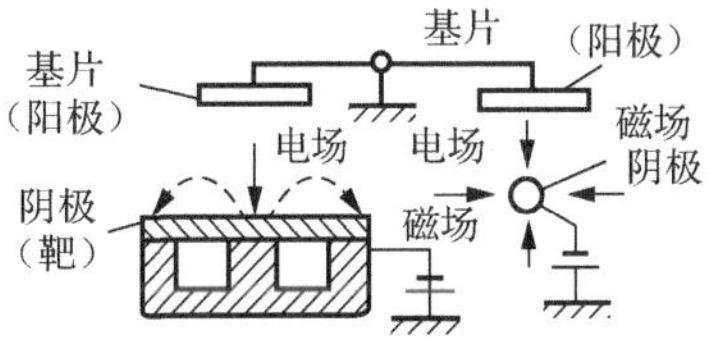
离子束溅射	气压：0.6Pa 沉积速率≈0.1μm/min	结构复杂，运行成本高；高度可控，低温、低损伤；气体杂质污染小，薄膜纯度高	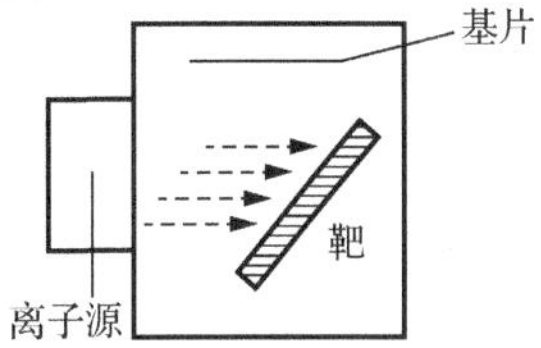

直流溅射只适用于导电靶材。如果用于沉积绝缘材料，靶表面会形成一层绝缘物，使得氩离子堆积在靶面上，不能直接进入阴极产生溅射效应，导致溅射镀膜过程无法继续进行。这种现象叫作靶材“中毒”，解决这一问题的办法是采用射频溅射技术。

射频溅射采用的是交流电源提供射频电压，由于交流电源的正负性发生周期交替，当溅射靶材处于正半周期时，电子流向靶面，中和其表面积累的正电荷，并且积累电子，使其表面呈现负偏压；当溅射靶材处于射频电压的负半周期时，吸引正离子轰击靶材，从而实现溅射。由于离子比电子质量大、迁移率小，不像电子那样很快地向靶表面集中，所以靶表面的电位上升缓慢。由于在靶表面会形成负偏压，所以射频溅射装置可以溅射导体靶材，也可以溅射绝缘体靶材。

磁控溅射是在射频溅射的基础上为提高低工作气压下等离子的密度而发展起来的新技术，一般平面磁控溅射的工作原理如图 3-13 所示。这种磁场设置的特点是在靶材的部分表面上，磁场与电场方向互相垂直。在溅射过程中，中性的靶原子沉积在基片上形成薄膜；由阴极发射出来的二次电子在电场的作用下具有向阳极运动的趋势，但是在正交磁场的作用下，它的运动轨迹被弯曲而重新返回靶面。电子实际的运动轨迹是沿电场 E 加速、同时绕磁场 B 方向螺旋的复杂曲线，电子 e_1 的运动被限制在靠近靶表面的等离子区域内，运动路程延长，提高了它参与气体分子碰撞和电离过程的概率，这使得该区域内气体原子的离化率增加，轰击靶材的高能 Ar^+增多，实现了高速沉积。磁控溅射的主要优点是工作气压较低、沉积速率较高、基片温升较小。

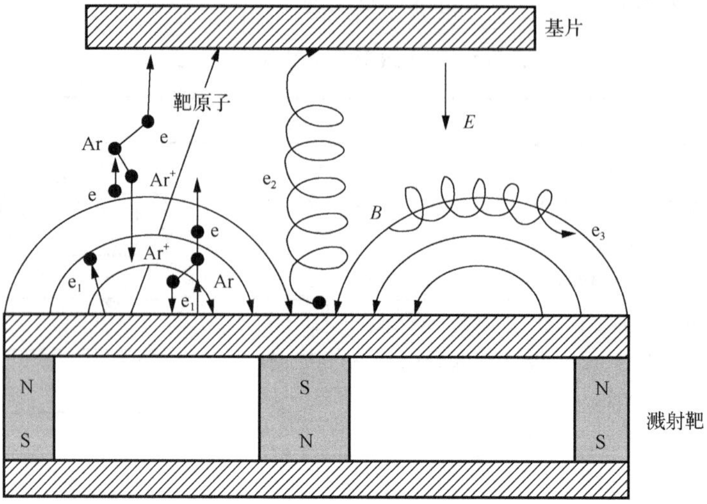

图 3-13　磁控溅射的工作原理

离子束溅射是直接利用离子源在真空下轰击靶材，靶材原子被溅射后实现在基片上镀膜的工艺方法。在镀膜的同时，采用带能离子轰击基片表面和膜层，同时产生清洗、溅射、注入的效应。离子轰击的注入层只有几十到几百纳米厚，沉积时则可形成几微米厚的膜层。镀膜时的各种物理过程和物理效应使得膜层与基体的附着力极高，镀层更致密，产生的孔隙很少甚至没有，化学成分适当。

3. PVD 工艺原理及特性比较

蒸镀和溅射作为常用的两种 PVD 工艺，具有各自的特点，其应用场合也不尽相同。表 3-3 是对蒸镀法和溅射法两种薄膜制备方法的特性比较。

表 3-3　蒸镀法与溅射法的特性比较

	蒸镀法	溅射法
气相产生过程特性	①原子的热蒸发机制 ②较低的原子动能（温度 1200K 时约为 0.01eV） ③较高的蒸发速率 ④蒸发原子运动具有方向性 ⑤难以保证合金成分，部分化合物有分解倾向 ⑥蒸发源纯度较高	①离子轰击和碰撞动量转移机制 ②较高的溅射原子能量（2～30eV） ③稍低的溅射速率 ④溅射原子运动具有方向性 ⑤可以保证合金成分，但有些化合物有分解倾向 ⑥靶材纯度随材料种类而变化
工艺环境特性	①高真空环境 ②原子不经过碰撞直接沉积	①对真空环境要求略低于蒸镀法 ②原子的平均自由程小于靶与基底的间距，原子沉积前要经过多次碰撞

续表

	蒸镀法	溅射法
薄膜沉积过程特性	①沉积原子能量较低 ②气体杂质含量低 ③薄膜附着力小 ④晶粒尺寸大于溅射沉积的薄膜，有利于形成薄膜取向	①沉积原子具有较高能 ②沉积过程会引入部分气体杂质 ③薄膜组织致密，附着力较高 ④多晶取向倾向大
薄膜特性	①薄膜的沉积速率较高 ②薄膜的纯度容易保证 ③很难制备性能良好的合金 ④覆盖表面形貌的能力较差 ⑤低温下蒸镀的薄膜与基片结合力很弱	①薄膜组织更致密，附着力也得到显著改善 ②易于保证制备薄膜化学成分与靶材的成分相一致 ③可以方便地用于高熔点物质薄膜的制备 ④可以利用反应溅射技术，从金属靶直接制备化合物薄膜 ⑤表面形貌覆盖能力更好

3.3.2 化学气相沉积成膜

化学气相沉积（CVD）工艺最初是作为涂层的手段而开发的，目前在微细加工领域，广泛应用于金属、半导体、合金、氧化物、碳化物、硅化物、硼化物等多种材料的成膜。

CVD 工艺是在反应室里引入含有构成薄膜元素的气态反应物或蒸气形式的液态反应物以及反应所需要的其他气体，使它们在基底表面发生化学反应，反应生成的固体产物沉积在基底表面形成薄膜。具体过程可以分为 4 个阶段：①反应气体引入并向基底表面扩散；②反应气体被吸附于基底表面；③反应气体在基底表面发生化学反应；④气态的反应副产物脱离基底表面。以上过程可以用典型也是最常用的浓度边界层模型来描述，如图 3-14 所示。

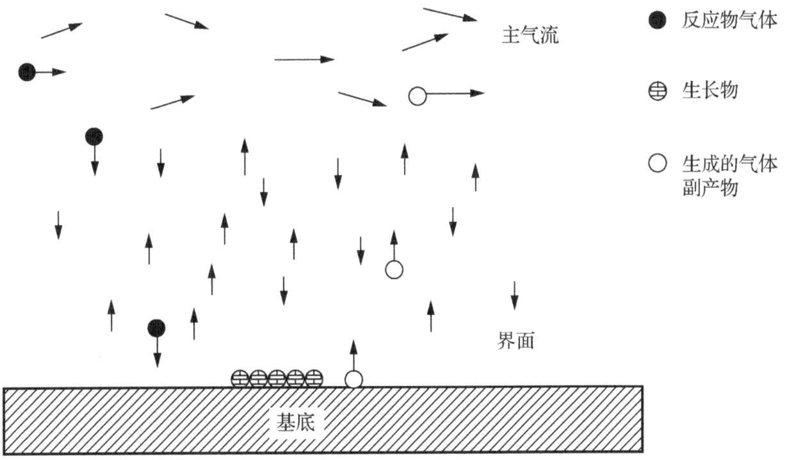

图 3-14 浓度边界层模型示意图

CVD 工艺的反应体系应满足以下条件：①在沉积温度下反应气体应保证足够的压力，以适当的速度引入反应室；②除需要的沉积物外，其他反应产物应具有挥发性；③沉积反应过程应始终在受热的基底上进行。

CVD 工艺形成薄膜主要发生两种化学反应，一种是不同初始气体之间的反应产生沉积，例如沉积 SiC、C 等；另一种是气相的组分与基底表面间的反应产生沉积，例如沉积石墨烯等。

气体在基底表面发生化学反应时，通过施加不同类型的活化能，可以产生不同类型的 CVD 工艺。当活化能是通过施加热能（提高温度）的方法实现，称为热 CVD 工艺；通过等离子体的方法，称为等离子增强 CVD 工艺；通过近紫外、紫外或激光的方法，统称为光 CVD 工艺。

下面就以沉积 TiC 为例，说明其工作原理。CVD 工艺沉积 TiC 层的装置示意图如图 3-15 所示。其中基材（钢件）在氢气保护下加热到 1000～1500℃，以氢气作为载气（以一定的流速载带样品气体一起进入反应室的流动气体，通常为氢、氦、氮、氩、二氧化碳等），将 $TiCl_4$ 和 CH_4 气体带入炉内的反应室中，使 $TiCl_4$ 中的钛元素与 CH_4 中的碳元素（以及钢件表面的碳元素）化合，在钢件表面形成 TiC。反应副产物则被气流带出反应室外。钢件在采用 CVD 工艺沉积薄膜前应进行清洗和脱脂，而且还应在高温氩气流中做还原的处理。选用气体不仅纯度要高（如氢气的纯度要求 99.9%以上，$TiCl_4$ 的纯度要高于 99.5%），而且在通入反应室之前必须经过净化，以除去其中氧化性的成分。沉积过程的温度要控制适当，若沉积的温度过高，则可使 TiC 层的厚度增加，但晶粒变粗，性能较差；若温度过低，由 $TiCl_4$ 还原出来的钛元素的沉积速率大于 TiC 的形成速率，导致沉积物是多孔性的，而且与基体结合不够牢固。另外，钢铁材料经高温 CVD 工艺处理后，虽然镀层的硬度很高，但是基体被退火软化，在外载下易于塌陷。因此，CVD 工艺处理之后必须再进行淬火和回火。

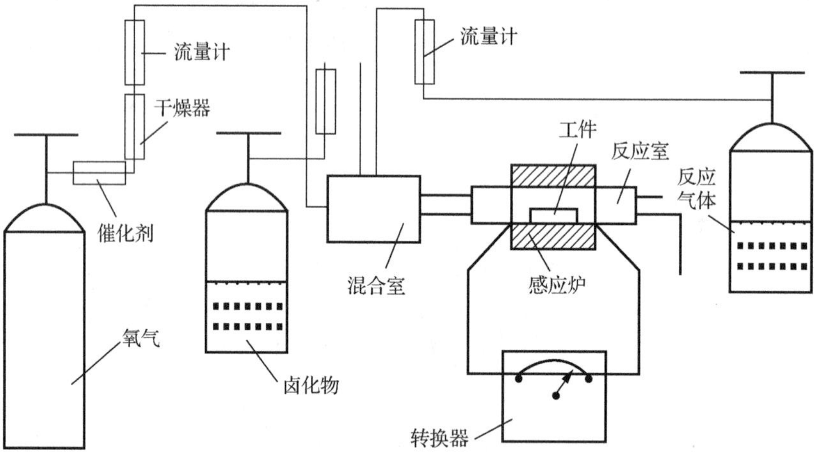

图 3-15　CVD 工艺沉积 TiC 层装置示意图

CVD 技术具有很多优点：①能够形成致密且均匀的膜层，膜层性能稳定，与基体结合牢固；②易于控制薄膜成分，利用高纯度的气体进行反应可以得到纯度很高的单晶体；③沉积速度较快且可以通过调节反应温度和气体成分的比例来进行控制；④可以得到某些具有优异的光学、热学和电学性能的薄膜材料，适合于批量生产。CVD 工艺的不足之处是其反应温度一般较高，可达到 900～2000℃，高温会引起零件组织结构变化，从而限制基底材料的选择，降低基底材料的机械性能，减弱基底材料和薄膜镀层之间的结合力，影响沉积层的质量。CVD

工艺还能够在中温和高温下进行初始化合物之间的化学反应来得到薄膜，根据压力的不同，通常可分为常压化学气相沉积（atmospheric pressure chemical vapor deposition，APCVD）和低压化学气相沉积（low pressure chemical vapor deposition，LPCVD）。根据对气体分子的激活方式不同，可分为等离子增强化学气相沉积（plasma-enhanced chemical vapor deposition，PECVD）、激光化学气相沉积（laser chemical vapor deposition，LCVD）等。此外，还有其他的一些化学气相沉积技术，如金属有机化学气相沉积工艺、热丝化学气相沉积工艺、原子层化学气相沉积工艺等。

1. 常压化学气相沉积技术

常压化学气相沉积（APCVD）工艺是最早的 CVD 工艺，它是伴随着 CVD 工艺的产生而出现的。由于早期 CVD 工艺的装备设施条件差，各项技术要求很难达到，所以沉积反应通常是在大气压下进行的，其装置如图 3-16 所示。硅片从一端进入从另一端出来，两种注入气体间由氮气隔离，使注入气体尽可能在硅表面进行混合反应，反应副产物从另一端排出。沉积速率和沉积均匀性由沉积温度、反应气体和气体流量共同决定。这种系统比较简单，在大气压下进行沉积，沉积温度较低，可以进行金属的沉积，利于批量生产。但是使用 APCVD 工艺形成的薄膜均匀性较差，台阶覆盖率比较低，所以 APCVD 工艺一般用在厚的介质沉积，可以实现数纳米到数百纳米每分钟的沉积速率。

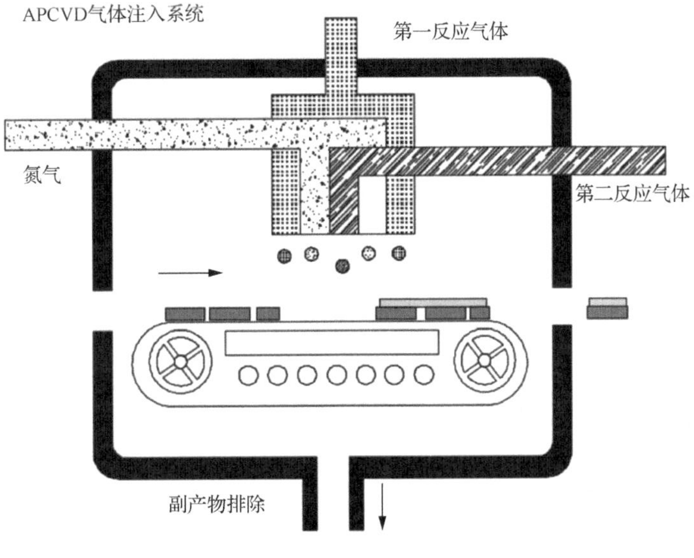

图 3-16　APCVD 工艺的装置示意图

APCVD 技术的装置分为卧式和立式两种，如图 3-17 所示。对于卧式装置，为了使得到的膜层均匀，要通入大量的气体，同时炉温要保持一定的温度梯度，基底支架要倾斜放置。立式装置中，采用旋片式和行星式加热器，这样能得到均匀的反应气流和温度分布，从而使膜厚均匀。现在 APCVD 技术主要用来制备 SiO_2、磷硅玻璃和硼硅玻璃等。

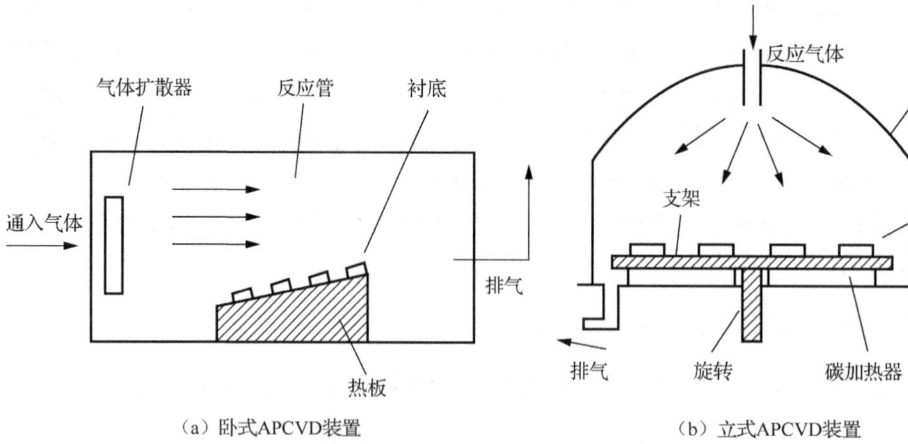

图 3-17 卧式和立式 APCVD 工艺的装置示意图

2. 低压化学气相沉积技术

低压化学气相沉积（LPCVD）工艺是继 APCVD 工艺之后发展起来的，它的特点是沉积气体的压强比较低，一般在 0.25～2Torr，这种情况下粒子的自由程比较大，能够与所要沉积的器件尺度相比拟。在 LPCVD 工艺的反应过程中，反应气体的分压对沉积速率有决定性作用，所谓分压，是指某种气体在某一体积下所产生的压强贡献。操作过程中，LPCVD 工艺几乎不用载气参与，这种条件下进入到反应室的反应气体的摩尔数会极大，使得反应气体的分压较高。尽管 LPCVD 工艺的总系统压力约为 APCVD 工艺的千分之一左右，但低压法反应气体的分压一般约为常压法的五分之一。因此，在相同的温度下，它们的沉积速率也有这样的比值。

典型 LPCVD 工艺的装置由反应室、供气系统、控制系统等几部分组成，如图 3-18 所示。

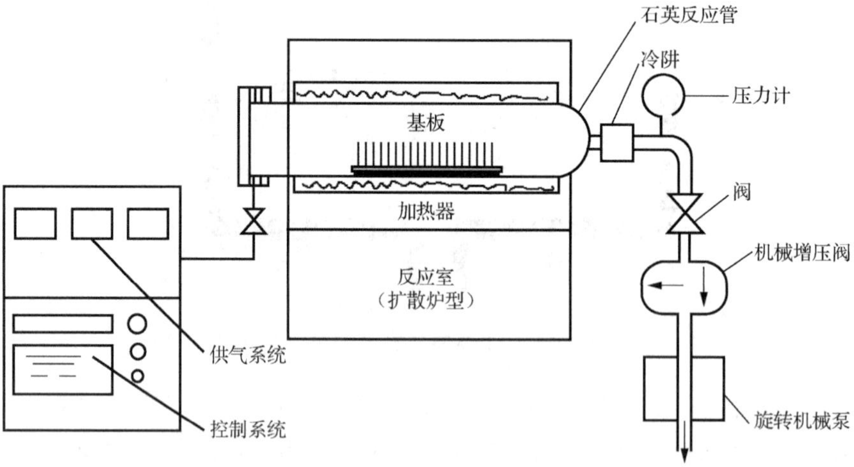

图 3-18 LPCVD 工艺装置示意图

LPCVD 工艺的主要特点如下：

（1）由于反应室内压力减小至 10～1000Pa，而反应气体、载气的平均自由行程及扩散常数变大，所以基底上的膜厚及相对阻抗分布可大为改善，反应气体的消耗也减少。

（2）反应室为扩散炉型，温度控制最为简便，且装置被简化，可大幅度改善其可靠性与处理能力（因低气压下，基底容易均匀加热），所以可大量装载并改善其生产性。

LPCVD 工艺的反应装置主要有热壁系统和冷壁系统两种类型，其装置示意图如图 3-19 所示。对于垂直冷壁系统，硅片在基座上水平放置进行加热，通入的反应气体在硅片表面分布比较均匀，副产物由另一端排出。同时，它比 APCVD 工艺具有更高的台阶覆盖率；反应温度较低；并且由于气体通过速度较快，不易造成污染。只是该系统的沉积速率比较低，对操作温度要求较高。对于水平热壁系统，反应气体在沉积过程中从系统一端进入，另一端出来，随着前进气体流量逐渐降低。在一定的温度下，气体入口处硅片的沉积速率较高。在壁上有三个不同的温度区间，使其腔内形成一个温度梯度，可以修正气体变化导致的沉积速率变化。该系统的缺点是会造成污染，因此需要经常清洗热壁。在实际工业应用中，热壁系统的 LPCVD 工艺使用比较普遍。

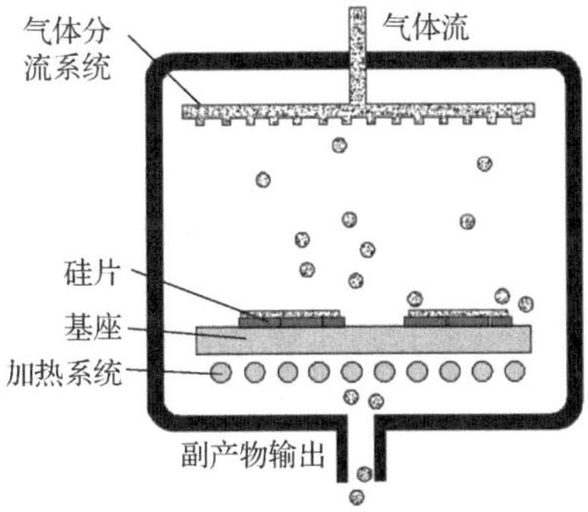

（a）垂直冷壁系统

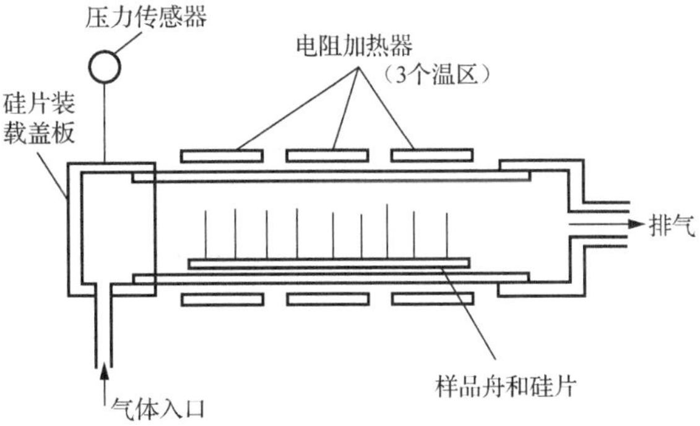

（b）水平热壁系统

图 3-19　冷壁和热壁 LPCVD 工艺装置示意图

现在 LPCVD 工艺在工业生产中主要用来沉积氮化硅、多晶硅、磷硅玻璃和钨等材料，采用 LPCVD 工艺沉积薄膜时，不同材料的成膜条件不尽相同。表 3-4 给出了一些代表性薄膜在 LPCVD 工艺下的成膜条件。

表 3-4　代表性薄膜在 LPCVD 工艺下的成膜条件

膜	掺杂多晶硅	多晶硅	低温 SiO_2	低温磷硅玻璃	SiC
成膜温度/℃	630	600	380	380	1000
反应气体	SiH_4+PH_3	SiH_4	SiH_4+O_2	$SiH_4+PH_3+O_2$	$Si(CH_3)_4$
反应压力/Pa	190	190	170	170	27000
成膜速度/（nm/min）	21	8	10	13	8

与 APCVD 工艺相比，LPCVD 工艺沉积的薄膜的均匀性更好，且更加经济。采用 LPCVD 工艺制造薄膜时，每一片硅片所需的材料、动力和劳动力的成本与 APCVD 工艺相比大大降低，造成成本下降的主要原因是 LPCVD 工艺可以采用有较高密度的直立密集装片，同一批次制膜片数大大增加。

3. 等离子体增强化学气相沉积技术

等离子体增强化学气相沉积（PECVD）工艺是把低压反应气体导入反应装置内，对反应气体施加电能，利用辉光放电原理，使反应气体成为等离子体状态，变成许多化学上非常活泼的离子或激发态粒子、原子团等，这些活性粒子或基团与基底反应，沉积为固态薄膜。PECVD 工艺的反应动力主要来自被高频电场加速的电子和离子，该方法可以在较低的温度下沉积薄膜。PECVD 工艺生成薄膜是根据非平衡等离子体中分子、原子、离子或激活基团与周围环境相同的特性，因为非平衡等离子体中电子的质量非常小，所以电子的平均温度比其他粒子高出 1～2 个数量级。在一般条件下，等离子体的引入使得反应腔体中的反应气体被活化，并在基底表面发生化学反应，因此能在低温条件下生长出新的介质薄膜[4]。

PECVD 工艺的装置主要由气体分离系统、加热系统、基座、副产物排出系统和等离子体发生系统等组成，装置的示意图如图 3-20 所示。典型 PECVD 工艺的所有反应都是在一个几升的容器腔体内的高真空环境下进行，通常用分子氢或氩稀释的硅烷（SiH_4）以低流速泵入其中，气体混合物在室温下进入反应器；在腔室的中间部分，布置基底基座用于薄膜生长；两个大面积的电极能够在腔内产生等离子体，其中一个电极连接基底安装台并接地，另一个电极连接到射频电源（RF 电源）；通常 RF 电源频率设置为 13.56MHz，这样可形成等离子体所需的电场，电极之间的发光、电容耦合放电会启动电离和解离过程，形成硅烷自由基，它们的相互反应和与分子反应产生更大的自由基，具有自由键的自由基附着在基底基座表面，构成实际的薄膜。

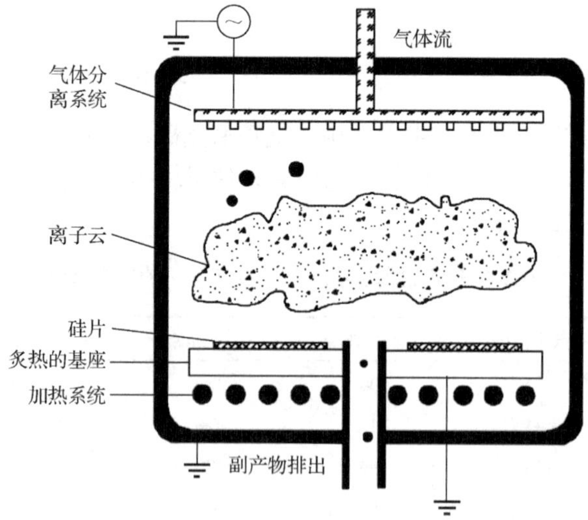

图 3-20　PECVD 工艺的装置示意图

等离子提供了重要的非热能源，因此 PECVD 工艺比传统 LPCVD 工艺所需的基底加热温度低得多，相较于通常在 300～900℃温度的 LPCVD 工艺，典型的标准 PECVD 工艺基底温度一般在室温～400℃，低温沉积工艺尤其适合用于生长钝化层或是环境敏感器件表面的化学、机械保护层。

低沉积温度以及更复杂的成膜过程（如离子轰击），通常会使薄膜的成分发生一些改变，从而影响薄膜性能。例如，常用的前驱物无论是其分子结构中含有的氢还是依靠作为载气的氢，均被运输到真空容器，而 PECVD 工艺的基底温度是非常低的，以至于含氢的反应产物（包括氢本身）不能从基底表面脱离，反而融入薄膜中，从而影响薄膜的性能。

PECVD 工艺需确保被沉积的薄膜无针孔缺陷。针孔主要是由气相成核或者反应腔内部器壁上涂层分解的微粒污染引起的。不同于传统的 LPCVD 工艺，PECVD 工艺通常采用基底位于接地电极上方的卧式结构。这种几何形状容易引起微粒污染。降低污染的方法包括定期清洗反应腔和适当地定期护理反应腔。反应腔一般采用贝壳形结构，以便于清理。

传统光学薄膜的设计和制备主要受限于可用材料的折射率，PECVD 技术因其可以通过调节反应气体的类型和流量比来控制光学薄膜材料的折射率，得到具有特定折射率的光学薄膜，并且应用 PECVD 工艺沉积薄膜不会出现因温度过高而引起器件失效的问题，更有利于光学薄膜的生产。故而现在 PECVD 工艺作为一种光学薄膜沉积技术逐渐被人们用来制备大面积、高抗损伤阈值、致密的高级光学薄膜，如光学滤波器、光学增透膜等[5]。很多无机氧化物光学材料，如 TiO_2、SiO_2，还有一些 Si_3N_4 和 BN 薄膜都可以用该工艺制备[6]。

现阶段，许多新材料的温度边界正在降低，为进一步降低加工时的温度并同时保持与在较高温度下获得的大部分相同的性能，逐步发展了高密度等离子体化学气相沉积（high-density plasma chemical vapor deposition，HDPCVD）工艺以及电感耦合等离子体化学气相沉积（inductively coupled plasma chemical vapor deposition，ICPCVD）工艺，其中，HDPCVD 工艺允许在低于 200℃的温度进行沉积，ICPCVD 工艺允许在低于 150℃的温度下进行沉积。在 PECVD 工艺的基础上，微波等离子体化学气相沉积（microwave plasma chemical vapor deposition，MPCVD）工艺因其能够提供稳定的反应条件，成为沉积高纯度金刚石晶体的最佳工艺。

4. 金属有机化学气相沉积技术

金属有机化学气相沉积（metal-organic chemical vapor deposition，MOCVD）工艺的原理如图 3-21 所示，它是以低温下易挥发的金属有机化合物作为前驱体，并将其稀释于载气中后导入反应器中，然后在预加热的基底表面吸附并分解，以此来生成薄膜或外延层的气相沉积技术。常见的前驱体主要有金属氢化物、金属有机化合物和金属卤化物等。

MOCVD 工艺的装置主要由源供给系统、气体输运系统、反应室和加热系统、尾气处理系统和控制系统等组成，如图 3-22 所示。金属有机化合物装在特制的不锈钢的鼓泡器中，由通入的高纯氢气携带输运到反应室，为了保证金属有机化合物有恒定的蒸气压，源瓶置入电子恒温器中，氢化物一般是经高纯氢气稀释所需浓度后，输运到反应室；为了生长组分均匀、超薄层、异质结构的化合物半导体材料，石墨基座是由高纯石墨制成；加热多采用高频感应加热，少数是辐射加热，一般温度控制精度可达到±0.2℃或更低。

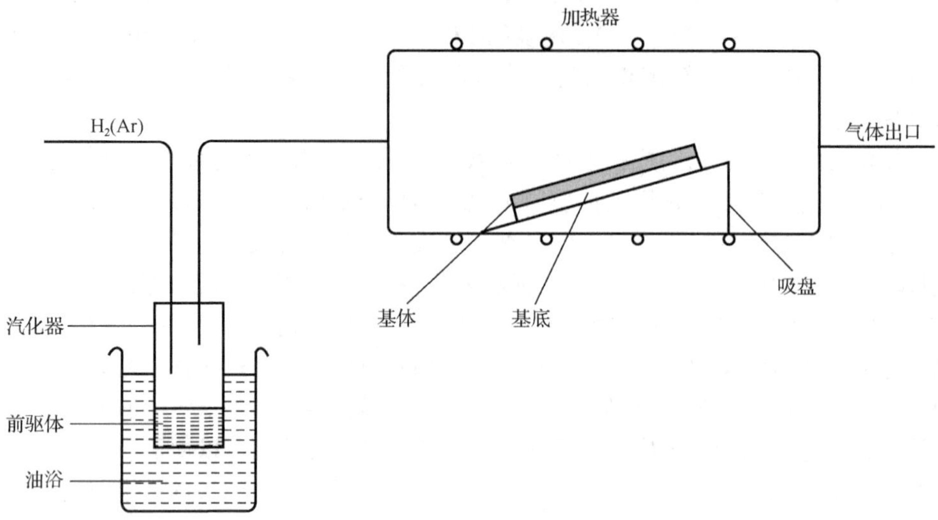

图 3-21　MOCVD 工艺原理图

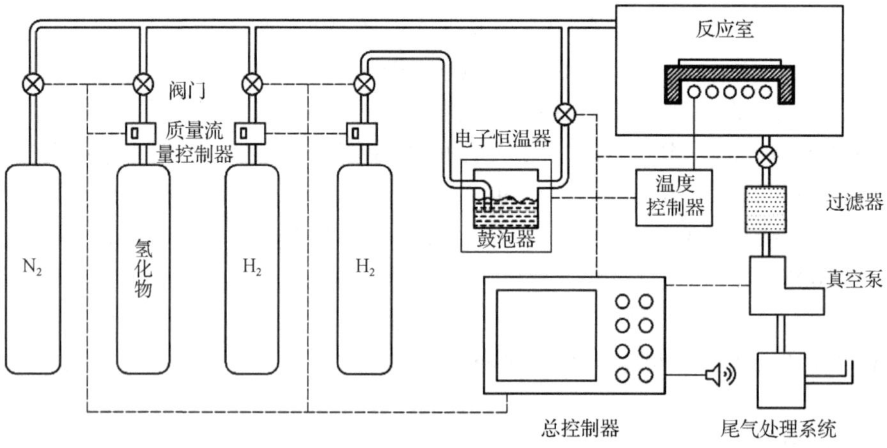

图 3-22　MOCVD 工艺的装置示意图

MOCVD 技术易于大面积生成薄膜且具有良好的均匀性，能够精确控制薄膜的厚度、组成及掺杂浓度，可制备高质量的低维材料[7]，沉积工艺简单。MOCVD 工艺现广泛应用于金属、金属氧化物、金属氮化物等薄膜材料的制备。

5. 激光化学气相沉积技术

激光化学气相沉积（LCVD）工艺是继 PLCVD 和 PECVD 工艺之后的又一种新的低温成膜工艺。这种技术是将光能引入化学气相沉积反应系统，使参与化学反应的气体分子对光产生选择性吸收，依靠单光子或多光子解离、反应气体分子的光吸收激发、分子在固体表面的吸附与解吸等作用，在较低的基底温度（室温～500℃）下，制备各类高质量的薄膜。薄膜成型包括分子内部的能量转移、表面成核、表面扩散以及膜层生长等过程。

LCVD 工艺的装置一般包括激光发生系统、气路系统、反应室和排气系统等几部分，如图 3-23 所示。根据激光在气相沉积过程中所起的作用不同，可以将 LCVD 工艺分为光解 LCVD 工艺和热解 LCVD 工艺。它们的反应机理也不尽相同，光解 LCVD 工艺的激光光源采用紫外超短脉冲激光，光子能量高的准分子激光器；与常规 CVD 工艺不同，光解 LCVD 工艺中激光参与了源分子的化学分解反应，反应区附近温度梯度可精确控制，能够制备粒度可控的超微粒子。而热解 LCVD 工艺则是采用红外波段光子能量较低的固体或气体激光器，热解 LCVD 利用激光照射基底，在基底上形成温度场，气体流经基底时发生化学反应，形成薄膜。激光辐照方式可分为水平辐照、垂直辐照和混合辐照等。水平辐照时，气体吸收光子能量后分解，生成物移向基体并形成薄膜；垂直辐照时，基底表面吸收的材料分子也可光分解，且照射部位有局部加热效应，将使化学吸附概率增加，而物理吸附减少。

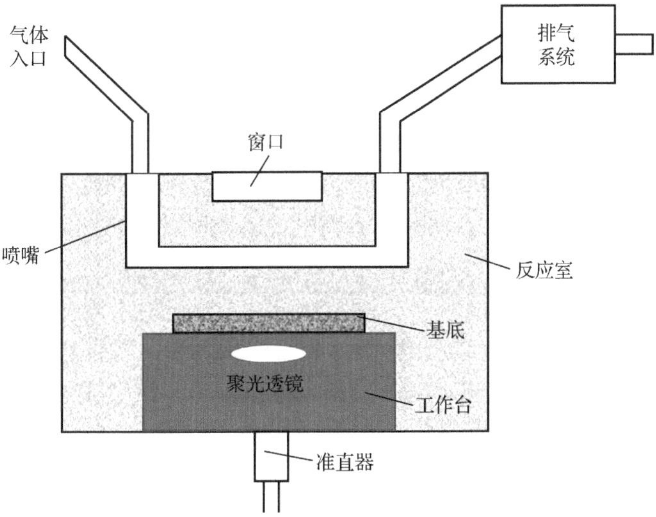

图 3-23　LCVD 工艺的装置示意图

LCVD 工艺的沉积温度低，适宜大面积膜层制备，且可用于薄膜制备的材料范围较广[8,9]。

6. 热丝化学气相沉积技术

热丝化学气相沉积（hot wire chemical vapor deposition，HWCVD）工艺是化学气相沉积法低温沉积薄膜工艺中的一种方法，自从 HWCVD 工艺成功地用于制备类金刚石薄膜以来，它已被广泛地用于半导体薄膜的沉积，特别是硅基薄膜。HWCVD 工艺是 LPCVD 工艺的一种特例，与 LPCVD 工艺的主要区别是在靠近加热基底处放置了加热的金属丝（如 W 或 Ta）来辅助薄膜沉积。沉积的过程中，热丝被加热至较高的温度（>1400℃），前驱气体在热丝表面催化分解，得到“不带电”的分解活性基元，基元在基底表面吸附、迁移、化学成键，形成薄膜。

HWCVD 工艺的装置一般包括真空室、前驱气体气源、加热系统、基底、冷却液箱等几部分，如图 3-24 所示。

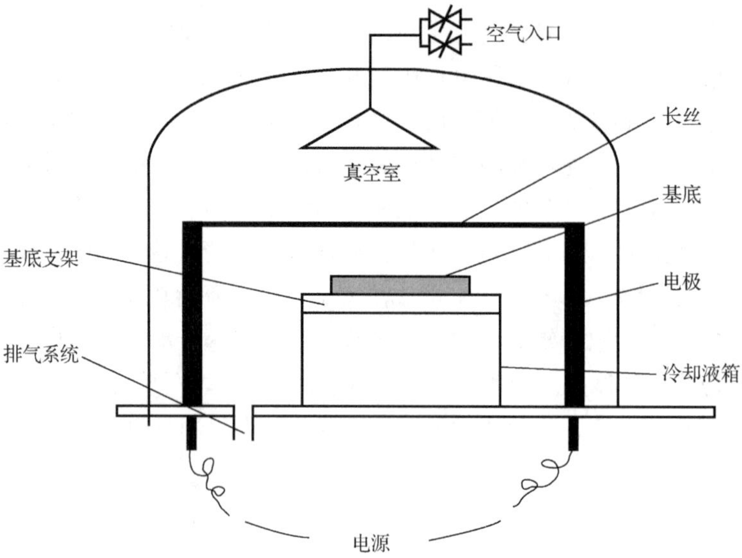

图 3-24　HWCVD 工艺的装置示意图

HWCVD 工艺有很多优点：①薄膜生长速率快、质量好。HWCVD 镀膜时薄膜和基底所受损伤小，利于形成高质量的薄膜，非晶硅薄膜生成速度可以是 PECVD 的 10 倍以上。②耗费的气体量少，不产生粉尘。HWCVD 消耗的气体量仅为 PECVD 的 1%～10%，生成基团不带电，无粉尘产生。③设备成本低，利于产业化制造。热丝设备不需要昂贵的射频电源和复杂的供气系统，可通过增加热丝的长度和根数，扩大沉积面积，且保持均匀性不下降，因此可以大幅提高产能。但是 HWCVD 也存在一定的不足：由热丝法生成的薄膜，均匀性受热丝几何结构的影响较大，沉积过程也存在较严重的后氧化问题，可能导致薄膜中微空洞的产生，影响器件稳定性。

7. 原子层化学气相沉积技术

原子层化学气相沉积（atomic layer chemical vapor deposition，ALCVD）工艺是一种应用较为广泛的薄膜生长技术，它是 CVD 工艺的一个特殊变体。ALCVD 系统大多采用横流式反应腔，在该反应腔内有惰性载气穿过，不同种类的气态反应物以“短脉冲”形式被注入惰性载气中，依次与基底发生化学反应，生成薄膜沉积在基底表面。惰性载气的主要作用是避免气体反应物间发生反应。这种气态反应物连续的、自终止的表面反应能够使所需材料的生长得到控制，即使是在复杂的三维结构上，这种独特的自限性生长机制也可使薄膜具有完美的保形性和厚度均匀性。在微电子行业，ALCVD 工艺已经成为一种主流技术。

ALCVD 工艺与传统 CVD 工艺之间的差异是显而易见的。在 CVD 工艺中，气态反应物在表面或气相中反应的同时也可能分解，而在 ALCVD 工艺中，高活性气态反应物以交替脉冲方式与表面单独反应，不存在自我分解。

在 ALCVD 工艺中，生长过程是以循环的方式进行的，如图 3-25 所示，主要包括以下步骤：①惰性载气将第一个气态反应物输运至基底表面，并在基底上化学吸附；②惰性气体吹扫多余的气态反应物和反应副产物；③惰性载气将第二个气态反应物输运至基底表面，并与第一个气态反应物形成的吸附物的表面发生反应；④惰性气体吹扫多余的气态反应物和反应副产物。上述过程反复迭代，直至完成制膜。

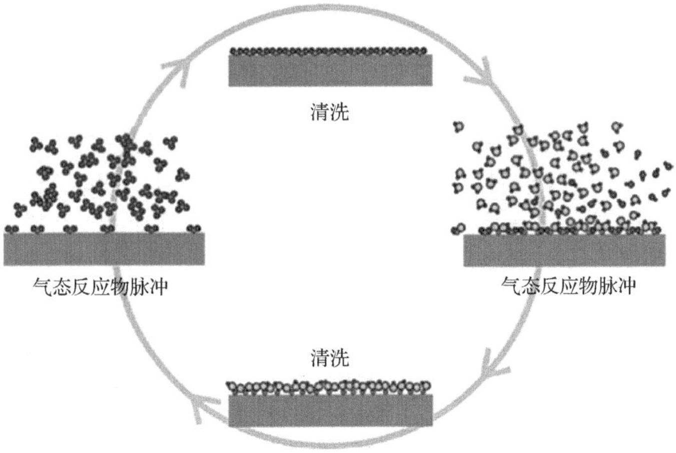

图 3-25　ALCVD 工艺生长周期的示意图

ALCVD 工艺反应器与 CVD 工艺反应器主要的区别在于，在每个 ALCVD 工艺的反应过程中，需要将基底交替暴露在气态反应物中数百次甚至数千次，同时保持不同气态反应物的严格分离。在大多数 ALCVD 工艺的反应器中，基底都需要保持静止，以能够更好地与进入反应室的气态反应物交替脉冲进行接触。图 3-26 为一种典型反应结构[10]。该反应器由不锈钢部件构成，反应器流管的内径为 3.5cm，长约 60cm；反应器流管外有加热器，可以将流管加热到所需沉积温度，流动管内的样品则通过辐射和热壁对流进行加热；流管对于气态反应物的最大吞吐量为 500sccm，反应器在 1Torr 的压力下运行时，总的氮气载气流量为 200sccm，流速为 2.5m/s；气体脉冲切换是由三个阀门控制，气态反应物和水汽可以被交替注入氮气载气中。

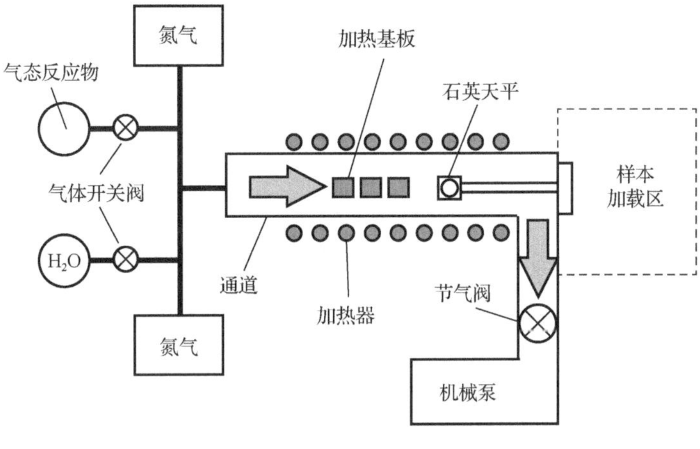

图 3-26　ALCVD 工艺的装置示意图

ALCVD 工艺也存在着一定的局限性：①ALCVD 工艺的薄膜生长是逐层进行的，一个 ALCVD 周期即可生长一个单层薄膜，但并不是每一次的薄膜生长都能够生成一个完整的单层；②ALCVD 工艺的一个重要限制因素是该方法的缓慢性，因为气态反应物交替脉冲和中间清洗过程需要时间，可能会导致 ALCVD 工艺的沉积率低于 CVD 工艺；③ALCVD 工艺生长薄膜时，气态反应物杂质也跟着沉积下来，从而导致生长的薄膜不够纯净。

3.3.3 外延

在某些应用场合，如半导体器件制造中，可能需要制备单晶薄膜。为保证薄膜结构的完整性，单晶薄膜经常被沉积在结构完整性极高的单晶基底之上，并且薄膜的晶体学点阵与基底的晶体学点阵要保持高度的连续性。这种在单晶基底上生长单晶薄膜的过程叫作外延。外延通常可分为两种基本类型：同质外延和异质外延。同质外延是最简单的外延形式，它的薄膜和基底材料是相同的，在硅片上沉积单晶硅是最常见的同质外延；异质外延是指薄膜和基底是由不同材料构成的，例如碱卤化物基底上的金属薄膜。在实践中，异质外延是各种技术应用中最普遍的外延形式，如半导体、超导设备或光电子设备。

与所有形式的晶体生长一样，外延实际上是一种控制良好的相变，可形成单晶固体。相变是通过两个晶相之间的成核和生长实现的。外延层晶相以结构相关的方式生长到给定基底晶相上。外延生长过程为：①反应物以吸附原子形态出现在基底晶体表面并沿着表面迁移到台阶边缘；②吸附原子与其邻近基底晶体原子形成化学键；③上述两个过程反复进行，一个吸附原子接一个吸附原子，一层覆盖一层，直至形成所需薄膜。图 3-27 显示了外延生长模式。

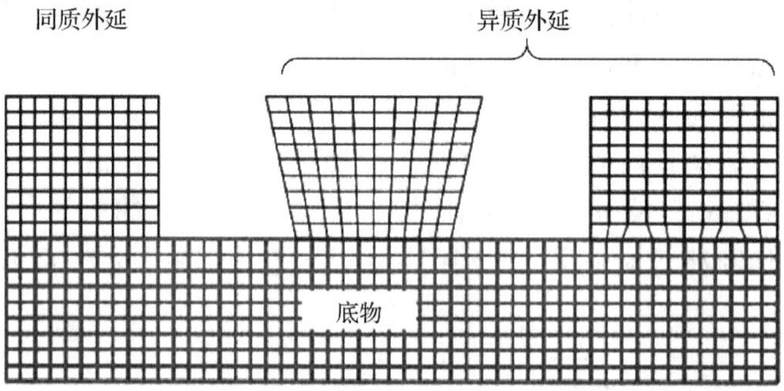

图 3-27　外延生长模式

外延按照工艺原理可以分为气相外延（vapor-phase epitaxy，VPE）、分子束外延（molecular beam epitaxy，MBE）等。

VPE 是最早发展且最常见的外延半导体薄膜生长方式，其本质上是 CVD 的一种特殊形式。下面以硅的气相外延为例说明 VPE 的基本原理。硅的 VPE 是利用硅的气态化合物，经过化学反应在硅的表面生长一层单晶硅，用于外延淀积的气态反应物一般有硅烷（SiH_4）、二氯硅烷（SiH_2Cl_2）、三氯硅烷（$SiHCl_3$）和四氯硅烷（$SiCl_4$）。以 $SiCl_4$ 为例介绍在硅基底上生长硅薄膜的一种方法，反应原理如图 3-28 所示。其反应式如式（3-2）所示：

$$SiCl_4 + 2H_2 = Si + 4HCl \tag{3-2}$$

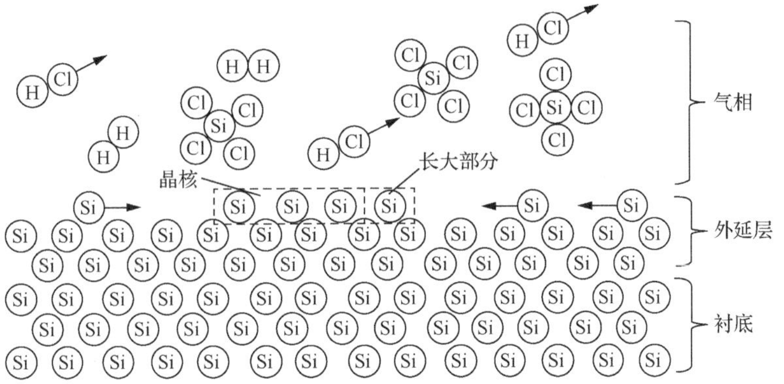

图 3-28　硅的 VPE 的原理图

反应过程为：①反应剂分子被吸附在生长层表面；②在生长层表面进行化学反应，得到硅原子和其他副产物；③副产物分子脱离生长层表面的吸附（解吸附）；④解吸附的副产物从生长层表面转移到气相，随主气流逸出；⑤硅原子嫁接到晶格上。

VPE 很适合生长硅和碳化硅薄膜，也可以方便地用来进行原位掺杂硅和碳化硅，其中在硅外延中的掺杂剂是磷化氢（PH_3）和乙硼烷（B_2H_6），碳化硅外延中的掺杂剂是氨气（NH_3）和三甲基铝［$Al(CH_3)_3$］。对于化合物半导体，如 III-V 族半导体，也可通过 VPE 工艺生长，最常见的是在砷化镓（GaAs）和磷化铟（InP）基底上生长二元、三元和四元 III-V 族化合物。常用的前驱物包括 PH_3、$Al(CH_3)_3$ 和三甲基镓等金属有机物。

MBE 是生长薄层、超薄层单晶的重要方法。MBE 的原理如图 3-29 所示。它是在超高真空条件下（$<10^{-8}$Pa），将组成化合物的各种元素（如 Ga、As）和掺杂剂元素分别放入不同的喷射炉内加热，使它们的原子（或分子）以一定的热运动速度和比例喷射到加热的基底表面上，与表面相互作用并进行晶体薄膜的外延生长。它的生长速率往往比 CVD 工艺低，但在制备复杂的多层堆叠超薄薄膜（称为超晶格）方面更具优势。除了基于 III-V 族的薄膜外，MBE 也可用于外延生长 Si、SiGe 和 3C-SiC 等薄膜。

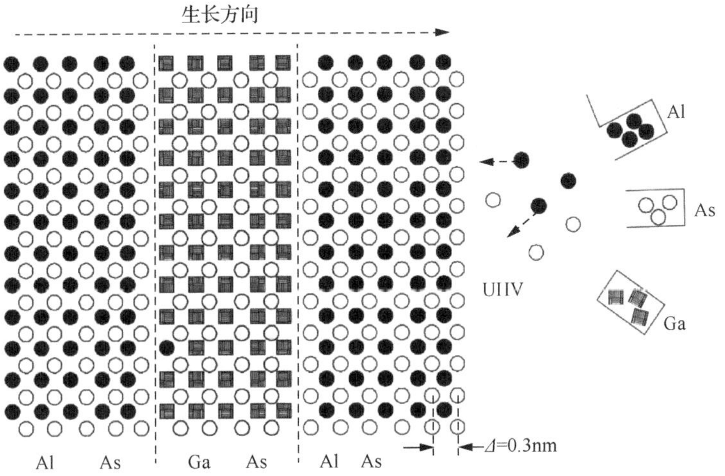

图 3-29　MBE 原理示意图

外延工艺需要严格控制关键工艺参数，以获得高质量的薄膜。与多晶生长相比，外延工艺的主要特征是吸附原子的表面迁移。如果表面迁移受阻，可能会发生三维成核生长，导致形成多晶或非晶薄膜。发生迁移受阻的原因是表面缺乏足够能量来维持外延生长，这可能是由于表面上过度的反应物吸附或新形成吸附原子的表面能量不足等。表面反应物吸附率可通过调节进入反应器的前驱物流率来适当控制，而吸附原子的表面能量可通过高温生长来维持。例如，多晶硅薄膜通常在 600℃左右生长，然而外延生长硅薄膜的温度超过了 1000℃。同样的，多晶碳化硅薄膜在 800～900℃沉积，然而外延生长碳化硅薄膜的温度超过了 1200℃。

3.3.4 液相法沉积薄膜

液相法沉积薄膜是指利用液态的反应前驱物形成薄膜的技术，液相法的常见方法有电镀、化学镀、溶胶-凝胶等。

1. 电镀

电镀是指通过电化学方法在固体表面沉积薄层金属或合金的过程。必须将被加工器件置于电镀液中，将被镀器件置于阴极，阳极为导电金属或直接为被镀金属。在两极通上低电压、大电流的直流电，电镀液中进行氧化还原反应，当直流电通过两电极及两极间的含金属离子的电镀液时，电镀液中的阴阳离子由于受到电场作用，发生有规则的移动，阴离子移向阳极，阳离子移向阴极，这种现象叫“电迁移”。此时，阳极极板生成金属离子，并以浓差扩散的方式迁移至阴极，在阴极还原沉积成镀层。

阴极还原反应一般通式为

$$M_e^{n+} + ne^- \longrightarrow M_e \tag{3-3}$$

阳极氧化反应一般通式为

$$M_e - ne \longrightarrow M_e^{n+} \tag{3-4}$$

如镍的还原反应，阴极的还原反应为 $Ni^{2+} + 2e^- \longrightarrow Ni$ ，阳极的氧化反应为 $Ni - 2e^- \longrightarrow Ni^{2+}$ 。

多种材料可以通过电镀方式沉积成膜，MEMS 中常用的有铜、镍、铬、金、银、铂等。下面以电镀铜为例进行详细说明。电镀铜原理如图 3-30 所示。电镀液主要由硫酸铜、硫酸和水组成。硫酸铜是铜离子（Cu^{2+}）的来源，当硫酸铜溶解于水中会解离出 Cu^{2+}，Cu^{2+}会在阴极（工件）发生还原反应，从而形成铜薄膜沉积层。电极中发生的反应如下。

阳极：

$$4OH^- - 4e^- = 2H_2O + O_2 \tag{3-5}$$

阴极：

$$Cu^{2+} + 2e^- \longrightarrow Cu，\quad 2H^+ + 2e^- \longrightarrow H_2 \tag{3-6}$$

总方程式：

$$2Cu^{2+} + 2H_2O = 2Cu + 4H^+ + O_2 \tag{3-7}$$

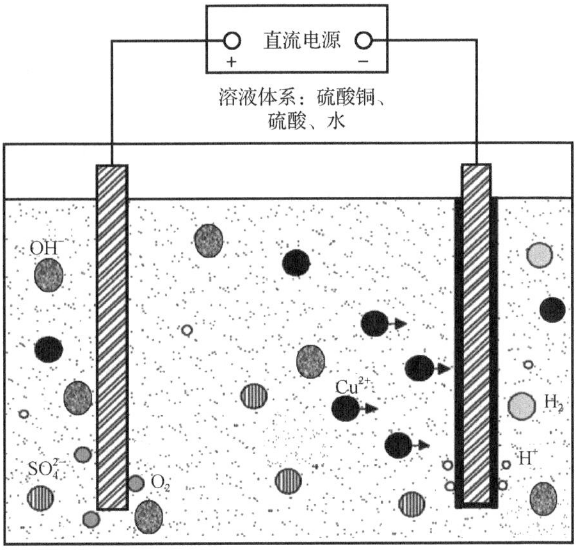

图 3-30　电镀铜原理图

沉积过程会受到电镀液中 Cu^{2+}浓度、酸碱度（pH）、温度、搅拌、电流等影响。Cu^{2+}浓度下降对薄膜沉积过程的影响尤为突出。针对此问题，可以采用以下两种解决方法：①随着电镀过程的进行，不断在电镀液中添加硫酸铜；②用金属铜作为阳极。由于添加硫酸铜方法比较麻烦，需要计算分析添加硫酸铜的量，大多数情况可采用金属铜作为阳极进行电镀。铜阳极的主要作用是作为导体将电路回路接通，同时发生氧化反应溶解生成 Cu^{2+}，补充电镀液中 Cu^{2+}的消耗。

器件在进行电镀前需要进行前处理，主要包括如下流程：①采用喷射洗净、溶剂洗净、浸没洗净或电解洗净等方法去除金属表面的油质、研磨剂及污泥；②使用冷水或热水反复清洗，去除前面过程中的残留溶剂或污物；③采用酸浸的方式去除锈垢或其他氧化物膜（可加适量抑制剂以避免过度酸浸），酸浸后要充分清洗，以防基材被腐蚀或产生氢脆；④使用各种酸溶液活化金属表面，促进镀层附着力增强；⑤再次清洗，去除酸膜。

器件在电镀后也需进行后处理，其中清洗是电镀后处理的重要工序。其主要作用是：①把零件上附着的溶液清洗干净，以保证镀层的防腐或装饰性能；②避免器件上的附着液被带入下道工序造成污染；③避免镀层因渗入镀液而产生锈蚀、发白等问题。

2. 化学镀

化学镀是指不需要外加电源，仅通过化学反应实现金属沉积的技术。化学镀利用无机金属盐和化学还原剂混合后能够在某些材料表面发生还原反应的原理，将还原的金属原子沉积到材料表面，形成薄膜。最常见的可通过化学镀沉积的金属是铜和镍。其中，铜的来源一般为铜盐，如硫酸铜、氯化铜或硝酸铜等，镍的来源一般为镍盐，如硫酸镍、次磷酸镍等；在化学镀过程中，常用的还原剂有次磷酸钠、二甲胺硼烷、硼氢化钠等。其他如金、银以及钯也可以通过化学镀沉积。下面介绍最为常用的铜和镍的化学镀膜工艺过程。

化学镀铜是在具有催化活性的固体表面上发生化学反应，由还原剂将铜离子还原成铜原子，铜原子沉积在固体表面形成金属铜层。在化学镀铜前，需要将样品浸入激活液中进行激活以形成具有催化活性的表面。激活液通常采用氯化钯和氢氟酸的混合溶液，其配比是 $850mLH_2O+150mLHF+0.2gPdCl_2$，激活时间在 1min 左右。在湿法激活中，硅表面的本征氧化层被 HF 侵蚀掉，Pd 激活层（又称种子层）在硅表面形成，成为随后铜原子沉积的成核中心。在不活泼的表面如氧化物、氮化物或玻璃基底等材料上不能形成 Pd 激活层，在后续的化学镀铜时，在这些非激活表面上不会出现铜原子的沉积。因此，激活工艺可在器件表面实现选择性薄膜沉积。化学镀的过程是一个自催化的过程，反应一旦开始，就会不断沉积。样品放入含有硫酸铜和以甲醛为还原剂的碱性反应溶液中，反应方程为

阳极：

$$2HCHO+4OH^- \longrightarrow 2HCOO^- + 2H_2O + 2e^- \tag{3-8}$$

阴极：

$$Cu^{2+} + 2e^- \longrightarrow Cu \tag{3-9}$$

总方程式：

$$Cu^{2+} + 2HCHO + 4OH^- \longrightarrow 2HCOO^- + 2H_2O + Cu + H_2 \tag{3-10}$$

镀铜液的溶液配比如表 3-5 所示，其中采用的主盐是五水硫酸铜，还原剂是甲醛，络合剂是乙二胺四乙酸（ethylenediaminetetra-acetic acid，EDTA）。加入氢氧化钾调节溶液的 pH 值。二二联吡啶作为光亮剂（稳定剂），能够减小沉积薄膜的表面粗糙度。RE610 作为一种表面活性剂，作用是减小表面张力，从而使铜镀层的表面更加平滑光亮。利用甲醛作为还原剂的化学镀铜溶液，温度通常设置在 60℃，调节 pH 值应高于 12。

表 3-5　化学镀铜的溶液配比

溶液	配比
$CuSO_4 \cdot 5H_2O$	7g/L
EDTA	15g/L
KOH	18g/L
二二联吡啶	25mg/L
RE610	2.54mg/L
HCHO	5mL/L

化学镀镍的原理和流程与镀铜基本相同。镀镍前同样需要将样品浸入激活液中进行激活。激活液采用的仍是氯化钯和氢氟酸的混合溶液，溶液配比与化学镀铜相同。激活后，将样品放入含有硫酸镍和以次亚磷酸钠为还原剂的反应溶液中，其反应方程如下。

碱性镀液反应式：

$$Ni^{2+} + H_2PO_2^- + 2OH^- \longrightarrow H_2PO_3^- + H_2O + Ni \tag{3-11}$$

氢气的产生：

$$H_2PO_2^- + H_2O \longrightarrow H_2PO_3^- + H_2 \tag{3-12}$$

磷的析出：

$$3H_2PO_2^- + 2H^+ \longrightarrow 2P + H_2PO_3^- + 3H_2O \tag{3-13}$$

通过上式可知，在化学镀镍的反应过程中，镍被还原的同时，磷也会被还原出来，所以实际沉积出来的并非纯镍，而是 Ni-P 的合金。由于式（3-13）的反应速度通常远低于式（3-11）

和式（3-12）的反应速度，故合金层中磷量一般在 1%～15%（质量分数）范围内变动。镀镍液的配方如表 3-6 示，其中主盐是六水硫酸镍，还原剂是次亚磷酸钠，络合剂是柠檬酸二钠。最后加入氨水，调节溶液的 pH 值至 7～8，镀镍液的温度通常也设置在 60℃。

表 3-6　化学镀镍液的配比

溶液	配比
$NiSO_4 \cdot 6H_2O$	19g/L
柠檬酸二钠	20g/L
次亚磷酸钠	20g/L
氨水	滴加至 pH=7～8

化学镀的特点是容易形成完全覆盖的沉积，即不管表面形状如何复杂都能形成均匀的表面沉积层。但与电镀沉积相比，化学镀难以获得纯金属沉积层。而且化学镀的沉积速率比电镀慢得多。例如，化学镀铜的速率只有 3～5μm/h，而电镀沉积速率是化学镀的 5～10 倍。另外，可以化学镀的金属种类有限，远不如可以电镀的金属种类多，所以化学镀一般只应用于产生构件的装饰或者表面保护镀层。微纳米金属图形转移以电镀法为主。

3. *溶胶-凝胶法*

溶胶-凝胶法，又称 Sol-Gel 法，可以用来制备高性能透明导电薄膜。该技术以金属有机化合物、金属无机化合物或上述两种物质混合物制成液相介质，经过水解缩聚反应过程，逐渐凝胶化，从而获得氧化物或其他化合物薄膜[11]。

溶胶-凝胶形成过程如图 3-31 所示。一般采用金属有机物或无机化合物作为原料，溶解于某种溶剂中形成均匀溶液，然后在催化剂和添加剂的作用下使溶液中的离子进行水解缩聚反应，通过控制各种反应参数，得到一种包含均匀分散纳米颗粒（或者团簇）的液相分散体系，即溶胶。之后，在温度变化、搅拌作用、水解缩聚等化学反应以及电化学平衡作用下，溶胶中的纳米颗粒发生聚集，原本分散的液相介质体系黏度不断增大，最终导致具有流动性的液体溶胶逐渐转变为具有一定弹性的固体凝胶。

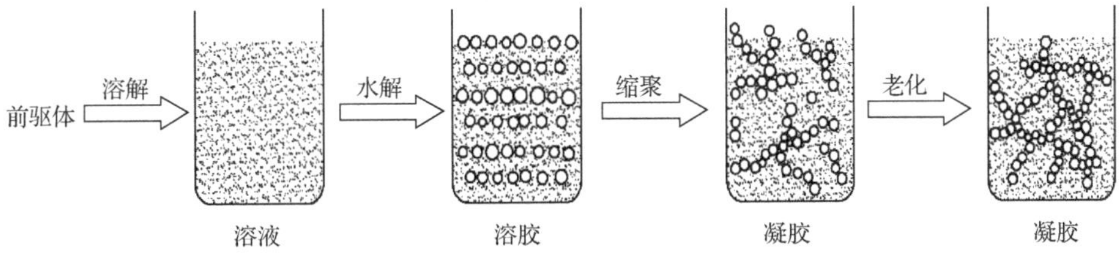

图 3-31　溶胶-凝胶形成过程

溶胶能否向凝胶发展，关键取决于胶粒间的相互作用能否克服凝聚时的势垒。因此，利用增加胶粒电荷量、位阻效应和溶剂化效应等方法均可以使溶胶更稳定，难以形成凝胶；反之，溶胶则会更容易形成凝胶。通常情况下加速溶胶形成凝胶的方法有溶剂挥发法、加入非溶剂法、冷冻法、加入电解质法和利用化学反应产生不溶物质法等。

采用溶胶-凝胶法制备薄膜一般可分为五个工艺步骤，分别为制备复合醇盐、成膜、水解与聚合、干燥和焙烧等，具体如下。

（1）制备复合醇盐：将各组分的醇盐或其他金属有机物按照一定的化学计量比，在同一溶剂中进行混合反应，生成复合醇盐的混合溶液，通过醇盐的水解-缩聚反应形成无水氧化物网络结构。

（2）成膜：采用均匀涂胶技术（旋涂工艺）或提拉工艺在基底上形成凝胶薄膜。

（3）水解与聚合：控制复合醇盐的水解、聚合反应，使溶液随反应过程的逐渐深入依次转变成溶胶和凝胶，可在溶液中加入少量水或催化剂以控制成膜质量，初步形成的膜中含有大量的有机溶剂和有机基团，称为湿膜。

（4）干燥：随着溶剂的挥发和反应的进一步进行，沉积到基底表面的湿膜逐渐收缩变干，有机溶剂的快速蒸发将引起薄膜的剧烈收缩，会导致薄膜出现龟裂。当薄膜厚度小于一定值时，薄膜在基底表面的附着力逐渐增大，使得薄膜的横向（平行于基底）收缩被限制，仅能发生沿基底表面法线方向的纵向收缩，避免薄膜的龟裂。

（5）焙烧：通过聚合反应得到的凝胶是晶态的，含有 H_2O、R—OH 剩余物及—OR、—OH 基团。充分干燥的凝胶经焙烧热处理，去掉这些剩余物及有机基团，即可得到所需晶形的薄膜。

按溶胶、凝胶的形成方式，采用溶胶-凝胶法制备薄膜的方法可分为传统胶体法、水解聚合法和络合物法等 3 种，其特征及不同之处如表 3-7 所示。

表 3-7　溶胶-凝胶法的分类及特点

名称	前驱物	溶胶-凝胶的形成	凝胶的特征	应用
传统胶体法	无机化合物	溶剂蒸发促使颗粒形成溶胶	在分子力的作用下，浓稠颗粒形成凝胶网络；凝胶中固相成分含量高；强度低的凝胶，通常不透明	制备粉体薄膜
水解聚合法	金属醇盐	前驱物的水解和聚合形成溶胶和凝胶	溶胶转变成的凝胶体积基本不变；凝胶的形成过程可由时间参数清楚地表征；凝胶是透明的	制备块体、纤维、粉体薄膜
络合物法	金属醇盐（硝酸盐或乙酸盐）	络合反应形成具有较大或复杂配体的络合物	凝胶网络由络合物通过氢键建立；凝胶在水中固氧化；凝胶是透明的	制备粉体、纤维薄膜

溶胶-凝胶工艺在制备薄膜方面有很多优点，如可实现大面积制膜、基底结构形状不受限、可用基底材料多样、工艺设备简单、成本较低等，在很多领域得到广泛应用。但该方法也存在一些不足之处，如反应时间较长，凝胶过程通常需要几天或几周才能完成，部分用于溶胶、凝胶反应的有机物对人体有害等。

3.4　剥离工艺

在表面硅工艺中，为了得到所设计的图形结构，需要对所沉积薄膜进行图形化，薄膜图形化目前主要有刻蚀和剥离两种技术途径。在部分情况下，刻蚀工艺并不适用，如金、钽及硅化物等不宜使用光刻腐蚀的方法制备微细薄膜图形；对于多层金属薄膜，使用不同的腐蚀液进行交替刻蚀时，易发生较为严重的横向钻蚀；部分金属腐蚀液会对下层材料有腐蚀作用等。在这些情况下，采用剥离（lift-off）工艺可以有效解决相关问题。

剥离工艺基本流程见图 3-32。在基底上涂敷光刻胶，并通过掩膜曝光和显影制成图形，要求在不需要金属膜的区域覆有光刻胶、应有金属膜的区域去除光刻胶，如图 3-32（a）所示；沉积金属膜，由于有光刻胶的覆盖，金属膜仅在要求的区域与基底相接触，如图 3-32（b）所示；最后，用不侵蚀金属膜的溶剂除去光刻胶，随着光刻胶的去除，胶上的金属随之被剥离，而留下了图形化的金属薄膜，如图 3-32（c）所示。剥离工艺的难易程度与光刻胶图形的侧墙与基底平面之间所成的角度有极其重要的关系。理想情况下，光刻胶图形的侧墙的剖面应呈倒八字形，这种形状使沉积在侧墙上的金属层极薄，从而使金属层覆盖的光刻胶膜能较快地溶解，将其上面的金属膜“悬空浮起来”，从而被方便地去除[12]。

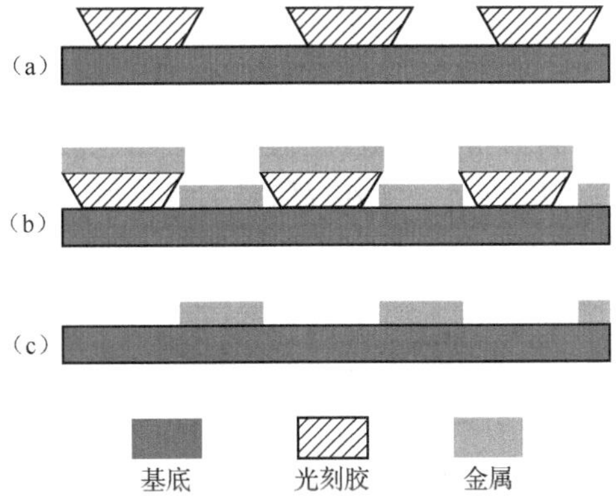

图 3-32　剥离工艺基本流程

根据光刻胶的类型，剥离又分为正胶剥离和负胶剥离，剥离情况如图 3-33 所示。对于这两种剥离方式，在使用相同掩膜版的情况下，最终得到的图形是阴阳相反的。倒梯形是易于实现剥离的光胶层截面形状，因此，应尽量在光刻中获得这种形状的剥离结构层。对于紫外光刻（含激光直写），负胶相比于正胶更容易获得倒梯形结构；而对于电子束胶来说，由于电子与光刻胶作用过程中的散射，正胶相比于负胶更容易获倒梯形结构。

如果使用正胶进行紫外曝光，由于胶层具有一定厚度，紫外光不可能完全穿透胶层，显影后光刻胶的剖面轮廓并不是理想的直壁式，而是呈现向外倾斜的正梯形，台阶处的薄膜相互连接，图形化剥离较为困难，如图 3-33（b）所示。反转剥离工艺为形成倒梯形剖面结构提供了可能。反转光刻胶在正常工艺下为正胶，通过后烘和曝光后会呈现负胶特性，能够得到负性图形。反转剥离工艺使用反转光刻胶曝光，经过初始曝光、曝光后烘焙（作为图像反转烘焙）和泛曝光步骤，可以获得反转结构。

AZ5214E 是一种反转光刻胶，其特点是经过一次曝光可作为正胶使用，而加上曝光后反转烘和泛曝光两道工序又可作为负胶使用[13]。反转剥离工艺的优点是：①可以使用正版或负版作为曝光掩膜版；②与负胶相比，反转光刻胶膨胀小，光刻后的图形失真小；③经过图像反转后的光刻胶抗干法刻蚀能力增强；④可形成倒八字形台阶侧壁，如图 3-33（c）所示，有利于对光刻胶的剥离，实现薄膜图形化。

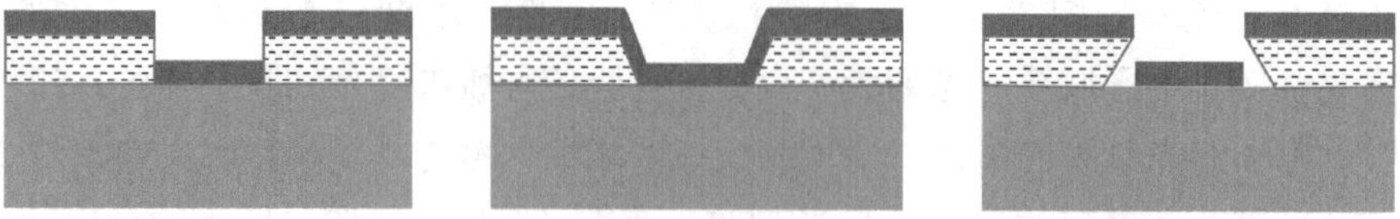

图 3-33　剥离情况示意图

3.5　表面硅工艺常见问题分析

3.5.1　粘连

采用表面硅工艺制作微器件时，当牺牲层被刻蚀、结构被释放后，结构层很容易因表面应力作用而粘连到基底或邻近结构上，这种现象被称为粘连。

1. 避免粘连的方法

避免粘连的方式包括改变机械结构支撑、改进释放、减小表面张力等。表 3-8 列出了不同种类防止粘连的方法，并解释了这些方法的原理。

表 3-8　不同种类防止粘连的方法和原理

方式	方法	基本原理
改变机械结构支撑	并列的支撑凸点	沉积结构层前在牺牲层上刻蚀一些坑，沉积的结构层就会在有坑的地方形成向下的突起，在干燥时支撑结构
	侧壁月牙结构支撑	防止悬臂梁变形
	临时增强被释放结构	增加刚度防止悬臂梁变形
改进释放	二氧化碳临界释放	将清洗液临界变为气体，防止出现液体-气体相变
	气体 HF 释放	HF 气体腐蚀牺牲层，避免表面张力，但是释放速度很慢
	光刻胶支撑释放	有机溶液置换清洗液，浸入光刻胶中，再用等离子刻蚀固化的光刻胶
	冷冻升华	液体和结构同时冷冻，然后在真空中升华，防止出现液体-气体相变
减小表面张力	表面粗糙处理	等离子轰击等方法使表面粗糙，减小实际接触面积
	表面厌水处理	用 NH_4F 溶液处理，降低毛细现象
	表面镀膜处理	表面覆盖一层低表面能的厌水薄膜，降低毛细现象和表面张力

对于已经发生粘连的微结构，一般难以用机械和力学的方法恢复，主要原因为：①恢复结构层所需施加的力会大到足以破坏结构层；②发生粘连的多个微结构往往尺度相近，很难通过设备或人工操作施加足够的外部机械力将粘连结构分开。激光加热和超声振荡是修复粘连结构的两种重要方法，激光加热主要是利用激光对粘连结构进行加热，以减小粘连处的表面张力和毛细作用力，从而实现微结构恢复；超声振荡主要是利用超声波对粘连处进行高频振动，从而实现微结构与基底脱粘连。使用这两种方法进行粘连结构恢复具有明显的时效相关性，即恢复的成功率会随着粘连时间的延长而下降。

2. 粘连现象成因

粘连是指由于表面张力、静电引力以及范德瓦耳斯力等原因，在去除牺牲层过程中或在工作过程中，表面硅工艺制造的结构部分塌陷下来与基底粘在一起的现象[14]。表面硅工艺的后几道工序通常是刻蚀释放结构层、去离子水浸泡清洗、红外灯照射干燥。在这些处理过程中，牺牲层原来所在的空间被刻蚀液或离子水填充，当加热干燥去除液体时，刚度较小的结构会在结构内应力或者水的表面张力作用下发生塌陷并粘在基底上，形成释放过程的粘连[15]。塌陷后，结构层和基底之间由于液体毛细作用、分子间作用力、静电引力、氢键桥联等作用，可能形成永久性粘连。在微结构工作过程中，由于结构尺寸微小，表体比较大，表界面性质或者环境因素的微小变化都可能引起基底表面吸附力产生较大改变，导致 MEMS 表面硅工艺器件在使用过程中出现粘连。

由液体毛细作用力所引起的表面相互作用能是导致结构释放过程中粘连的主要因素。两个相互靠近的理想平板表面，由毛细作用力引起的表面间的相互作用能 $e_{\text{cap}}(z)$可以表示为

$$e_{\text{cap}}(z) = 2\gamma_1 \cos\theta \Big|_{z \leqslant d_c} \tag{3-14}$$

式中，γ_1为水的表面张力；θ为水在表面上的接触角。当两个平板表面的间距 z 小于特征尺寸 d_c时，水产生的毛细凝结作用会导致两个表面的粘连。特征尺寸 d_c 可以表示为

$$d_c \approx \frac{2\gamma_1 v \cos\theta}{RT\log(\text{RH})} \tag{3-15}$$

式中，v为液体的摩尔体积；RH 为相对湿度；R 为气体常数；T 为绝对温度。从式（3-14）和式（3-15）可知，当表面间距大于特征距离时，表面相互作用能为 0；当表面间距小于特征间距后，表面相互作用能产生突变，并且不随间距的变化而变化。另外，对于给定表面，其接触角几乎不变，而γ_1和 d_c 都是温度的函数，并且 d_c 还是相对饱和气压的函数。因此，可以通过改变温度和环境气压改变表面相互作用能。

在没有液体介入的情况下，分子间相互作用范德瓦耳斯力是引起粘连的主要因素。无液体介入的情况包括释放过程没有水接触、环境为真空，或者使用疏水表面。对于接触表面为极度平整的情况（如键合时的表面），即使有液体存在，范德瓦耳斯力也是主要作用力。范德瓦耳斯力引起的表面相互作用能为

$$e_{\text{vdw}}(z) = \begin{cases} 0, & z \leqslant d_r \text{或} z \geqslant d_{\text{co}} \\ \dfrac{A_{\text{Ham}}}{24\pi z^2}, & d_{\text{co}} < z < d_r \end{cases} \tag{3-16}$$

式中，A_{Ham}为哈马克（Hamaker）常数［对于非极性分子为$(0.4\sim4)\times10^{-9}$J］；d_r为延迟距离，当 d_r>20nm 时，不会产生明显的影响。当表面非常接近时，吸引性的范德瓦耳斯力会转变为排斥力，通用的截止距离为 d_{co}=1.65nm，比原子间距稍小。

静电吸引也能够引起表面的粘连现象。引起寄生电荷的原因包括接触电势差、摩擦起电以及氧化层的离子捕获等，带有电荷的表面存在电荷间的作用力和表面相互作用能。静电力可以表示为

$$F_E = \frac{\varepsilon V^2}{2z^2} \tag{3-17}$$

式中，ε为表面间隙填充材料的介电常数；V 为表面间的电势差。介电层吸附离子会产生静

电吸引力，电荷分布可以表示为两个截面间距的函数。对于平整的表面，表面相互作用能可以由式（3-18）得到：

$$E_E = \frac{\varepsilon_0 V^2}{2z^2} \tag{3-18}$$

该式只适合表面较为平坦的情况，对于粗糙表面，由于电荷会在其上重新分布，该式并不适用。接触电势差很少会超过 0.5V，因此其贡献非常有限。表面间的相互摩擦会产生电势差，当电势差足够大时，表面会产生由静电力引起的粘连。如果在粘连以前摩擦停止，两个没有绝缘层隔离的表面积累的电荷会逐渐中和，摩擦起电未必会导致永久性粘连。如 Sandia 实验室研制的静电马达，由于电荷积累，其转子会粘连到下表面上，当利用聚焦粒子束轰击中和电荷后，马达仍可继续工作。此外，垂直冲击（如 RF MEMS 开关）、射线辐射（如航天器件）、摩擦起电等都会产生电荷积累，从而导致静电粘连。

当结构表面覆盖氢氧键时，氢键桥连会增加表面的相互作用能，从而导致粘连。当表面分子具有显著的氢键桥连时，该表面会表现出亲水特性，在具有一定相对湿度的环境中，会产生毛细凝结，形成液体介质，使微结构与基底发生毛细粘连。由于氢键桥连是短程作用力，因此它受表面粗糙度的影响很大，如果表面粗糙，表面亲水且存在氢氧根，则会发生氢键桥连，但由此引起的表面相互作用能很低。

3.5.2 薄膜残余应力

无任何负载的情况下，薄膜内仍旧存在的应力被称为残余应力。残余应力是在薄膜沉积时形成的，包括热应力和本征应力（内应力）。热应力是由于薄膜高温沉积时与基底的热膨胀系数不同而产生的，也称为热失配应力；本征应力由非均匀变形、晶格失配等原因引起，与沉积工艺关系密切。残余应力会导致基底挠曲变形，影响器件结构特性和功能应用[16,17]。薄膜中的残余应力一般在 10～5000MPa，多晶硅和氮化硅在 LPCVD 工艺条件下得到厚度为 0.1～0.2μm 的薄膜的残余应力分别约为 800MPa 和 1000MPa，氧化硅在热氧化（1200℃）工艺条件下得到薄膜的残余应力约为 1100MPa。

导致残余应力产生的因素较为复杂，如生长工艺条件、热处理温度、薄膜厚度、薄膜组分比例等。这些因素直接影响微观晶粒结构，决定了残余应力的大小。残余应力造成的影响包括：①如果内应力是压应力，会造成基底薄弯曲和皱纹等，导致结构刻蚀、释放失败；②如果内应力是拉应力且超过薄膜的强度，会导致薄膜裂纹；③如果存在应力梯度，则会导致薄膜的弯曲变形或微结构粘连；④薄膜应力会导致悬臂梁弯曲、谐振结构的频率偏离设计等问题，造成器件无法正常工作。

常用减小残余应力的方法包括退火处理、掺杂，以及薄膜应力补偿等。热退火是一种常用的薄膜后处理工艺，在对薄膜进行热退火时，外界提供的能量引起晶格的振动，晶格振动会传递能量，使处于非平衡态的原子恢复到正常状态，也会使孔隙被转移过来的原子填满，导致位错复合消失，甚至当退火的温度升高时，出现的再结晶过程会导致晶界的减少、晶粒长大、晶格结构发生转变等，这些过程都会不同程度地减小薄膜的残余应力。另外，通过适当地掺杂，使基底与薄膜的表面电子密度差降低，也可减小残余应力。对于不能通过退火消除残余应力的情况，可以沉积多层不同制备工艺或不同材料的薄膜（表现为不同的残余应力性质），通过不同层薄膜间的相互补偿作用，减小残余应力。下面分别介绍多晶硅薄膜、二氧化硅薄膜和氮化硅薄膜中残余应力的常用消除方法。

1. 多晶硅薄膜残余应力的消除方法

利用外延工艺沉积多晶硅时，沉积的多晶硅按照种子层多晶硅的结构生长，速度为 0.5μm/min。外延多晶硅的应力很低，经过高温退火后可以将外延多晶硅的残余应力控制在 1MPa 以内。

如果在 SiO_2 表面利用 LPCVD 沉积多晶硅，多晶硅的生长没有明显的诱导，那么多晶硅薄膜的微观结构受沉积温度和腔体压力的影响较大。LPCVD 沉积多晶硅时，在 580℃以下形成的是无定型结构，在 580～610℃形成的是 0.1μm 直径的椭圆形晶粒结构，在 610～700℃形成的是柱状(110)结构且与基底间形成较好的成核层[18,19]。随着温度继续升高，特别是当温度达到 850℃以上时，LPCVD 沉积的多晶硅的晶粒尺寸会越来越大。多晶硅薄膜残余应力的极性随沉积温度的变化而改变。在 605℃以下时，残余应力为拉应力，而在该温度以上时，残余应力全部为压应力。残余应力会随温度的升高而逐渐减小，特别是在 1050℃条件下外延生成多晶硅时，残余应力几乎下降为 0。对于制得的多晶硅薄膜，在经过 30min、1000℃退火后，其残余应力有明显的减小，特别是残余拉应力的减小更加显著。

2. SiO_2 薄膜残余应力的消除方法

SiO_2 薄膜可以采用多种方式和多种气体沉积，因此其残余应力的产生原因比较复杂[20-22]。SiO_2 薄膜对于电介质隔离和化学钝化特别有用，但这种材料薄膜通常会存在 100～400MPa 的高残余应力，导致设备的功能和可靠性下降，因此减少 SiO_2 的残余应力是非常重要的。下面仅以采用 PECVD 方法沉积 SiO_2 薄膜为例，讨论残余应力的去除方法。在 SiO_2 薄膜退火过程中，首先随着退火温度逐渐升高，SiO_2 薄膜的本征应力从压应力逐渐转变为拉应力，随着温度回落，再逐渐转变为压应力，由于热应力的大小主要受温度影响，因此温度回落到初始值后，SiO_2 薄膜热应力未发生变化；但随着 SiO_2 薄膜厚度的增加，本征应力会发生很大变化，当厚度达到某一特定值时，残余应力会降低到很低的水平。

利用 PECVD 工艺沉积的 SiO_2 薄膜在低于 400℃的温度进行循环热处理后，残余压应力基本保持不变；在 500～800℃的温度范围内进行循环热处理后，残余应力会出现明显的降低，能够将压应力减少到 50MPa 左右。但是随着循环热处理的温度升高，SiO_2 薄膜的压应力也随之增大。

3. 氮化硅薄膜残余应力的消除方法

采用 LPCVD 沉积的氮化硅薄膜会产生残余拉应力，其数值在 1000MPa 左右。当厚度超过 200nm 时，由于残余应力作用，薄膜易出现裂纹。减少氮化硅薄膜残余应力可以通过选择沉积方法、改变工艺参数等实现。氮化硅沉积方法一般采用 SiH_4+NH_3 或 $SiH_2Cl_2+NH_3$ 的反应方式进行沉积，但是前者产生的残余应力比后者小[23-26]。通过调整氮化硅薄膜中 N 和 Si 的含量比例能够降低薄膜残余应力，即增加硅的含量使其超过化学定量比成为富硅氮化硅，当 Si 和 N 的含量比例从 0.85∶1 增加至 0.95∶1，残余应力造成的残余应变从 3×10^{-3} 降低到 0.35×10^{-3}。另外降低反应过程的压力、增加反应温度都能够实现残余应力的减少。

复习思考题

3-1 简要描述粘连现象并指出避免它的可能方法。

3-2 描述牺牲层在表面微加工技术中所起的作用。

3-3 试比较物理气相沉积成膜和化学气相沉积成膜的工艺特点和适用场合。

参 考 文 献

[1] Bustillo J M, Howe R T, Muller R S. Surface micromachining for microelectromechanical systems[J]. Proceedings of the IEEE, 1998, 86(8): 1552-1574.

[2] Teh W H, Liang C T, Graham M, et al. Cross-linked PMMA as a low-dimensional dielectric sacrificial layer[J]. Journal of Microelectromechanical Systems, 2003, 12(5): 641-648.

[3] 李志坚. ULSI 器件电路与系统[M]. 北京：科学出版社, 2000.

[4] Rao B R, Bhat N, Sikdar S K. Thick PECVD germanium films for MEMS application[C]. Physics of Semiconductor Devices, Environmental Science and Engineering, Berlin: Springer, 2014.

[5] Kang M H, Ryu K, Upadhyaya A, et al. Optimization of SiN AR coating for Si solar cells and modules through quantitative assessment of optical and efficiency loss mechanism[J]. Progress in Photovoltaics: Research and Applications, 2011, 19(8): 983-990.

[6] Martinu L, Poitras D. Plasma deposition of optical films and coatings: a review[J]. Journal of Vacuum Science & Technology A: Vacuum, Surfaces, and Films, 2000, 18(6): 2619-2645.

[7] Kolluri S, Keller S, DenBaars S P, et al. Microwave power performance N-Polar GaN MISHEMTs grown by MOCVD on SiC substrates using an Etch-Stop technology[J]. IEEE Electron Device Letters, 2012, 33(1): 44-46.

[8] Chen X, Mazumder J. In situ laser-induced fluorescence studies of laser chemical vapor deposition of TiN thin films[J]. Applied Physics Letters, 1994, 65(3): 298-300.

[9] Kar A, Mazumder J. Laser chemical vapor deposition of thin films[J]. Materials Science & Engineering B, 1996, 41(3): 368-373.

[10] Elam J W, Groner M D, George S M. Viscous flow reactor with quartz crystal microbalance for thin film growth by atomic layer deposition[J]. Review of Scientific Instruments, 2002, 73(8): 2981-2987.

[11] 黄剑锋. 溶胶-凝胶原理与技术[M]. 北京：化学工业出版社, 2005.

[12] Maisell L I, Glang R. Handbook of Thin Film Technology[M]. New York: McGraw-Hill,1970.

[13] Ostrow II S A, Lombardi III J P, Jr Coutu R A. Using positive photomasks to pattern SU-8 masking layers for fabricating inverse MEMS structures[C]. Advances in Resist Materials and Processing Technology XXVIII, SPIE, 2011: 696-701.

[14] Maboudian R, Howe R T. Critical review: adhesion in surface micromechanical structures[J]. Journal of Vacuum Science & Technology B: Microelectronics and Nanometer Structures Processing, Measurement, and Phenomena, 1997, 15(1): 1-20.

[15] Mastrangelo C H, Hsu C H. Mechanical stability and adhesion of microstructures under capillary forces: part I. Basic theory[J]. MEMS, 1993, 2(1): 44-55.

[16] Srinivasan U, Houston M R, Howe R T, et al. Alkyltrichlorosilane-based self-assembled monolayer films for stiction reduction in silicon micromachines[J]. MEMS, 1998, 7(2): 252-260.

[17] Yang J, Kahn H, He A Q, et al. A new technique for producing large-area as-deposited zero-stress LPCVD polysilicon films: the MultiPoly process[J]. IEEE Journal of Microelectromechanical Systems, 2000, 9(4): 485-494.

[18] French P J. Polysilicon: a versatile material for microsystem[J]. Sensors and Actuators A: Physical, 2002, 99: 3-12.

[19] Zhang X, Chen K S, Spearing S M. Thermo-mechanical behavior of thick PECVD oxide films for power MEMs applications[J]. Sensors and Actuators A: Physical, 2003, 103: 263-270.

[20] Zhang X, Chen K S, Ghodssi R, et al. Residual stress and fracture in thick tetraethylorthosilicate (TEOS) and silane-basnd PECVD oxide films[J]. Sensors and Actuators A: Physical, 2001, 91: 379-386.

[21] Cao Z Q, Zhang T Y, Zhang X. Microbridge testing of plasma-enhanced chemical-vapor deposited silicon oxide films on silicon wafers[J]. Journal of Applied Physics, 2005, 97(10): 104909.

[22] Temple-Boyer P, Jalabert L, Masarotto L, et al. Properties of nitrogen doped silicon films deposited by low-pressure chemical vapor deposition from silane and ammonia[J]. Journal of Vacuum Science & Technology A: Vacuum, Surfaces, and Films, 2000, 18(5): 2389-2393.

[23] Olson J M. Analysis of LPCVD process conditions for the deposition of low stress silicon nitride. Part I: preliminary LPCVD experiments[J]. Materials Science in Semiconductor Processing, 2002, 5(1): 51-60.

[24] Temple B P, Rossi C, Saint-Etienne E, et al. Residual stress in low pressure chemical vapor deposition SiN_x films deposited from silane and ammonia[J]. Journal of Vacuum Science & Technology A: Vacuum, Surfaces, and Films, 1998, 16(4): 2003-2007.

[25] Toivola Y, Thurn J, Cook R F, et al. Influence of deposition conditions on mechanical properties of low-pressure chemical vapor deposited low-stress silicon nitride films[J]. Journal of Applied Physics, 2003, 94(10): 6915-6922.

[26] Gardeniers J G E, Tilmans H A C, Visser C C G. LPCVD silicon-rich silicon nitride films for applications in micromechanics, studied with statistical experimental design[J]. Journal of Vacuum Science & Technology A: Vacuum, Surfaces, and Films, 1996, 14(5): 2879-2892.

第 4 章 硅基微加工工艺实例

本章结合近年来国内外优秀的硅加工工艺研究成果，分析典型硅基微器件的加工工艺流程，依据具体实例详细地阐述硅加工工艺相关知识，有利于加深读者对硅加工工艺的理解。

4.1 体硅加工工艺实例

4.1.1 硅模具

本节所说的硅模具是指采用体硅工艺制备的带有微尺度结构的模具。硅模具可用于聚合物微纳器件结构复制成型、纳米裂纹制造、金属纳米尖制备、压印胶诱导结构成型等多方面的研究。按加工类型可将硅模具制造工艺分为湿法腐蚀和干法刻蚀两类。

1. 基于湿法腐蚀的硅模具制作

湿法腐蚀是通过化学反应过程去除待刻蚀区域材料的一种最基础也最常见的硅基底加工工艺。一般将硅片放入具有确定化学成分和固定温度的腐蚀液体里进行硅模具加工。使用湿法腐蚀制备硅模具的过程中，需要通过待腐蚀材料确定相应的腐蚀溶液，且每一步工艺过程中均需要根据具体加工深度和腐蚀速率确定腐蚀的反应时间。按照性质，湿法腐蚀可分为各向同性与各向异性两种腐蚀方法。

各向同性湿法腐蚀是指腐蚀速率与晶向（晶面）基本无关，在各个方向上硅的腐蚀速率相等的湿法刻蚀工艺。例如，采用各向同性湿法腐蚀技术制作聚晶金刚石微盆形壳体谐振器的硅模具，基体材料为<111>晶面的硅晶圆，采用各向同性湿法腐蚀可以获得如图 4-1 所示的盆形凹槽。具体制造流程包括盆形硅模具制造、金刚石盆形外壳制作、盆形壳谐振器释放，如图 4-1 所示[1]。

硅模具制作工艺流程的具体说明如下。

（1）在 4in 硅片的上表面喷镀 20nm 厚的铬（Cr）黏附层和 200nm 厚的金（Au）层，在随后的酸性溶液腐蚀过程中充当掩蔽层。

（2）用离子束刻蚀 Cr/Au 掩蔽层，进行薄膜图形化。

（3）采用体积比为 2∶7∶1 的氢氟酸/硝酸/乙酸（HNA）混合物对硅片进行腐蚀，得到盆形凹槽。

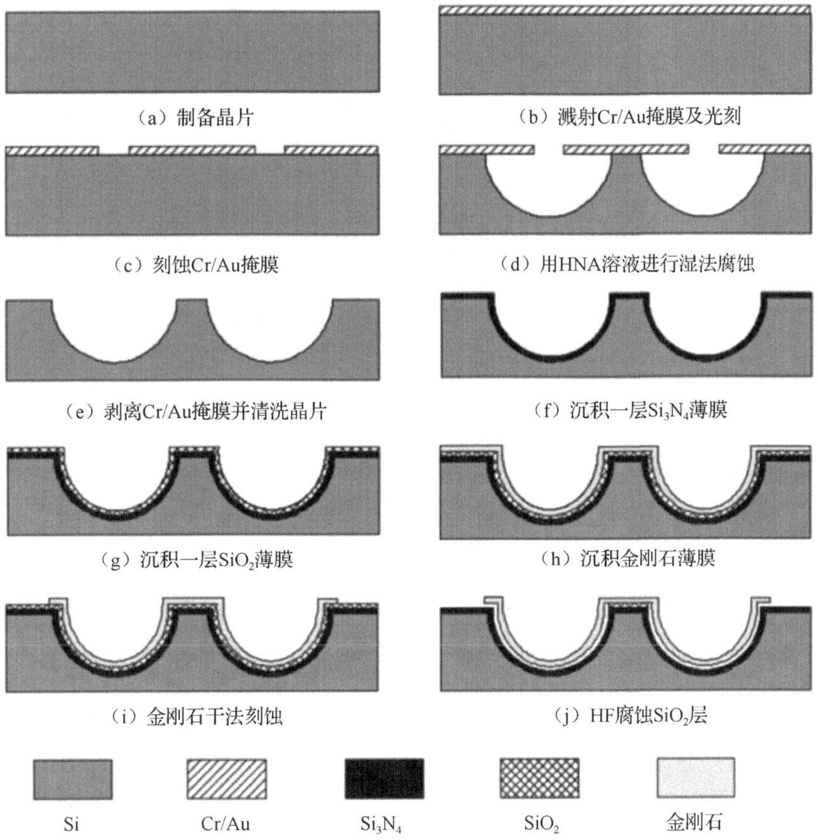

图 4-1　采用硅模具制作聚晶金刚石微盆形壳体谐振器的工艺流程

湿法腐蚀过程中，通过控制搅拌速率、刻蚀温度、刻蚀时间和掩膜开孔的大小，即可获得光滑对称的盆形硅模具，如图 4-2（a）所示。

基于硅基盆形模具可进一步制造盆形壳体谐振器，具体工艺流程如下。

（1）剥离 Cr/Au 掩蔽层后，LPCVD 沉积 200nm 的低应力氮化硅（Si_3N_4）绝缘层和 2μm 厚的 SiO_2 牺牲层。

（2）沉积 2μm 厚的金刚石结构层，通过优化金刚石沉积的工艺参数，如反应压力、基底温度、碳源浓度和偏压电流强度等，获得低应力、高质量的金刚石薄膜，如图 4-2（b）所示。

（3）在金刚石层上覆盖 1μm 厚的铝（Al）膜，作为具有高刻蚀选择性的金刚石等离子体刻蚀掩膜。

（4）采用 ICP 刻蚀分别以 60sccm 和 30sccm 的氧气和氩气对金刚石结构层进行刻蚀，以形成盆形外壳，刻蚀金刚石薄膜如图 4-2（c）所示。

（5）去除铝掩膜，在氢氟酸中释放盆形外壳，最终获得微盆形壳体谐振器，如图 4-2（d）所示。

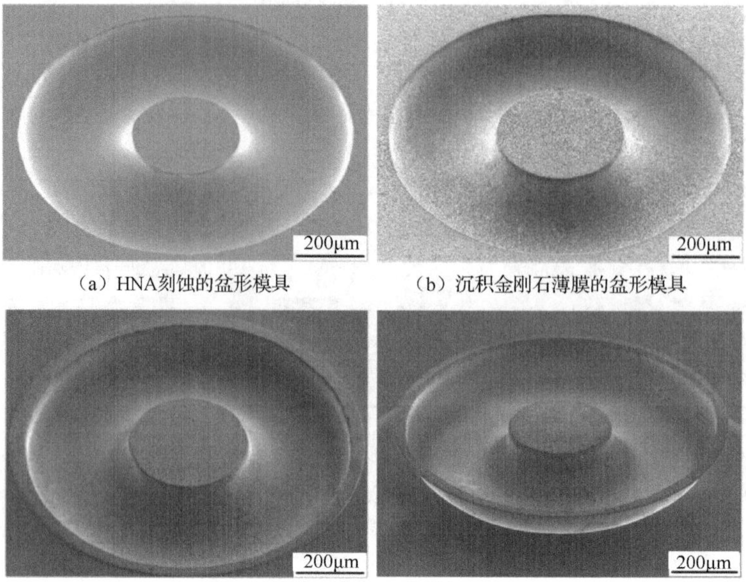

（a）HNA刻蚀的盆形模具　（b）沉积金刚石薄膜的盆形模具

（c）ICP刻蚀金刚石盆形外壳　（d）释放的盆形外壳

图 4-2　聚晶金刚石微盆形壳体谐振器加工过程中的 SEM 图[1]

各向异性湿法腐蚀是指对硅的不同晶面具有不同腐蚀速率的湿法刻蚀工艺。例如，硅的(100)面与(111)面腐蚀速率之比为 100∶1。基于各向异性湿法腐蚀特性，可在硅基底上加工出各种微结构，故常用于硅模具的制作。一种典型的采用各向异性湿法腐蚀制作硅模具的工艺过程如图 4-3 所示[2]。

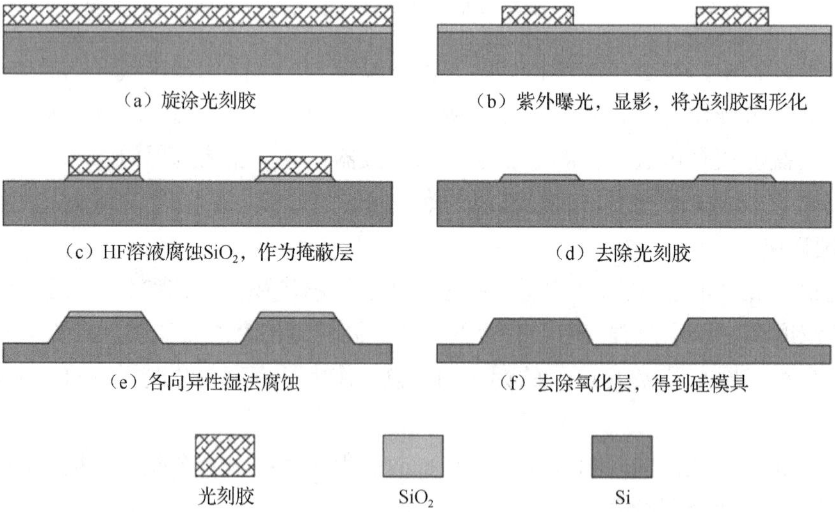

（a）旋涂光刻胶　（b）紫外曝光，显影，将光刻胶图形化

（c）HF溶液腐蚀SiO_2，作为掩蔽层　（d）去除光刻胶

（e）各向异性湿法腐蚀　（f）去除氧化层，得到硅模具

图 4-3　基于各向异性湿法腐蚀的硅模具制作工艺

其工艺步骤主要如下。

（1）在表面覆盖了一层 SiO_2 的基片上旋涂光刻胶，通过调节甩胶机的旋转速度和时长控制胶层厚度。

（2）利用紫外光等光源进行光刻，使用显影液进行显影，将光刻胶图形化。

（3）利用 HF 溶液腐蚀 SiO_2 层，得到与光刻胶形貌相同的氧化层，作为后续腐蚀工艺的掩蔽层。

（4）去除光刻胶，使用 KOH 对硅基底进行各向异性腐蚀。

（5）去除氧化层后得到硅模具。

上述内容介绍了采用湿法腐蚀加工获得硅模具的主要工艺方法。在实际应用中，硅基底只是众多基底中的一种，常见的还有玻璃、氧化物（如氧化铝）、金属（如铝、金、铂）与 III-V 族化合物（如砷化镓）等[3]，其采用湿法腐蚀方法加工模具的工艺流程与硅相似。

2. 基于干法刻蚀的硅模具制作

采用湿法腐蚀工艺制作硅模具时，不能得到高深宽比的微结构，也不能精确地控制结构的形状和尺寸，制作周期较长。因此，目前硅模具的制造主要采用干法刻蚀。与湿法腐蚀类似，干法刻蚀制作硅模具的工艺方法也可以细分为各向同性和各向异性两类。

各向同性干法刻蚀适用于在硅基底上制作侧壁具有一定倾斜度的微结构。例如，采用 RIE 与 DRIE 组合工艺制作具有微针和微片形状的三维硅模具，工艺流程如图 4-4 所示[4]。

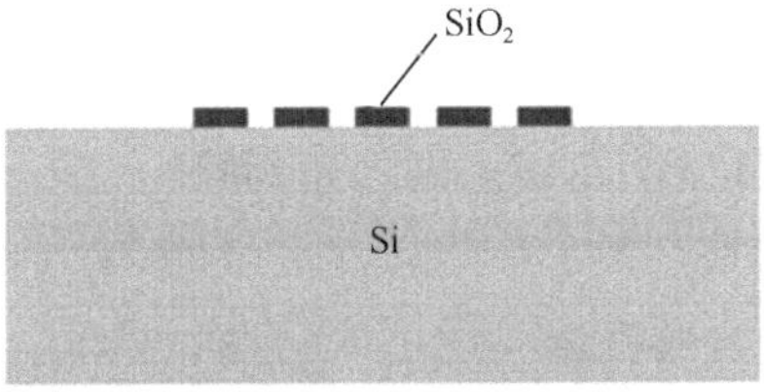

（a）制备SiO_2层，对SiO_2掩膜进行图案化

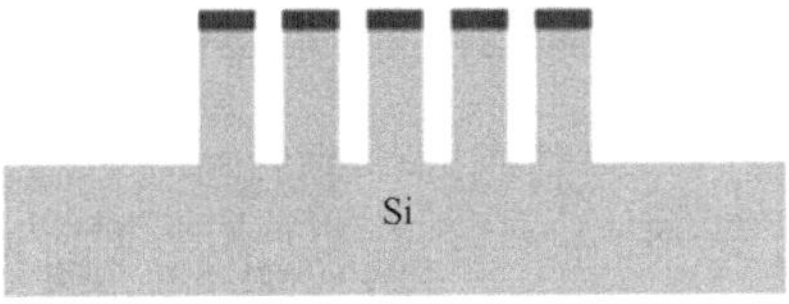

（b）DRIE工艺进行各向异性深刻蚀

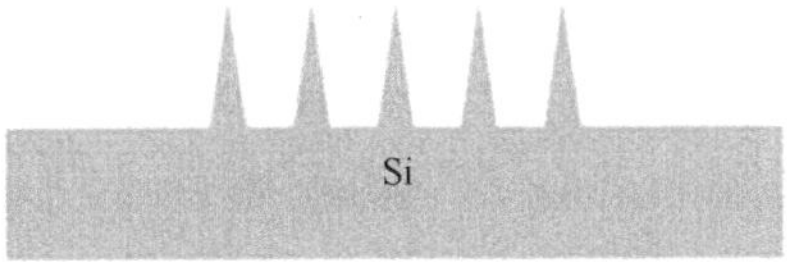

（c）RIE工艺进行各向同性刻蚀

图 4-4　基于各向同性干法刻蚀的硅模具制作工艺

首先，将 P 型硅晶圆片清洗后在氧化扩散炉内进行 1150℃氧化，制备厚度为 1μm 的 SiO_2 层，并进行图形化；采用 DRIE 对硅基底进行深度刻蚀，形成高度为 55μm 的垂直沟槽；使用质量分数为 45%的 KOH 溶液进行湿法腐蚀以去除硅侧壁上的聚合物层；最后，使用功率为 825W 的 SF_6 气体，在 3.06Pa 下通过 RIE 工艺对垂直硅结构进行各向同性刻蚀。在这一过程中，由于顶部侧壁表面的腐蚀速率较高，因此可以形成侧壁倾斜（甚至呈尖锋状）的三维硅模具[4]。

基于上述工艺流程，结合不同形状的 SiO_2 掩膜可制备多种微结构。利用 SiO_2 刻蚀掩膜的条状图形可制备微片结构，SiO_2 条状掩膜的宽度和长度分别为 10μm 和 15μm，如图 4-5 所示。

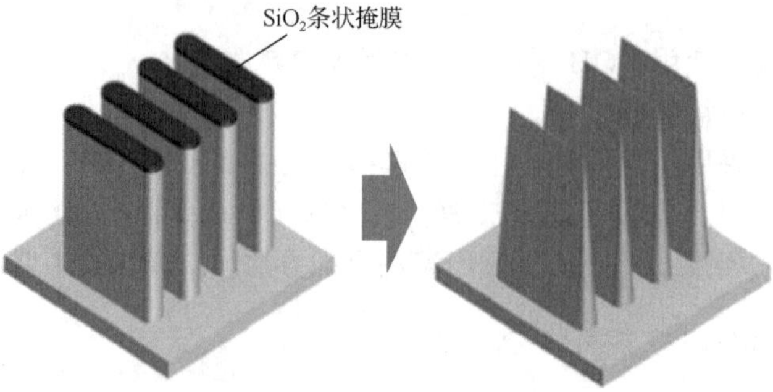

图 4-5　利用 SiO_2 掩膜制作的微刀片硅模具[4]

各向异性干法刻蚀适用于制作具有侧壁垂直微结构的硅模具。例如，采用光刻胶和铝两种掩膜，利用光刻、溅射和 DRIE 等技术制作出具有矩形截面微通道的硅模具，工艺过程如图 4-6 所示[5]。

（1）对硅晶圆进行清洗并烘干，在其表面旋涂一层光刻胶，曝光显影。

（2）溅射铝薄膜，使用显影液去除光刻胶。

（3）以铝薄膜作为掩蔽层进行 DRIE，去除光刻胶。

（4）去除铝层，得到硅模具。

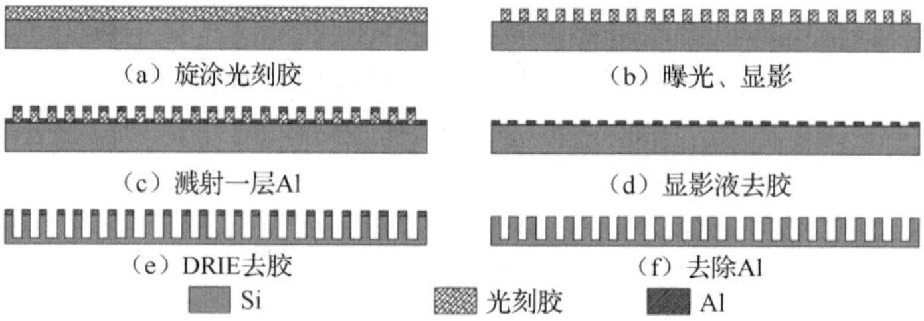

图 4-6　各向异性干法刻蚀制作具有垂直侧壁的硅模具

类似于上述工艺，将电子束光刻曝光与电感耦合等离子体刻蚀技术相结合调整 ICP 刻蚀条件以获得具有近乎垂直侧壁的硅模具。工艺流程如下。

（1）在硅基底上旋涂附着力增强剂六甲基二硅烷（hexamethyldisilane，HMDS），低速 300r/min 5s，高速 1500r/min 25s。

（2）将负性 EB 光刻胶涂覆到晶圆上，低速 1000r/min 10s，高速 2000r/min 90s。

（3）将晶圆在 90℃的热板上热烘 90s。

（4）电子束光刻曝光后，将样品在 110℃ 90s 条件下热烘。

（5）使用 NMD-3 显影溶液在 90℃ 4min 去除未曝光的光刻胶部分。

（6）显影后，通过改变 ICP 刻蚀时间来控制刻蚀深度。

（7）通过等离子体表面处理 10min 去除晶圆表面残余的光刻胶。

通过热压工艺在聚酰亚胺（PI）中复制硅模具微通道结构，效果如图 4-7 所示[5]。

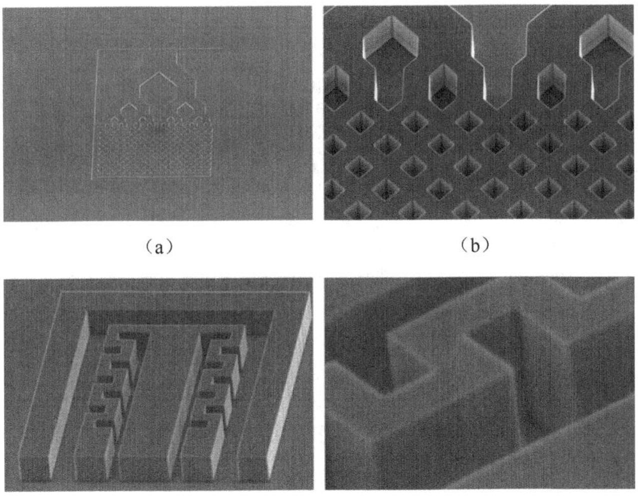
（a）　（b）　（c）　（d）

图 4-7　电子束光刻结合 ICP 刻蚀 7.5min 制得硅模具表面的 SEM 图

3. 湿法腐蚀与干法刻蚀硅模具的工艺比较

采用干法刻蚀制备硅模具，可以实现较高深宽比的硅微结构，具有良好的侧壁陡直性、工艺稳定性和过程可控性。但随着刻蚀深度的增加，高深宽比硅结构刻蚀易在台阶处形成一排密集、高低不一的硅针状结构，称之为硅草，极易引起器件短路，如图 4-8 所示[6]。除此之外，工艺过程容易在沟槽侧壁形成周期性扇贝纹，硅槽边缘和侧壁损伤严重，成为某些器件（如动态随机存取存储器、MEMS 沟道等）的致命性缺陷。通过调节刻蚀功率可以有效改善侧壁圆角及硅草现象。以 ICP 刻蚀硅槽为例，低功率密度下刻蚀不充分导致所产生的低密度离子和自由基于槽口处耗竭，而未能扩散至槽孔底角区域，如图 4-9（a）所示[7]。当增加 ICP 刻蚀功率至 1000W，除刻蚀深度提高外，垂直度由 82°提升至 89°，且底部圆角现象出现改善。此时横向刻蚀与侧壁保护机制达到平衡状态，获得了具有较高垂直度的侧壁，沉积物的刻蚀形貌如图 4-9（b）所示[7]。当刻蚀功率过高时，将使光刻胶出现灼烧腐蚀变形，刻蚀槽出现不规则的上宽下窄形貌，同时侧壁出现大量刻蚀生成物，如图 4-9（c）所示[7]。

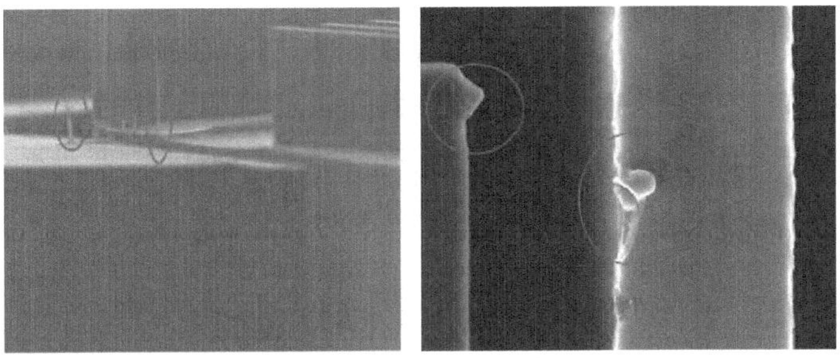
（a）台阶刻蚀产生的硅草　（b）硅草移动导致梳齿短路

图 4-8　干法刻蚀高深宽比硅结构的工艺缺陷

（a）400W　　（b）1000W　　（c）1400W

图 4-9　不同 ICP 刻蚀功率刻蚀样品的截面 SEM 图

采用湿法腐蚀制备硅模具，具有加工设备简单、模具表面平整、粗糙度低的优点。腐蚀出的凸起结构为梯形，便于后续塑性成型、热压成型等工艺的脱模，但微结构上下面宽度尺寸不一致。同时，受硅片各向异性的影响，湿法腐蚀的深度不能太大，否则会出现梯形凸起结构，难以实现高深宽比结构制造，如图 4-10 所示[8]。通过截面 SEM 图可知，湿法腐蚀 30min 后硅凸台侧壁与(001)面的倾角为 74°。在实际制作硅模具的过程中，应根据生产需要并结合各种硅模具制作方法的优缺点来制订硅模具的制作方案。

图 4-10　湿法腐蚀硅凸台面的截面 SEM 图

4.1.2　硅尖

随着 MEMS 技术的快速发展，硅尖的应用越来越广泛，如基于硅尖浸润聚焦的电射流打印喷头、扫描探针显微镜（scanning probe microscope，SPM）探针等。目前，制备硅尖的常用方法主要包括各向异性湿法腐蚀和各向同性干法刻蚀，以下分别进行介绍。

1. 各向异性湿法腐蚀加工硅尖

以 KOH 溶液为腐蚀液，采用各向异性湿法腐蚀单晶硅制备硅尖。当正方形掩膜边缘沿[110]晶向时，腐蚀首先发生在凸角处。由于 KOH 腐蚀液对(111)晶面的侧蚀作用，方形掩膜经腐蚀后会呈现出十二边形特征，继而会呈现出八边形特征，最后相交于一点形成硅尖，如图 4-11 所示[9]。

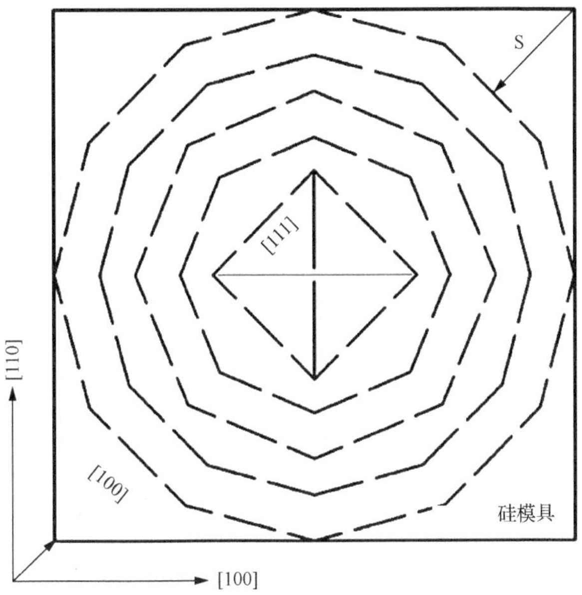

图 4-11　方形掩膜下腐蚀出硅尖的过程

采用各向异性湿法腐蚀制备硅尖的典型工艺流程如图 4-12 所示[9]。

（1）按照标准 MEMS 工艺，对单晶硅片进行清洗处理。

（2）在硅片表面热氧化生长 2.3μm 厚的二氧化硅氧化层，并在硅片的背面进行涂胶保护。

（3）在硅片的正面进行光刻，形成边长为 120μm 的正方形胶膜阵列。

（4）采用 HF 缓冲液将 SiO_2 薄膜图形化。

（5）采用质量浓度为 40%的 KOH 溶液刻蚀硅基底，形成硅尖。

（6）利用 HF 缓冲液腐蚀掉剩余的 SiO_2 层。

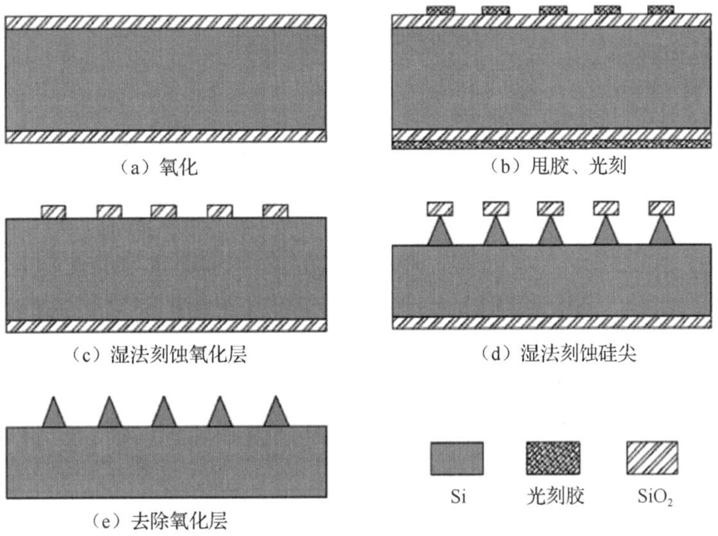

图 4-12　各向异性湿法腐蚀制备硅尖工艺流程图

采用各向异性湿法腐蚀制作硅尖时，需严格控制腐蚀时间。如果腐蚀时间过长，则硅尖的高度将急剧下降，甚至整个硅尖都会被腐蚀掉；如果腐蚀时间不足，则硅尖尚未成型，其尖端部分尺寸较大，无法满足需求，通常需要每隔 5min 观测一次硅尖形貌。掩膜对角线的刻蚀速率随着水浴温度降低而变慢，当水浴温度为 85℃时对角线刻蚀速率最快，为 1.869μm/min；当水浴温度为 70℃时掩膜对角线刻蚀速率最慢，为 0.949μm/min[9]。70℃条件下腐蚀时间约为 80min，硅尖的高度为 41.51μm，硅尖的曲率半径为 72.9nm，硅尖的纵横比为 1.37。腐蚀液的温度对硅尖的形貌也有重要影响，图 4-13 为不同温度下利用质量浓度 40% 的 KOH 溶液腐蚀 88min 后得到的硅尖 SEM 图[9]。在 70℃温度下，腐蚀得到的硅尖侧壁最为粗糙，当温度升高至 78℃时，硅尖侧壁粗糙程度明显下降，当温度继续升高至 85℃时，硅尖侧壁变得较为光滑，尖端尺寸和形貌也变得更好。产生这种现象的原因为：温度较低时，腐蚀速率慢，腐蚀生成物易滞留在硅尖侧壁上，形成不连续的刻蚀掩蔽层，导致腐蚀出的侧壁粗糙，温度升高时，腐蚀速率变快，腐蚀过程中产生的氢气会带走残留在硅尖侧壁的生成物，使硅尖侧壁变光滑。通常情况下，湿法腐蚀硅尖的最佳温度为 85℃。

（a）水浴70℃

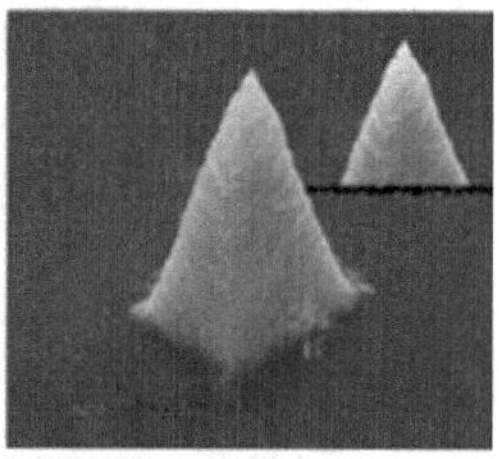

（b）水浴78℃

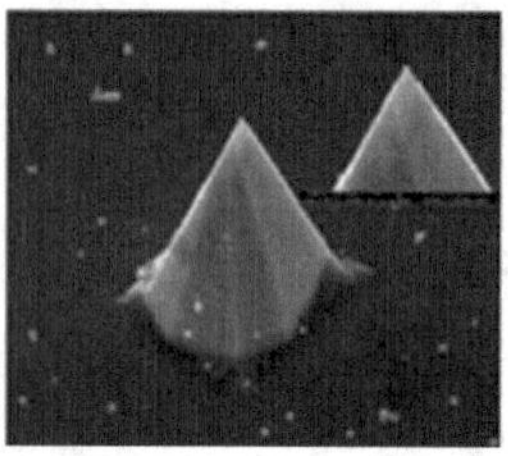

（c）水浴85℃

图 4-13　不同腐蚀液温度腐蚀出的硅尖 SEM 图

2. 各向同性干法刻蚀加工硅尖

干法刻蚀主要采用 RIE 工艺，采用氟基或者溴基的气体在反应腔中放电生成等离子体，利用活性的离子对硅进行刻蚀。采用各向同性干法刻蚀加工硅尖的工艺流程如图 4-14 所示[10]。工艺流程如下：

（1）在单晶硅片的上下干氧氧化生长 1μm 厚的 SiO_2 层，对硅片的背面进行保护。

（2）正面光刻形成边长为 20μm 的正方形 SiO_2 掩膜阵列。

（3）采用干法刻蚀后形成硅尖的初步形貌。

（4）在 980℃的条件下干氧氧化硅尖 3h 进行削尖，增加硅尖锥度。

（5）最后用 HF 缓冲液去除硅尖上的氧化层。

其中，氧化削尖的过程是使用氧气将单晶硅氧化成 SiO_2，通过湿法刻蚀去除 SiO_2 层得到单晶硅硅尖。一般认为，硅的氧化物与硅晶体之间存在着较大比容差，这种比容差在硅尖高曲率部位产生应力场。硅尖的侧面氧化速率快于顶部，不受应力作用，氧化使其缩小、变尖[11]。

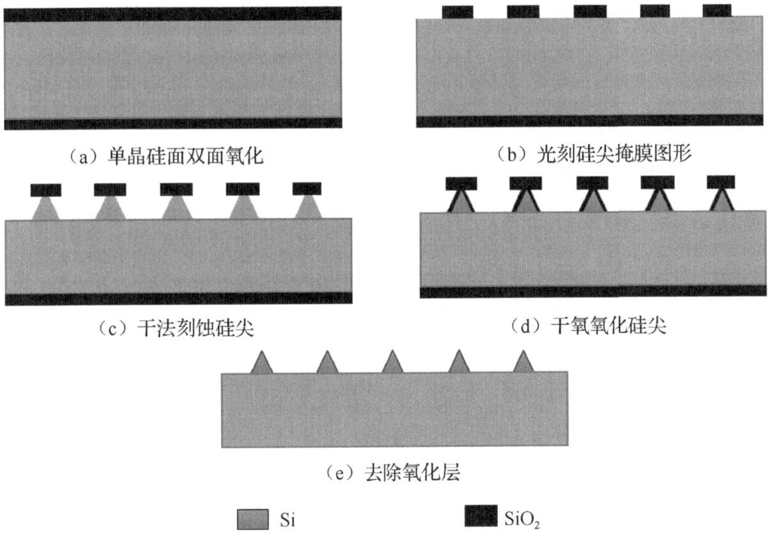

图 4-14　各向同性干法刻蚀制作具有垂直侧壁的硅模具

ICP 刻蚀硅尖时，既存在化学反应又存在物理反应，故纵向反应速率和横向反应速率的调节很重要。若横向反应速率大，则同一反应时间内水平方向上硅刻蚀量大于垂直方向上硅刻蚀量，硅尖形成后高度增加幅度不及横向消减幅度，硅尖角度逐渐扩大，难以实现足够高度和大的纵横比，如图 4-15（a）所示。若纵向反应速率大，则同一反应时间内水平方向上硅刻蚀量小于垂直方向上硅刻蚀量，硅尖形成后高度增加幅度过快，形成硅尖的纵横比过大，影响硅尖性能，如图 4-15（b）所示。因此，在实际应用中应根据刻蚀硅尖的需求尺寸、形状进行包括氧含量、刻蚀温度和刻蚀时间等具体刻蚀参数的调节，以达到所需刻蚀效果。

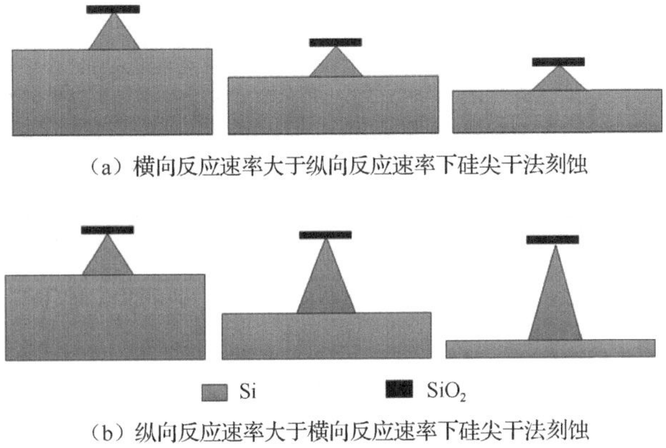

（a）横向反应速率大于纵向反应速率下硅尖干法刻蚀
Si
SiO2
（b）纵向反应速率大于横向反应速率下硅尖干法刻蚀

图 4-15　横纵向反应速率对各向异性干法刻蚀硅模具形貌影响

4.1.3 微悬臂梁

微悬臂梁的典型结构为一端固定、另一端自由的薄膜结构，作为传感器主要利用其微米级尺寸自由端振幅、共振频率等的变化检测温度、湿度和质量等物理量。微悬臂梁作为微机电系统中常用的微传感器，具有成本低、质量轻、功耗低、灵敏度高和响应速度快的优点，在物理量探测、生化分析、环境检测等诸多领域都具有广泛的应用[12]。因此，硅微悬臂梁的制作是 MEMS 领域中非常重要的工艺。

微悬臂梁的典型应用之一是扫描探针显微镜。SPM 探针为微悬臂梁结构，主要由三部分组成：针尖、悬臂、氮化硅或硅基底。其工作原理为利用尖锐针尖与表面原子、分子的相互作用分辨原子、分子，即当针尖与样品表面接近至纳米尺度时形成各种相互作用物理局域场，通过检测该场物理量而获得样品表面形貌。SPM 探针要求具有一定的尖端锐度、微尖深宽比、优良的电导率和高耐磨性，其加工工艺流程如图 4-16 所示，步骤如下：

（1）使用<100>晶向的硅片并在一侧涂匀一层光刻胶。

（2）利用掩膜，光刻并显影使待刻蚀区暴露。

（3）采用各向异性湿法腐蚀出锥形槽。

（4）去除光刻胶并沉积一层 Si_3N_4。

（5）再次光刻。

（6）硅片背面匀涂一层光刻胶。

（7）利用掩膜区域曝光并显影。

（8）通过各向异性湿法腐蚀释放悬臂梁。

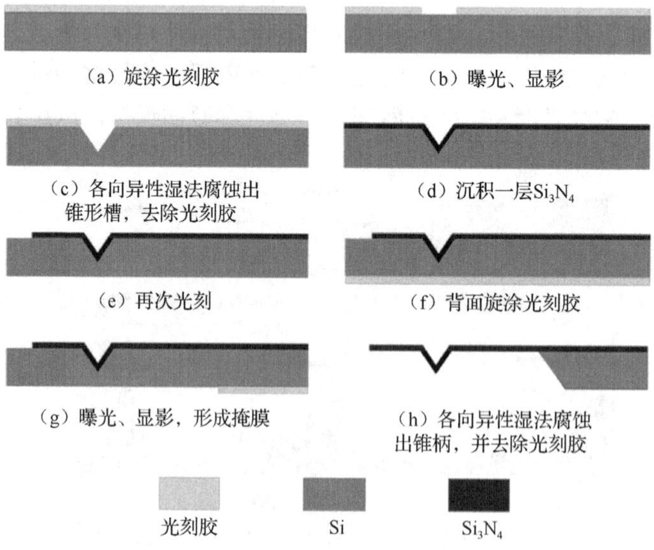

图 4-16　SPM 探针的制作工艺流程一

采用图 4-16 所示的工艺制作 SPM 探针时，微尖指向基底侧（即指向内侧），由于微尖与基底同侧，基底尺寸及辅助支撑结构对探针和悬臂梁的加工产生了影响。可以采用微尖背向基底侧（即指向外侧）的 SPM 探针制作工艺，如图 4-17 所示。

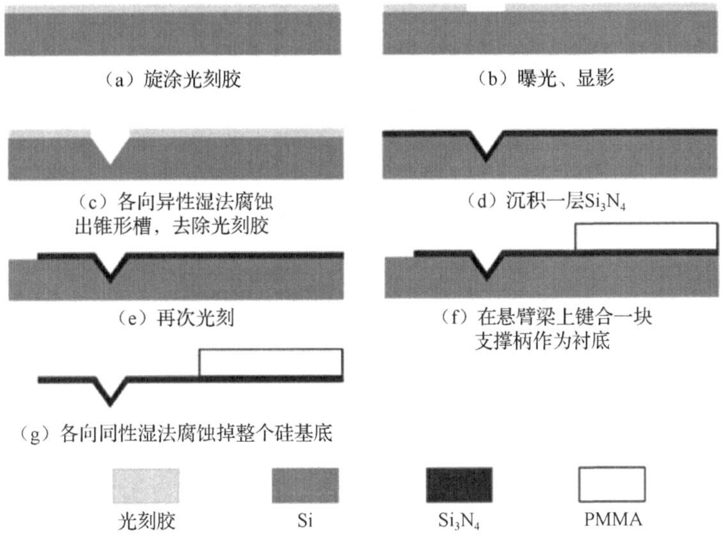

图 4-17　SPM 探针的制作工艺流程二

上述方法主要利用体硅工艺制造非硅材料 SPM 探针，也可通过类似工艺制备硅微悬臂梁探针，具体工艺如图 4-18 所示[12]。选用双面抛光单晶硅片，厚度为 350μm，电阻率为 3～6Ω·cm，硅片清洗后，热氧化生长 1.2μm 厚的 SiO_2 层。加工工艺流程如下：

（1）在单晶硅背面光刻矩形窗口，以二氧化硅作为掩膜，在 KOH 腐蚀液中腐蚀硅达 270μm 深。

（2）正面匀胶，双面对准光刻硅尖掩膜，注意保护背面氧化层。

（3）正面匀胶用于形成悬臂梁掩膜版图形，光刻胶作掩蔽层，干法刻蚀硅 6μm 深，刻蚀硅完成后去除光刻胶和硅片背面的导热油并用去离子水清洗干净。

（4）在 78℃、质量浓度 40%的 KOH 溶液中腐蚀硅尖至掩膜脱落，硅尖和悬臂梁图形同步向下腐蚀 10μm 左右。

（5）在 980℃的条件下，干氧氧化硅尖 3h 以锐化削尖。

（6）正面涂胶烘干作为保护层，接着在氢氟酸缓冲液中去除悬臂梁背面的氧化层，控制时间，去除正面的光刻胶，然后从背面 ICP 刻蚀干法释放悬臂梁探针。最后在硅微悬臂梁探针背面溅射 30nm 的铝膜，增强光反射率，提高用于原子力显微镜（atomic force microscope，AFM）扫描成像时的光学检测精度。

采用硅材料制作微悬臂梁探针，其优点包括：①通过氧化削尖可以制作出更为尖锐的硅尖；②单晶硅悬臂梁和采用沉积的氮化硅相比具有更高的品质因数；③氮化硅悬臂梁易产生残余应力，硅基悬臂梁应力较小；④当硅微针用于 AFM 扫描成像时，用低阻抗材料如高掺杂硅制作的悬臂梁探针可以确保无静电荷聚集在尖端，避免集聚的静电荷导致图像失真。

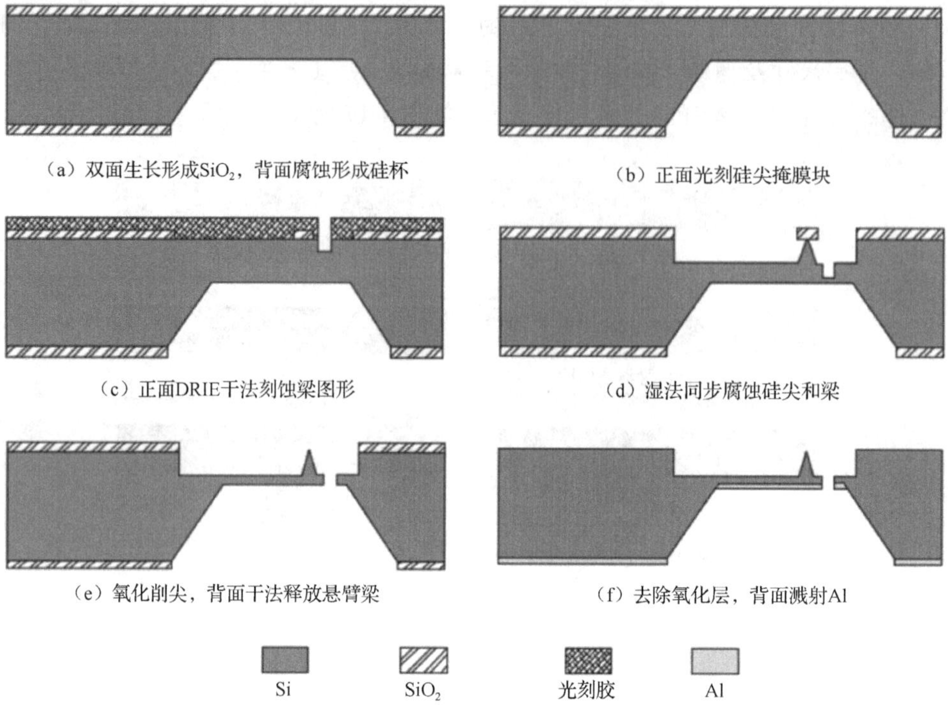

图 4-18　湿法腐蚀制备硅微悬臂梁探针的工艺方案

微悬臂梁的另一个典型应用是微型能量收集器，可为无线传感网络和便携式电子产品供能。微型能量收集器和便携式电子产品结合，可应用于人体健康监测系统、胎压监测系统等。常用的能量收集器有电磁式、静电式和压电式三种主要类型，其中压电式振动能量收集器具有结构简单、无电磁干扰、无污染、无须启动电源、寿命长等优势。图 4-19 为一种 ZnO 压电薄膜能量收集器的基本结构[13]。

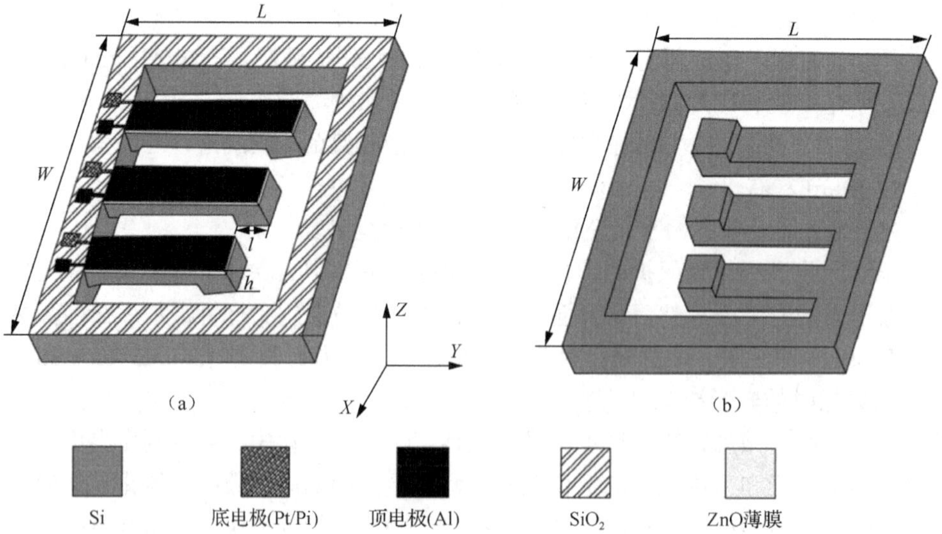

图 4-19　一种 ZnO 压电薄膜能量收集器

该能量收集器由硅弹性元件和压电结构两部分组成。弹性元件为悬臂梁阵列，该阵列由三个梁宽、梁厚相同而梁长不同的悬臂梁组成，其中每一个硅悬臂梁的顶端均具有质量块，且三个质量块的大小相同。压电结构由底电极（Pt/Ti）、Li 掺杂 ZnO 压电薄膜和顶电极（Al）三部分组成。根据正压电效应，能量收集器可以将外界环境振动的机械能转换为电能。同时，由于悬臂梁阵列中三个梁的梁长不同，每个悬臂梁对应一个固有频率，因而该能量收集器可以实现多频点的能量收集。

ZnO 压电薄膜能量收集器主要利用 MEMS 技术在<100>晶向单晶硅基底上制作而成，包括五次光刻、两次 ICP 刻蚀及剥离工艺。图 4-20 给出了能量收集器的制造工艺流程，具体如下：

（1）清洗 N 型<100>晶向双面抛光的 4in 单晶硅片，硅片厚度为 500μm。

（2）在单晶硅基底上采用热生长法单面生长厚度约为 300nm 的 SiO_2 层。

（3）利用磁控溅射生成底电极层（Pt/Ti），形成底电极。

（4）利用磁控溅射法生长 ZnO 压电薄膜，形成压电层。

（5）利用真空镀膜技术生成顶电极层（Al），形成顶电极层。

（6）在硅基底正面使用 ICP 刻蚀，形成悬臂梁结构。

（7）在硅基底背面同样使用 ICP 刻蚀，释放悬臂梁，形成具有质量块的悬臂梁结构。

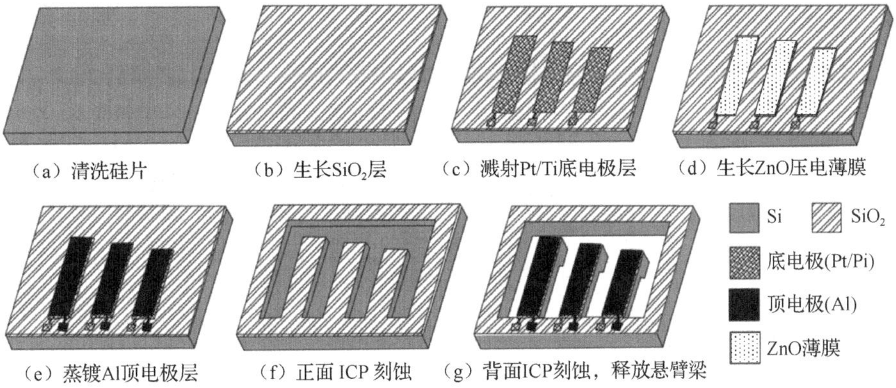

图 4-20　制作 ZnO 压电薄膜能量收集器的工艺流程[13]

4.1.4　高深宽比微结构

高深宽比微结构（high aspect ratio microstructures，HARMS）通常是指宽度为 1～10μm、高度为 10～500μm 的微结构，深宽比一般在 10∶1 到 100∶1 之间。该类结构在生物传感器、三维微型电池、光子晶体和三维集成电路金属互连等领域具有重要应用前景。不同于普通体加工所得到的微结构，HARMS 具有狭小间隙和垂直侧壁的特征。深硅刻蚀工艺是制造 HARMS 器件的重要技术之一，极大地拓展了体硅工艺的加工能力和适用范围，推动了多种 MEMS 器件的研究，如惯性传感器、压力传感器和光学器件等。

湿法刻蚀是各向同性的，物理离子溅射刻蚀为各向异性，但选择性很差，在刻蚀硅的同时掩膜版也会被刻蚀掉。第 2 章中介绍的电感耦合等离子体 ICP 刻蚀技术和 Bosch 工艺是实现硅高深宽比微结构制造的主要工艺方法。

1. 基于ICP刻蚀工艺的硅凹槽刻蚀

图4-21是ICP刻蚀工艺刻蚀高深宽比硅凹槽的典型工艺流程[14]，包括生长硅层、旋涂光刻胶、电子束曝光、显影、生长掩膜、剥离、刻蚀与去除掩膜等工艺步骤。下面对使用ICP刻蚀工艺刻蚀硅基深槽的工艺步骤进行详细说明。

（1）基底清洁：使用标准MEMS清洁工艺，依次经丙酮、乙醇和去离子水处理表面后，用氮气干燥。

（2）生长硅层：对于硅基深刻蚀，首先需要在基底生长一层硅作为刻蚀基底。使用等离子体增强化学气相沉积生长硅，所生长的硅厚度根据刻蚀需求而定，应大于刻蚀深度；基底的选择比较多样，本实例以SiO_2为基底，硅的刻蚀深度为1μm，实验过程中生长硅的厚度为2μm。

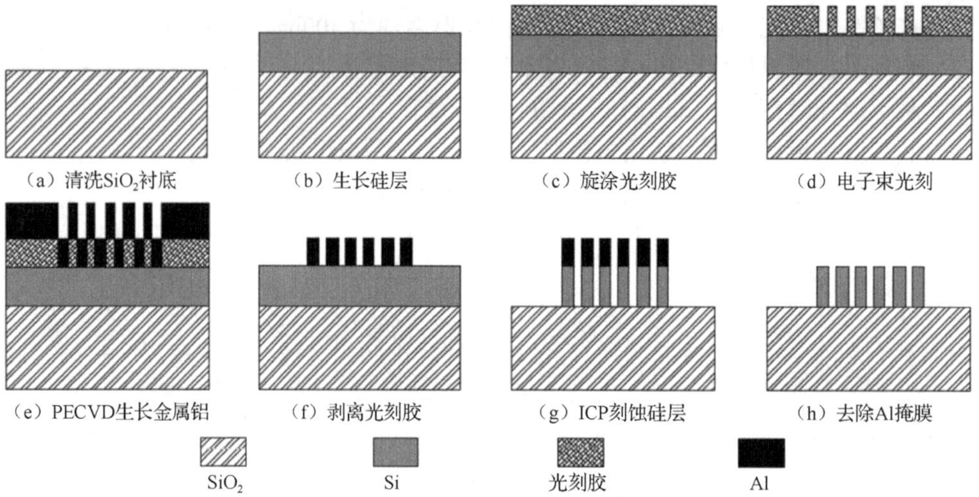

图4-21　ICP刻蚀硅凹槽的工艺流程

（3）旋涂光刻胶：在匀胶前使用丙酮和酒精来清洗硅片并氮气吹干。清洗完毕后使用匀胶机在硅表面旋涂一层光刻胶，匀胶机转速参数设定为4000r/min，匀胶时间为1min，使光刻胶均匀铺展；本实例使用的光刻胶类型为AR-P 6200，旋涂完毕，须将光刻胶中水分蒸发掉以增强光刻胶在硅基底上的黏附性，将硅片放置在温度为150℃的热板上烘烤1min。

（4）电子束光刻：使用电子束曝光的目的在于使所要加工的亚微米或者纳米尺寸图形从掩膜版转移至光刻胶上，该过程利用了光刻胶的光化学敏感性；在进行曝光前，需要先完成掩膜版的制作，本实例采用了最简单的矩形栅结构，单元矩形结构长2mm、宽170nm，矩形间距为530nm。需要两个重要参数，即电子束流大小和剂量大小；其中，电子束流越大，则曝光速度越快，但是也导致束斑尺寸越大，分辨率越低；剂量大小则控制着曝光的深度，一般掩膜版结构越精细，所需剂量越大；本实例中电子束流大小为100pA，剂量为300μC/cm^2；使用光刻胶专用显影液，通过化学反应将电子束曝光过的部分去除；针对AR-P 6200型光刻胶，显影液是AR600-546，定影液是AR600-56，硅片需先在显影液中振荡浸泡70s，再在定影液中振荡浸泡30s。

（5）生长铝掩膜：掩膜的作用在于能够抵挡刻蚀气体，使其所覆盖的硅基底不被刻蚀，而未被覆盖的硅基底则暴露在刻蚀气体中，从而实现选择性刻蚀，实现高深宽比结构的制备；

使用等离子体增强化学气相沉积法 PECVD 生长金属 Al，生长厚度为 60nm，该厚度足以抵挡刻蚀。

（6）剥离光刻胶：剥离的目的在于去除光刻胶，通过光刻胶与剥离液的化学反应来实现；使用 ALLRESIST 公司的 AR600-71 专用剥离液，将剥离液倒入培养皿，再放入硅片，浸泡 5h；在剥离液中长时间浸泡后的样品表面铝膜开始分离解构，最终实现铝与硅片完全分离。

（7）刻蚀硅层：使用 ICP 刻蚀硅层，将电离出的具有能量的离子轰击到硅材料的表面，离子与硅材料发生物理化学反应，生成的产物被去除，而被掩膜覆盖的区域不发生反应，从而得到高深宽比结构。ICP 反应刻蚀参数为：反应腔压强为 0.533Pa，ICP 刻蚀功率为 20W，前向功率为 850W，刻蚀气体使用 SF_6，钝化气体使用 C_4F_8，刻蚀/钝化气体比例为 1∶1（SF_6 气体流速为 12sccm，C_4F_8 气体流速为 12sccm）。

（8）去除 Al 掩膜：由于金属掩膜只在刻蚀过程中起到选择性保护的作用，并不是最终需要保留的物质，因此在刻蚀完成后应予以去除；为了除去还残存在硅表面的铝掩膜，使用浓硝酸对其进行腐蚀，腐蚀时间约 30min。

基于上述工艺流程，采用相关设备加工出硅凹槽的 SEM 截面形貌如图 4-22 所示[14]。

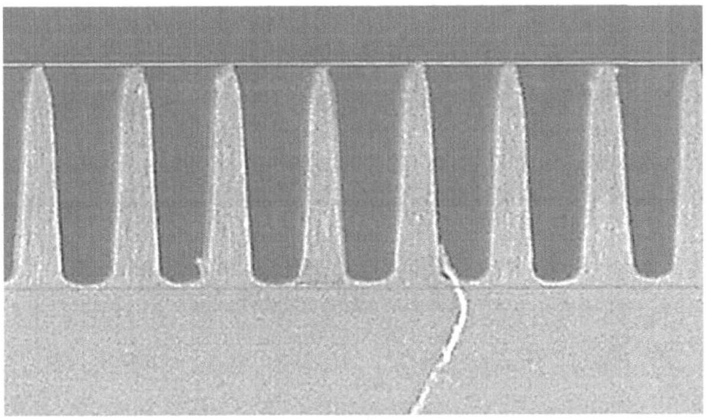

图 4-22　ICP 刻蚀硅凹槽的 SEM 截面形貌

2. Bosch 工艺

除了离子物理溅射之外，由化学反应诱导的刻蚀从本质上是各向同性的。这种化学反应刻蚀对碳氢类聚合物的存在非常敏感，在垂直刻蚀底面的同时刻蚀气体也会与侧壁结构发生反应产生侵蚀。为了阻止或减弱侧向刻蚀，只有设法在刻蚀的侧向边壁沉积一层刻蚀薄膜，在反应离子刻蚀过程中不断在边壁上沉积抗刻蚀层或边壁钝化层，即 Bosch 工艺。

Bosch 工艺被广泛应用于 MEMS 器件的高深宽比结构和硅通孔（through silicon via，TSV）等的刻蚀。Bosch 工艺是一个通过 SF_6 刻蚀和 C_4F_8 钝化沉积交替进行来实现结构制备的工艺过程，即在刻蚀过程中不断在边壁上沉积抗蚀层或边壁钝化层，通过刻蚀和钝化的快速交替，制造具有垂直侧壁、深宽比可超过 50∶1 的刻蚀轮廓。Bosch 工艺可实现较高的刻蚀速率。反应离子深度刻蚀硅的水平在表面 1%暴露刻蚀面积的情况下，刻蚀速率可以达到 50μm/min，在表面 20%暴露刻蚀面积的情况下，刻蚀速率可以达到 30μm/min[15]。根据第 2 章中 Bosch 工艺刻蚀出的深沟槽如图 4-23 所示[15]。

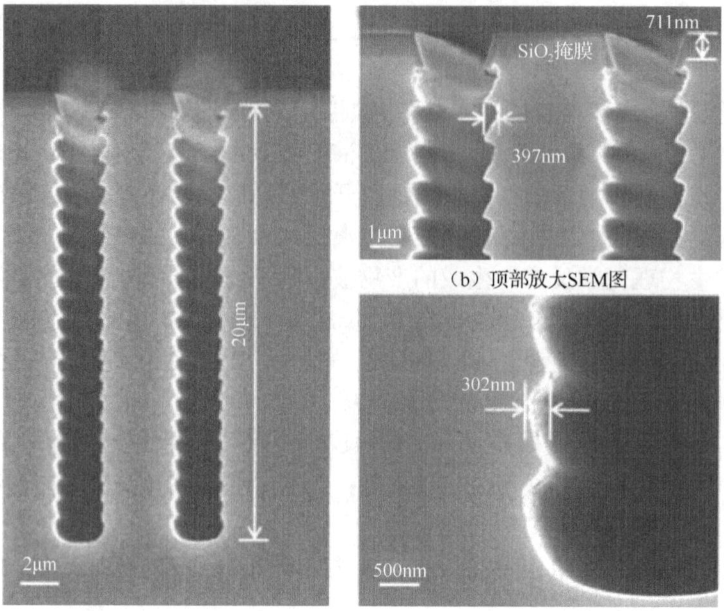

（a）深沟槽SEM图　（b）顶部放大SEM图　（c）底部放大SEM图

图 4-23　单晶硅晶片中扇贝均匀大于 300nm 的深沟槽的 SEM 图

Bosch 工艺具有较高的刻蚀速率和选择比，制得结构具有较低的侧壁粗糙度。通常情况下，Bosch 工艺刻蚀速率≥30μm/min，选择比≥300∶1，制得结构的侧壁粗糙度≤6μm，侧壁倾角≤0.1°，深度最高可达 340μm，深宽比可达 90∶1。

利用 Bosch 工艺进行深硅刻蚀过程中，刻蚀过程是刻蚀与侧壁钝化交替作用的结果，当刻蚀能力不足时，钝化产物阻碍刻蚀的进行，也存在着包括特征尺寸影响刻蚀速率、沟槽深度影响刻蚀速率、长草（grass）、缩口（close up）和屋檐（eave）等问题。长草问题主要是由于刻蚀底面钝化层过多，形成局部微掩膜，在刻蚀过程中出现针状硅残留，如图 4-24（a）所示[16]。缩口问题主要是由于随着深度的增加刻蚀能力逐渐减弱，线宽突然变窄，如图 4-24（b）所示[16]。屋檐问题主要是由于钝化能力不足，侧壁的横向刻蚀速率增加，在开口处出现屋檐问题，如图 4-24（c）所示[16]。

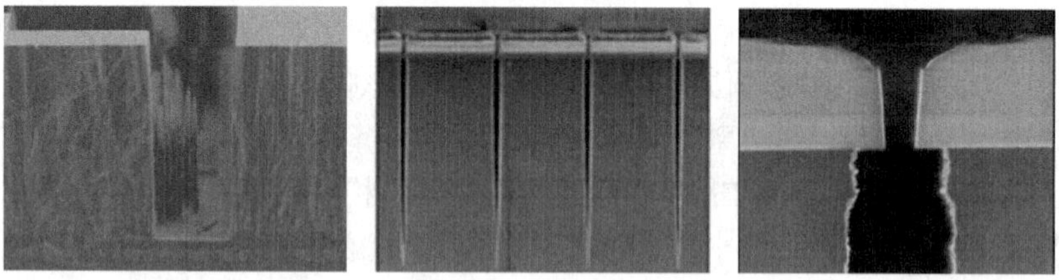

（a）长草　（b）缩口　（c）屋檐

图 4-24　Bosch 工艺进行深硅刻蚀形貌 SEM 图

研究人员对 Bosch 工艺的优化方法进行了大量研究，并提出了针对上述问题的实用性改进方法。例如，通过调节 SF_6 气体的流量、工艺气压、上电极（source）功率、下电极偏压（bias）功率、C_4F_8 钝化切换时间等工艺参数，可刻蚀出形貌接近垂直的侧壁，同时避免了长草缺陷的发生，刻蚀结果如图 4-25（a）所示[16]。针对缩口及屋檐问题，采用了两步 Bosch 工艺完成深槽的刻蚀，第一步工艺实现沟槽上部的刻蚀，主要是要最大程度上保证开口尺寸的控制；第二步改变控制条件，适当减少聚合物或者加大刻蚀量来实现深度刻蚀，并保证侧壁形貌，刻蚀结果如图 4-25（b）所示[16]。

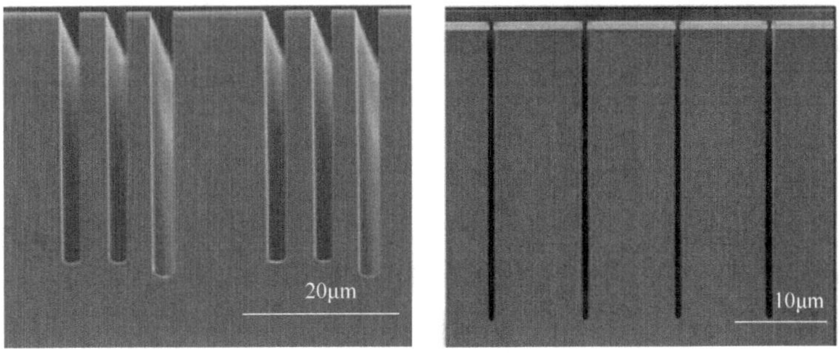

（a）　（b）

图 4-25　利用改进 Bosch 工艺进行深硅刻蚀形貌 SEM 图

尽管 Bosch 工艺能够实现高深宽比硅结构刻蚀，但仍存在开口尺寸大和侧壁波纹效应（scalping）等问题。RIE 工艺的开口尺寸易于控制，但存在刻蚀深度有限和对氧化硅掩膜的选择比低的问题。因此，当需要制造开口大和波纹效应小的深硅槽结构时，可将 RIE 和 Bosch 工艺结合进行深硅刻蚀，能够有效消除深槽开口处及顶部的锯齿形貌。张海华等[17]研究得到了高深宽比（开口<1μm）及侧壁形貌较为理想的体深硅槽，其形貌与只进行 Bosch 工艺刻蚀相比有很大提升，如图 4-26 所示[17]。

（a）Bosch工艺刻蚀硅槽截面形貌　（b）RIE和Bosch工艺结合刻蚀硅槽截面形貌

图 4-26　两种刻蚀工艺方法的截面形貌图

4.2　表面硅加工工艺实例

表面硅加工技术与 IC 工艺兼容性好，可以在直径几十毫米的单晶硅基片上一次性批量制备数百个 MEMS 器件。本节主要介绍使用表面硅工艺加工几种典型微器件的工艺过程。

4.2.1 RF MEMS 开关

在机电系统中，机电开关对于电路的切换和控制具有至关重要的作用。传统的继电器和晶体管作为机电开关已普遍应用于机电系统。然而，不论是继电器还是晶体管都存在带宽较窄、动作寿命有限、通道数有限以及封装尺寸较大等缺点。微开关器件有类似于晶体管开关的特性，具有功耗低的优势。与之相比，MEMS 开关易于使用、可靠性高且微型化，有望彻底改变电子系统的实现方式。典型的 MEMS 开关由电极和位于电极正上方的金属薄膜组成，通过外加电场产生静电力，控制金属薄膜与电极间的接触与分离，继而控制电路通断或转换。

相较于其他 MEMS 器件及系统，射频微电子机械系统（RF MEMS）是近年出现的新研究领域。RF MEMS 是指利用 MEMS 技术制作应用于无线通信的射频器件或系统，RF MEMS 开关是其中最典型的器件之一。与微波器件和机械继电器相比，射频微电子机械系统开关具有低插入损耗、高隔离度、低功耗和高线性度等诸多优异性能。按照电路结构，RF MEMS 开关可以分为串联开关和并联开关；按照接触方式不同，可以分为接触式开关和电容式开关等。目前，研究较为深入、已经产品化的 RF MEMS 开关是静电驱动的串联接触式、并联接触式、串联电容式和并联电容式开关，其结构如图 4-27 所示。电容开关适用于高频应用，通常采用共面波导（coplanar waveguide，CPW）结构，由介质基底和三条导带组成，中间为薄的金属信号导带，两侧平行金属导带为接地导带。

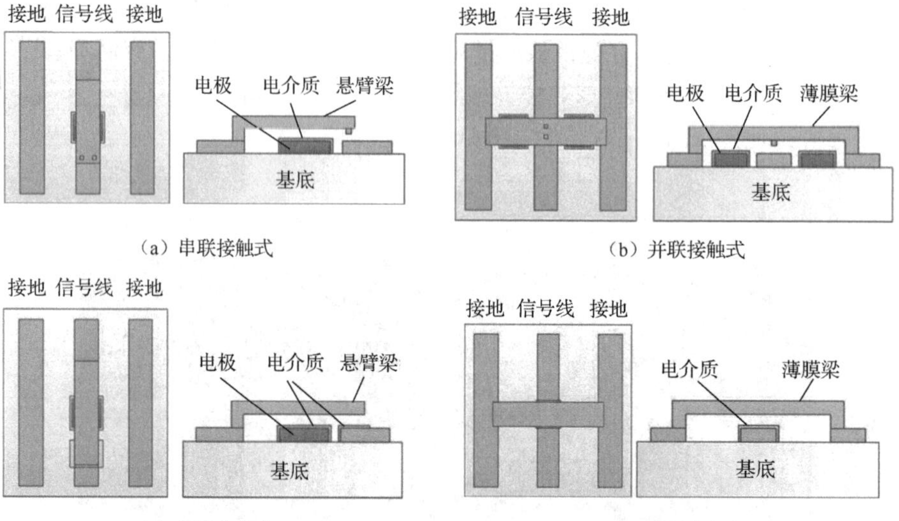

图 4-27　RF MEMS 开关结构示意图

对于典型的静电驱动电容式 RF MEMS 开关，开关通过偏置 CPW 的中心导体来驱动，CPW 也是传输线的信号线，这种结构会导致几个问题。一个问题是系统中必须包含的额外电路，用于解除直流电压和 RF 信号的耦合，保证它们不会相互干扰，否则高驱动电压会对 RF 系统造成损害。另一个问题是插入损耗和致动电压之间的权衡。低驱动电压对于 RF MEMS 开关的商业化应用至关重要。驱动电压的降低可以通过降低悬臂梁刚度、减小间隙、增加 MEMS 电桥和信号线的重叠面积实现。因此，为了降低驱动电压，当刚度和间隙确定时，需要较大的驱动面积，但更大的驱动面积意味着电容和插入损耗的增大。

为了解决上述问题，将驱动电极与信号线分离至关重要。清华大学精密测试技术及仪器国家重点实验室的李沐华、赵嘉昊等研制出了一种低激励电压的电容式射频微机电系统开关[18]。低激励电压的电容式 RF MEMS 开关模型图如图 4-28 所示。

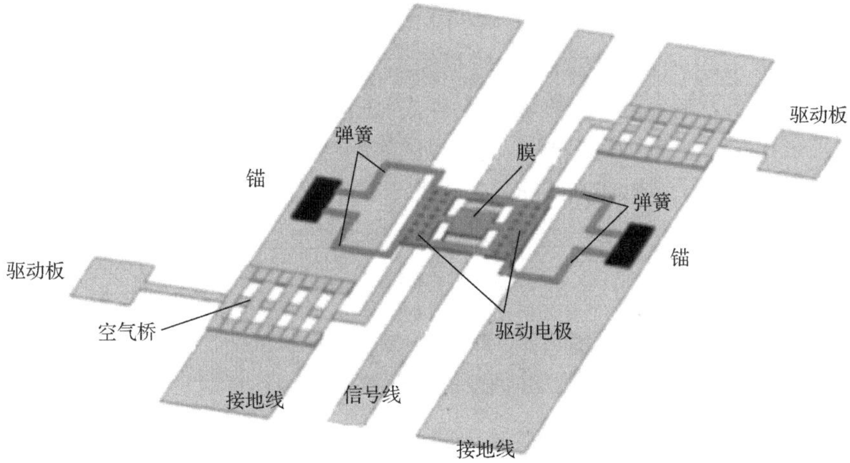

图 4-28　低激励电压的电容式 RF MEMS 开关模型图[18]

低激励电压的电容式 RF MEMS 开关的结构主要包括薄膜、四个弹簧、CPW 传输线、锚点、驱动板以及空气桥。弹簧将薄膜连接到锚上并提供支撑力。CPW 传输线由一根信号线和两根接地导线组成。信号导体和接地导体位于基板的同一侧，射频信号通过整个结构进行传输。信号线的宽度为 60μm，厚度为 1.8μm。接地线的宽度为 180μm，厚度与信号线相同。静电极位于信号线之间的空间中，该空间宽度为 90μm。每个电极宽 50μm，长 140μm。低激励电压的电容式 RF MEMS 开关设计参数如表 4-1 所示。当开关处于接通状态时，没有直流电压施加到电极上，薄膜保持静止，射频信号可以通过 CPW 传输线传输。施加在驱动电极上的直流电压可以产生静电力使薄膜向下偏转。当电极产生足够大的偏置电压时，薄膜将向基底弯曲并与电介质接触，射频信号耦合到薄膜并传输到接地线，开关处于断开状态，使膜向下弯曲的最小电压称为驱动电压。

表 4-1　低激励电压的电容式 RF MEMS 开关设计参数

序号	设计参数	值	单位
1	CPW	90、60、90	μm
2	中心板宽度	60	μm
3	中心板长度	60	μm
4	电极长度	140	μm
5	电极宽度	50	μm
6	气隙	3	μm
7	薄膜厚度	1	μm
8	电介质厚度	0.3	μm

续表

序号	设计参数	值	单位
9	二氧化物厚度	0.5	μm
10	信号线厚度	1.8	μm

上述新型电容式 RF MEMS 开关与传统 RF MEMS 开关的最大区别在于致动区域的差异，具体结构差异如图 4-29 所示。传统开关结构如图 4-29（a）所示，激励电压施加到信号线的同时，激励区域也作为电容区域。在新型电容式 RF MEMS 开关的设计中，将激励区域和电容区域分开，采用了 2 块激励区域和 1 块电容区域的结构形式，解除了激励电压与插入损耗之间的耦合作用，降低了激励电压对 RF 信号的干扰，使自由度增加。

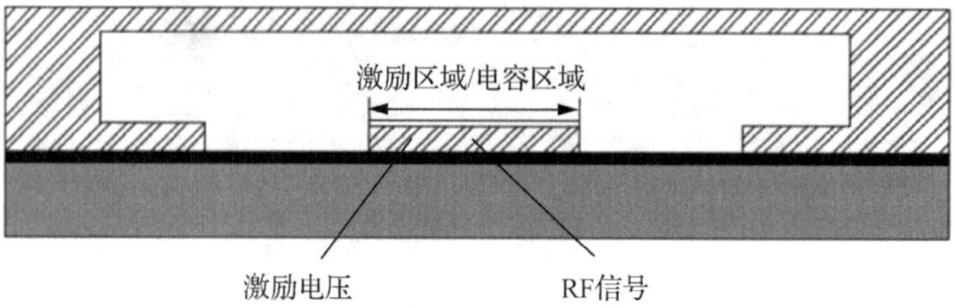

（a）传统设计

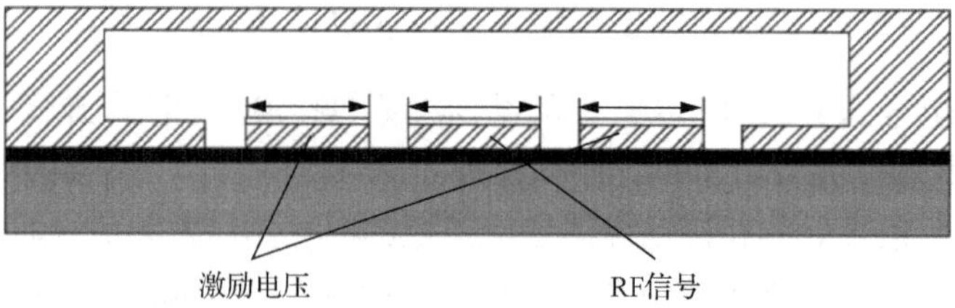

（b）新型设计

图 4-29　电容式射频微机电系统开关激励面积和电容面积[18]

上述新型电容式 RF MEMS 开关是在高电阻硅基底上基于表面微加工方法，采用五步掩膜工艺制造的。其中，绝缘层采用二氧化硅（SiO_2）；开关结构和薄膜部分由 Au 制成，确保其具有优异的导电性；介电层的材料为氮化硅（Si_3N_4）。主要制作工艺步骤如图 4-30 所示。

（1）在硅基底表面热氧化生长一层二氧化硅（500nm 厚）。

（2）制作光刻胶模具作为第一步掩膜，溅射一层钛钨/金（TiW/Au，TiW 50nm，Au 100nm）作为黏附层/种子层。TiW 溅射功率 200W、电流 500A、时间 2min 45s。Au 溅射功率 300W、电流 1000A、时间 1min 10s。

（3）电镀一层 1.8μm 的金既作为结构层又作为后续的掩膜，移除光刻胶模具，使用干法刻蚀去除黏附层。电镀电流 400mA，电镀时间 195s；CPW 的电镀厚度为 1.8μm。通过 ICP 刻蚀去除黏附层/种子层；刻蚀功率 600W、刻蚀时间 5min 40s。

（4）用等离子体增强化学气相沉积法沉积 300nm 的氮化硅，旋涂光刻胶图形化作为第三步掩膜，干法刻蚀氮化硅实现图形转移；使用气体为 SiH_4(145sccm)和 NH_3(8.1sccm)，温度 50℃，压力 3Pa，沉积时间 16min 20s。通过电感耦合等离子体刻蚀对介电材料进行图形化，刻蚀功率 600W、刻蚀时间 1min 20s。

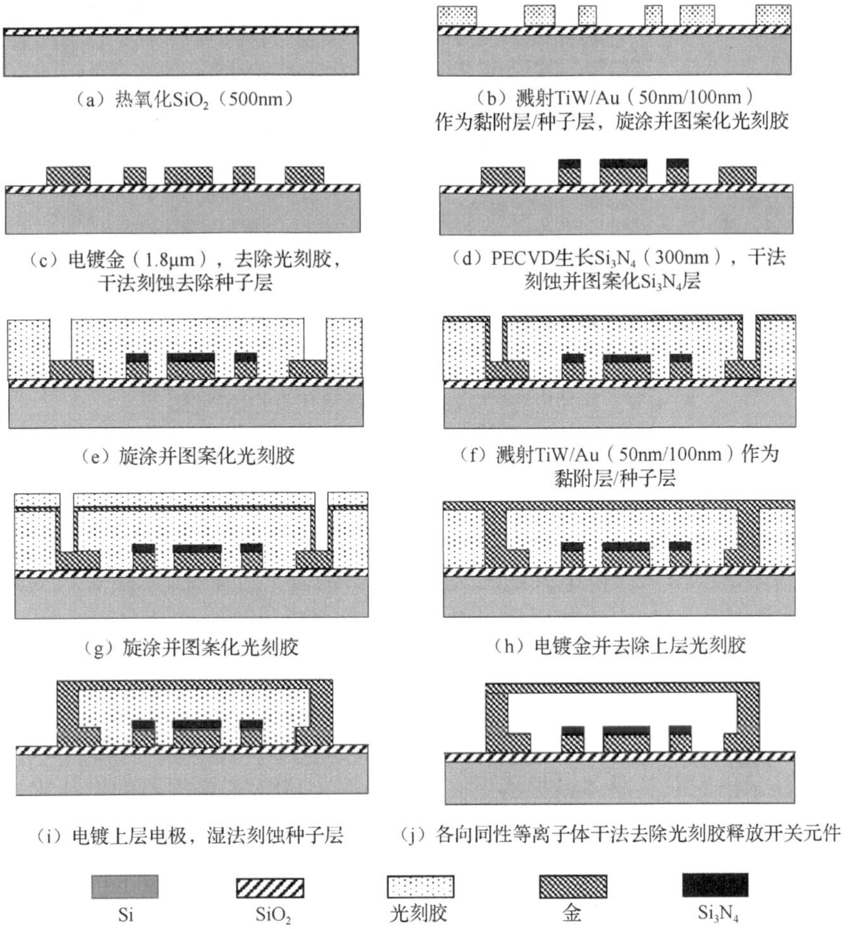
（a）热氧化SiO_2（500nm）
（b）溅射TiW/Au（50nm/100nm）作为黏附层/种子层，旋涂并图案化光刻胶
（c）电镀金（1.8μm），去除光刻胶，干法刻蚀去除种子层
（d）PECVD生长Si_3N_4（300nm），干法刻蚀并图案化Si_3N_4层
（e）旋涂并图案化光刻胶
（f）溅射TiW/Au（50nm/100nm）作为黏附层/种子层
（g）旋涂并图案化光刻胶
（h）电镀金并去除上层光刻胶
（i）电镀上层电极，湿法刻蚀种子层
（j）各向同性等离子体干法去除光刻胶释放开关元件
Si
SiO_2
光刻胶
金
Si_3N_4

图 4-30　开关制造的主要工艺步骤[18]

（5）旋涂光刻胶牺牲层并图形化作为第四步掩膜，气隙由 3μm 厚的 AZ6130 正光刻胶定义。

（6）溅射钛钨/金薄层作为黏附层/种子层（50nm/100nm）。

（7）旋涂光刻胶并图形化作为第五步掩膜。在薄膜中设计一组释放孔（长度为 7μm，相互之间的距离为 13μm），释放孔可以帮助完全释放开关结构，并减少开关启动时间。

（8）通过溅射和电镀工艺沉积 1μm 厚的金电极，去除剩余的表面光刻胶层，使用湿法腐蚀去除种子层。

（9）通过各向同性氧等离子体工艺去除牺牲层光刻胶并释放薄膜。等离子体工艺功率 400W，刻蚀时间 20min，暂停 10min 以避免牺牲层碳化。重复刻蚀和暂停步骤至光致抗蚀剂被完全去除。

最终制得的新型电容式射频微机电系统开关的 SEM 图如图 4-31 所示。

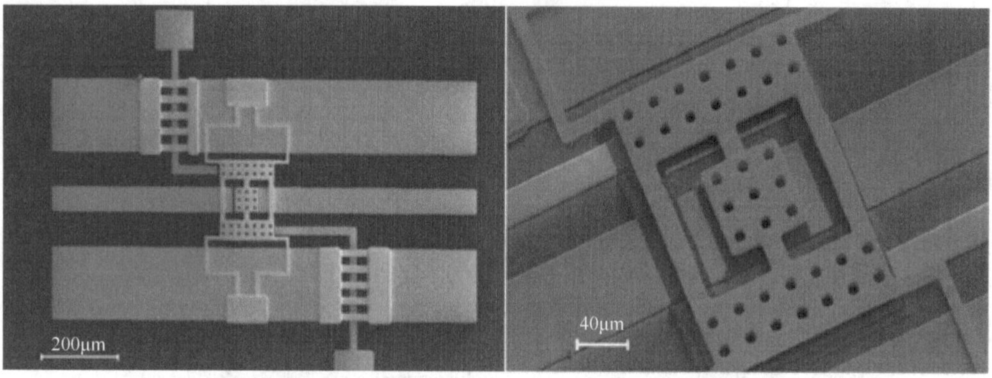

图 4-31 新型电容式射频微机电系统开关的 SEM 图[18]

4.2.2 MEMS 谐振器

谐振器是构建振荡器的最基本组件，是电子行业中普遍使用的元件。目前谐振器主要应用类型为石英晶体谐振器和微机电系统（MEMS）谐振器。近年来，MEMS 谐振器因其尺寸微型化、高温稳定性好、制造成熟度高以及与互补金属氧化物半导体（complementary metal oxide semiconductor，CMOS）标准制造工艺的良好兼容等特点而显示出巨大的发展潜力。与石英晶体谐振器相比，MEMS 谐振器具有诸多优势。石英晶体谐振器通常使用传统的精密制造技术单独切割，而 MEMS 谐振器使用半导体工艺在晶片基底上批量制造。利用半导体工艺，MEMS 谐振器显示出比石英晶体谐振器更高的成品率。MEMS 谐振器的设计较为灵活多变，可将多频谐振器集成在同一个芯片上，而石英晶体谐振器的设计规则严苛，其谐振频率取决于压电层的厚度，影响了同一芯片上多频谐振器的集成。MEMS 谐振器易于微型化，在不使用更高阶振动模式的条件下，即可具备更高的自然谐振频率。

近年来，MEMS 谐振器研发吸引了越来越多的关注，新型产品不断涌现。其中，压电晶体谐振器通过质量频率效应可以检测极小的质量，检测限甚至可达分子水平，因而被设计和开发用于制作气体传感器。然而，传统的压电材料如石英不能承受高温，并且由于相变易在高温下失去其压电性，限制了压电晶体谐振器在高温环境的应用。例如，在涡轮发动机燃烧室、核电厂和危险化工环境等行业中，高温会降低气体传感器的准确性和可靠性。北得克萨斯州大学机械与能源工程系的陈章等研制出了一款小型化硅酸镓镧（lanthanum gallium silicate，LGS）微悬臂梁谐振气体传感器[19]。该传感器采用 LGS 材料结合体硅工艺和表面硅工艺制造，耐温达 1470℃，能够在高温下保持压电特性，设计结构如图 4-32 所示。

该谐振传感器由一端固定在基片上的压电微悬臂梁和一对位于微悬臂梁顶面和底面的铂电极组成。首先通过体硅微加工技术，在 LGS 基底上进行干法和湿法刻蚀形成谐振器的微悬臂梁，然后通过表面硅微加工技术将电极沉积在微悬臂梁的两侧。气体分子在谐振器表面化学吸附，诱导质量负载效应，导致谐振频率漂移，实现检测。为提高传感器灵敏度，研究人员设计了一个附加传感层，以捕获更多的气体分子，增加吸附气体的质量。

LGS MEMS 微悬臂梁谐振器详细的制造工艺步骤如图 4-33 所示[19]。

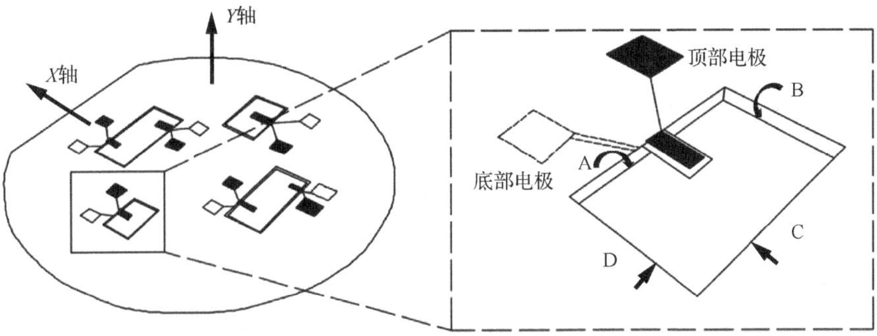

图 4-32　小型化硅酸镓镧微悬臂梁谐振气体传感器示意图[19]

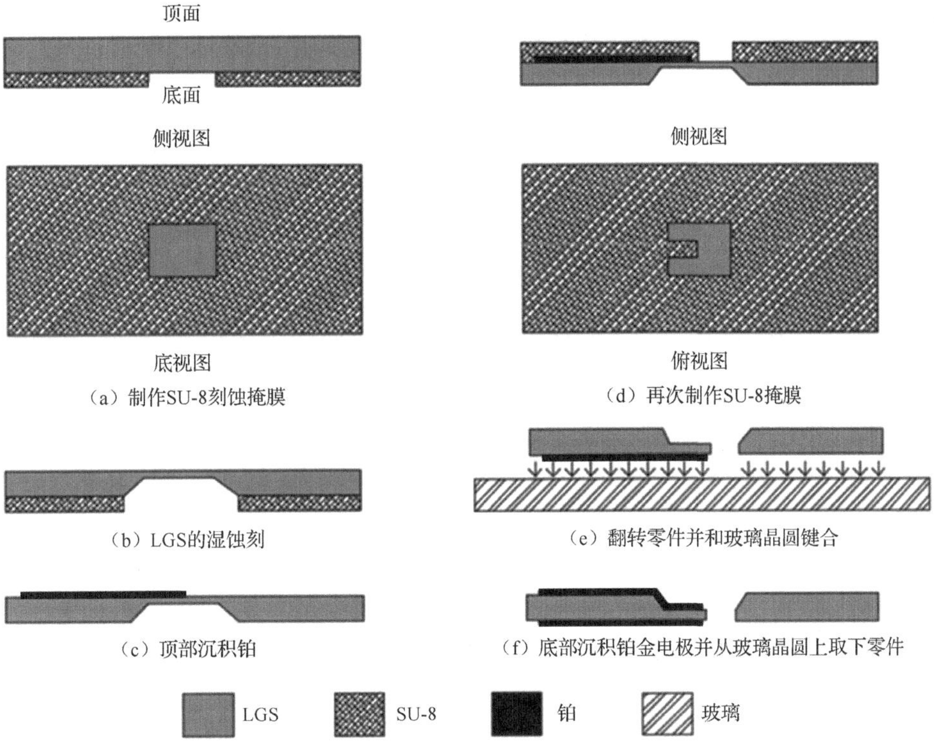

图 4-33　LGS MEMS 微悬臂梁谐振器的制造工艺流程图

(1) 利用丙酮、异丙醇和卡罗酸（H_2O_2 和 H_2SO_4 混合溶液）混合溶液清洗 180μm 厚、直径 1in 的 $La_3Ga_5SiO_{14}$ 基底晶圆。在 180℃的热板上加热 20min，烘干。在晶圆上涂上一层厚度为 50μm 的 SU-8 胶层，用作后续湿法刻蚀的掩蔽层，并通过多次曝光进行光刻。实际制作过程中，在 80℃温度环境下，由盐酸和磷酸以 1∶4 的比例组成的刻蚀溶液中，LGS 的刻蚀速率约为 20μm/h。

(2) 由于湿法刻蚀的各向异性，不同方向刻蚀的速率不同，对 LGS 双面（顶面和底面）同时进行湿法刻蚀 3h 后，使用表面轮廓仪测量刻蚀轮廓，可以验证微悬臂梁结构形成的刻蚀速率。

（3）剥离 SU-8 掩蔽层，采用表面硅工艺在 LGS 晶片上沉积厚度为 100nm 的铂薄膜，在 A 侧图形化以用作顶部电极。

（4）在底部旋涂光刻胶并图形化，以覆盖和保护顶部电极。

（5）LGS 薄膜双面同时进行湿法刻蚀，1.5h 后未被光刻胶掩蔽区域刻蚀完全形成微悬臂梁，将样品翻转，通过 PMMA 层与一块玻璃基板键合。

（6）在 LGS 晶圆的底侧沉积第二层铂薄膜并图形化，以制备底部电极，在提离过程中，用丙酮溶解 PMMA，使样品从玻璃基板上脱离下来。

上述工艺流程中选择在 A 侧制造悬臂梁结构，是由于 LGS 湿法刻蚀具有各向异性刻蚀现象，如图 4-34 所示[19]。其刻蚀截面非垂直截面，这实际上有利于侧壁上的铂沉积，并降低了底部电极和相关焊盘之间的断裂风险。与截面 B、C 和 D（图 4-32）相比，截面 A 的横向长度最短。因此，通过在该侧加工微悬臂梁容易实现更均匀的微悬臂梁厚度。

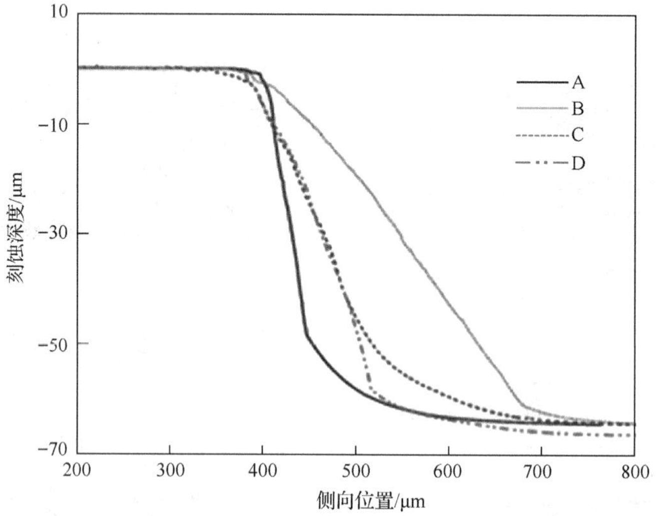

图 4-34　各向异性刻蚀行为导致侧壁不同斜度的刻蚀轮廓

为捕获更多的气体分子，增加吸附气体的质量，从而提高上述 LGS MEMS 微悬臂梁传感器的灵敏度，需要在微悬臂梁上使用化学浴沉积方法沉积一层氧化锌，过程如图 4-35 所示[19]。首先，在一个烧杯中预备 30mL 去离子水，将 0.02mol 的 $Zn(CH_3COO)_2$ 和 0.05mol 的六亚甲基四胺（hexamethylenetetramine，HMTA）溶解在烧杯中。为了加速溶解过程，利用磁力搅拌器以 300r/min 的速度搅拌 10～30min。当化学物质完全溶解时，将带有预制微悬臂梁的 LGS 样品浸涂两次，并在 350℃的温度环境中烘烤。在 LGS 微悬臂梁的顶面形成一层氧化锌种子层，以生长氧化锌薄层。其中，浸涂工序重复两次，以使化学溶液均匀地分布在 LGS 晶片的表面上，并且保证浸涂时间一致。同样，在一个相对较大的烧杯中预备 130mL 去离子水，向其中倒入 0.02mol 的 $Zn(NO_3)_2$ 和 0.02mol 的 HMTA 搅拌混合。将样品放在新溶液中的支架上，氧化锌生长表面朝上。最后，烧杯用铝箔覆盖，并放入 90℃水浴中 1h。

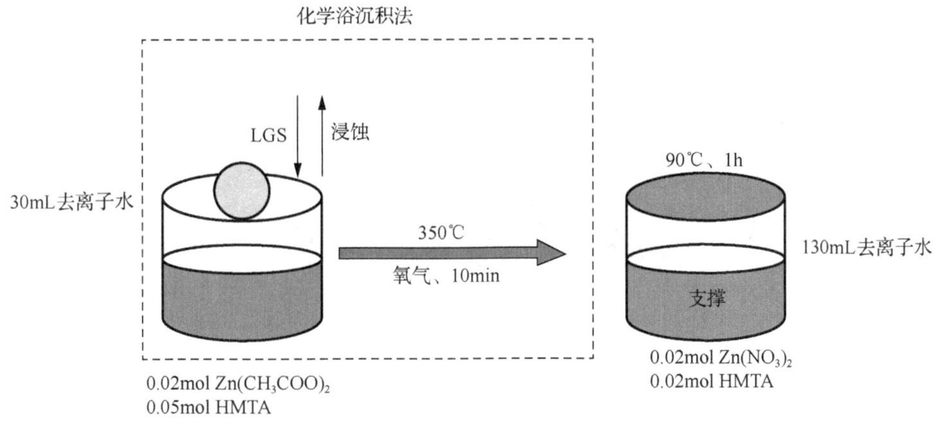

图 4-35　在 LGS MEMS 微悬臂梁上沉积氧化锌工艺图

4.2.3　神经微电极

神经微电极是研究神经编码和神经动力学的重要工具。紧密排列的神经微电极使神经活动的空间过采样成为可能，方便对大脑活动进行数据分析。来自麻省理工学院媒体实验室的 Scholvin 等[20]设计并制造了一种紧密封装的硅微电极，该微电极能够沿电极柄的长度方向实现紧密且连续的信号记录（图 4-36）。不同于传统微电极上记录点离散排列设计，该微电极紧密的记录点排列促进了数据记录与分拣，以便记录点可以遍布探针的所有位点。神经微电极由 5 柄微电极探针组成，电极支撑体结构厚度为 510μm，电极探针间距为 500μm，如图 4-36（a）所示。每柄神经微电极探针的宽度约为 50μm、厚度约为 15μm，如图 4-36（b）所示。每柄电极探针包含两列共 200 个记录点，记录点尺寸为 9μm×9μm、间距为 11μm。每个记录点用于记录不同位置的神经细胞电位，实现对神经细胞活动的空间采样。为了收集总计 1000 个记录点的采样信号，微细金属电线分别连接中间和外部记录点，并将信号向电极探针的两侧传输，如图 4-36（c）所示。Scholvin 等[20]采用了混合式光刻技术制造上述紧密封装的神经微电极。

电子束光刻（electron beam lithography，EBL）用于形成探针的精细硅结构和高密度金属线，对于尺寸更大的硅结构和探针柄外的低密度金属线则使用传统的 MEMS 制造技术，有助于减少 EBL 的加工时间。EBL 也分为两个阶段，首先采用小电流模式（8nA，200nm 金属线）加工小几何尺寸的探针柄，然后采用大电流模式（40nA，500nm 金属线）以达到光学光刻的要求。神经微电极的主要工艺步骤包括微电极探针基底选择、微电极金属化布线和神经微电极轮廓加工。

1. 微电极探针基底选择

Scholvin 等[20]采用厚度为 150μm 的绝缘体上硅（silicon-on-insulator，SOI）作为神经微电极探针的基底。SOI 器件层的厚度决定了探针的厚度，因此可以实现探针厚度在大范围内的精确控制，探针厚度为 15μm。器件层采用低电阻率（<0.005Ω·cm）、载流子寿命为 10ns 的硅，以减少环境光造成的伪影。

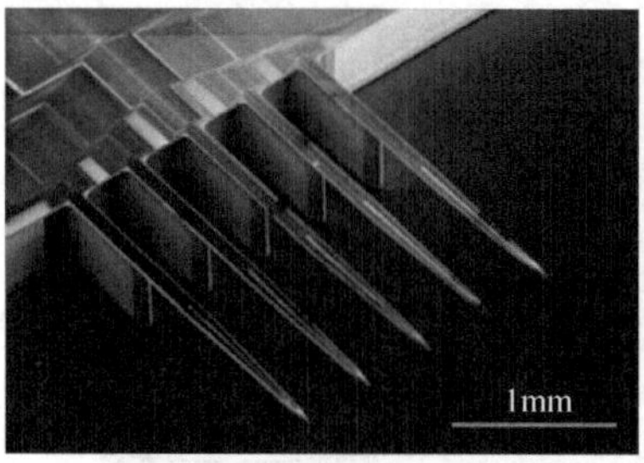

（a）神经微电极（包含5柄微电极探针，探针间距为500μm）

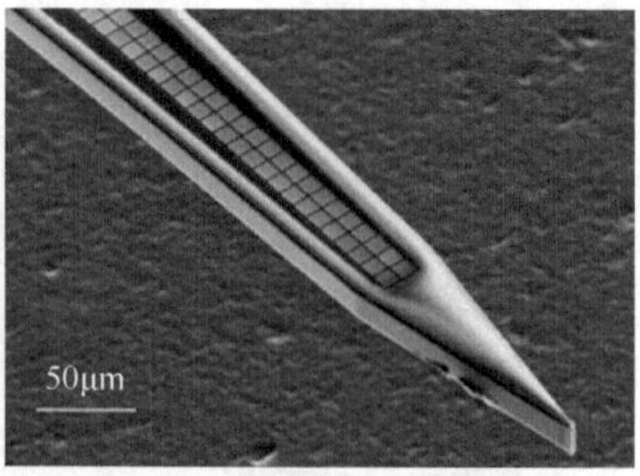

（b）神经微电极单探针（整个探针的宽度约为50μm，厚度约为15μm）

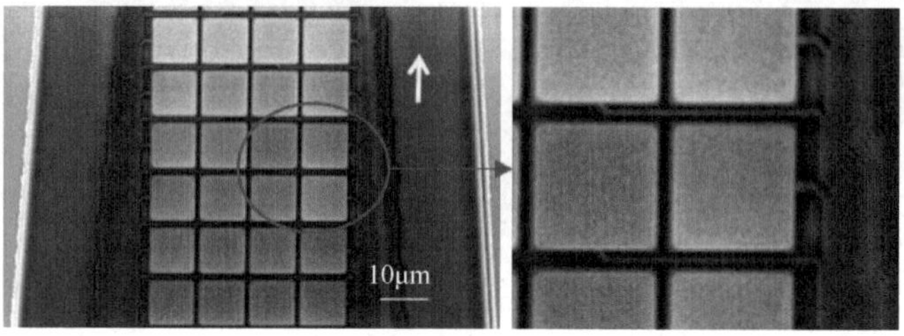

（c）电极记录点及金属线分布

图 4-36　神经微电极整体及单探针 SEM 图[20]

2. 微电极金属化布线

神经微电极金属化布线包括记录点、引线和焊盘位置的金属化。微电极金属化布线步骤如图 4-37 所示。具体工艺流程如下所述[20]：

（1）采用 SOI 基底（15μm Si/0.8μm SiO_2/150μm Si），顶层硅的厚度 15μm 即为微电极探针厚度，硅片双面抛光。

（2）使用化学气相沉积 PECVD 工艺沉积 1μm 厚的 SiO_2。

（3）旋涂 400nm 厚光刻胶 PMMA 495A8，曝光并显影（显影剂为 MIBK：IPA=1：3），此步骤确定了记录点和引线的位置。

（4）薄膜沉积工艺，沉积 Ti/Au/Ti，厚度为 10nm/150nm/5nm，Au 作为导体，Ti 作为黏附层。

（5）金属层剥离工艺，在丙酮中除去剩余 EDL 光刻胶及其表面金属。

（6）接触光刻工艺，旋涂 1.5μm 的 AZ5214E 光刻胶，曝光并显影。

（7）薄膜沉积工艺，沉积 Ti/Au/Ti。

（8）金属层剥离工艺，在丙酮中除去剩余光刻胶及其表面金属。

（9）使用 TEOS 作为硅源，采用 PECVD 工艺沉积 SiO_2，用于后续暴露记录点和焊盘。

（10）EDL 光刻工艺，旋涂光刻胶 PMMA 495A8，曝光并显影，图形化并暴露记录点位置。

（11）RIE 工艺，刻蚀 SiO_2 层，氧等离子表面处理去除光刻胶掩膜。

（12）接触光刻工艺，旋涂 AZ5214E 光刻胶，曝光并显影，图形化并暴露焊盘位置。

（13）RIE 工艺，刻蚀 SiO_2 层，使用 LAM-590 RIE 刻蚀机（CF_4/CHF_3 等离子体，气体流量比为 5：3），氧等离子表面处理去除剩余光刻胶。

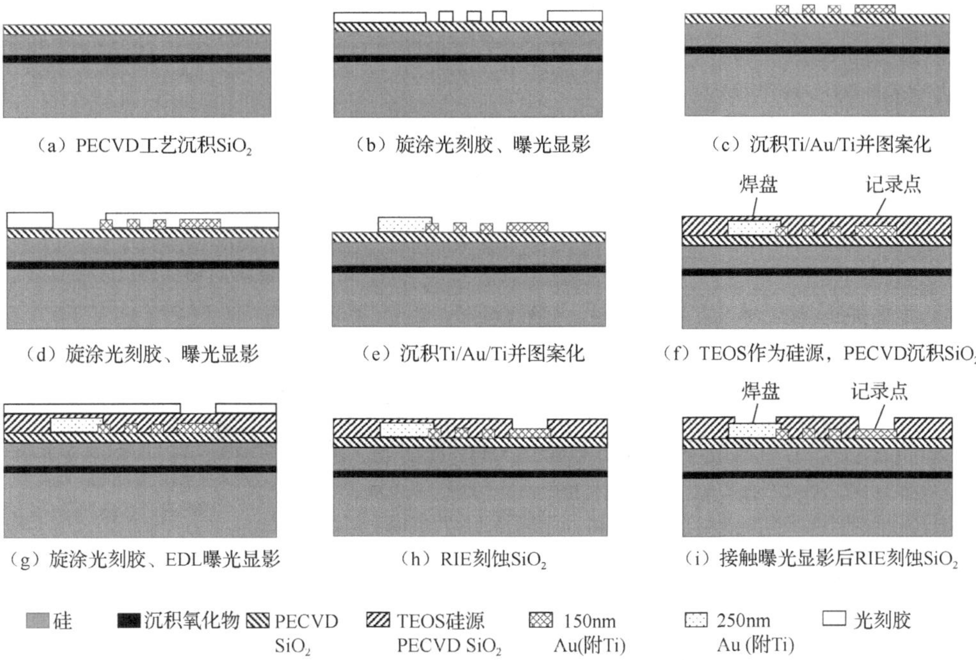

图 4-37　神经微电极金属化布线流程[20]

1000 通道神经微电极的设计示意图如图 4-38 所示。为了将高密度布线从记录点（图 4-38）延伸到探针外围的大型焊盘，使用 EBL 和接触光刻的组合光刻。图 4-38（a）显示了从最顶部的记录点位置到底部的引线键合焊盘的 1000 通道微电极的布线方案。引线密集区采用 EBL 光刻，调整光束电流强度，过渡至引线稀疏区焊盘处转用接触光刻。图 4-38（b）和（c）显示了 8～40nA 束电流的过渡引线以及从 EBL 40nA 到接触光刻的过渡引线，以及对应的线宽。一个直径为 150mm 的晶圆需要 4～5h 的 EBL 工具时间才能完成光刻。

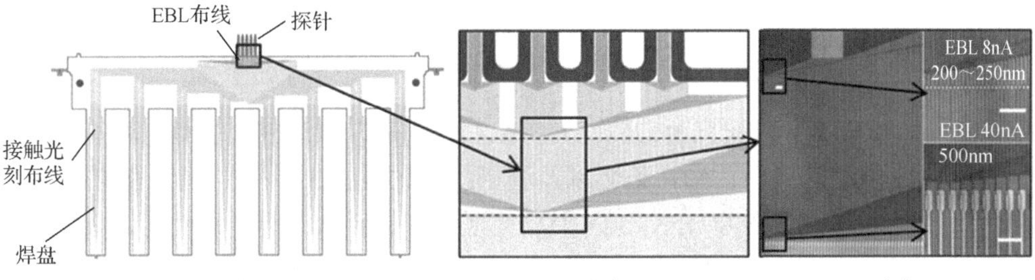

（a）　　　（b）　　　（c）

图 4-38　1000 通道神经微电极的布线方案[20]

3. 神经微电极轮廓加工

神经微电极金属化布线完成后，使用双面 DRIE 工艺制造微电极轮廓，包括支撑体和微电极探针外轮廓，工艺步骤如图 4-39 所示。具体工艺步骤如下[20]：

（1）在晶圆正面使用光刻胶（8μm AZ4620）进行图形化。

（2）RIE（LAM-590）去除表面 SiO_2 介电层（2μm）。

（3）对 SOI 晶圆的器件层（15μm Si）进行 DRIE，DRIE 停止在 SOI 晶圆的埋藏氧化层（0.8μm）上。

（4）再次使用 RIE（LAM-590）去除暴露的沉积氧化层（0.8μm）。

（5）使用氧等离子体表面处理去除残留光刻胶。

（6）在晶圆背面使用光刻胶（10μm AZ4620）进行图形化。

（7）DRIE（LAM-590）去除 SOI 层的底层（150μm），在埋藏的氧化层处停止。

（8）使用氧等离子体刻蚀去除残留光刻胶。

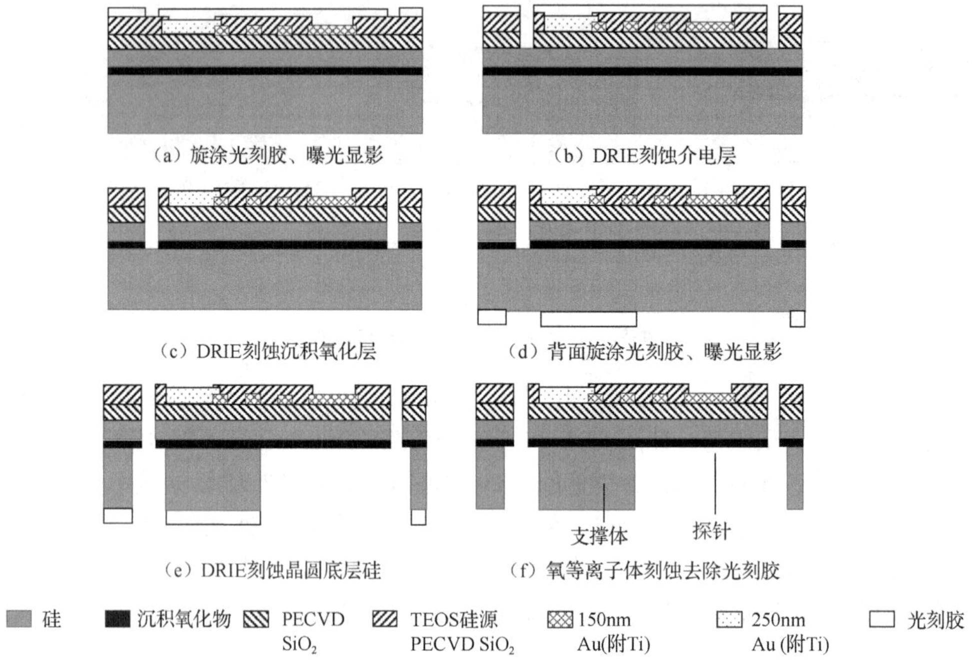

图 4-39　神经微电极轮廓加工工艺流程[20]

国内中国科学院半导体研究所的陈三元等也制作了用来检测神经细胞活动的神经微电极阵列，用于研究神经网络、认知、记忆以及脑机接口的重要工具[21]。神经微电极阵列具有 32 个信号记录点，使用了 $SiO_2/SiN_x/SiO_2$ 复合介质膜和铂黑来改善电极性能。微电极的总厚度为 21μm，将改性工艺与微制备方法相结合，实现了硅基微电极的高密度记录。

利用 MEMS 制造技术可以精确控制硅基神经探针的针长、记录点的面积和位点之间的间距等特性。此外，在一个探针柄上可以设置多个记录点。基于这些优点，硅基神经探针在多点记录特别是高密度记录方面发挥了重要作用。许多硅基多位点神经探针被制作成不同的形状、尺寸和位点排列来满足相应的不同要求。为了实现高密度神经信号的记录，记录点的面积应缩小到与单个神经元相似的大小，即几十微米量级。然而，随着记录点面积的减小和密度的增加，电极的阻抗特性和鲁棒性会下降。与通过确定密歇根微电极厚度的硼掺杂工艺相比，陈三元等提出的工艺中 SOI 基底可以通过确定器件层厚度形成任意厚度[21]。此外，ICP

刻蚀的高深宽比使器件层表面和侧面都保持光滑不变，减少了对脑组织的损伤。避免硼扩散过程可以保持硅的晶格结构，保证硅的鲁棒性。采用 $SiO_2/SiN_x/SiO_2$ 复合膜作为上层介电层，提高了介电层的钝化性和探针的鲁棒性。铂黑在 30μm 记录点通过电沉积进行修饰以降低阻抗。提高涂层与基体之间的附着力的方法有很多，如超声波和脉冲电流。

由于 SOI 晶圆的器件层厚度可自定且适中，因此采用 SOI 晶圆作为微电极的基板。微电极的四层结构包括导电基底层、下介电层、金属导电层和上绝缘介电层，如图 4-40 所示。微电极设计有 4 个长 6mm、间距为 285μm 的电极微探针。每柄探针上排列 8 个记录点，每个记录点直径 30μm。单柄探针的记录点间距为 200μm。

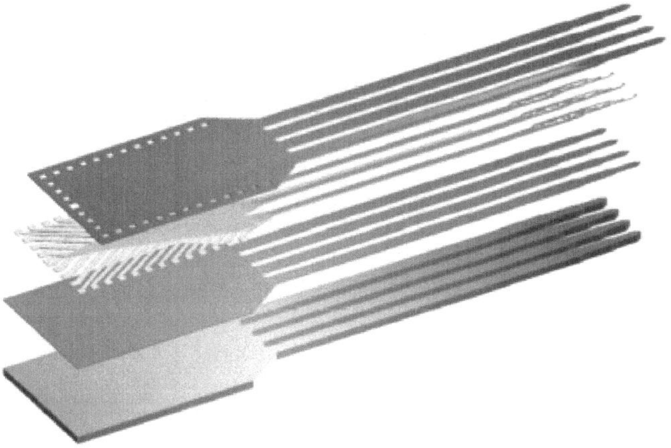

图 4-40　微电极的四层结构[21]

神经微电极阵列采用了 4in 的 SOI 作为基底，器件层/中间层/基底层的厚度为 30μm/1.5μm/200μm。微电极的制作工艺流程如下[21]：

（1）使用食人鱼溶液（piranha solution）（70%的浓硫酸和 30%的过氧化氢混合液）清洗 SOI 晶圆 20min，用去离子水冲洗硅片。

（2）使用热氧化法生长二氧化硅介电层。

（3）利用剥离技术沉积和制备导电互联材料（Cr/Au/Cr）。

（4）使用 PECVD 沉积一层复合介质 $SiO_2/SiN_x/SiO_2$（100nm/900nm/100nm），这种结构具有低应力并且提高了绝缘层的绝缘能力。

（5）利用 RIE 技术暴露出微电极的位置，用铬酸腐蚀去除暴露部位的铬，并使用快速退火技术增加绝缘层之间的结合力。

（6）使用 RIE 去除 20μm 厚的硅，使用与之前对介质刻蚀时相同的掩膜对设备层进行 ICP 刻蚀图形化。使用步骤（2）中生长的 SiO_2 作为掩膜，对晶圆的基底层从背面进行图形化，完成神经微电极阵列制造，如图 4-41（a）所示。

制造完成的 32 个微电极 SEM 图如图 4-41（b）所示，图 4-41（c）为 30μm 直径电极尖端部位 SEM 图。

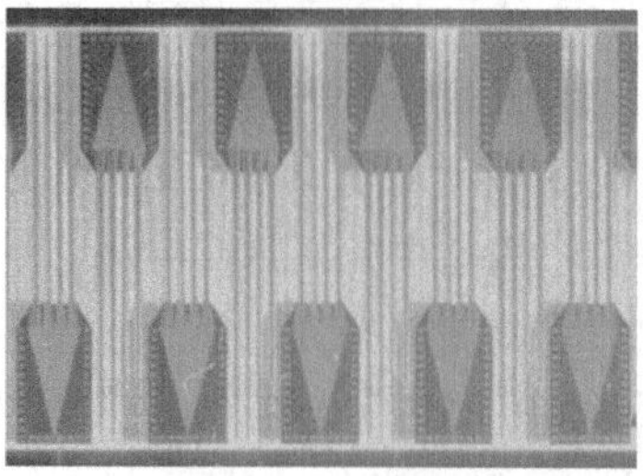

(a) 微电极通过长100μm、宽30μm的微悬臂梁固定于硅电极微柄上

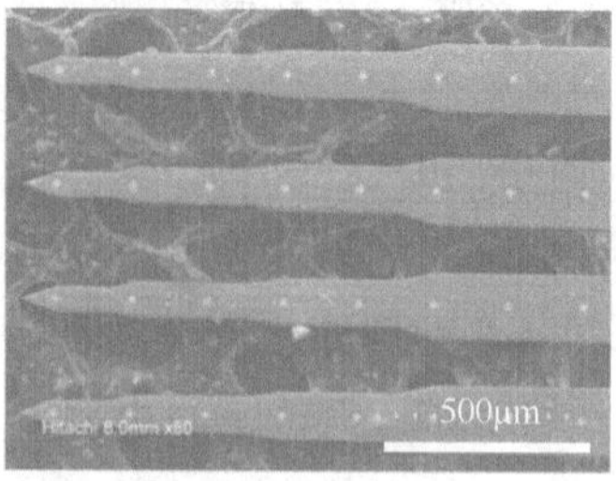

(b) 32个微电极SEM图

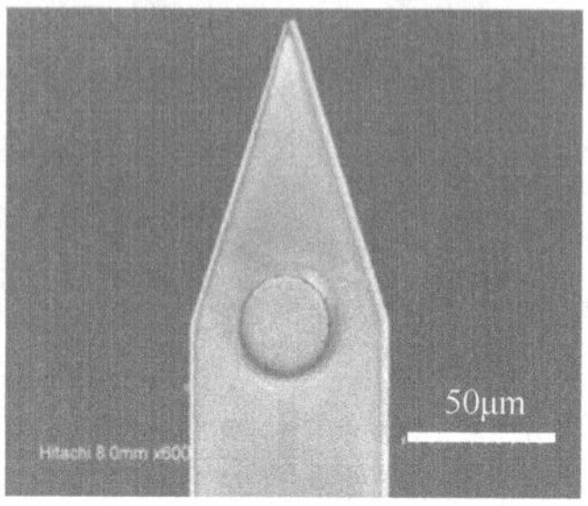

(c) 30μm直径电极尖端部位SEM图

图 4-41　32 个微电极 SEM 图[21]

4.2.4　铰链

铰链是连接两个组件并允许两者之间相互转动的机械装置，是表面硅工艺中一个非常典型的三维结构。铰链的初始设计被称为折叠铰链，在一层多晶硅中形成一个轴，在轴上与在后续多晶硅机械沉积中形成的短钉桥接[22]。如果折叠结构本身要连接到由多晶硅制成的活动板上则需要三层结构多晶硅，如图 4-42 所示。

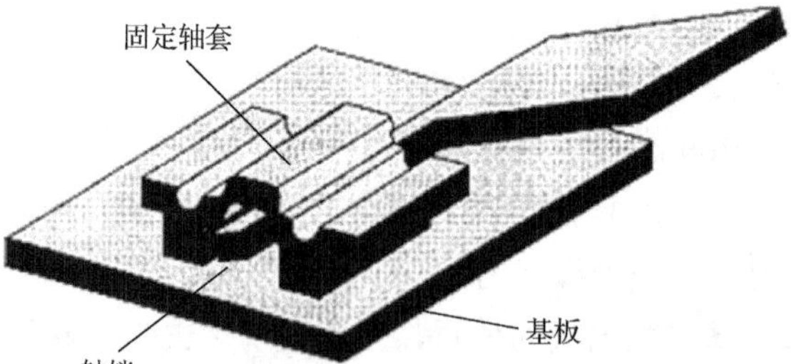

图 4-42　折叠铰链结构的钉-轴-销铰链示意图[22]

来自加州大学伯克利分校的 Friedberger 等[23]制作了一种新型的多晶硅微机械铰链。与之前的折叠铰链设计相比，这种新型铰链在折叠过程中的摆动更小，精度更高。两个悬臂梁固定在铰链法兰上，无须增加固定硅结构，因此需要两个多晶硅结构层即可制造。悬臂梁覆盖住旋转轴，同时将旋转部件固定在支撑构件上，实现轴的旋转，如图 4-43 所示。这种铰链还可以与某些可移动装置相连，在微振马达的驱动下实现一维滑动，最大行程超过 100μm。

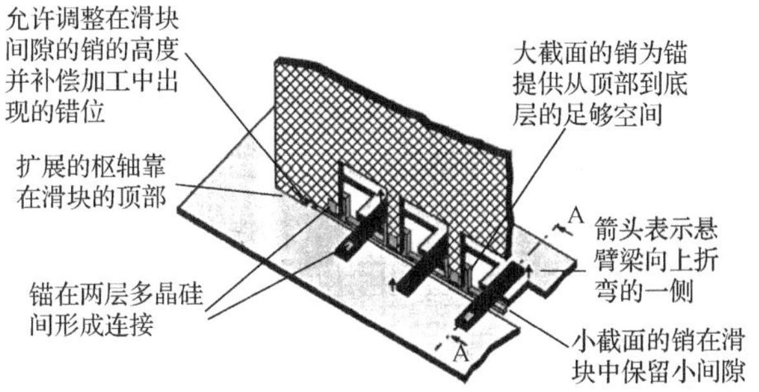

（a）整体结构示意图

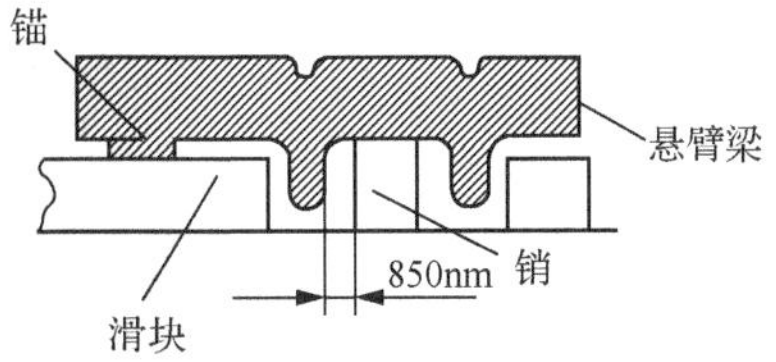

（b）A-A截面图

图 4-43　新型多晶硅活动铰链结构示意图[23]

多晶硅微机械铰链的制作工艺截面如图 4-44 所示，具体说明如下。

（1）在硅基底上热生长一层 300nm 厚的 SiO_2。

（2）使用低压化学气相沉积法 LPCVD 沉积一层 500nm 厚的氮化硅。

（3）沉积一层 500nm 厚的掺杂多晶硅层。

（4）沉积一层 2μm 厚的 PSG（硅磷酸盐玻璃）作为牺牲层，反应温度为 450℃。

（5）使用 Lam AutoEtch 590 等离子体刻蚀机在 PSG 上刻蚀出窗口，以便后续沉积的多晶硅可以锚定在基底上。

（6）沉积厚度为 2μm 的多晶硅层，以形成铰链的滑块、销以及固定在基底上的其他部件，LPCVD 沉积时的温度和压力分别为 605℃和 4Pa。

（7）图形化一层 300nm 厚的 PSG，作为接下来进行刻蚀的掩膜版。

（8）沉积一层 600nm 厚的 PSG 作为覆盖层。它作为第二个牺牲层，同时在 1000℃下 1h 的退火过程中与多晶硅起到掺杂作用。

（9）锚点也在第二个牺牲层中形成，随后沉积的结构层（用于形成悬臂梁）连接到下面的滑块和销的多晶硅层。

（10）采用干法刻蚀技术并使用 500nm 厚的 PSG 与结构层进行掺杂。

（11）利用浓 HF 去除牺牲层以释放上述工艺形成的铰链结构。

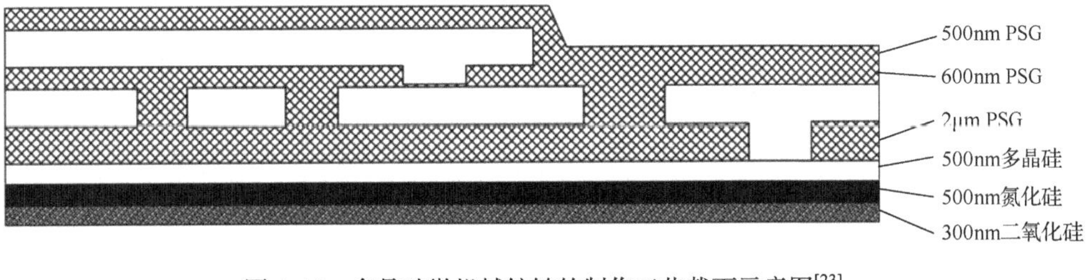

图 4-44　多晶硅微机械铰链的制作工艺截面示意图[23]

Friedberger 等[23]设计并制造的新型多晶硅微机械铰链 SEM 图如图 4-45 所示。

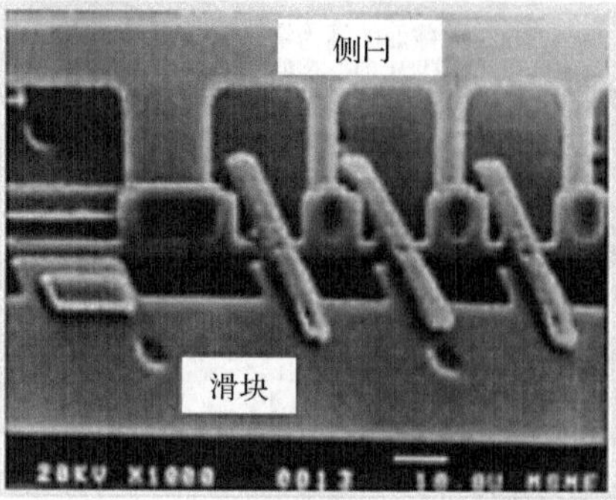

图 4-45　新型多晶硅微机械铰链 SEM 图[23]

上述双面多晶硅铰链仅能实现两个面间的固定角度，属于二维图形的组装，存在空间局限性。为了在极小空间内实现多铰链集成化，扩展二维平面组装至三维多面体结构，为实现更高的组件密度提供了重要参考，可以将微米级的平面结构折叠成三维立体组件。Honschoten 等[24]利用表面张力作用，基于平面氮化硅四面体，通过设计并制作微型旋转铰链，很好地确定和控制四面体结构（如金字塔）在组建三维状态时的旋转角度。

为实现典型的四面体结构（如金字塔），研究人员设计了旋转铰链，使折叠侧襟翼的最终角度等于 70.6°。从晶体学的角度来看，硅具有面心立方结构，具有明确的晶格。如图 4-46 所示，(110)平面和一些定义明确的(111)平面之间的夹角为 35.3°，恰好为四面体中面之间角度的一半，因此该交叉点可用于加工止动铰链。然而并非所有二维四面体图形中的折叠线都是平行的，并非都位于(111)和(110)平面的交点处，只有一条折叠线可能在正确的方向上。如图 4-46 所示，面①和面②间为旋转铰链需根据 70.6°的特定角度折叠，侧面附件即面③和面④需通过平面铰链与面①和面②共同构成四面体。

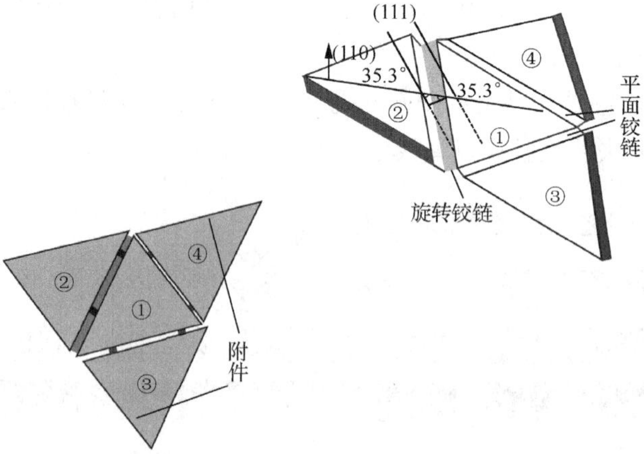

图 4-46　折叠前的四面体图形（包括旋转铰链和平面铰链）[24]

图 4-47 显示了旋转铰链的轮廓横截面，平面和圆形铰链的厚度均为 100nm。这种特殊的止动铰链由两种不同厚度的部分组成。薄的部分为 5μm，在表面张力的作用下折叠。铰链的厚部分提供了足够大的支撑区域，以抵抗折叠后倾向于重新打开结构的弹性能。倾斜部分的长度范围为 2.4～21.4μm，是减少弯曲能量和形成静摩擦区域的最佳尺寸。

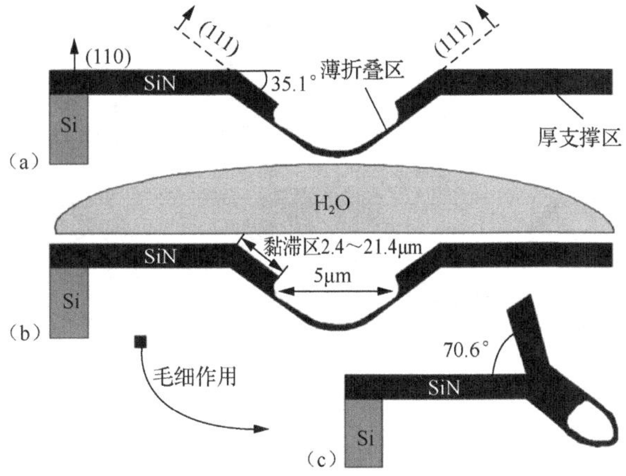

图 4-47　折叠原理及旋转铰链的轮廓横截面示意图[24]

上述旋转铰链和平面铰链 MEMS 工艺流程如图 4-48 所示[24]。

（1）将 25nm 厚的氮化硅层沉积在<110>硅晶片上，使用光刻胶和 RIE 对其进行图形化，使用 KOH 溶液刻蚀 V 形槽。

（2）沉积一层氮化硅并刻蚀残留底部。

（3）使用高温氧化将 V 形槽修圆。

（4）利用 50%HF 除去氧化层后，添加了第一层 SiN_x 厚度为 1μm，沉积多晶硅层 150nm 厚和另一个 SiN_x 层 100nm 厚。

（5）各向同性 50%HF 刻蚀顶层氮化硅层。

（6）在暴露的多晶硅表面湿法热氧化二氧化硅层（900℃），顶层氮化硅刻蚀留下的残余被用作反转掩膜。

（7）使用选择性刻蚀剂 H_3PO_4 去除 SiN_x 残留物之后，利用 5%四甲基氢氧化铵（tetramethylammonium hydroxide，TMAH）对多晶硅层进行 10min 刻蚀。

（8）在 50%HF 中刻蚀第一层 SiN_x。

（9）为保持圆度，基层被完全氧化（900℃）。在 50%HF 中除去氧化物。

（10）制造平面铰链部分，需要在第一层 SiN_x 中创建开口并进行光刻工艺。

（11）采用 10μm 厚的光刻胶以保护深 V 形槽，开口部分利用干法刻蚀工艺生成。剥去光刻胶后，沉积 100nm 的 SiN_x 层，作为铰链的柔性部分；再次涂覆 10μm 厚的光刻胶在整个晶圆上用于二维四面体的图形化，再次进行 SiN_x 的刻蚀步骤。

（12）利用 SF_6 等离子体刻蚀铰链结构下的硅基底，以 10μm 厚的光刻胶作为保护层。

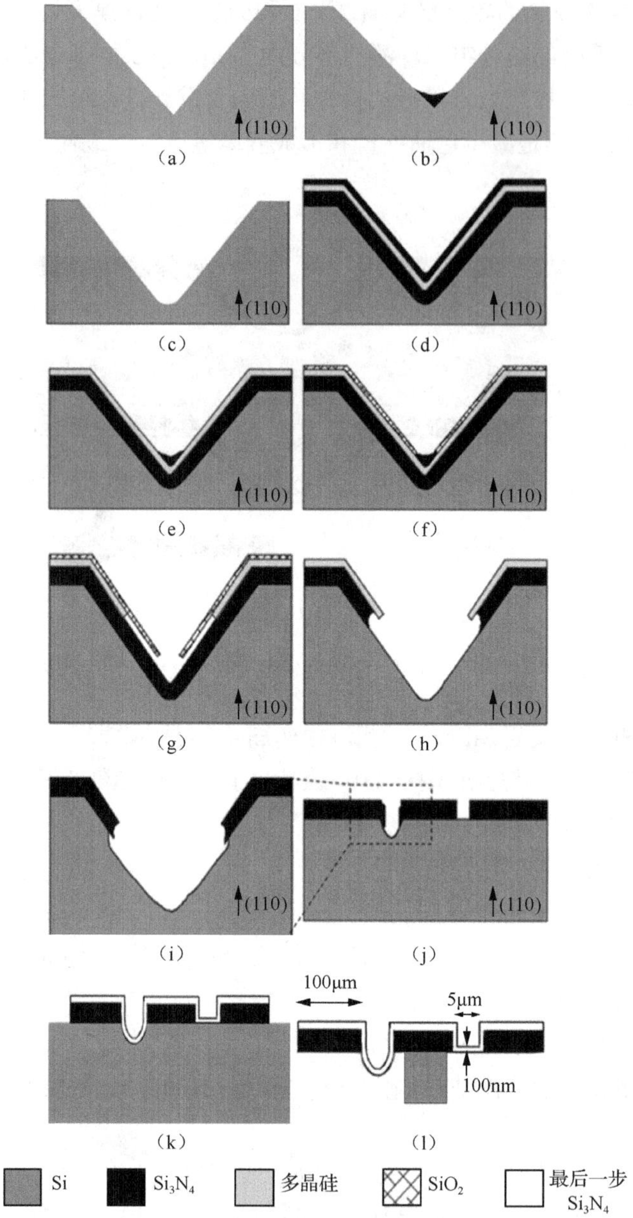

图 4-48　旋转铰链和平面铰链 MEMS 工艺流程图[24]

图 4-49（a）为由 10μm 厚光刻胶保护的四面体图形，V 形槽上方结构清晰。图 4-49（b）表示刻蚀 SiN_x 层和剥离光刻胶后的硅结构。由于氮化硅的反应离子刻蚀是一个定向过程，因此需要过度刻蚀时间来去除 V 形槽内的多余材料。

图 4-50（a）为所得的旋转铰链，其中的薄铰链部分由于氧化而融合为厚支撑的部分。图 4-50（b）显示了从基材上取下后的四面体结构，仅中央部分固定在支柱上。

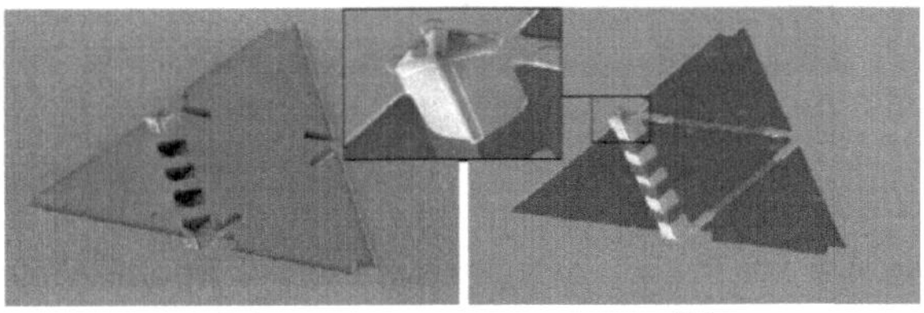

（a）　　（b）

图 4-49　沉积厚光刻胶和过度刻蚀 SiN_x 后孤立结构的 SEM 图[24]

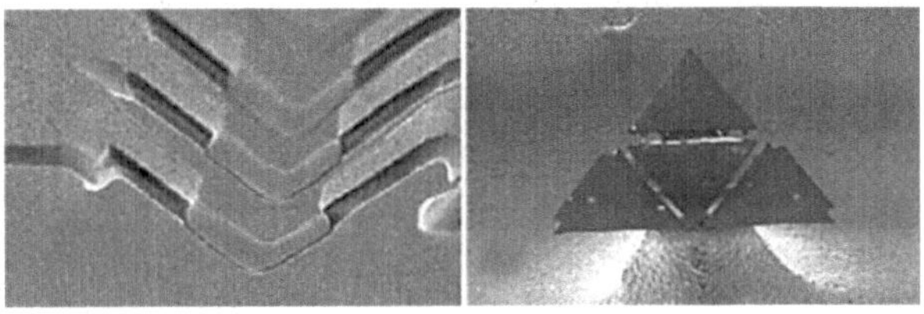

（a）　　（b）

图 4-50　铰链横截面的示意图[24]

复习思考题

4-1 简要说明湿法腐蚀与干法刻蚀用于体硅加工的优缺点。

4-2 思考图 4-34 开关制造工艺实例中选择 TiW/Au 作为黏附层/种子层的原因。

参 考 文 献

[1] Liu Z Y, Zhang W P, Cui F T, et al. Three-dimensional micromachined diamond birdbath shell resonator on silicon substrate[J]. Microsystem Technologies, 2020, 26: 1293-1299.

[2] 王阳元, 武国英, 郝一龙, 等. 硅基 MEMS 加工技术及其标准工艺研究[J]. 电子学报, 2002(11): 1577-1584.

[3] Li Y N, Chen T, Pan A, et al. Parallel fabrication of high-aspect-ratio all-silicon grooves using laser irradiation and wet etching[J]. Journal of Micromechanics and Microengineering, 2015, 25(11): 115001.

[4] Nam Y N, Lee S K, Kim J H, et al. PDMS membrane filter with nano-slit array fabricated using three-dimensional silicon mold for the concentration of particles with bacterial size range[J]. Microelectronic Engineering, 2019, 215: 111008.

[5] Sung W Y, Toshihiko N, Masaharu T, et al. Fabrication of micro mold for hot-embossing of polyimide microfluidic platform by using electron beam lithography combined with inductively coupled plasma[J]. Microelectronic Engineering, 2008, 85(5-6): 918-921.

[6] 丁景兵, 黄斌, 何凯旋, 等. 高深宽比硅台阶落差结构的精密成型[J]. 真空, 2022, 59(2): 81-84.

[7] Perrin W, Tarn W H. CRC Handbook of Metal Etchants[M]. Florida: CSC Press, 1991.

[8] 杨文. 硅基微纳器件加工技术研究[D]. 厦门: 厦门大学, 2017.

[9] 张小辉. 硅针尖上的液体浸润及其电喷射行为研究[D]. 大连: 大连理工大学, 2019.

[10] 石二磊. 硅微悬臂梁探针的制备工艺研究[D]. 大连: 大连理工大学, 2008.

[11] 朱长纯, 淮永健, 吴春瑜, 等. 氧化-削尖自对准多层金属栅的工艺研究[J]. 电子器件, 1994(3): 47-50.

[12] 高乃坤. 微悬臂梁传感器的光致振动特性及其应用研究[D]. 济南: 山东大学, 2018.

[13] 李森. 基于 MEMS 技术 ZnO 压电薄膜能量收集器研究[D]. 哈尔滨: 黑龙江大学, 2019.

[14] 周仑. 硅基深刻蚀的工艺研究[D]. 武汉: 华中科技大学, 2019.

[15] 崔铮. 微纳米加工技术及其应用[M]. 北京: 高等教育出版社, 2017.
[16] 周浩, 罗燕飞, 高周妙, 等. 深槽刻蚀工艺参数及干法清洗工艺的研究[J]. 中国集成电路, 2018, 27(5): 55-59+89.
[17] 张海华, 吕玉菲, 鲁中轩. 基于CMOS-MEMS工艺的高深宽比体硅刻蚀方法的研究[J]. 电子技术应用, 2018, 44(10): 32-36+40.
[18] Li M H, Zhao J H, You Z, et al. Design and fabrication of a low insertion loss capacitive RF MEMS switch with novel micro-structures for actuation[J]. Solid State Electronics, 2016, 127: 32-37.
[19] Chen Z, Wei J, Abhishek G, et al. Miniaturized langasite MEMS micro-cantilever beam structured resonator for high temperature gas sensing[J]. Smart Materials and Structures, 2020, 29(5): 055002.
[20] Scholvin J, Kinney J P, Bernstein J G, et al. Close-packed silicon microelectrodes for scalable spatially oversampled neural recording[J]. IEEE Transactions on Biomedical Engineering, 2015, 63(1): 120-130.
[21] Chen S Y, Wei H. 32-site microelectrode modified with Pt black for neural recording fabricated with thin-film silicon membrane[J]. Science China Information Sciences, 2014, 57(5): 052401.
[22] Pister K S J, Judy M W, Burgett S R, et al. Micro-fabricated hinges[J]. Sensors and Actuators A: Physical, 1992, 33: 249-256.
[23] Friedberger A, Muller R S. Improved surface-micromachined hinges for fold-out structures[J]. Journal of Microelectromechanical Systems, 1998, 7(3): 315-319.
[24] Honschoten J W, Legrain A, Berenschot J W, et al. Micro-assembly of three dimensional tetrahedra by capillary forces[C]. 2011 IEEE 24th International Conference on Micro Electro Mechanical Systems, Cancun, Mexico, 2011: 288-291.

第 5 章 LIGA/准 LIGA 技术

体硅微加工与表面微加工均是由微电子制造技术演变发展起来的，相关的理论基础、技术措施、设备条件都可以从半导体工艺得到借鉴，甚至直接利用。但是这些继承性的技术存在着局限性，主要表现为制造的微器件或微结构几何深宽比低、材料仅限于硅等。作为微细加工中的重要组成部分，非硅材料的微细加工技术也得到了迅速发展。本章主要对 LIGA/准 LIGA 这两种金属微加工技术进行介绍。

5.1 LIGA 技术

LIGA 技术是 20 世纪 80 年代德国 Karlsruhe 核研究中心发明的一种三维微细制造技术，它在制造高深宽比金属微结构和塑料微结构件方面具有独特的优势，可以制造具有较大深宽比、图形复杂的三维结构，尺寸精度可达亚微米级，且具有较好的垂直度、平行度和重复精度。LIGA 技术不受材料特性和结晶方向的限制，可以用于镍、铜、金等金属材料以及塑料、玻璃、陶瓷等非金属材料 MEMS 器件的制造。采用 LIGA 技术已制造出微齿轮、微过滤器、微红外滤波器、微加速度传感器、微型涡轮和光纤耦合器等多种微米尺度功能器件。

LIGA 技术的基本工艺步骤如图 5-1 所示，包括曝光、显影、电铸、去胶、注塑和脱模等环节。这些工艺步骤也可概括为光刻、微电铸和微复制三个流程。

图 5-1（a）和（b）分别是 X 射线光刻环节的曝光和显影。采用波长为 0.2～0.6nm 典型值的同步辐射 X 射线作为光刻光源，通过掩膜辐照涂覆在金属基板上的光刻胶将掩膜上的图形转移到数十至数百微米厚的光刻胶上，经显影形成光刻胶微结构。曝光光源对于微结构的深宽比非常重要，若要获得高深宽比微结构，必须要有高穿透能力。将 X 射线作为光刻光源是因为其波长短，穿透能力强。在 LIGA 中使用的 X 射线由同步加速辐射产生，可以获得 100∶1 甚至更高的深宽比。

图 5-1（c）和（d）是微电铸环节，即在显影后的光刻胶图形间隙中沉积金属，制造出具有凹凸结构的金属图形。利用光刻胶下面的金属层作为电极进行电铸，将光刻胶形成的间隙用金属填充，直到电铸的金属将光刻胶完全覆盖，并且具备一定的厚度和强度。这样就形成了与光刻胶图形互补的金属凹凸版图，然后将光刻胶及其附着的基底去除，就得到了所需的金属微结构件。这个金属微结构件可以是最终的产品，也可以作为下一步微注塑成型的模板，进行批量生产。

图 5-1（e）和（f）是微复制环节。微复制是利用电铸形成的金属件作为模具生产塑料产品的过程。通过金属模具上的小孔将树脂注入模具的腔体内，树脂硬化后，去掉模具就可得到塑料微型结构。这些塑料结构通过电铸可以再次填充金属，也可以用作陶瓷微结构生产中的一次性模型。

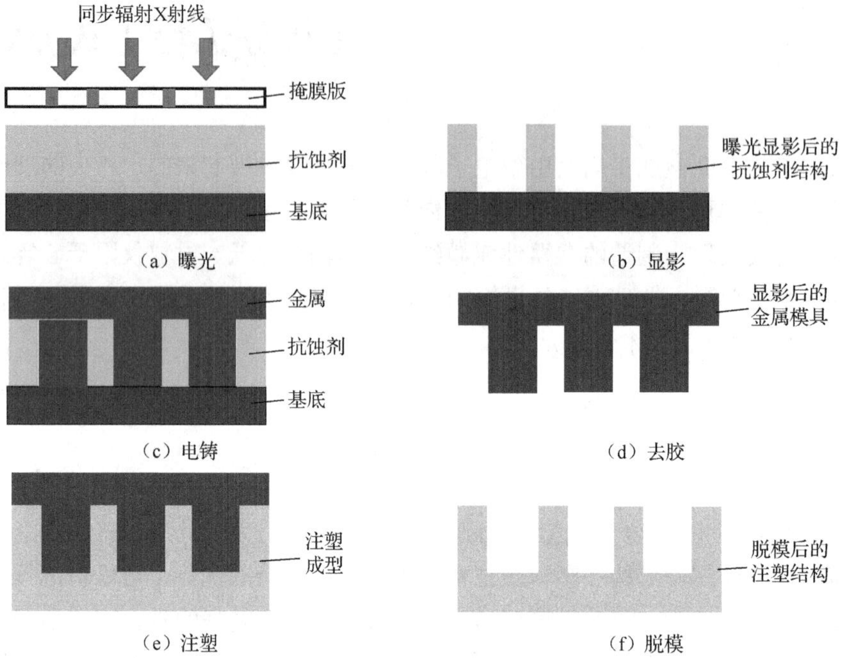

图 5-1　LIGA 技术的基本工艺步骤[1]

LIGA 技术的特点与优越性主要表现在下列四个方面：

（1）可以制造出有较大高宽比的微结构。对于宽度仅为数微米的图形，其高度可以接近 1000μm，高宽比可达数百。结构侧壁间平行度偏差在亚微米范围内。

（2）取材比较广泛。利用 LIGA 技术可以制造多种微结构器件，材料可以为镍、铜、金、镍钴合金、塑料等。

（3）可以制作复杂图形结构。这一特点是硅微细加工技术所不具备的，因为硅微加工采用各向异性刻蚀，硅晶体沿晶轴各方向的溶解速度不同，从而在硅晶体中生成的结构不可能是任意设计的。用 LIGA 技术制作微结构，其二维平面内的几何形状可以根据设计者的意图进行灵活设计，微结构的形状只取决于所设计的掩膜图形。

（4）器件可进行大规模生产。可利用微注塑技术进行微器件的工业化大批量生产，从而降低成本。

5.2　同步辐射 X 射线光刻

LIGA 技术的核心是深度同步辐射 X 射线光刻，只有它刻蚀出比较理想的抗蚀剂图形，才能保证后续工艺步骤的产品质量，得到较为理想的具有较大高宽比的三维立体微细结构。深度同步辐射 X 射线光刻的方法与普通 X 射线光刻基本相同，但光刻胶的厚度要大得多（达数百微米），其技术难度相应也大得多。

5.2.1　同步辐射 X 射线光源

在 LIGA 技术中，光刻是基于同步辐射光源的，同步辐射光源又称同步加速器轨道辐射光源（synchrotron orbital radiation，SOR）。它除具备普通 X 射线所具有的波长短、分辨率高、穿透力强等优点外，还具备普通 X 射线所不具备的特点：

（1）同步加速器使 X 射线具有很高的能量，发散角小。X 射线能量高，则刻蚀的深度深；发散角小，则刻蚀的线宽分辨率高，能制造出更小、更复杂的结构及系统。

（2）具有高度的准直性。同步辐射光源发出的 X 射线辐照光几乎是完全平行的，可以进行大焦深的曝光，减小几何畸变影响。

（3）辐射强度高。同步辐射 X 射线光源具有很高的辐射功率密度，可以利用灵敏度较低但稳定性较好的光刻胶来实现单层胶工艺。

同步辐射光源的特点使其适合应用于光刻领域。光刻技术作为工业化手段，被用来制作大规模微电子电路，这些电路的特征线宽在亚微米量级。同步辐射光源通过电子冲击和等离子源激发来产生 X 射线，它们放射大量可使用的高准直的 X 射线，因此具有更短的曝光时间和更高的产量。在 IC 制造中，X 射线光刻技术也存在一定的缺点，其优缺点如表 5-1 所示。

表 5-1　用于 IC 制造同步辐射 X 射线光刻的优缺点

优点	缺点
光刻对光刻胶厚度、曝光时间、显影时间不敏感； 没有背面散射，导致对基片的类型、反射率和形貌、图形的几何方式、接近方式、灰尘和污染不敏感； 高分辨率<0.2μm； 高产出率	光刻对光刻胶不敏感（不太重要，因为光源很强）； X 射线掩膜版制造困难，起步投资昂贵； 还没证明已成体系； 涉及二氧化硅的辐射效应

在 LIGA 技术中，同步辐射仅用于光刻，而 SOR 的同步辐射还用于其他的 MEMS 工艺。例如，Urisu 和他的同事探索使用同步辐射来激励化学气相淀积和刻蚀[2]。目前适合 X 射线光刻技术的 IC 生产线并不完善，因而很难评估 X 射线光刻技术是否具备类似 IC 领域廉价的大规模的生产价值。

5.2.2　掩膜结构和材料

LIGA 技术的第一步就是同步辐射深度光刻，需要有 X 光掩膜才能进行。与用于微电子制造的光学光刻中所用的掩膜不同，LIGA 技术的掩膜要求有相当高的吸收特性和较薄的载体金属薄片，以便对 X 射线进行强烈的吸收，有效阻挡 X 射线通过，因此需要不同于光学光刻的掩膜制造工艺。用于 LIGA 技术的掩膜主要由吸收体和掩膜衬基构成，如图 5-2 所示。吸收体的结构用来屏蔽光刻胶的特定部分，使其免受同步加速器辐射，实现所设计图形的转移。掩膜衬基的作用是为吸收体提供必需的机械强度支撑，应对可见光具有良好的透过率以便于光学对准，同时还要具有良好的化学稳定性。

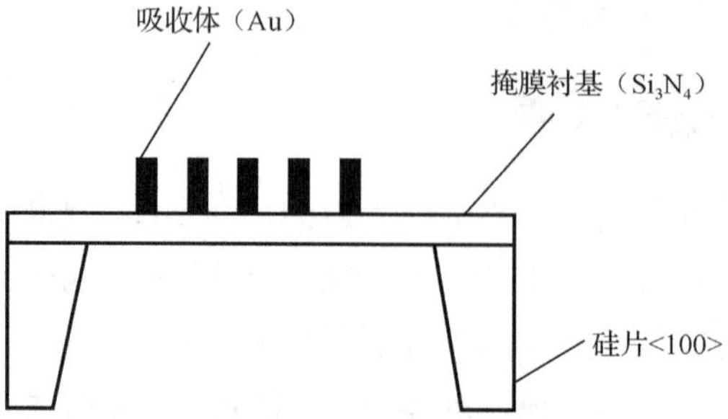

图 5-2　X 射线掩膜示意图[3]

X 射线掩膜材料的选择是 X 射线光刻技术的重要内容。吸收体材料须对同步辐射 X 光有较强吸收能力，即高的 X 射线吸收率，因此吸收体应由原子序数较大的元素制成。Au、Ta 和 W 等都是制作掩膜吸收体的良好材料。利用 LIGA 技术进行超微细加工时，曝光剂量大，为得到高质量的大高宽比图形，掩膜图形透光和不透光区域应有较大的反差，须采用较厚的吸收体。考虑到各种因素，如对同步辐射 X 射线的吸收、应力控制和电铸时图形的形成等，目前最常用的吸收体材料是金（Au）。表 5-2 列举了常见的金、钨、钽、合金等吸收体材料的不同特点。

表 5-2　X 射线掩膜版的吸收体材料比较

材料	特点
金	不具有最好的稳定性（颗粒生长），低应力，仅能电镀，缺陷可修复，热膨胀系数为 $14.2\times10^{-6}℃^{-1}$，获得 10dB 需要 0.7μm 厚
钨	耐高温，稳定，需应力控制，干法刻蚀，可修复，热膨胀系数为 $4.5\times10^{-6}℃^{-1}$，获得 10dB 需要 0.8μm 厚
钽	耐高温，稳定，需注意应力控制，干法刻蚀，可修复
合金	应力控制容易，获得 10dB 需要较大厚度

掩膜衬基材料的选择需要综合考虑材料的抗辐射性、强度、可见光透过率及薄膜应力等诸多因素。在 X 射线光刻所使用的波段内，光子能量较高，有很强的穿透力。由于辐照强度较大，曝光时间长，作为吸收体的支撑膜，掩膜衬基材料应比较厚、不变形，力学和理化性能稳定。为使掩膜反差大，掩膜衬基材料对 X 射线吸收系数应较小，有良好的透过率，所以掩膜衬基一般使用原子序数较小的元素制成。另外，掩膜衬基还必须对可见光有良好的透明度以便于光学对准。Si_3N_4 薄膜具有良好的透光性能和表面平整度，是国内外广泛采用的主要支撑薄膜材料。SiC 薄膜在耐辐射性和机械强度方面表现出比 Si_3N_4 膜更为优越的性能，但是它的表面平整度往往不太好，需要高质量的抛光技术，另外它对可见光的透光率并不高，不利于光刻对准。表 5-3 列举了常见掩膜衬基的不同特点。

表 5-3　X 射线掩膜版的掩膜衬基材料比较

材料	X 射线透明度	无毒性	尺寸稳定性	评价
硅	0（5μm 厚 50%的透过率）	++	0（热膨胀系数为 $2.6\times10^{-6}℃^{-1}$）弹性模量为 1.3	单晶硅，开发很成熟，结实，材料较脆
SiN_x	0(2.3μm 厚的 50%的透过率)	++	0（热膨胀系数为 $2.7\times10^{-6}℃^{-1}$）弹性模量为 3.36	多晶，开发很成熟，结实，抗碎
SiC	-	++	0（热膨胀系数为 $2.6\times10^{-6}℃^{-1}$）弹性模量为 3.8	多（聚），多晶，结实，较抗碎
钻石	++	++	++(热膨胀系数为 $1.0\times10^{-6}℃^{-1}$)弹性模量为 11.2	多聚，高硬度
BN	-	++	0（热膨胀系数为 $1.0\times10^{-6}℃^{-1}$）弹性模量为 1.8	不硬，即不适合 LIGA
铍	++	-	++	特别适合 LIGA，即使 100μm 厚薄膜，透过率也很好，典型应用于 30μm 厚薄膜，很难电镀，有毒
钛	-	++	0	适合 LIGA，透过率不太好，典型应用于 2～3μm 厚薄膜

注：-表示差，0 表示中，++表示良

5.2.3　同步辐射 X 射线掩膜制备

LIGA 技术中采用同步辐射 X 射线进行刻蚀，其掩膜吸收体要求比较厚，一般在 10～20μm，而且图形边缘与掩膜衬基的垂直度要高，通常达到这种要求的掩膜需分两步制备。第一步为中间掩膜的加工，可用电子束进行光刻和电铸制成一块图形吸收体为 2～5μm 厚的 X 射线掩膜，即中间掩膜；也可用可见光光刻加干法刻蚀替代电子束光刻和电铸，但精度稍低。第二步以中间掩膜为模板，使用同步辐射 X 射线进行光刻，制成吸收体厚度 10～20μm 的 LIGA 工艺掩膜。

掩膜的制备是从覆盖有薄膜材料（氮化硅、碳化硅）的硅片开始。有两种方法可以刻画掩膜上吸收体（钨、钛、金等）的图形。一种方法是将一层金属淀积在覆盖着薄膜的硅片背面，然后再利用减成法（干法或者湿法刻蚀）绘制图形。另一种方法则利用很厚的光刻胶和加成法，比如用电镀法淀积很厚的金属吸收层（如金等）以满足高 Z（高原子序数）材料要求，从而得到较好的曝光对比度。有很多方法可以达到上述目的，其中一种方法是在 X 射线光刻胶的一个较薄涂层上利用 X 射线光刻的方法来形成最终掩膜的一个电镀模具，当然也可以采用正常厚度的光刻胶电镀模具技术。吸收体图案层的厚度可以在几微米到 50μm 之间变化，取决于需要曝光的光刻胶厚度和 X 射线能量。吸收体图案层制备完成后，掩膜衬基薄膜通过背面刻蚀硅片的方法制得。

5.2.4　光刻胶和胶层制备

用于 X 射线光刻的理想光刻胶应满足如下要求：①对 X 射线具有高敏感性，可获得高分辨率图形；②能够抗干法或湿法刻蚀，在高于 140℃温度下具有较高稳定性；③与基片有很好的结合力且与电铸工艺兼容；④内部应力小且易于消除。可用于同步辐射 X 射线光刻的光刻胶有多种，正胶主要包括 PMMA、聚丙交酯（polylactide，PLA）等，负胶主要有聚氯甲基苯乙烯（poly-cholromethystyrene，PCMS）、氯甲基苯乙烯（chloromethyl styrene，CMS）、亚胺基苯并三唑酮甲基丙烯酸酯（substituted imide naphthoquinone methacrylate，SEL-NAx）。较为常用的光刻胶是 PMMA 正胶，其极限分辨率可达 5nm。

要得到较大高宽比的图形，光刻胶必须具有一定厚度（通常为数百微米，有时达 1000μm）。一般的甩胶工艺甩出的光刻胶厚度都小于 50μm，很难获得所需的厚光刻胶层。可采用模压工艺制备厚胶层：①将 PMMA 胶预先溶解，制成具有良好流动性的液态预聚体，再添加适量固化剂、交联剂、增敏剂，注入特制的基片表面；②在硅片两侧设置垫高块，然后将压板（可以用玻璃片）压在垫高块上，以避免空气中的氧对聚合反应的抑制作用，垫高块的高度即为胶厚；③待胶固化后，采用铣削将 PMMA 胶层加工至所需厚度，再放入烘箱中进行干燥处理。

低敏感性和龟裂是 PMMA 光刻胶使用时存在的主要问题。在临界波长为 8.34Å 时，其灵敏度约是 $2J/cm^2$。例如，在临界波长为 5Å、平均环形电流为 40mA、功率为 2MW 的德国 ELSA 光源上加工 500μm 的厚光刻胶，至少需要曝光 90min[4]。由高分子材料和金属化基片共同作用产生的内应力可导致显影时微结构的龟裂，这是 PMMA 光刻胶常见的现象。目前已开发出了几种更加敏感且龟裂比 PMMA 光刻胶小的 X 射线光刻胶，如聚乳酸-乙醇酸（polylactic acid-glycolic acid，PLGA）、聚甲醛（polyformaldehyde，POM）等。PLGA 是一种新的正胶，对 X 射线的灵敏度比 PMMA 高 2～3 倍，工艺也较容易，是非常有前途的 LIGA 光刻胶。POM 是很好的机械材料，生物兼容性较好，有望用于医疗领域。

5.2.5 化学显影处理

化学显影是同步辐射 X 射线光刻中的关键步骤。在受到 X 射线照射的光刻胶中，聚合物分子长键断裂，性质发生变化。对光照后的光刻胶进行显影处理，溶解掉相应部分，得到一个与掩膜图形结构相同、厚度为几百微米的三维立体光刻胶结构，作为后续微电铸工艺——铸模的基础。

显影液必须满足不侵蚀未被照射区、不引起光刻胶膨胀等条件，否则将造成结构变形或边缘变钝。适用于 PMMA 光刻的显影液一般是由乙二醇单丁基醚、单乙醇胺、四氢-1、4-噁嗪和水配制成的溶液。

显影之后，基底需要用去离子水反复漂洗，然后在真空腔中干燥或者用旋转方法甩干。这一步中，PMMA 结构会被释放，形成最终的结构或者被用作下一步金属淀积的模具。

5.2.6 同步辐射 X 射线光刻工艺应用

光刻技术是集成电路制作过程中完成图形转移的关键工艺。首先将光刻胶涂覆在半导体、导体和绝缘体上，经曝光显影后留下的部分对底层起保护作用，经刻蚀（湿法或干法）后将掩膜版图形转移到底层上。随着 IC 特征尺寸向亚微米、深亚微米方向快速发展，光刻机和光刻胶也随之向前发展。光刻机的曝光波长变化趋势为紫外宽谱→G 线（436nm）→I 线（365nm）→248nm→193nm→极紫外光（EUV）→X 射线，甚至采用非光学光刻（电子束光、离子束曝光）。在平板显示器制造中，平板显示器电路的制作、等离子显示器（plasma display panel，PDP）障壁的制作、液晶显示器（liquid crystal display，LCD）彩色滤光片的制作均需采用光刻技术，使用不同类型的光刻胶。

光刻技术还被广泛应用于其他领域，例如液体火箭发动机层板喷注器上金属板片型孔的双面精密加工，以及液体推进剂预包装贮箱上的膜片阀金属片刻痕，都是采用光刻技术完成的。光刻技术还用于在金刚石台面上制备金属薄膜电极以及在偏聚二氟乙烯（polyvinylidene difluoride，PVDF）压电薄膜上制备特定尺寸和形状的金电极，此外光刻技术还被广泛应用于制作各种光栅、光子晶体等微纳光学元件。早在 20 世纪 80 年代中期，III-V 族化合物光电子器件的制备就用到了激光全息光刻技术，研究最多的是用全息光刻直接形成分布反馈半导体激光器的光栅结构。

5.3　LIGA 技术中的微电铸工艺

微电铸工艺是 LIGA 技术中的重要一环。通过在显影后的光刻胶膜上进行微电铸，可获得含有高深宽比微结构的金属器件。微电铸的基本原理是在电压作用下，阳极的金属失去电子，成为金属离子并进入电铸液，金属离子在阴极获得电子，析出并沉积在阴极上，形成金属结构（图 5-3）。当阴极的表面有一层三维光刻胶图形结构时，金属会沉积到光刻胶所形成的三维立体结构的空隙中，直至光刻胶层完全被金属覆盖为止，去除光刻胶后即可得到一个与光刻胶三维图形互补的金属微结构。该金属微结构体可以是最终产品，也可以作为微复制成型的模具，用于聚合物微结构器件的批量化制造。

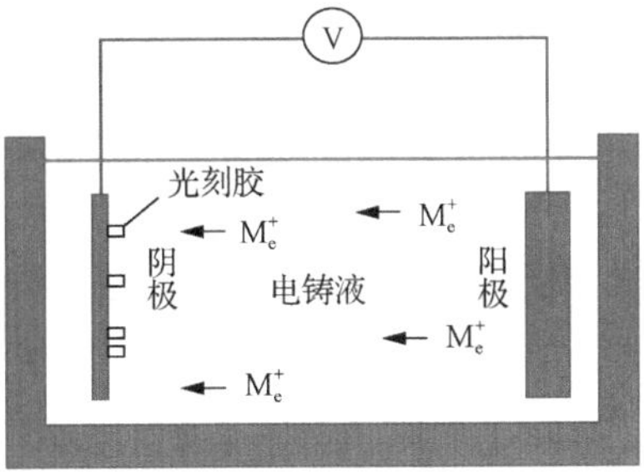

图 5-3　电铸工艺原理图[3]

LIGA 技术的微电铸工艺与常规电铸工艺有所不同。深度 X 射线光刻的光刻胶图形具有很大的高宽比，而横向结构尺寸很小，在这种高、深、窄的结构中进行微电铸时，由于液体表面张力作用，电铸液很难进入微结构中，不易形成溶液的对流条件，金属离子补充困难，沉积层的均匀性、致密性都难以保证。解决该问题的主要方法包括：①在电铸液中添加表面抗张剂，减小溶液表面张力；②采用脉冲电流，提高电解液的分散能力，从而提高深铸能力；③采用超声波扰动溶液，增加金属离子的对流速度，提高沉积层的均匀性和致密性。

可用于微电铸的金属材料种类较为有限。LIGA 技术中微电铸材料可以是镍、铜、金、铁镍合金等。最常用的是镍（Ni），表 5-4 给出了镍电铸液的主要成分和条件。镍的电铸工艺已很成熟，过程易控制。镍的性能稳定，具有较好的力学性能（如弹性模量、屈服强度、硬度和抗拉强度等），且呈现出较好的耐腐蚀性能，非常适合用于微模具的制作。镍材料的电铸液一般采用氨基磺酸镍溶液，该电铸液反应和沉积速度快，可获得高硬度、低内应力镍基微结构层。除了镍外，金（Au）也常用于微电铸。在前述的掩膜制造中，金常作为吸收体的材料，其图形也依靠微电铸来产生。此外，有些传感器和执行器需要以电磁力为微结构的驱动力，故常采用具有磁性的铁镍合金作为电铸材料。微电铸合金材料是一个重要发展方向。合金材料的许多优良性能或特殊性能将拓宽微电铸的应用范围。目前已有应用的电铸合金主要包括 FeNi、NiP、FeCo、CoNiP 等，其中 FeNi 合金作为软磁材料在微电机、微执行器等结构电铸中有较广泛的应用。

表 5-4　镍电铸液的主要成分和条件

参数	数值
镍金属（磺酸盐）	76～90g/L
硼酸	40g/L
湿润剂	2～3mL/L
电流密度	1～10A/dm^2
温度	50～62℃
pH	3.5～4.0
阳极	去极性硫酸液

5.3.1　微电铸工艺流程

微电铸的工艺流程一般包括 X 射线曝光、显影、电铸和去胶四个步骤（图 5-4）。涂覆光刻胶的基板在 X 射线曝光和显影后得到了具有微结构的光刻胶。将光刻胶微结构放在阴极，将金属块放在阳极，加上电压后，阳极金属失去电子成为正离子进入溶液，正离子在阴极获得电子，沉积到光刻胶空隙中，直至空隙被完全填充。去除光刻胶和基片后，就可获得与光刻胶微结构互补的金属微结构或金属微结构模具。

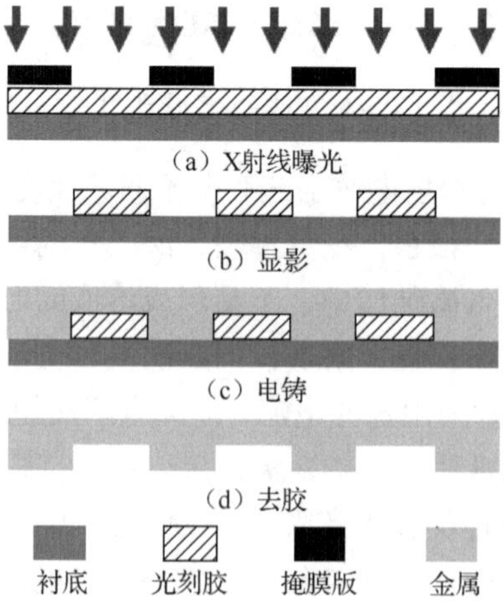

图 5-4　微电铸的工艺流程

对于高深宽比的微结构，需采用抽真空、脉冲电流、兆声等方法，使得电铸液和金属离子能进入光刻胶深孔中。图 5-5 是采用微电铸工艺获得的高深宽比金属镍微结构 SEM 图，其线宽为 50μm、高度为 450μm。图 5-5（a）为采用常规的微电铸获得的具有缺陷的微结构，图 5-5（b）为通过改进微电铸工艺条件获得的满意的高深宽比金属微结构。

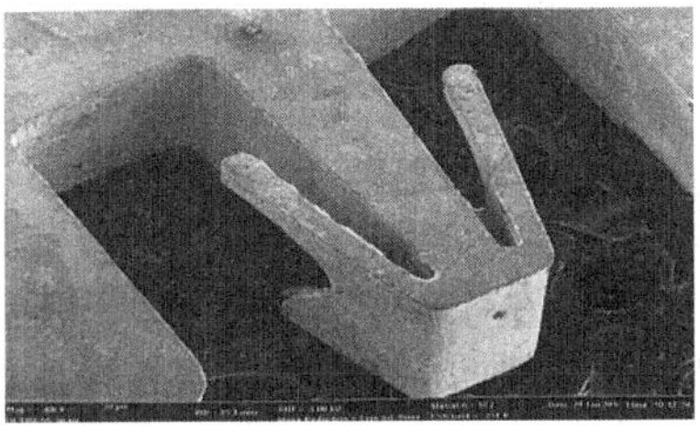

（a）采用常规微电铸获得的微结构

（b）改进微电铸工艺条件获得的微结构

图 5-5　采用微电铸工艺获得的高深宽比金属镍微结构 SEM 图[5]

微电铸更多的研究工作集中在使用实证方法对选定的铸液体系进行铸液组成工作参数和微电铸结果的比较分析，最终确定优化的工作条件，形成指导性的工艺规范。表 5-5 对一些已经形成共识的部分作了简单总结。

表 5-5　微电铸技术要素总结

名称	总结
铸液体系	氨基磺酸盐体系或硫酸盐体系，主盐浓度一般取该类电铸液的上限，包含一定量的氯化物作为阳极活化剂，尽量少用添加剂
控制目标	铸层均匀性和内应力是最重要的控制目标
阴极电流密度	电流密度过低，阴极极化作用小，铸层的结晶晶粒较粗，铸速慢，工作效率低；电流密度过高，虽然铸速快，但会使阴极附近严重缺乏金属离子，易形成疏松铸层。应以深宽比最大的深孔或细缝为参考选择电流密度，深宽比越大，允许的电流密度越小
溶液温度	升高溶液温度能够显著提高传质速度、改善电沉积的分散能力。但过高温度会对阴极极化产生一定抑制，当温度超过 60℃时，氨基磺酸盐铸液和硫酸盐铸液的稳定性均会变差
溶液搅拌	一般的搅拌对深孔和细缝的对流传质影响不大，但是适度偏强的搅拌可以促进阴极析气的脱离，改善工件宏观均匀性。单一方向的流动搅拌容易造成结构严重不对称，超声搅拌效果较好，但是长时间超声容易造成掩膜脱落。采用旋转电极产生强对流的搅拌方式已经被部分微电铸设备采用，可提高搅拌的效果
铸液电导率	提高电导率可以显著提高分散能力和覆盖能力，从而提高铸层在阴极表面分布的均匀性
pH 值	pH 值高的铸液虽有好的覆盖能力，但易因氢氧化物夹杂而导致铸层内应力升高、晶粒变粗；pH 值低的铸液有利于阳极溶解，但析氢多，铸层容易产生针孔。pH 值一般在 4～5 为宜
添加剂	在硫酸盐铸液体系中，常常使用糖精之类磺酸盐，作为消除应力的添加剂；氨基磺酸盐铸液不需要添加，否则容易产生压应力，比较难以控制
阳极	含有氯化物的铸液可采用纯镍阳极；适当的屏蔽或者仿形有助于改善电沉积的宏观均匀性；使用阳极袋可以减少颗粒杂质的影响
铸液循环	循环过滤是保证铸液稳定工作的关键手段之一，采用孔径为 2～5μm 的滤芯即可满足净化要求，循环也可以起到搅拌的作用
电源	通常使用直流电源，也可以采用脉冲电流。脉冲电流能够减小晶粒尺度，提高铸层均匀性，减小内应力

5.3.2 微电铸中常见的工艺问题及解决方法

1. 铸层分层

铸层分层是微电铸常见的工艺问题。微电铸技术基于电化学原理，在电铸槽的阴极发生还原反应，获得金属微结构。在电铸过程中，电沉积会导致铸层内应力的产生。内应力分为拉应力和压应力，其中拉应力是由于铸层材料收缩引起的，而压应力是由于铸层材料压缩引起的。本书研究的电铸环境产生的应力为压应力。当压应力较大时，若铸层与基底结合力不足，电铸结构就易发生鼓起分层，分层会导致后续研磨处理时微结构脱离基底。以电铸制作镍基惯性微开关为例，为了保证电铸后微结构可以从金属基底上被顺利释放，一般采用不锈钢作为电铸基底。由于镍铸层和不锈钢基底之间的结合力不高，在未采取减小内应力措施的情况下，铸层在内应力的作用下容易与基底分离，导致电铸失败。此外，与小尺寸的铸层相比，面积越大，铸层与基底之间的结合力越差，铸层越容易与基底发生分离。为了减弱制作过程中金属微结构在压应力作用下鼓起而分层的现象，提高制作的成功率，在金属微结构制作过程中需要降低铸层的分层程度。现有去除沉积层内应力的主要方法如下：

1）使用脉冲电流

直流条件下，在无添加剂的氨基磺酸镍铸液中，铸层内应力随着电流密度的增大而呈线性增长。在脉冲电流条件下，通过优化如脉冲宽度、脉冲间隔、峰值电流密度等参数，可以减小甚至完全消除内应力[6]。此外，在脉冲电流的基础上施加反向脉冲电流也可减小铸层内应力[7]。

2）调整铸液成分

铸层的内应力随铸液中主盐浓度尤其是氯离子浓度的增加而逐渐变大。例如，在以氯化物、瓦特型、氨基磺酸为主盐的三种不同的铸液中，在第三种情况下获得的铸层内应力最小[8]。同时也有一些针对硫酸盐铸液的研究发现，在不加入添加剂的时候，铸层中的内应力主要受铸液中氯离子浓度的影响[9]。

3）减小铸液 pH 值

铸液的 pH 值对电沉积过程中的一些化学反应过程具有显著影响，进而会对铸层内应力的产生和演化过程产生影响。在过高的 pH 条件下，阴极区容易产生氢氧化物沉淀并且夹杂到铸层当中，进而改变了铸层内部的微观结构，导致铸层内应力变化。通常认为，采用 pH 值较低的溶液进行电铸易获得内应力较低的铸层。例如，使用氨基磺酸镍铸液进行电铸时，当 pH 值小于 5 时，随着 pH 值的升高，铸层内应力会逐渐减小；当 pH 值高于 5 时，随着 pH 值的升高，铸液内部易生成氢氧化镍沉淀，破坏沉积结构，导致铸层内应力升高[8]。

4）使用添加剂

采用不同的添加剂并调节其含量可以有效地减小铸层内应力。例如，在氨基磺酸镍铸液中加入一定剂量的镍-碘添加剂可以获得内应力极低的铸层。通过同时采用两种作用相反的添加剂并寻找其合适的浓度配比，可以达到平衡铸层内应力的目的。例如，有研究人员测量了在氨基磺酸镍液中添加氯化物、溴化物和碘化物对于铸层内应力变化的影响，发现在浓度为 0.1～0.5mol/dm^3 的范围内，随着氯化物、溴化物添加剂浓度的升高，铸层内应力呈现先降低后升高的趋势[10]。而铸液中随着碘化物浓度的增大，内应力会迅速升高[11]。也有学者研究了添加剂对镍铸层内应力的影响并使用基片弯曲法和 X 射线衍射仪对内应力进行测量，发现糖精钠以及对甲苯磺酰胺的存在会导致铸层内应力降低，并且由拉应力转变为压应力[12]。

5）选取合适的铸液温度

温度对内应力的影响主要是通过影响铸液中氯离子浓度和电流密度的大小实现的。在温度较低的铸液中，电铸会导致阴极电流密度范围缩小，电流效率降低，从而电铸层内应力上升。这种情况会随着温度的升高而得到改善。因此，通过调节电铸温度，也可获得低应力的电铸层。对于常用的有添加剂的氨基磺酸镍铸液，温度一般控制在 45～55℃。

6）使用超声搅拌

铸层的内应力还可以通过对电铸液进行超声搅拌来降低，其实验装置如图 5-6 所示。超声波的特点是声压幅很大，因此当超声波通过液体介质时，特别是当液体中含有杂质或溶解气体的时候，液体超声波的稀疏区会被拉断而出现微小的孔腔，即在液体中生成充满气体的气泡，这种现象就是超声空化。超声空化会在电铸槽内产生微射流作用，减小电铸液中的浓差极化，降低扩散层厚度，增强传质效果，使得发生还原反应的镍离子被及时补充，减弱阴极表面的氢气析出反应和添加剂附着，减少铸层内部膨胀，达到降低铸层内应力的目的。例如，有学者在十二烷基硫酸钠的添加剂环境中施加超声，采用 X 射线衍射仪测量镍铸层的内应力，发现超声可以改变镍铸层的晶面择优取向并使得铸层内应力平均降低了 73.4MPa[13]。

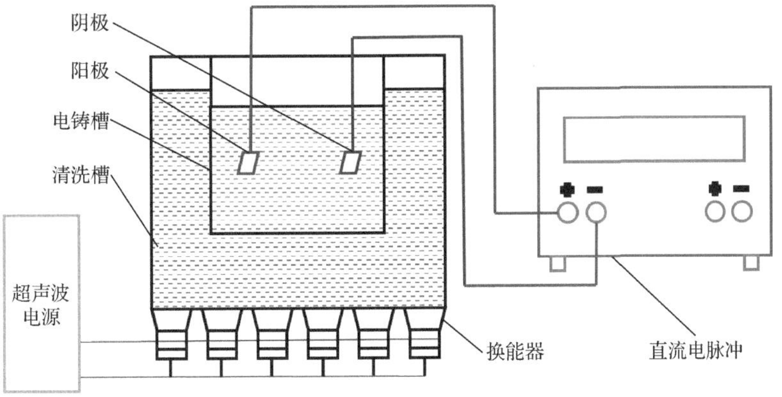

图 5-6 超声微电铸实验装置[14]

7）增加振动时效

振动时效也常用于减小或者去除铸层内应力。振动时效（vibratory stress relief，VSR）是指通过对工件施加一定频率和强度的机械振动，当外部施加的作用力与工件内残余应力相叠加达到材料的屈服极限时存在应力集中的位置将会发生微观塑性变形，从而降低此处的残余应力峰值，达到应力均化的目的。根据振动频率的大小，振动时效分为低频振动时效和高频振动时效。目前，低频振动时效多用于传统大型机械零件加工，高频振动时效则常用于小型工件处理。有学者利用超声时效装置对电铸镍样品进行处理，利用 X 射线衍射法测得当超声频率为 20kHz、超声时间为 50min 时，超声时效的效果最为明显，残余应力均值由−208.97MPa 减小到−108.97MPa[15]。

2. 铸层厚度不均匀

铸层均匀性是重要的电铸质量衡量指标。铸层不均匀会制约微器件性能的提升，影响器件的应用。铸层生长与电流分布、微电铸型模结构以及基板表面质量等多种因素有关。在微电铸技术中，导致电铸层生长不均匀的因素主要有以下几点：

1）电流边缘效应

电铸时，电力线容易在零件的尖角、边缘上集中，电场强度显著增大，这种现象被称为电流边缘效应。在微电铸中，即使是形状最简单的平板零件，由于边缘效应的存在，铸液中电力线也更易集中于电铸图形的边缘区域，该区域电流密度相对较大，铸层厚度大于平均厚度；而在电铸图形的中央区域，电力线比较稀，电流密度较小，铸层厚度小于平均厚度，如图 5-7 所示。

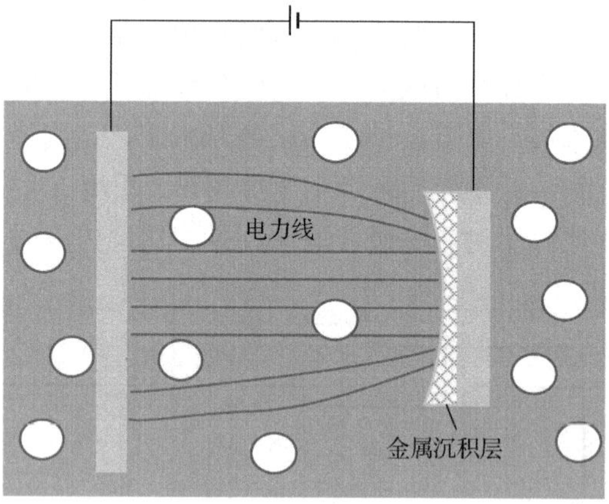

图 5-7　电力线分布不均匀

2）铸模深宽比

铸模深宽比是导致电铸层生长不均匀的重要因素。在微电铸技术中，微型铸模都是具有一定深宽比的胶膜微结构，因此光刻胶微结构深宽比对铸层均匀性影响较大。若深宽比较小，电流在沉积区域的再分布并不充分，即次级电流分布作用稍弱，靠近光刻胶掩膜边缘的电流密度将显著高于中心部位，形成边缘高而中间低的马鞍形厚度分布，其电力线及厚度分布图如图 5-8 所示。

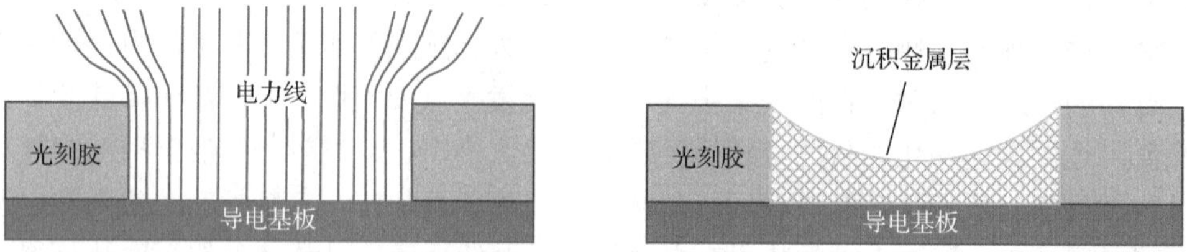

图 5-8　低深宽比胶膜的电力线以及厚度分布图

若深宽比较大，电流将在传质阻力的作用下实现充分再分布，产生中间电流密度较大、边缘电流密度小的情况，形成中间高而边缘低的山头形厚度分布，如图 5-9 所示。

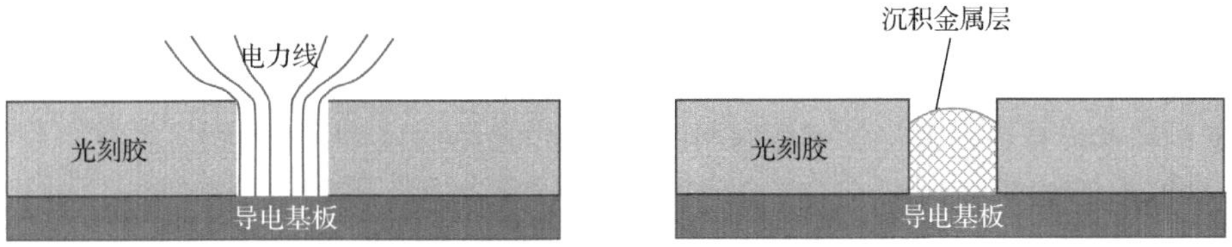

图 5-9　高深宽比胶膜的电力线以及厚度分布图

3）基底表面质量和性质

由于微电铸技术对型模有很高的复制作用，微电铸基底的表面质量和性质对微电铸的铸层均匀性也有一定的影响。基底表面的杂质和较低的表面质量使电铸层与金属基底不能紧密结合，影响电流分布和铸层均匀性。

可以从三个方面改进微电铸过程中出现的铸层不均匀现象，具体如下：

（1）优化电铸液的组成成分。优化电铸液主要成分和配比可以改善电铸液在铸层表面的润湿性，提高电铸液在微型沟道内部的微观分散能力，从而使金属离子补充更及时、沉积更均匀。优化方法主要包括在电铸液中添加整平剂、润湿剂和提高导电盐的浓度等。

（2）采用不同的电流波形。电流波形对于电铸液浓度分布具有显著影响，而浓度分布直接影响各区域沉积的均匀性。常用电流波形主要有各种形式的正脉冲波形、换向脉冲波形等，如图 5-10 所示。脉冲电流存在间歇时间，容易使微型腔内各部位的电铸液浓度达到一致。另外，脉冲电流参数易于控制、便于操作，是改善铸层质量普遍采用的一种工艺改善措施。

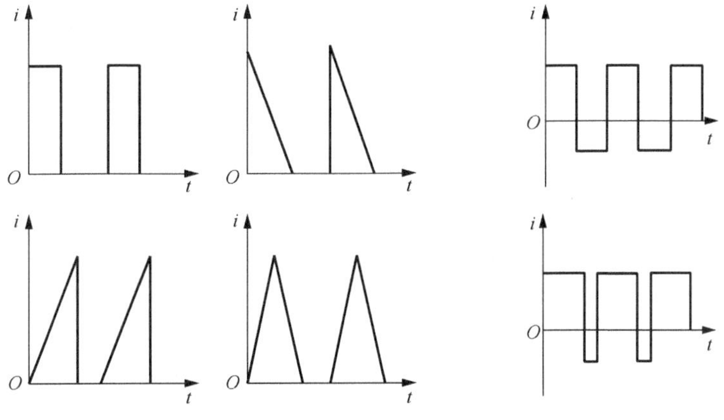

（a）四种正脉冲电流波形　　（b）两种换向脉冲电流波形

图 5-10　常用的脉冲电流波形示意图

（3）在微电铸体系中增加辅助装置。采用与微电铸结构类似的环状辅助阴极可以改善阴极表面的电流分布情况，改善体系的工作环境，使之有利于铸层的均匀生长，从而提高铸层的均匀性，使得边缘与中间部分的高度比降低。另外，在微电铸体系中引入磁场，也可以改变扩散层的厚度，从而提高镍铸层的表面质量。

3. 铸层与基底界面结合强度不足

采用微电铸工艺制作的金属微器件应用越来越广泛。然而，在器件制作过程中，经常会出现铸层与基底间界面结合力不足的问题，导致铸层与基底易脱离，影响器件性能。这种问题在电铸线宽小且具有较大深宽比的微结构时尤为突出。提高金属铸层与基底界面结合力的方法主要包括基板预处理、优化电铸参数、超声辅助电铸和电铸后处理等。

1）基板预处理

对基板的预处理主要包括基底的抛光清洁、化学改性和增加种子层等方法。

基底的研磨抛光和清洗是最为普遍的处理方法。在电铸前使用有机溶剂和无机溶剂先后对基底进行清洗，可以将残留在基底表面上的油污处理干净，使其裸露出新鲜的金属表面。这有助于电铸过程中铸层与基底的紧密嵌合，使结合界面更加牢固。

对金属表面进行化学改性也是一种去除基底氧化层，提高铸层与基底界面结合性能的有效方法。在电铸前通过腐蚀性溶液对基底进行化学腐蚀可以有效去除基底表面的氧化层。例如，利用浓度为20%的硝酸溶液对金属基底进行预处理，能提高微金属模具的制作成功率；采用浓度为1：200的NH_4OH溶液对基底进行预处理，能通过改善铸层的表面形貌提高铸层与基底的结合性能，使铸层与基底结合更紧密。另外，电化学腐蚀也能有效去除基底表面的氧化层，改善铸层与基底的结合性能。例如，利用反向脉冲电流对镍基底进行电化学腐蚀处理，可有效去除基底表面的氧化层，能够提高铸层与基底的界面结合性能。对金属表面进行化学腐蚀和电化学腐蚀的处理效果如图5-11所示，通过盐酸酸洗处理的样品受到冲击时断裂发生在界面处，通过反向脉冲电流刻蚀处理的样品受到冲击时断裂发生在铸层内部。

通过在铸层与基底之间增加种子层也可提高铸层与基底的结合性能。例如，在进行TiN电铸前，通常会在基底预先沉积一层钛作为种子层。种子层不仅能够与基底反应形成化学键，还能够减小铸层与基底间的层间应力，通过两方面的综合作用提高界面结合力。

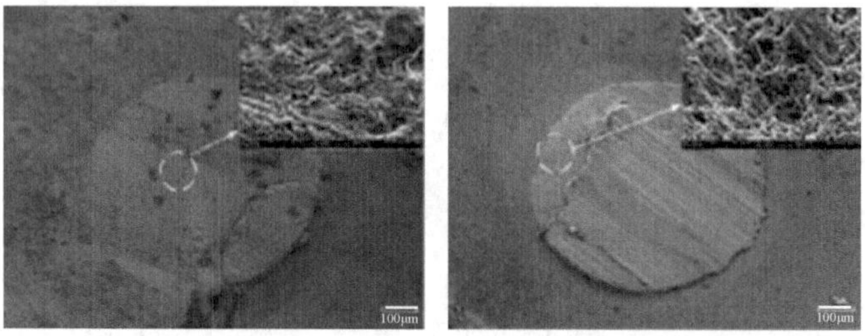

（a）化学腐蚀（盐酸处理）　（b）电化学腐蚀（反向脉冲电流）

图5-11　不同处理方法下铸层的断裂形貌

2）优化电铸参数

选择合适的电铸参数，例如电铸温度和电铸液pH值，能在保证电铸效率的同时提高铸层与基底结合力。

合适的电铸温度能够提高铸层与基底界面的结合强度。电铸过程中，电铸液温度过低会降低铸液中金属离子的扩散速度，造成不同区域铸液浓度不均，使铸层与基底结合强度不均，造成整体结合力下降。在适当范围内提高电铸温度可以加快金属离子在铸液中的扩散速度，使铸层的结晶更加规则，减小铸层内应力，从而提高铸层与基底的界面结合性能。

电铸液 pH 值也能影响铸层与基底界面的结合强度。电铸液 pH 值过小会使铸液 H^+浓度增大，铸层中的析氢含量增多从而降低铸层与基底的界面结合性能。电铸液 pH 值过大又会引起沉淀，破坏铸层内部结构，不仅使结合力下降，也会影响电铸效率。因此，在电铸过程中要根据铸液的具体成分和电铸情况对铸液的 pH 值进行调节，从而得到符合要求的铸层。

另外，调整电流脉冲的波形和初始电流密度也能够提高铸层与基底界面的结合强度。对电流脉冲的波形进行调整，通过减小电流的脉动系数、采用不间断的波形进行电铸，能够提高铸层与基底的界面结合性能。通过控制初始电流密度，使金属离子的析出电位低于基底表面活化的电位，可以彻底去除基底表面的氧化层，从而提高铸层与基底的界面结合性能。

3）超声辅助电铸

超声辅助电铸是当今微电铸领域的研究热点。在电铸过程中施加超声可以提高化学反应效率、加快沉积速率、优化铸层结晶，从而提高铸层与基底的界面结合性能。超声作用机理主要有空化效应、机械效应和热效应。超声能够引发电铸过程中的很多物理效应和化学反应。

空化效应是指超声作用下液体内气体析出，形成气泡，气泡发生膨胀、破裂、振荡等连续的动力学变化，该过程中会产生一定的冲击波和微射流，改变电铸过程中液相传质过程，营造一种新的反应环境，影响电铸动力学过程，改变铸层性质。

机械效应是指超声波在电铸液内传播过程中会引起铸液分子的往复振动，振动频率和幅度与施加的超声频率和功率有关。超声通过激烈高频率的机械振动，提高电铸过程中的传质效率，从而改善电铸层的质量。

热效应是指在超声波传播过程中，振动的机械能会向热能发生转变，振动产生的能量在电铸液中转变为热能导致电铸温度升高，从而加快金属离子在铸液中的扩散速度，提高铸层与基底的界面结合性能。

例如，以不锈钢为基底制作纳米级镍叠层膜，在镀膜过程中间歇施加超声场，通过超声镀膜得到的镍叠层膜与基底的结合力是普通镍镀膜的数倍。超声电沉积镍层如图 5-12 所示。有学者利用交流阻抗法和极化法研究了超声功率和频率对微电铸过程的影响规律，表明超声能够有效提高微电铸层与基底的界面结合强度，超声频率对界面结合强度的影响如图 5-13 所示。

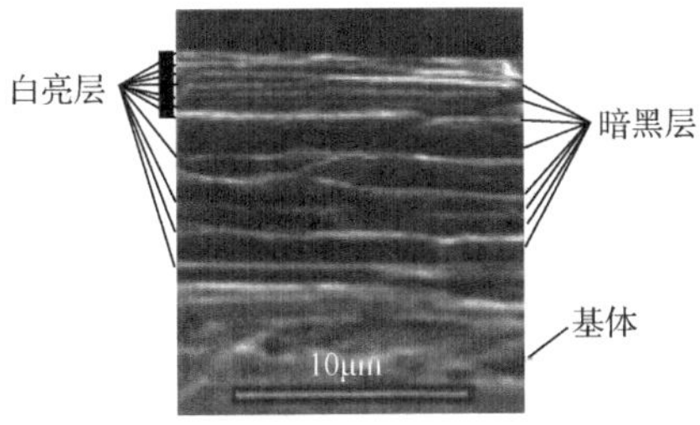

图 5-12　超声电沉积镍层照片[16]

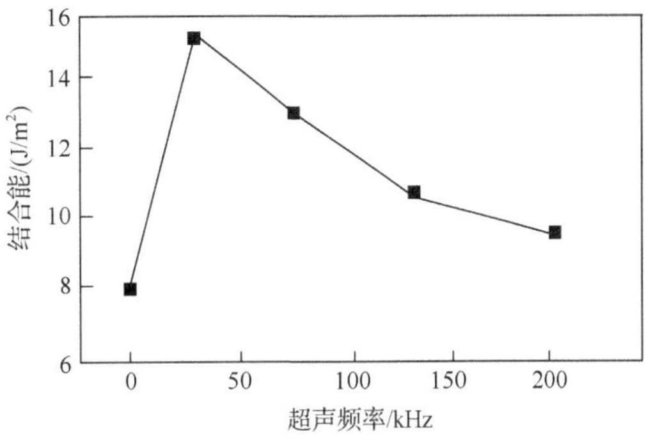

图 5-13　超声频率对界面结合强度的影响[17]

4）电铸后处理

通过对电铸后的样品进行热处理可以有效提高铸层与基底间的界面结合强度。由于电铸过程中存在析氢现象，电铸层中会夹杂有一定量的氢元素。通过热处理可以将铸层中的氢元素转化为氢气析出，从而提高铸层与基底的界面结合强度。例如，通过对铁锰合金铸层进行高温析氢处理，在 100℃、150℃和 200℃温度下分别析氢 1.5h，铸层与基底的界面结合强度分别提高了 49.5%、75.5%和 121.8%；采用等梯度温度对镍磷合金铸层进行热处理后，其拉伸实验测量结果如图 5-14 所示，通过 250℃下热处理 5h 能够使铸层与基底的结合力达到最高，有效提高了铸层与基底的界面结合强度。

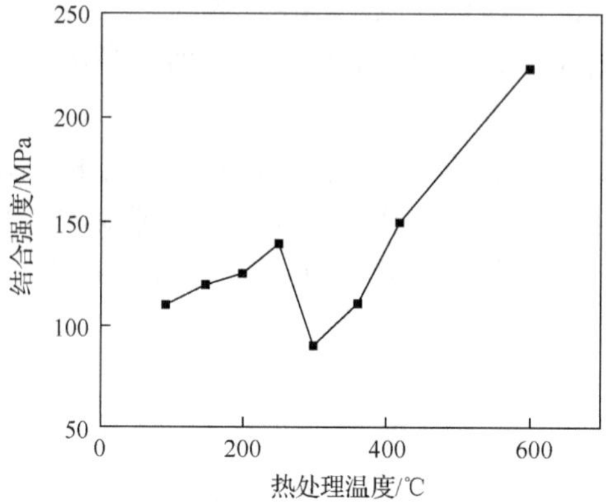

图 5-14　热处理对铸层与基底界面结合强度的影响[18]

对基底表面进行预处理、对电铸过程中工艺参数进行优化、施加超声场和电铸后处理都可以在一定程度上提高微电铸层与基底的界面结合强度。表面预处理虽然能改善基底的性质，但不能对电铸层产生影响，对结合性能的提高作用有限。优化工艺参数虽然可以提高结合性能，但其往往不具有普适性，针对一种器件得出的工艺参数很难在其他应用中获得好的效果，每次方案的改变都要伴随大量的预实验来摸索工艺参数。电铸后进行热处理的方法能够析出铸层中的一部分氢，减小内部的应力，从而提高铸层与基底的结合性能，但在加热过程中容易造成铸层的脱落失效。超声电铸是研究提高铸层与基底结合性能的热点，但长时间施加超声场容易对胶膜产生影响，导致其脱落失效。

5.4　LIGA 技术中的微复制工艺

5.4.1　热压工艺

热压法是 LIGA 微复制的一种重要方法。其基本工艺过程是：①将模具和聚合物基片同时置于热压设备中，模具上带有微结构的一面与基片接触；②将温度升高至聚合物材料的玻璃化温度（T_g）以上，在模具上施加压力，将微结构压入加热软化的聚合物材料内，并保持一段时间；③保持压力，降温冷却，当温度降到 T_g 以下后，卸载压力，将模具和聚合物基片分离，从而在聚合物材料表面复制出与模具互补的微结构。

热压法适用的材料种类较多，并且由于其操作方法简单、制作周期短、复制精度高、易实现批量化和自动化生产等优点而正得到广泛的应用。

1. 热压的基本原理

1）聚合物材料热压黏弹性模型

热压法利用聚合物材料的黏弹、黏塑性特性实现微结构成型。聚合物的黏弹性力学模型可用符合胡克定律的弹簧和符合牛顿流动定律的黏壶来综合表征。黏弹性材料在性质上介于弹性材料和黏性材料之间，对应力的响应兼有弹性固体和黏性流体的双重特性。

表 5-6 为描述黏弹性材料力学行为的理论模型。其中，麦克斯韦模型和开尔文模型最为常用。麦克斯韦模型可描述聚合物的松弛特性，但不能描述其蠕变特性；开尔文模型可描述聚合物的蠕变特性，但不能表示聚合物的松弛特性。上述两种模型都不是完全意义上的黏弹性固体，所以在实际的应用中常使用多个模型组合形式描述黏弹性材料的力学行为。

表 5-6　描述黏弹性材料力学行为的理论模型

名称	模型	表达式	优缺点
麦克斯韦模型	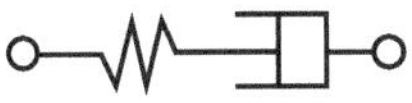	$\sigma=\sigma_0 e^{-t/\tau}$ $\tau=\eta/E$ 为松弛时间	只能用于描述材料的松弛特性
开尔文模型	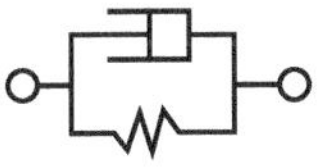	$\varepsilon(t)=\dfrac{\sigma_0}{G}(1-e^{-t/\tau})$ τ 为延迟时间	只能用于描述材料的蠕变特性
三元件模型	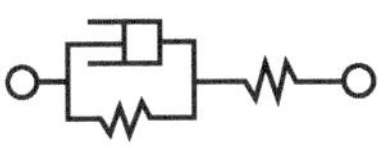	$\varepsilon(t)=\dfrac{\sigma_0}{G_0}+\dfrac{\sigma_0}{G}(1-e^{-t/\tau})$ τ 为延迟时间	既可表征聚合物材料的蠕变也可表征应力松弛，但只给出一个松弛时间
多元件模型	多个开尔文模型并联	$J(t)=\dfrac{1}{E_0}+\dfrac{1}{\eta_0}t+\sum\limits_{i=1}^{n}E_i(1-e^{-t/\tau})$	能描述聚合物的多重结构单元复杂的运动特性，以松弛时间谱的形式表达

2）聚合物材料的性质

聚合物在受力变形过程中表现出复杂的黏弹性特点，而且具有明显的温度依赖性和时间依赖性。

（1）温度依赖性。在聚合物微热压成型的工艺参数中，一般温度参数对成型质量影响较大，因此了解聚合物在温度场作用下的流变特性尤为重要。根据高分子样品力学特性随温度的变化特征，无定形聚合物在不同温度区域内主要有三种力学状态——玻璃态、高弹态和黏流态。其中当温度低于聚合物玻璃化转变温度 T_g 时，表现为玻璃态；温度高于黏流温度 T_f 时，表现为黏流态；温度在 T_g 和 T_f 之间时，材料表现为高弹态。当聚合物发生玻璃化转变时，其物理特性（尤其是力学性能）也随之发生改变。在玻璃转化温度附近，聚合物材料力学性质变化较为剧烈，温度升高或降低几度，材料的弹性模量就可能产生 3～4 个数量级的跃迁式改变；当温度高于黏流转变温度后，聚合物材料会由固体变成黏性流体，其应变与温度的关系如图 5-15 所示。

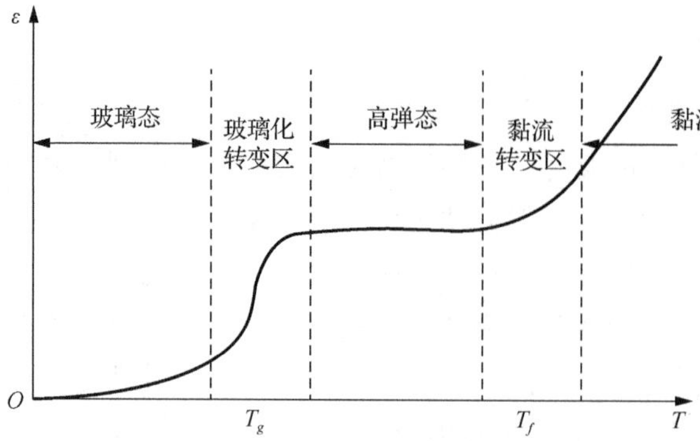

图 5-15　聚合物的应变-温度曲线[14]

（2）时间依赖性。理想的弹性体在受到外力作用时，瞬时即达到形变平衡态，形变过程和形变量与时间无关。黏弹性材料的形变过程则是随时间不断发展变化的，表现出不同的时间相关力学现象，如蠕变、应力松弛等。蠕变是指聚合物在一定温度和恒定外力作用下，应变随时间的增加而逐渐增大的现象。从分子运动角度看，聚合物蠕变主要包括以下三种形式，如图 5-16 所示。

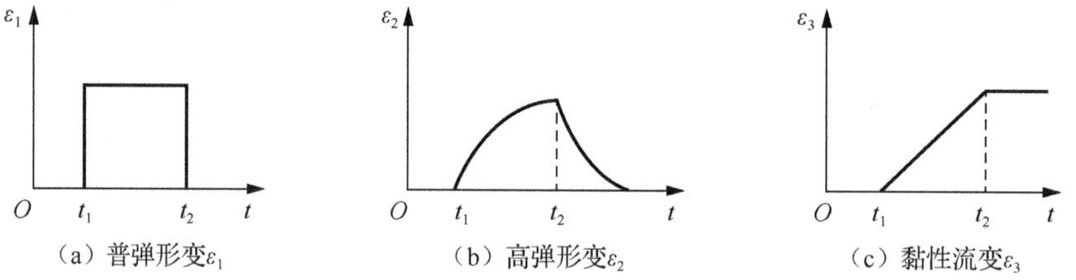

图 5-16　聚合物蠕变的三种形式

第一种形变为普弹形变，是一种可恢复性变形，当载荷撤去后，变形量即全部恢复，并且是瞬时的。反映到微观层面上，即分子链受到了拉长或键角改变，但结构基本没有变化，所以是一种轻微的小变形。

第二种形变为高弹形变，也是一种可恢复的形变，但除去载荷后，恢复并非瞬时完成，而是逐渐完成。反映在微观层面，这种变形是由于分子链段产生了运动，结构发生了大幅改变，但是可以恢复的。

第三种形变为黏性流变，是一种不可逆的变形，即使除去载荷，变形的部分也都无法恢复。微观上看，这是由于分子链运动产生了相对的位移，等同是永久性的变形。

在聚合物成型过程中，这三种变形是同时存在的，只是随着加工条件的不同，即温度改变时，所占的比重有区别。当温度低于玻璃化转变温度 T_g 时，普弹形变占比远大于高弹形变与黏性流变；温度处于 T_g 至 T_f 之间时，高弹形变占比最大，普弹形变次之，黏性流变最小；温度处于 T_f 以上时，黏性流变占比最大，高弹形变与普弹形变也有一定比重。

应力松弛是指聚合物在一定温度下，保持形变量不变，材料内部应力随着时间的延长而逐渐衰减的现象（图 5-17）。应力松弛与时间关系如下式所示：

$$\sigma = \sigma_0 e^{-t/\tau} \tag{5-1}$$

式中，σ_0 为起始应力；τ 为松弛时间。

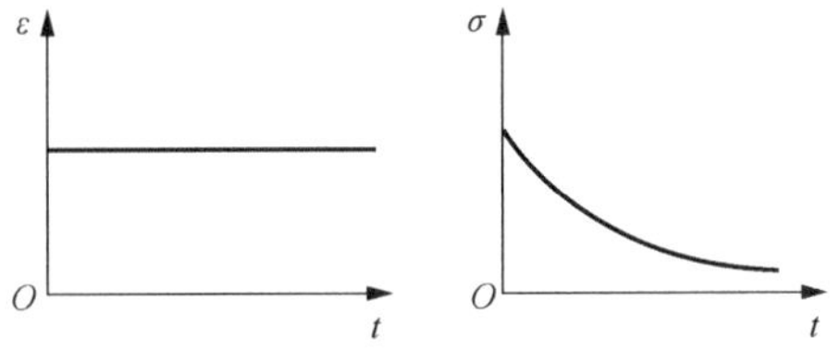

（a）应变曲线　　（b）应力松弛曲线

图 5-17　恒定应变作用下的应力曲线

聚合物的同一种力学状态既可以在较高温度、较短时间内得到，也可以在较低温度、较长时间内得到，即温度和时间对同一力学性能的作用是等效的。大量实验表明，聚合物在不同温度下得到的模量时间关系曲线，通过水平移动可以叠合成一条光滑的曲线。Williams 等[19]提出经验方程：

$$\lg \alpha_T = \frac{-c_1(T-T_0)}{c_2+T-T_0} \tag{5-2}$$

式中，α_T 为位移因子；c_1、c_2 为两个经验参数；T_0 为参考温度。

3）聚合物材料热压过程

热压过程就是将模具和聚合物基底加热到玻璃转化温度 T_g 以上，恒温加压，使微模具能够压入聚合物中，与模具上微结构凸起相接触的聚合物材料会在挤压作用下向周围区域形变填充，直至平衡，降低温度至 T_g 以下，分离微模具和聚合物，即可得到带有与微模具图形互补的三维微结构图形。热压过程中压力和温度随时间变化的关系如图 5-18 所示。其中，T_{emb} 为热压温度，T_{amb} 为环境温度，T_g 为聚合物玻璃转化温度，即高聚物由玻璃态转变为高弹态的温度，是无定形聚合物大分子链段能够进行自由运动的最低温度。

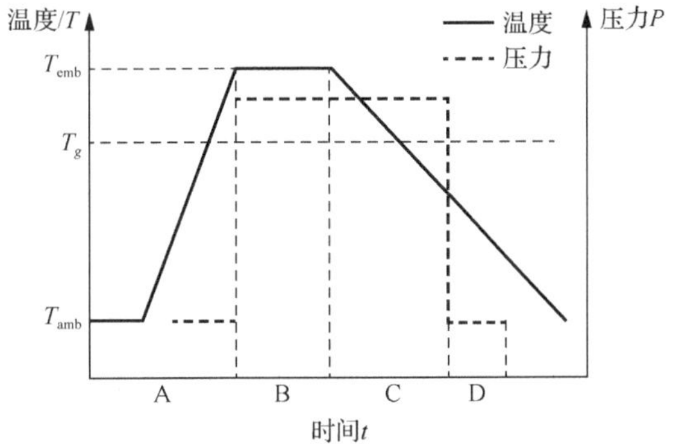

图 5-18　热压过程中压力和温度随时间变化的关系[15]

图 5-18 中，A 段为升温阶段。通常加热的最高温度需控制在 T_g 以上 30～40℃。若温度太低，聚合物的形变填充不足，且可逆形变比例较大，脱模后形变回复较大，制得的微结构复制精度不足。若温度太高，有可能破坏聚合物分子链结构，使复制出的三维微结构产生缺陷。

B 段为保温加压阶段。在热压温度 T_{emb} 下，通过模具给聚合物基底施加压力，压力通常控制在 0.5～2MPa 范围内。保温加压时间取决于聚合物的种类、模具微沟道尺寸以及基底的尺寸、厚度。

C 段为降温冷却阶段。聚合物填充完成并达到稳定状态后，开始冷却，将温度降低至 T_g 以下 20～30℃。在这一温度范围内，聚合物对外加压力表现出软弹性行为，在该温度脱模可以减少模板上的图形磨损和热压后的聚合物图形损伤。如果脱模温度更高，聚合物材料将表现出较强的弹性回复，使复制微结构的精度降低。

D 段为脱模阶段。将模具和聚合物基底脱离，完成图形的复制。脱模时如果控制不好脱模力会使芯片微结构产生缺陷，影响热压效果。脱模力包括摩擦力、黏附力和包紧力。残余应力会产生芯片翘曲，而包紧力和摩擦力会使模具和聚合物材料结合更紧，造成脱模困难。所有这些缺陷都将会影响芯片的性能和检测质量。当热压的微结构图形较为复杂时，可以先将温度降低至室温，再反向升温至 T_g 以下 20～30℃，利用结构的热胀冷缩，实现基底上微结构与模具的脱离，减小摩擦力和包紧力，防止微结构损坏。

2. 热压过程中的影响因素

影响热压质量的三个主要参数为温度、压力和时间。在实验之前，需要选择合适的参数，尽量使各参数之间匹配，得到最优的组合，并在保证热压质量的前提下，尽量缩短热压时间，提高热压效率。

热压温度决定聚合物的形变填充性。因为热压模具具有弹性，如果聚合物基片的熔化程度不够，流动性不好，会使弹性模具上的结构在施加压力后严重形变，从而使热压后的结构产生形变；同样，聚合物流动性差，会导致其对模具的填充不完全，会在热压后的芯片上留下大量空腔。所以应施加较高的温度，用以保证聚合物充分熔化，具有较好的流动性。但温度也不能过高，如果温度过高，会使聚合物基片熔化过度，使聚合物材料流动性过大，影响芯片厚度均匀性，并会在芯片内引入大量的气泡。

压力也是热压过程中一个非常重要的参数，直接决定聚合物对于微结构的填充程度。如果压力过小，会使聚合物形变填充不充分，导致结构不完整或在结构中引入大量的未填充空腔。对于高深宽比结构，这种现象尤为突出。如果压力过大，会使模具形变量增大，特别是模具上的高深宽比结构形变严重，导致热压后微结构复制精度不足。如果采用硅基模具，还可能因压力过大导致模具碎裂。

时间决定了热压效率，同时，升降温时间和保持压力时间也对热压质量具有显著影响。热压过程中，系统升温速率相对较快，而降温速率相对较慢，升降温时间直接决定聚合物芯片热压的效率，应该在保证热压质量的前提下，尽量缩短时间，从而缩短整个芯片的制作时间。此外，由于聚合物材料本身所具有的松弛、蠕变特性，升降温时间、保持压力时间还会直接影响聚合物材料的填充形变力学行为，进而影响成型质量。

综上，在热压过程中，必须根据不同聚合物材料的性质（比如玻璃转化温度、弹性模量等），严格控制热压温度、压力和时间三个参数，使温度、压力和时间三者相匹配，从而得到最优的热压效果。

5.4.2　注塑工艺

1. 注塑的基本流程

注塑成型工艺是指将熔融的原料通过加压、注入、冷却、脱离等操作制成具有一定形状和精度的器件的工艺过程。注塑是聚合物微结构器件复制成型的一种重要方法。与热压法相比，注塑法效率更高，但复制精度略低。

注塑成型工艺过程主要包括合模、注入填充、注射-保压、冷却、开模、脱模 6 个阶段（图 5-19）。该 6 个阶段直接决定制品的成型质量，下面将对其中的注入填充、保压、冷却等几个主要阶段的工艺过程进行详细介绍。

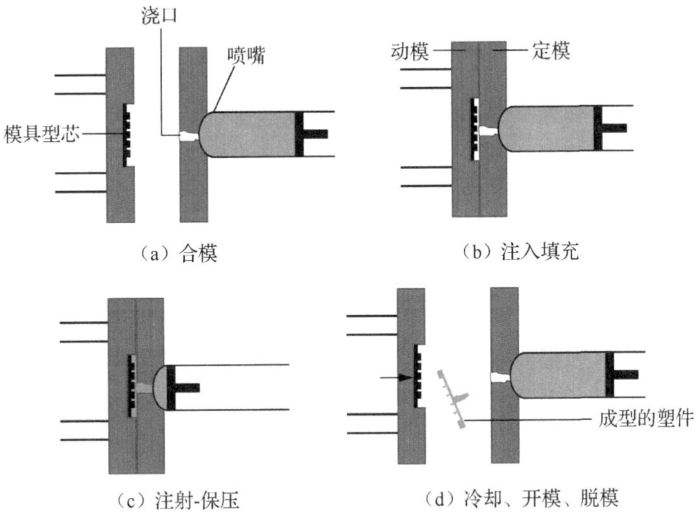

图 5-19　注塑成型工艺流程

1）注入填充阶段

注入填充是整个注塑循环过程中的第一步，时间从模具闭合、注入熔融态聚合物材料开始计算，至模具型腔被熔体填充达到 95%为止。注入填充过程中，熔融态聚合物被高速注入模具型腔，在流动过程中，熔体前沿温度下降，流速变缓，整个模具型腔内产生温度和速度的梯度变化。由于喷泉流动，熔融态聚合物实际上可以被理解为“一股一股”地涌向流动前沿。前后两股温度、压力不同的聚合物熔体在交汇时，接触面的分子链互相平行，加上两股熔体温度、压力性质各异，造成熔体前沿交汇区域在微观上结构强度较差。如果将零件置于显微镜下（甚至使用肉眼观察也可见），可以发现注塑器件上有明显的接合线，这就是熔接痕的形成机理。熔接痕不仅影响塑件外观，而且其微观结构松散，易造成应力集中，从而使得该部分的强度降低。通常在高温区产生熔接痕的部位强度较好，原因是高温情形下，分子链活动性相对较好，可以互相穿透缠绕，而高温度区域两股熔体的温度较为接近，熔体的热性质几乎相同，增加了熔接区域的强度。反之，在低温区域，熔接强度一般较差。

2）保压阶段

保压阶段的作用是持续施加压力，压实熔体，增加注塑件密度（增密），以补偿材料冷却过程中的收缩行为。保压过程中，模腔中已经填满注塑材料，流动不再起主导作用，压力成为主要影响因素。保压阶段注塑熔体的流动被称为保压流动。在保压阶段，注塑材料受模具壁面冷却固化速度加快，熔体黏度快速上升。在保压的后期，注塑材料由熔体冷却为固体，密度持续增大，器件也逐渐成型。

在保压阶段，材料呈现“熔-固”耦合状态，不同区域的注塑压力有所不同，材料的可压缩性有较大差异。在压力较高区域，注塑材料较为密实，密度较高，在压力较低区域，注塑材料较为疏松，密度较低，造成注塑器件的密度分布随空间位置及时间发生变化。

保压阶段需要适当的锁模力进行锁模。保压过程中，注塑材料已经充满模腔，此时逐渐固化的熔体作为传递压力的介质将模腔中的压力传递至模具内壁，产生涨模力，有撑开模具的趋势。涨模力在正常情况下会微微将模具撑开，对于模具的排气具有帮助作用，但若涨模力过大，则易造成溢料、注塑件毛边等问题。为防止注塑材料外溢和制品缺陷产生，需要给模具施加一个锁模力。这就要求在选择注塑机时，应充分考虑设备的锁模力，以防止涨模现象并能有效进行保压。

3）冷却阶段

注塑材料需要冷却固化到一定阶段，才能避免脱模过程中制件因受外力作用而产生变形或缺陷，因此冷却阶段在注塑成型工艺中也十分重要。注塑成型的成型周期由合模时间、充填时间、保压时间、冷却时间及脱模时间组成，其中冷却时间所占比重最大，为70%～80%。因此，冷却时间将直接影响塑料制品成型周期长短及注塑生产效率。设计良好的模具冷却系统可以大幅缩短成型时间，提高注塑生产率，降低成本，并避免因冷却不均匀造成注塑器件产生脱模缺陷或因残余应力导致翘曲变形。

4）脱模阶段

脱模是注塑成型工艺中的最后环节，对制件质量具有重要影响。虽然制品已经冷却成型，但脱模方式不当，仍可能导致产品在脱模时受力不均，顶出时引起产品变形、局部结构撕裂等缺陷。设计模具时要根据产品的结构特点选择合适的脱模方式，以保证产品质量。

脱模的主要方式有顶杆脱模和脱料板脱模两种。对于选用顶杆脱模的模具，顶杆的设置应尽量均匀，并且位置应选在脱模阻力最大以及塑件强度和刚度最大的地方，以免塑件变形损坏。脱料板则一般用于深腔薄壁容器以及不允许有推杆痕迹的透明制品的脱模，这种机构的特点是脱模力大且均匀，运动平稳，无明显的遗留痕迹。

2. 微注塑充型理论模型

微注塑中聚合物熔体的充型过程属于非牛顿流体流动。相比于聚合物熔体分子的尺寸，微注塑充型模具的尺寸依然较大，因此连续介质力学仍适用于微注塑充型流动机制分析。

1）微注塑充型的假定与简化

以连续介质黏性流体力学的方程为基础，考虑微注塑成型的特点，对常规注塑中基本假设和边界条件进行修正和设定，分析微尺度下的熔体充型流动行为。模具型腔充型过程如图 5-20 所示。

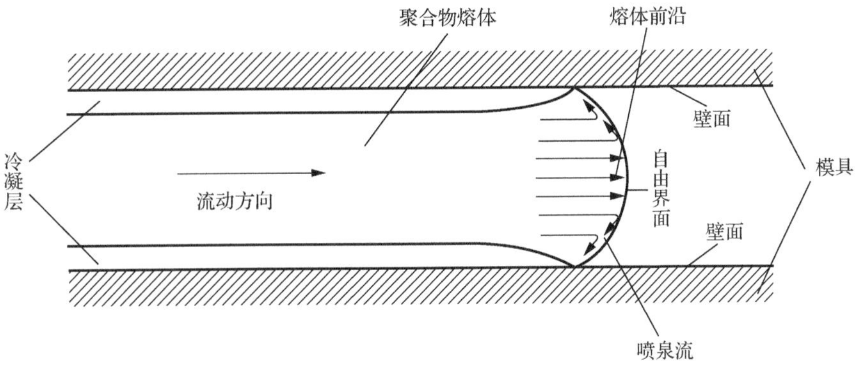

图 5-20　模具型腔充型过程示意图

基于黏性流体力学的基本方程，根据微注塑成型中聚合物熔体流动行为的特点，做出如下简化和假设。

（1）注塑熔体为不可压缩流体，即有 $\nabla \cdot v_i = 0$， $i = l, g$ ，分别为熔体和气体。

（2）充型流动过程，熔体的定压比热容 C_P 和热导率 k 为常数，不随温度和剪切率等变化而变化，则有 $\nabla \cdot (k\nabla T) = k\nabla^2 T$ 。

（3）注塑熔体为广义牛顿流体，充型过程忽略其黏弹效应，且 $\nabla \cdot v_i = 0$，则 $[\tau] = 2\eta[\varepsilon] - p[I]$，其中，$\eta$ 为熔体黏度，$[I]$为单位张量，p 为非黏性流体平衡态压力。

（4）忽略壁厚方向上的速度分量，在壁厚方向上的压力梯度为 $\dfrac{\partial p}{\partial z} = 0$ 。

（5）设熔体在型腔壁面处无滑移，熔体的惯性力忽略不计。

（6）在熔体流动方向上，热传导项较小，可忽略不计，即 $\dfrac{\partial}{\partial x}\left(k\dfrac{\partial T}{\partial x}\right) = 0$， $\dfrac{\partial}{\partial y}\left(k\dfrac{\partial T}{\partial y}\right) = 0$ 。

（7）熔体中不含热源，即 q=0。

在以上假设、简化的基础上，从输运理论、自由面跟踪理论、本构关系三个方面构建微注塑熔体充型流动的理论模型。

2）微注塑充型的输运方程

将微注塑充型流动过程简化为不可压缩的非牛顿流体填充空腔的过程，且该过程为非等温两相流的流动过程。

描述微注塑充型的连续性方程、动量方程和能量方程分别如下：

（1）连续性方程。连续性方程是质量守恒定律对于流体运动的控制方程：

$$\frac{\partial \rho}{\partial t} + \nabla \cdot (\rho v) = 0 \tag{5-3}$$

式中，∇ 为哈密顿算子；ρ 为流体密度；v 为流体运动速度。

与聚合物熔体分子相比较，微注塑充型流道的尺寸较大。微注塑熔体充型流动仍然是连续介质力学范畴。根据假设，其连续性方程表示为

$$\nabla \cdot v_i = 0 \tag{5-4}$$

（2）动量方程。根据假设，熔体为不可压缩非牛顿流体，不考虑黏弹效应，忽略质量力，则得到动量方程：

$$\rho_i \frac{\partial v_i}{\partial t} + \nabla p_i = F_i + \eta_i \nabla^2 v_i \tag{5-5}$$

式中，ρ 为流体密度；v 为流体运动速度；p 为压力；t 为时间；F 为力源项；η 为动力黏度。

（3）能量方程。忽略熔体流动产生的剪切热和热量耗散，微注塑充型过程中的能量方程为

$$\rho_i C_{P,i} \frac{\mathrm{d}T_i}{\mathrm{d}t} = \kappa_i \nabla^2 T_i \tag{5-6}$$

式中，ρ 为密度；C_P 为定压比热容；T 为温度；t 为时间；κ 为导热系数。

3）微注塑充型的自由面跟踪理论

微注塑充型过程可以看成一个与两相流相关的自由面移动问题，可采用流体体积（volume of fluid，VOF）方法捕捉熔体流动前沿界面。自由面移动问题的可动边界的位置不能预知，需要由求解过程给出，因此对自由面问题的计算就需要精确跟踪自由面的位置。求解自由面问题的关键在于如何避免或消除自由面附近的数值振荡和数值耗散。

自由面跟踪方法可分为动网格方法、标高法、线段法、MAC 法、VOF 方法和 Level Set 方法等。VOF 方法是其中最重要的一种方法，它的特点是在固定网格内将自由面定义为流体体积函数，并构造流体函数的演化方法，从而确定自由面的位置和形状，达到自由面跟踪的目的。VOF 方法可以处理各种自由界面复杂变形和移动问题，如剪切变形、翻转、合并、裂变等自由面现象。VOF 方法的主要优点包括：①自然满足流体质量守恒条件；②可方便地处理自由面的大变形和自由面的拓扑结构变化等情况；③容易扩展到三维贴体网格；④存储量和计算量小。

在 VOF 方法中，使用网格单元被流体填充的体积比例函数 F 实现自由面跟踪。对于包含空气和熔体的两相流空间区域，定义标量函数 f，存在熔体的空间点 f 值等于 1，其他不被熔体占据点 f 值为 0。$f(x,y,z,t)=1$，在 (x,y,z) 点充满样品熔体；$f(x,y,z,t)=0$，在 (x,y,z) 点充满空气。这里认为流体是不可压缩的，且熔体和空气互不相溶。在各网格单元上对 f 进行积分，并将积分值除以单元体积，得到单元的 f 平均值，即网格单元熔体所占据的单元体积分数，在 VOF 方法中定义体积分数为

$$F_{i,j,k} = \frac{1}{\Delta V_{i,j,k}} \iiint_{\Delta V_{i,j,k}} f(x,y,z,t)\mathrm{d}x\mathrm{d}y\mathrm{d}z \tag{5-7}$$

由上式可知，当 F 值等于 1 时，网格单元为熔体单元，即单元完全被熔体所占据，或者理解为网格单元内处处存在熔体；当 F 值等于 0 时，网格单元是空气单元，网格单元内不存在熔体；当 F 值大于 0 且小于 1 时，网格单元中既包含样品熔体，又包含空气，在不考虑两相扩散掺和的情况下，这一单元中必然包含有自由面单元。在一般情况下，处理自由面问题不考虑两相扩散掺合的情况，所以自由面流动的数值模拟可以用函数 F 来捕捉自由面单元，根据自由面单元及其相邻单元的 F 值，利用重构方法就可以求出单元自由面位置和方向。不考虑相变，根据连续性条件，函数 f 随质点运动，随体导数为零。可得熔体 VOF 输运方程的守恒格式为

$$\frac{\partial f}{\partial t} + u\frac{\partial f}{\partial x} + v\frac{\partial f}{\partial y} + w\frac{\partial f}{\partial z} = 0 \tag{5-8}$$

VOF 的基本方法包括自由面捕捉和自由面重构两部分。自由面捕捉是通过离散化体积函数输运方程，计算各控制体单元的体积函数，自由面的非连续性会引起强耗散和色散，如何

处理输运方程中的数值流向量是能否精确计算体积函数的关键。自由面位置和方向信息是构造数值流向量计算格式的重要依据，自由面重构就是根据体积函数值，采用几何和代数方法确定单元内自由面的位置和方向。数值流向量的构造和自由面重构是 VOF 方法中的关键内容，VOF 改进方法如结合自适应网格重构和界面重构的流体体积追踪（fluid volume tracking with adaptive remeshing and interface reconstruction，FLAIR）方法、Youngs 方法、任意网格可压缩界面捕捉方法（compressive interface capturing scheme for arbitrary meshes，CICSAM）、通量校正传输-流体体积（flux corrected transport-volume of fluid，FCT-VOF）方法等，对这些内容进行了改进和创新，以提高计算的准确性和效率。

4）微注塑充型的本构方程

本构方程描述了与材料结构属性相关的力学响应规律，在微注塑成型中，起主要作用的本构关系包括熔体表面特性和熔体黏度本构关系，即表面效应模型和黏度模型。

（1）微注塑充型的表面效应模型。

在微注塑充型过程中，熔体流动前沿界面表面张力产生的压力差 ΔP，可表示为

$$\Delta P = -\sigma\kappa n - \nabla\sigma \tag{5-9}$$

式中，σ 为表面张力系数；κ 为界面曲率；n 为界面处单位法向量；$\nabla\sigma$ 为 σ 的表面梯度。

表面张力大小是受表面张力系数控制的，而在壁面附近其方向则取决于三相接触角，在数值计算中，表面张力模型作为边界条件施加到液体的自由表面上，但在熔体充型流动中，熔体的流动前沿界面是随着时间而变化的，因此界面施加边界条件困难，在计算流体力学中常用连续表面张力（continue surface force，CSF）模型描述表面力对流体输运的作用，其原理是将只在界面处作用的表面张力等效为 δ 分布函数并成为作用在整个流体的体积力。

$$f_\delta = \int_\Gamma \Delta P \mathrm{d}S = \int_V \Delta P\delta\left(X - X_S\right)\mathrm{d}x = \int_V (-\sigma\kappa n)\delta\left(X - X_S\right)\mathrm{d}x \tag{5-10}$$

在 CSF 模型中表面张力被处理为连续的跨界面作用力，在动量方程中其表达形式等同于体积力项：

$$F_s = \frac{\rho\sigma k\nabla c}{\left(\rho_l + \rho_g\right)/2} \tag{5-11}$$

$$k = -\nabla\cdot\frac{n}{|n|} \tag{5-12}$$

式中，$n = \nabla c$。考虑到接触角的影响，对固气液三相界面处法向量修正如下：

$$n = m_w\cos\theta + t_w\sin\theta \tag{5-13}$$

式中，m_w 为壁面法向单位向量；t_w 为切向单位向量；θ 为接触角。

（2）微注塑充型的黏度模型。

注塑充模过程的理论模型中，对于材料结构属性的描述是至关重要的。这些材料结构属性包括材料的流变学性质、物理性能及热力学性能等。聚合物熔体属于假塑性熔体，其流变学性质的研究主要在于其黏度模型的研究，目前常用的黏度模型主要有 Power-Law、Eillis、Carreau 和 Cross 4 类。

Power-Law 模型：

$$\eta = K\cdot\dot{\gamma}^{\alpha-1} \tag{5-14}$$

式中，α 是非牛顿指数；$\dot{\gamma}$ 是剪切速率；K 是熔体的稠度。

Power-Law 模型简单、方便实用，熔体剪切速率较高时，可以很好地表征材料的黏度，但在剪切速率较低时，模型预测值与实际情况存在较大误差，剪切速率趋于零时，因黏度计算值趋于无穷大而无法预测。

Eillis 模型：

$$\eta = \frac{\eta_0}{1+\left|\dfrac{\tau_{yx}}{\tau_{1/2}}\right|^{\alpha-1}} \tag{5-15}$$

式中，τ_{yx}、$\tau_{1/2}$ 分别是剪切应力的分量以及黏度为 $\eta_0/2$ 时的剪切应力；η_0 是零剪切黏度；α 是非牛顿指数。

Eillis 模型在低剪切速率下，可以预测零剪切黏度，高剪切速率时接近于幂律行为。

Carreau 模型：

三参数 Carreau 模型可表示为

$$\eta = \frac{\eta_0}{\left[1+(\lambda\dot{\gamma})^2\right]^{\frac{1-\alpha}{2}}} \tag{5-16}$$

式中，η_0 为零剪切黏度；λ 为材料体系的特征常数。

四参数 Carreau 模型又称 Bird-Carreau 模型，可表示为

$$\eta = \eta_\infty + \frac{\eta_0 - \eta_\infty}{\left[1+(\lambda\dot{\gamma})^2\right]^{\frac{1-\alpha}{2}}} \tag{5-17}$$

式中，η_∞ 为无穷剪切黏度。三参数 Carreau 模型是 Bird-Carreau 模型 $\eta_\infty=0$ 时的简化。

Carreau 模型表示材料性能的剪切速率范围较宽。

Cross 模型：

Cross 模型主要包括 Cross-Arrhenius 模型和 Cross-WLF 七参数模型。

Cross-Arrhenius 模型表达式为

$$\eta(\dot{\gamma},T,p) = \frac{\eta_0}{1+\left(\dfrac{\eta_0}{\tau^*}\dot{\gamma}\right)^{1-\alpha}} \tag{5-18}$$

$$\eta(T,p) = B\exp\left(\frac{T_0}{T} - \beta p\right) \tag{5-19}$$

式中，$\dot{\gamma}$、T 和 p 分别是熔体的剪切速率、温度以及压力；τ^* 是材料常数；α 是非牛顿指数；B 和 β 是模型系数。

Cross-WLF 七参数模型表达式为

$$\eta_l = \frac{\eta_0}{1+\left(\dfrac{\eta_0}{\tau}\cdot\dot{\gamma}\right)^{1-\alpha}} \tag{5-20}$$

$$\eta_0 = D_1\exp\left[\frac{-A_1\cdot\left(T-T^*\right)}{A_2^*+T-T^*}\right] \tag{5-21}$$

式中，$A_2^* = A_2 + D_3\cdot p$；$T^* = D_2 + D_3\cdot p$；α 是非牛顿指数；$\dot{\gamma}$ 是剪切速率；τ 是剪切应力；

D_1 是材料在玻璃化温度零剪切黏度系数；D_2 是玻璃化转化温度；D_3 是模型常数；A_1 和 A_2 是与温度有关的量。该模型可以在剪切速率范围较宽的情况下精确地描述熔体黏度的变化规律。模型可描述高剪切速率下熔体的幂律流变行为以及与零剪切速率接近时熔体的牛顿型流变行为。

然而，聚合物熔体流变实验研究表明，微尺度下熔体流动时的黏度具有明显的尺度效应，即相同熔体温度和相同剪切速率条件下，熔体黏度随沟道特征尺寸的减小而降低，目前对此的解释还不统一。例如，有学者通过实验和理论推导，建立了微尺度黏度模型[20]，该模型为

$$\eta_1(\dot{\gamma},T,p)=\left(\frac{R_1}{R_2}\right)^{\alpha}\eta_2(\dot{\gamma},T,p) \tag{5-22}$$

式中，$\eta_1(\dot{\gamma},T,p)$ 为沟道 1 中熔体的黏度；$\eta_2(\dot{\gamma},T,p)$ 为沟道 2 中熔体的黏度；R_1 为沟道 1 的半径；R_2 为沟道 2 的半径；α 为非牛顿指数。此公式的适用范围为 1μm～1mm。

3. 微注塑充型参数优化

为研究工艺参数对微沟道填充率影响的主次顺序及其最优组合，通常可采用田口（Taguchi）正交实验，考察的指标选取微流控器件中常见的微沟道结构的复制率。

本节以微沟道截面面积对于模具截面的相对误差 E_S（%）作为对微结构部分复制精度的质量评价指标，以图 5-21 所示的硅基模芯结构为例，通过实例分析的方式介绍基于 Taguchi 正交实验的工艺参数优化。图 5-21 所示模芯采用化学湿法腐蚀制得，湿法腐蚀中，因为硅材料不同的晶面取向，制得的模芯剖面侧壁不是垂直的，而是呈 54.74°的斜锥状。以一个 0.4mm×0.2mm 尺寸的区域为评估区，定义 E_S 为评价指标，如图 5-22 所示，求解采用式(5-23)：

$$E_S=\frac{S_{1L}}{S_L+S_R}\times 100\% \tag{5-23}$$

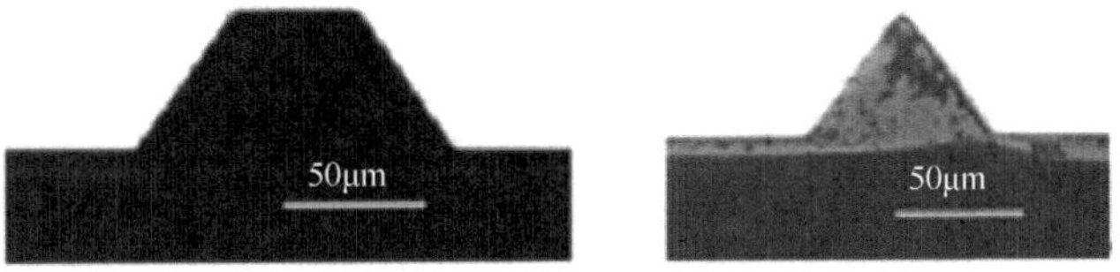

（a）线宽40μm模芯截面照片　　（b）线宽10μm模芯截面照片

图 5-21　湿法腐蚀的硅微结构显微照片

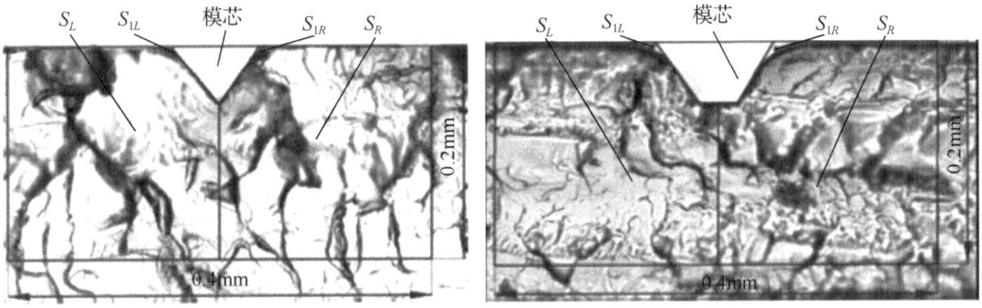

图 5-22　形状误差计算方法

S_L-微沟道结构左侧截面面积；S_R-微沟道结构右侧截面面积；S_{1L}-微沟道左侧未填充区域面积；S_{1R}-微沟道右侧未填充区域面积

1）实验设计

针对微沟道结构复制率的问题，选择合适的工艺条件，基于 Taguchi 方法，进行实验并筛选出最优工艺参数。设计流程如图 5-23 所示。

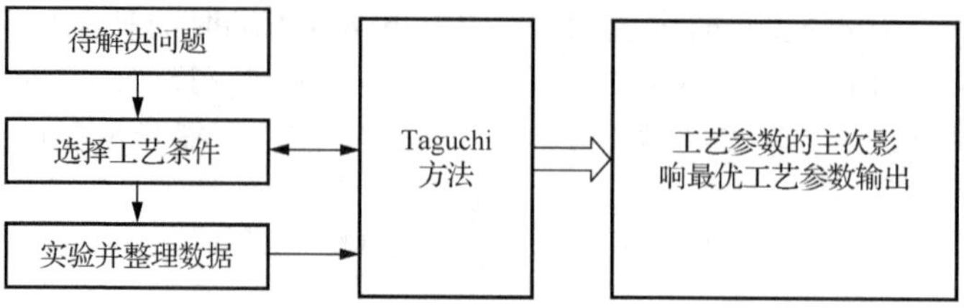

图 5-23　微结构复制率工艺实验流程图

2）实验过程

基于 Taguchi 方法，选择模具温度、保压压力和保压时间三个工艺参数作为实验因素。每个因素选择四个水平，采用 L_{16}（4^5）正交表，选择的参数范围、实验中的各因素及水平见表 5-7。

表 5-7　实验因素水平表

因素水平	温度 T/℃	保压压力 p/MPa	保压时间 t/s
1	35	80	1
2	45	90	2
3	55	100	3
4	65	110	4

对微结构的填充率，利用工具显微镜拍摄微结构的截面照片并采集测量，同组参数重复实验三次，求取相对误差的平均值作为评价指标。

3）实验结果及分析

在 Taguchi 实验设计中，采用信噪比作为实验稳定性的评价标准。信噪比是由损失函数推导得到的，其形式依赖于目标函数的类型。信噪比按照目标函数的特点可以分为望小特性信噪比、望大特性信噪比和望目特性信噪比。本实验的评价目标相对误差越小越好，所以采用 Taguchi 实验设计中信噪比的望小特性（smaller-the-best），其计算公式为

$$\eta = -10 \times \lg\left(\frac{1}{N}\sum_{i=1}^{N} y_i^2\right) \tag{5-24}$$

式中，y_i 为第 i 组实验的信噪比；N 为实验的重复次数。

本实验采用均值分析法对实验数据进行处理和分析。计算每个实验因素各水平所有实验的信噪比均值 $\overline{y}_{kj}$：

$$\overline{y}_{kj} = \frac{1}{N_t}\sum_{k=1}^{N_t} y_{kj} \tag{5-25}$$

式中，y_{kj} 为 j 因素的第 k 水平实验信噪比；N_t 为同水平的实验次数。实验因素在各个水平下

的均值结果即为该实验因素的主效应，通过各实验因素效应分析，可以获得最佳实验因素水平的组合。

根据极差 R 的大小可知微沟道成型时模具温度、保压压力、保压时间等工艺参数对填充率的主次影响顺序和最优组合。

5.5　准 LIGA 技术

由于 LIGA 技术需要同步辐射 X 射线源进行光刻，成本高昂，而且与集成电路制作工艺的兼容性不足，因此又发展出一种利用常规的紫外光刻蚀和掩膜的准 LIGA 技术，用来制作高深宽比微尺度金属或聚合物结构。

准 LIGA 的工艺过程除了所用光刻光源和掩膜外，其余与 LIGA 工艺基本相同。采用常规光刻机上的深紫外光作为光源代替同步辐射 X 射线，对厚胶或光敏聚酰亚胺进行光刻，可获得具有三维微结构的胶膜，再利用后续的微电铸和微复制工艺，同样可实现聚合物微器件的批量制造。用准 LIGA 技术，既可制造高深宽比的微结构又不需要昂贵的同步辐射 X 射线源和特制的 LIGA 掩膜，对设备的要求低得多，而且它与集成电路工艺的兼容性也要更好，更利于大规模制造。目前，准 LIGA 技术所能获得的深宽比等某些指标与 LIGA 相比还有差距，但是已经可以满足 MEMS 制作中的大多数需要。近些年来，准 LIGA 技术得到了很大发展和广泛应用，如能在高能量紫外光源及深紫外光刻胶等方面开展更多研究，则将对准 LIGA 技术的应用起到更大的推动作用。准 LIGA 技术与 LIGA 技术的特点对比如表 5-8 所示。

表 5-8　准 LIGA 技术与 LIGA 技术的特点对比

特点	LIGA 技术	准 LIGA 技术
光源	同步辐射 X 射线（波长为 0.1～1nm）	常规紫外光（波长为 350～456nm）
掩膜	以 Au 为吸收体的 X 射线掩膜	标准 Cr 掩膜
光刻胶	常用聚甲基丙烯酸甲酯（PMMA）	聚酰亚胺、正胶和负胶
高宽比	一般小于 100，最高可达 500	一般小于 10，最高可达 30
胶层厚度	几十微米至 1000μm	数微米至数十微米，最厚可达 300μm
生产成本	高	较低，约为 LIGA 技术的 1/100
生产周期	较长	较短
侧壁垂直度	大于 89.9°	可达 88°
最小尺寸	亚微米	亚微米
加工温度	常温至 50℃左右	常温至 50℃左右
加工材料	多种金属、陶瓷及塑料等材料	多种金属、陶瓷及塑料等材料

图 5-24 为一种准 LIGA 技术的典型工艺流程图。具体包括：①在基片上沉积用于电铸的金属种子层，再在其上涂敷光敏聚酰亚胺；②利用紫外光源进行光刻，形成带有三维微结构的胶膜；③利用微电铸技术，在胶膜上电铸金属；④去掉聚酰亚胺胶层，即形成所需的金属结构。利用准 LIGA 工艺可以制成镍、铜、金、银、铁、铁镍合金等金属结构，厚度可达 150μm，也可与牺牲层腐蚀技术结合，释放金属结构，制成可动构件，如微齿轮、微电机等。

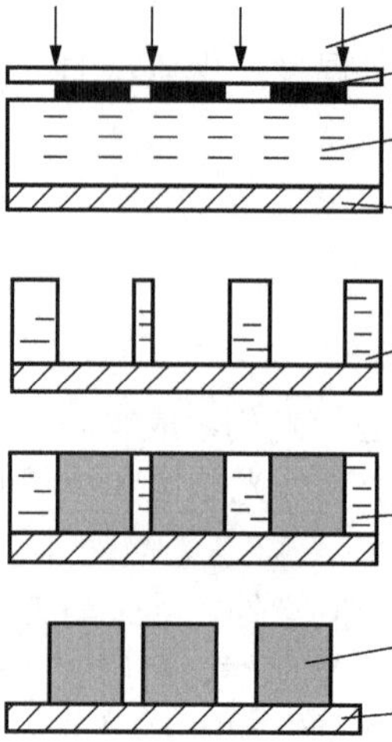

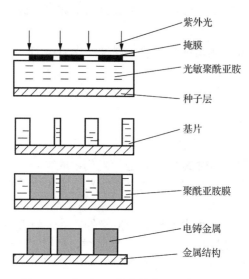

图 5-24　准 LIGA 技术的典型工艺流程图

微器件常常需要较大的深宽比，因而对准 LIGA 技术的光刻胶的性能和光刻精度有较高的要求。一般要求胶的黏度大、透光度好，且对电铸液有较好的耐蚀性。光敏聚酰亚胺是一种常用的准 LIGA 技术光刻胶，聚酰亚胺也可以留下作为绝缘层或构造体。为了得到较厚的胶层，可采用较慢的涂胶速度或多次涂敷、烘干相结合的工艺。除聚酰亚胺外，基于环氧树脂的 SU-8 光刻胶和基于重氮萘醌-酚醛树脂的正胶也在准 LIGA 工艺中广泛应用。

常见的准 LIGA 技术有 UV-LIGA 技术、深层刻蚀微电铸微复制（deepetching，electroforming，microreplication，DEM）技术、Laster-LIGA 技术等，下面分别进行介绍。

5.5.1　UV-LIGA 技术

1. UV-LIGA 技术简介

UV-LIGA 技术是 MEMS 微细加工中一种非常重要的技术，结合厚胶工艺和金属微电铸，可以制备各种金属 MEMS 结构。UV-LIGA 工艺实际上是用深紫外光的深度曝光来取代 LIGA 工艺中的同步 X 射线深度曝光。其主要困难在于需要形成稳定、侧壁陡直、高精度的厚胶膜。UV-LIGA 技术采用 Microchem 公司生产的 SU-8 光刻胶进行紫外厚胶光刻，其后续步骤与 LIGA 技术相同。SU-8 胶是一种负胶，即曝光时胶中含有的少量光致产酸剂（photo acid generator，PAG）会发生化学反应，产生一种强酸，使曝光区域的 SU-8 胶发生热交联。SU-8 胶具有较高的热稳定性、化学稳定性和良好的力学性能，在近紫外光范围内的光吸收度低，整个光刻胶层可获得均匀一致的曝光量。因此，将 SU-8 胶用于 UV-LIGA 中，可以形成图形结构复杂、深宽比大、侧壁陡峭的微结构。其光刻胶厚度可达 500μm，深宽比最高可达 10。图 5-25 是 SU-8 胶涂覆转速与胶厚的关系，转速越高，胶厚越小，转速增加到一定程度后，胶厚下降速度变缓。

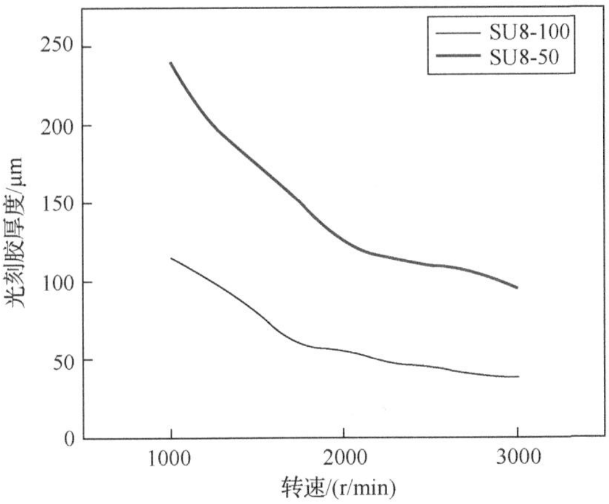

图 5-25　SU-8 胶涂覆转速与胶厚的关系

图 5-26 是通过紫外曝光获得的 SU-8 微结构的 SEM 图[14,21]。值得指出的是，SU-8 胶除适合紫外光刻外，其在 X 射线辐照下也具有较好性能，无膨胀、龟裂等现象，且对 X 射线的灵敏度比 PMMA 高几百倍。因此，可将它用于 LIGA 技术，替代 PMMA 光刻胶，以降低 LIGA 光刻过程的成本。

（a）多层微结构[14]

（b）高深宽比星形线结构[21]

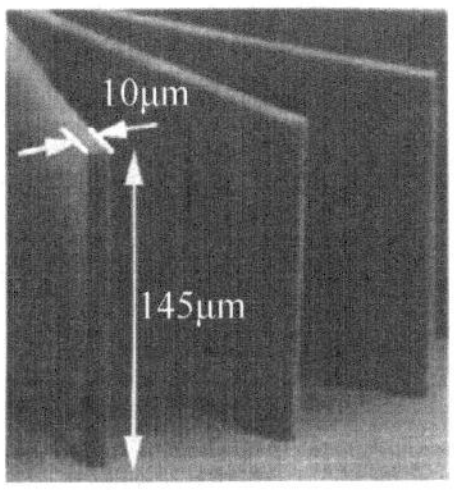

（c）星形线结构的放大图[21]

图 5-26　通过紫外曝光获得的 SU-8 微结构的 SEM 图

UV-LIGA 技术与 LIGA 技术相比具有显著的优点。UV-LIGA 技术与 LIGA 技术可以加工的材料基本相同。虽然 UV-LIGA 技术加工的微结构深宽比和侧壁陡直度不及 LIGA 技术，但仍可适用于大部分 MEMS 器件的制造，且制得器件性能相近。UV-LIGA 技术价格低廉，加工周期短，可操作性强，与微电子技术兼容性好，具有更强的产业化优势。UV-LIGA 技术的产业化将对我国 MEMS 的产业化起到积极的推动作用。

2. 存在的工艺难点

UV-LIGA 工艺在制造具有较大深宽比、较好侧壁垂直度的微结构方面仍有不足，在提升制得胶膜稳定性、电铸金属微结构质量等方面也存在不少困难。

（1）厚光刻胶的实现：UV-LIGA 技术制造的微执行器和传感器常常需要较大的深宽比，形成稳定且高精度的厚胶膜。但厚胶容易产生较大的内应力和热应力，导致光刻胶图形发生变形或脱落。降低光刻后烘的温度、增加光刻后烘的时间可以改善厚胶膜应力问题。

（2）陡直侧壁的实现：采用常规紫外光曝光时，由于光的衍射和散射作用，易使光刻胶的边缘产生缺陷。对于正胶图形而言，会产生制备结构上宽下窄的现象，而负胶则会出现上窄下宽的情况。对于无背板生长，为了得到良好的侧壁垂直度，可以控制电铸层的高度仅为胶膜结构高度的 80%，这样能够避免上部 20%结构由于曝光时光的衍射、散射而造成边缘的不垂直问题。为了提高图形的高宽形貌比，也可采用对比度增强材料（contrast enhancing material，CEM）来提高图形分辨率。

（3）提高胶膜的稳定性：胶膜结构的稳定性对 UV-LIGA 技术中光刻以后的工序至关重要。提高稳定性的方法之一是进行光刻后烘。后烘是指在曝光之后对胶膜进行烘烤的过程。后烘不仅可以提高胶膜结构的表面质量，还能提高胶膜结构对电铸液的耐蚀性能。

（4）金属层结构高质量电铸：UV-LIGA 技术的关键工艺之一是电铸金属微结构。在窄而深的槽中进行电铸时，溶液对流作用减弱，物质传输和金属离子补充困难，沉积速度会显著下降。脉冲电铸具有深铸能力强、结晶细致和铸层应力小的优点。采用脉冲电铸可改善上述问题。

（5）SU-8 胶的去除：SU-8 光刻胶在厚膜应用中一向表现出极好的分辨率。然而，安全可靠地将高度交联的 SU-8 光刻胶从高精度电铸金属结构上去除而不带来任何金属结构的损伤或改变非常困难。氧等离子可以用于高深宽比结构中残胶的去除。氧等离子体中高反应活性的单原子氧极易与光刻胶中的碳氢氧高分子化合物发生聚合物反应，从而生成易挥发性反应物，最终达到去除光刻胶层的目的。

5.5.2 DEM 技术

DEM 技术是利用深层刻蚀工艺代替同步辐射 X 射线深层光刻，然后采用微电铸和微复制工艺制得 MEMS 器件的技术。与 LIGA 技术和 UV-LIGA 技术相比，DEM 技术不需昂贵的同步辐射光源和特制的 X 射线掩膜版，不会出现光刻胶与基板黏结、胶膜稳定性差和厚胶去胶等工艺问题，与微电子制造技术的兼容性良好。

DEM 技术由深层刻蚀工艺、深层微电铸工艺和微复制工艺组成，实现 DEM 技术有几种工艺路线，如图 5-27 所示。该技术利用感应耦合等离子体刻蚀设备进行高深宽比硅或塑料深层刻蚀，在硅片或塑料件上进行微电铸，或者以深层刻蚀的金属为模具，得到金属模具后，再进行微复制工艺，就可实现微机械器件的大批量生产。如果将深层刻蚀的硅微结构直接作为模具，由于硅本身很脆，在微复制过程中容易破碎，所以不能利用硅模具进行微结构器件的大批量生产。但可利用该模具对聚合物进行第一次模压加工，然后对得到的塑料微结构进行微电铸制造出金属模具后，就可进行微结构器件的批量生产。

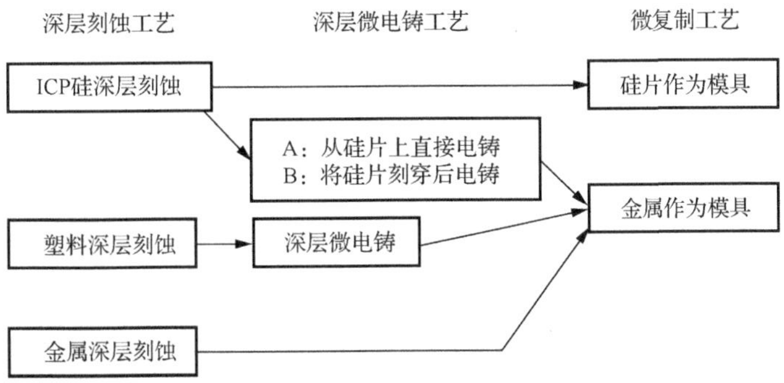

图 5-27　实现 DEM 技术的多种工艺路线

图 5-28 给出了利用深硅层刻蚀工艺实现 DEM 技术的工艺路线。

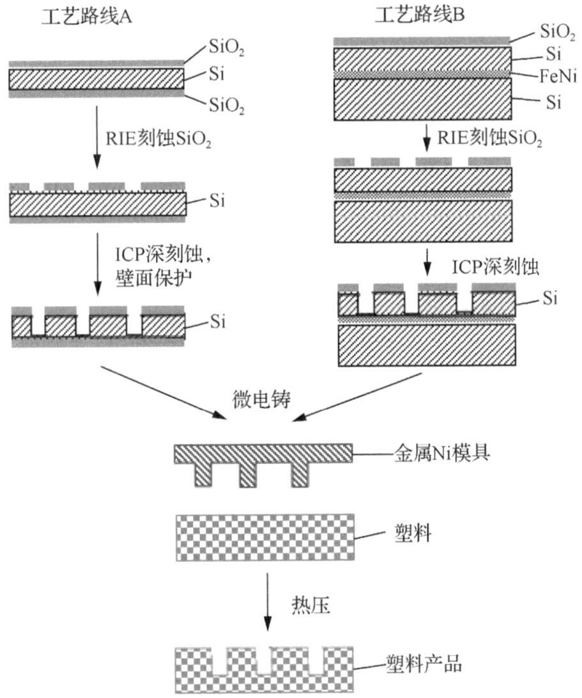

图 5-28　利用深硅层刻蚀工艺实现 DEM 技术的工艺路线

工艺路线 A 是直接在硅片上微电铸。首先在氧化过的低阻硅片（电阻率<1Ω·cm）上溅射一层金属薄膜，利用紫外光刻工艺获得金属掩膜；其次利用 ICP 刻蚀机对硅进行深层刻蚀；然后对刻蚀后硅的侧壁进行氧化和反应离子刻蚀，形成绝缘保护，有利于电铸过程的顺利进行；再次利用深层微电铸工艺进行金属镍电铸；最后用氢氧化钾将硅片腐蚀掉，得到金属镍微模具。利用该模具可进行聚合物材料的热压、注塑，实现聚合物微器件的批量制造。或者对得到的塑料产品进行第二次微电铸，就可进行金属产品的批量生产。

工艺路线 B 是将硅片刻穿后进行深层微电铸。首先将氧化过的高阻硅片（电阻率为 60～70Ω·cm）减薄至所需厚度，然后在反面溅射一层金属，并粘贴到另一片硅片上。利用 ICP 刻蚀机将硅片刻穿后，就可以直接在底部的金属导电层上进行深层微电铸工艺，后续工艺与工艺路线 A 相同。

采用 DEM 技术，其加工厚度可达 200μm，最小线宽 2μm，深宽比大于 10。图 5-29 是采用 DEM 技术获得的硅微结构、镍模具和 PMMA 微结构 SEM 图[22]。

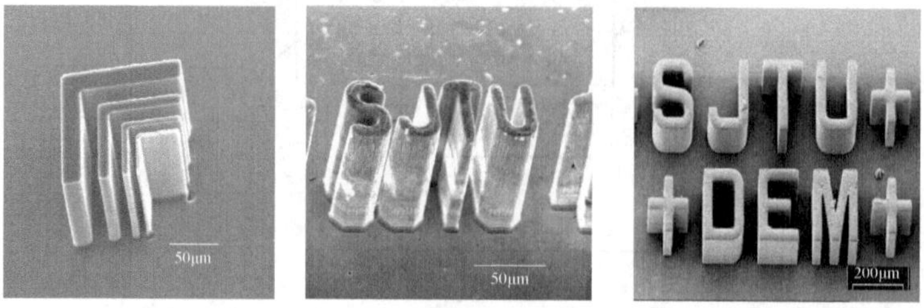

（a）硅微结构　（b）镍模具　（c）PMMA微结构

图 5-29　采用 DEM 技术获得的微结构[22]

5.5.3　Laser-LIGA 技术

Laser-LIGA 技术用准分子激光深层刻蚀代替 X 射线光刻，利用光子直接打断分子键进行加工，不需化学腐蚀显影，没有化学腐蚀的横向浸润影响，加工边缘陡直，精度高。此外，该方法也不需使用高精密、价格昂贵的 X 射线掩膜，避免了套刻对准等技术难题。Laser-LIGA 技术的经济性和使用的广泛性均优于同步辐射 X 光刻，可以降低 LIGA 工艺的制造成本，使 LIGA 技术应用更为广泛。

Laser-LIGA 的工艺流程如图 5-30 所示。

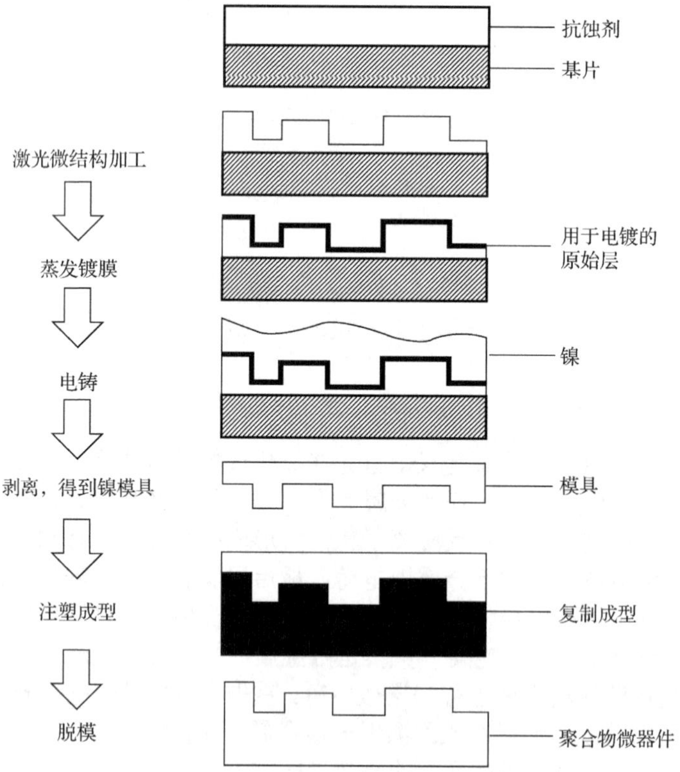

图 5-30　Laser-LIGA 工艺流程图

（1）激光消融。首先在基片上布设一层光刻胶，然后用准分子激光对光刻胶进行切除加工，产生三维光刻胶结构。

（2）电铸。采用蒸镀的方式在光刻胶微结构上镀一层薄金属，作为电铸工艺阴极。通过电铸，将金属沉积到光刻胶三维微结构空隙中，在整个光刻胶图形上电铸一层足够厚的金属，再从金属结构背面进行研磨，加工到一个标准的厚度，制成金属模具。

（3）喷射注塑。将金属模具和光刻胶分离，使用该模具进行喷射注塑，加工出与胶层结构完全相同的微结构。图 5-31 是使用该工艺加工出的微结构 SEM 图。

图 5-31　Laser-LIGA 微结构 SEM 图[23]

Laser-LIGA 技术与 X 射线 LIGA 技术的对比见表 5-9。

表 5-9　Laser-LIGA 技术与 X 射线 LIGA 技术对比

	X 射线 LIGA	Laser-LIGA
掩膜类型	铬掩膜、中间掩膜、动态掩膜	无掩膜（仅需可变孔）
微结构形态	准三维微结构	接近三维结构
横向精度	数百纳米	几个微米
高宽比	大于 100	小于 10
生产类型	批量生产	快速成型、批量生产

5.5.4　准 LIGA 技术的应用

准 LIGA 技术在机械、光通信、生命科学和医学等领域都有广泛的应用。采用准 LIGA 技术可制备各种机械微器件，如微齿轮、微弹簧、微夹钳等。图 5-32 和图 5-33 是微齿轮减速器[24]和微夹钳[25]照片。在光学和光通信领域准 LIGA 技术可制备微光谱仪、光纤耦合器等器件。图 5-34 是光纤耦合器 SEM 图[26]，图 5-35 是德国 MicroParts 公司的微光谱仪[26]。在生命科学和医学领域，采用准 LIGA 技术可制备成本低廉、一次性使用的聚合物毛细管电泳芯片、生化分析芯片等，图 5-36 是含有 96 条微通道的聚合物生化分析芯片[26]。用准 LIGA 技术还可制备用于化学反应的微混合器、微反应器等，图 5-37 是微混合器照片[26]。

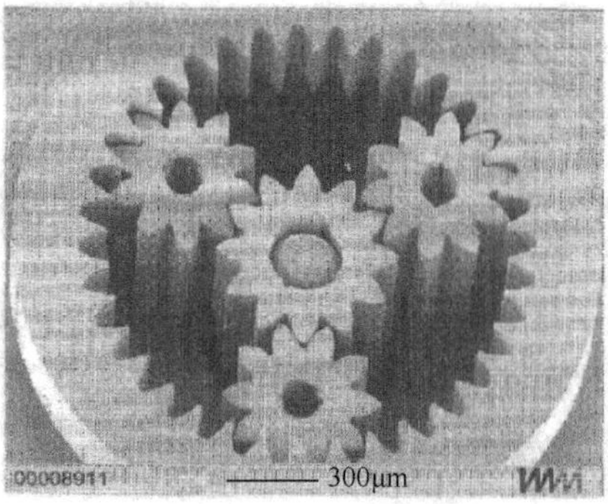

图 5-32 微齿轮减速器 SEM 图[24]

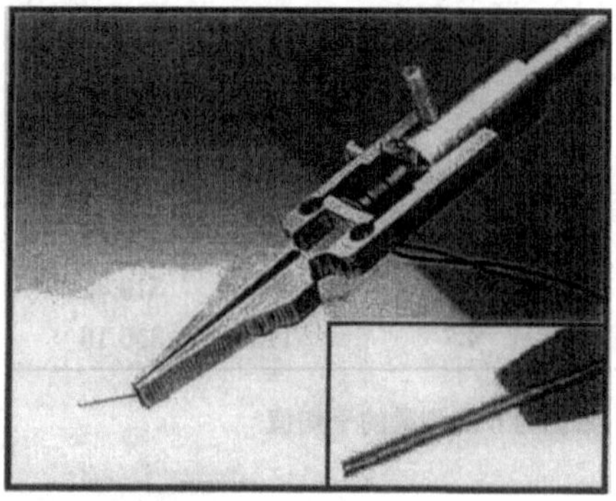

图 5-33 微夹钳照片[25]

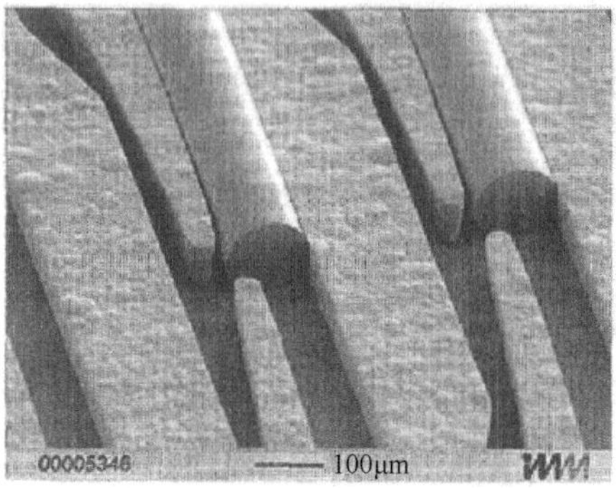

图 5-34 光纤耦合器 SEM 图[26]

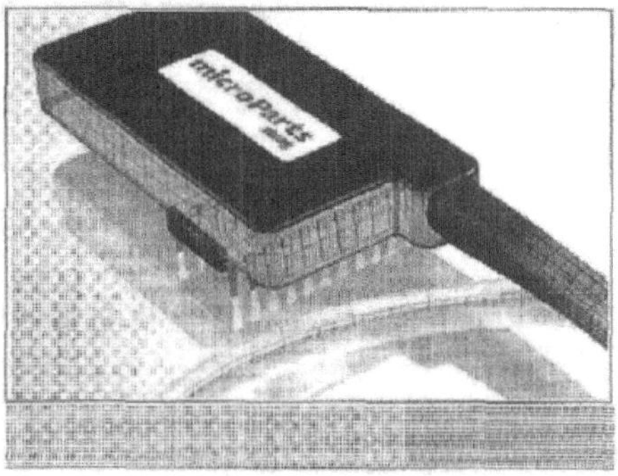

图 5-35 德国 MicroParts 公司的微光谱仪[26]

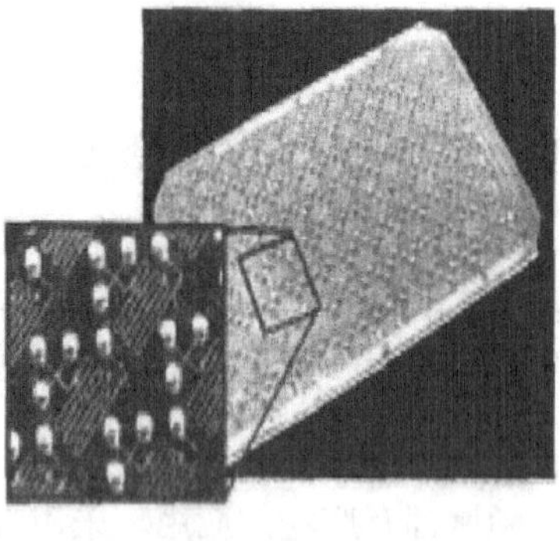

图 5-36 聚合物生化分析芯片[26]

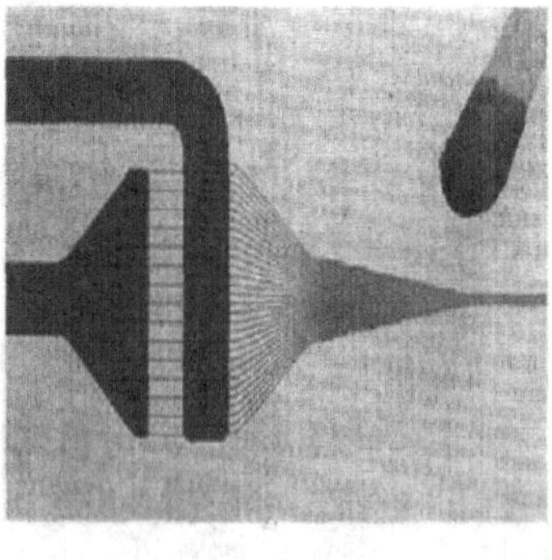

图 5-37 微混合器照片[26]

准 LIGA 技术可满足微系统对加工精度、集成度以及低成本、批量化的要求，当对微结构侧壁的垂直度要求不是很高时，它可取代 LIGA 技术。目前，国内外利用准 LIGA 技术做出诸多种类的微器件，部分准 LIGA 技术应用如表 5-10 所示。后面将选取表中一些典型微器件，介绍准 LIGA 技术在这些器件研制中的应用。

表 5-10　准 LIGA 技术的应用

应用元器件	应用领域	备注
微齿轮	微机械	模数为 40，高 130μm
微铣刀	外科医疗器械	厚度达 200μm
叉指式电容器	传感器	线条尺寸 15μm，高 30μm
微线圈	接近式、触觉传感器、振荡器	高 55μm
微型马达	微电机	可分静电和电磁马达两种
平面电感线圈	磁场测量、IC 电感元件、磁头	3mm×3mm
微打印头	打印机	宽 4μm，螺距 8μm，高 40μm
微音器	医疗器材、声传感器	2.4mm×2.4mm，1.4mV/Pa
微管道	微分析仪器	外径 40μm，内径 30μm，高 2μm
微阀	微流量计	6.25mm×6.25mm×0.5mm
微开关	传感器、继电器	30μm 厚，以 2μm Al 为牺牲层
梳状电极	传感器、执行器	22μm 厚，间隙 2μm
电容式加速度计	汽车行业悬臂梁	长 660μm 镀 Au，低温漂
平面微波电路	带通滤波器	高频电路
谐振陀螺	汽车业、玩具等	振环结构
超声波传感器	医疗器械	压电陶瓷阵列
毫米波太赫兹器件	通信系统	—
多边形微扫描镜	医用	—
金属微细阵列网板	科学研究、印刷、纺织、化工等	—
光纤耦合器	微光学对准	—
Y 形光波导	光通信及测量	—
射频元件	用于液体控制	—
IC 自动封装压焊点	集成电路生产	—

准 LIGA 技术的早期应用领域之一是微齿轮制造。基于 LIGA 技术的基本原理，结合多层光刻胶工艺、金属牺牲层法等制作微齿轮传动结构的准 LIGA 技术有如下优点：①经一次光刻转移的图形厚度就可达 40μm，远高出使用传统的光敏聚酰亚胺厚度（10μm 以下）；②光刻时使用负胶，图形转移精确、清晰；③引入金属牺牲层法，解决了制作可动、间隙小且复杂的微结构器件问题。

微型马达是微型机械研究的重要内容。马达是重要的动力源，能够把信号转换成机械运动，按照驱动原理可分为三种：利用电磁感应的电磁马达，利用压电效应的压电马达和利用库仑静电引力的静电马达。中国科学院上海微系统与信息技术研究所利用准 LIGA 技术进行了金属微型静电马达的研制，其设计的摆动式静电马达采用脉冲电铸镍的方法制造，利用反应离子各向同性刻蚀基底以释放马达转子。制造完成的微马达转矩较大，精度较高。

准 LIGA 技术可应用于微加速度开关的制造，如图 5-38 所示。加速度开关是飞行器测量加速度的重要惯性器件，为了满足飞行器控制系统的功能要求，加速度开关应具备体积小、机械接触可靠、允许通过电流大、精度较高等特点。传统的加速度开关采用精密机械加工，存在体积较大、抗振能力较弱等不足。因此，迫切需要研制新型的微加速度开关。研制的技术途径有多种，其中准 LIGA 技术因其简单易行、成本较低、制造精度可以满足需求的特点而被采用。

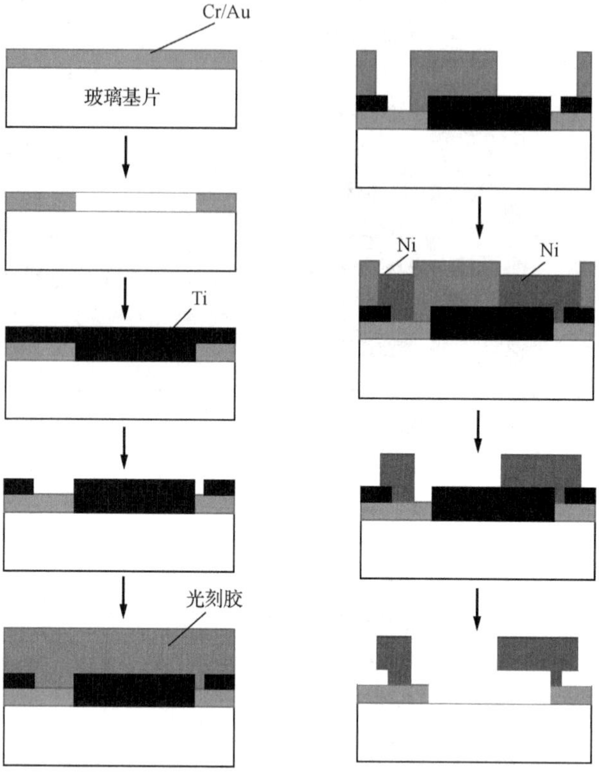

图 5-38　微加速度开关工艺流程示意图

该技术加工微加速度开关的具体流程为：①在玻璃基片上溅射 Cr，保证导电层对基片的良好黏附，再溅射 Au，光刻做引线层；②溅射 Ti 并光刻做牺牲层；③在 Ti 层上旋涂光刻胶并光刻，形成光刻胶微结构；④电铸 Ni，并去除光刻胶形成结构层；⑤腐蚀牺牲层，释放结构，完成制作。微加速度开关的工艺流程如图 5-39 所示。图 5-39 为微电容加速度传感器的结构示意图。质量块由悬臂梁支持，并被固支在基片上，它可以在两个固定于基片上的静电极之间摆动，从而与各静电极之间形成电容，电容量随加速度大小的变化而变化。

准 LIGA 技术可应用于毫米波太赫兹器件的制造。通信系统中对带宽和高分辨率的需求使得工作在毫米波和太赫兹频段内的器件广受关注。随着频率的提高，高频结构和能量耦合系统的结构尺寸已经达到几十微米量级，同时为了减小传输损耗，要求结构表面粗糙度在几十到几百纳米量级，使用常规金属加工技术加工这些频率的高精密波导器件非常困难。目前，微波太赫兹行业已经开始利用 UV-LIGA 加工方法制作小尺寸的慢波系统、谐振系统和输能系统。UV-LIGA 加工形成的高频结构是全铜的，与硅基相比，有更好的导热性，且与现有的毫米波太赫兹器件工艺相兼容，便于应用。UV-LIGA 技术在太赫兹真空器件制造中的成功应用，不但为毫米波太赫兹器件研制奠定了基础，同时也为 UV-LIGA 技术在设计制造毫米波太赫兹器件领域，包括有源和无源器件，拓展了更广的研究空间。例如，利用 UV-LIGA 技术制造的太赫兹真空器件的高频结构，频率为 94～220GHz，如图 5-40～图 5-42 所示[27]。对于 94GHz 高频结构，尺寸误差≤15μm，采用此高频结构的脉冲行波管输出功率大于 100W；对于 180GHz 高频结构，尺寸误差≤5μm，采用此高频结构的太赫兹行波管二倍频器输出功率高于 100mW，带宽为 11.4GHz；对于 220GHz 高频结构，尺寸误差≤3μm，高频结构的衰减因子为 240dB/m。

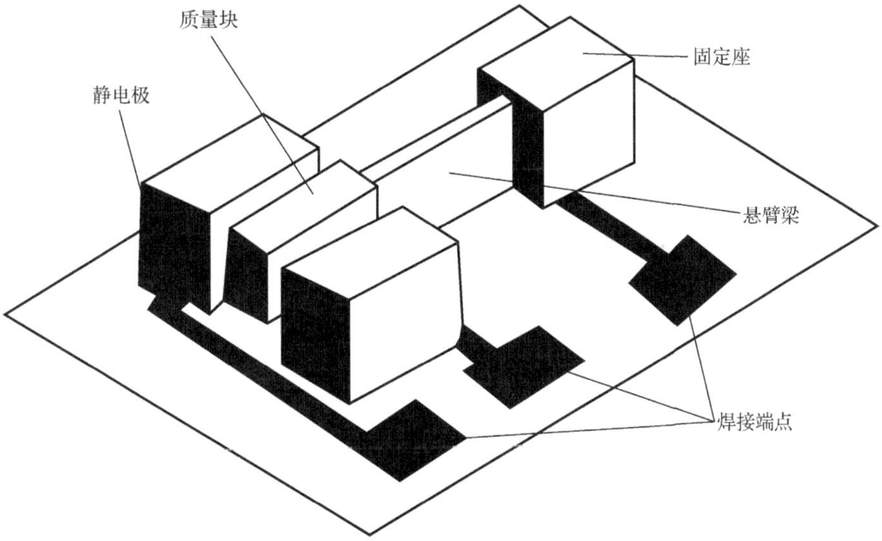

图 5-39　微电容加速度传感器结构示意图

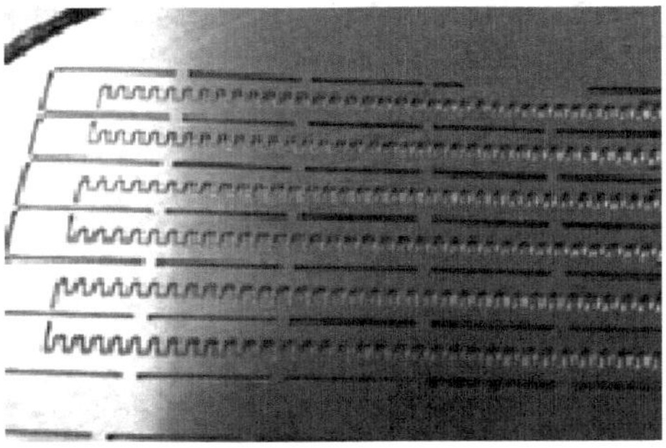

图 5-40　频率为 94GHz 的高频结构

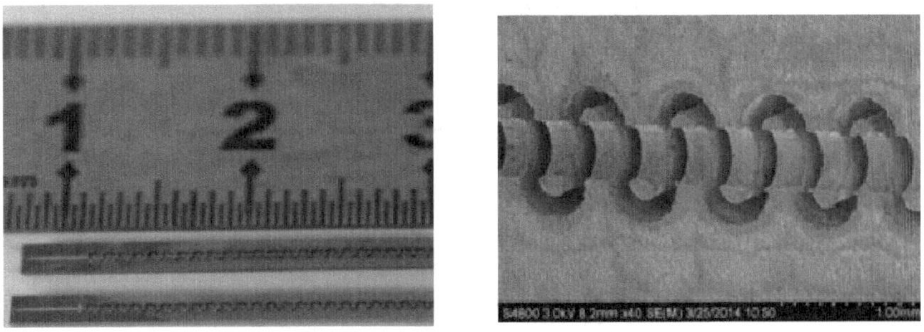

图 5-41　频率为 180GHz 的高频结构

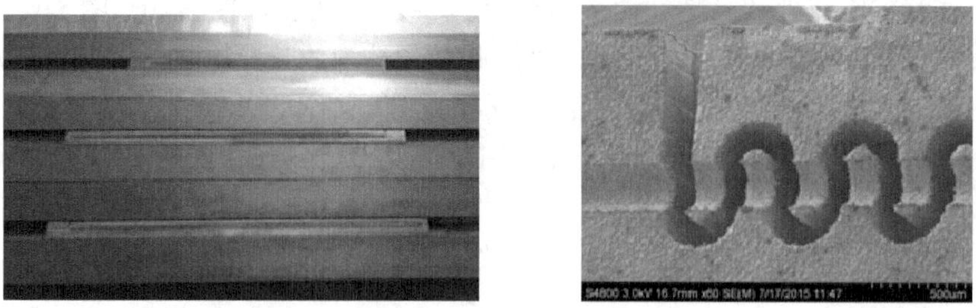

图 5-42　频率为 220GHz 的高频结构

准 LIGA 技术可应用于金属微细阵列网板的制造。金属微细阵列网板在科学研究、印刷、纺织、化工等领域的应用越来越广，如电子显微镜与透射电镜用的光栅网、喷墨打印机用的喷板、纺织业用的喷丝板，以及化工、食品等领域使用的过滤网等都是典型的微细阵列网板。正是由于金属微细阵列网板有如此大的需求，所以其制作工艺一直是国内外学术界及产业界研究的热点之一。早期的金属微细阵列网板主要是由不锈钢、钛、铜等金属细丝编织而成，如图 5-43 所示[28]。随着科技的发展，传统的编织方法因孔形单一、精度较低、孔径难以微型化等缺点已很难适应各行业对金属微细阵列网板的孔形、尺寸等提出的苛刻要求，为了克服传统编织式金属阵列网板的固有缺点，现已开发出多种加工金属微细阵列网板技术，包括精密机械加工、微细电火花加工、LIGA 及准 LIGA 技术、掩膜电解加工、激光加工、微细电解加工、电液束加工等。其中，LIGA 及准 LIGA 技术可以轻松实现微细群孔结构的制作。图 5-44 是由 UV-LIGA 技术制作的六边形镍网板，边长为 200μm，开孔率达 90%[29]。

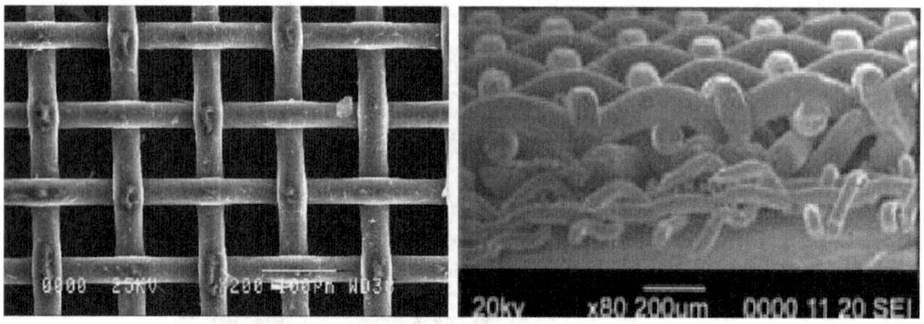

（a）单层网板　　　　（b）多层网板

图 5-43　编织型金属微细阵列网板

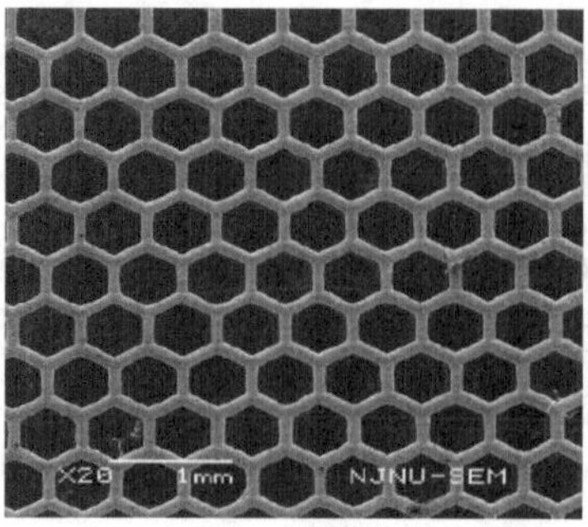

图 5-44　UV-LIGA 技术制作的六边形镍网板

5.6　其他相关 LIGA 技术

LIGA 技术和准 LIGA 技术虽各自具有突出的优点，但是应用其技术加工得到的形状是直柱状的，难以加工含有曲面、斜面和高密度微尖阵列的微器件，不能生成带有空腔或可活动的微结构。因此，针对其不足之处和实际应用的需要，发展了一批与 LIGA 技术相关的加工技术，其中有牺牲层 LIGA（sacrificial layer LIGA，SLIGA）技术、移动掩膜 LIGA（moving mask LIGA，M^2LIGA）技术、封装后释放准 LIGA 技术及 IH 工艺等。

5.6.1　SLIGA 技术

SLIGA 技术是结合牺牲层技术和 LIGA 技术而发展起来的一种新工艺。由于 LIGA 技术只能制造没有活动部件的微结构，SLIGA 技术利用牺牲层可以制造含有活动构件的微器件，其典型工艺流程如图 5-45 所示。

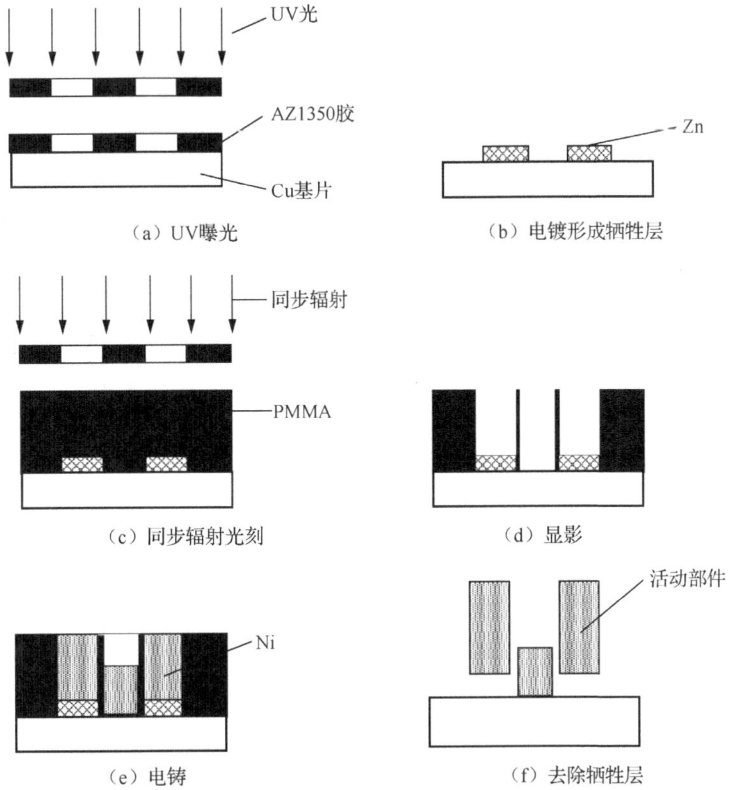

图 5-45　SLIGA 工艺流程

（1）在陶瓷或附有绝缘层的基片上制作牺牲层，材料为聚酰亚胺、氧化硅、多晶硅或比较容易被有选择去除的金属，如图 5-45（a）所示。

（2）在基片和牺牲层上溅射一层 Ti 和 Ni，作为电铸用的金属基底，如图 5-45（b）所示。

（3）涂覆 PMMA 光刻胶，用深层同步辐射 X 射线光刻技术进行曝光，制成电铸需要的模板，如图 5-45（c）和（d）所示。

（4）在光刻得到的模板上进行电铸，得到所需要的活动部件，如图 5-45（e）所示。

（5）完成微电铸工艺之后，去除光刻胶和牺牲层，即可获得可活动的微结构，如图 5-45（f）所示。

图 5-46 为使用该工艺加工出的微马达 SEM 图[30]。

在包括光刻胶作牺牲层的多种牺牲层技术中，常常采用湿法刻蚀释放。由于液体的毛细作用和表面张力，湿法刻蚀释放易导致悬起结构与基底的黏附，进而引起器件失效。基于等离子体与有机物牺牲层的干法释放很好地解决了这个问题。该技术将光刻胶用作牺牲层，在其上蒸镀金属结构层并图形化，随后结构在各向同性氧等离子体中干法释放。

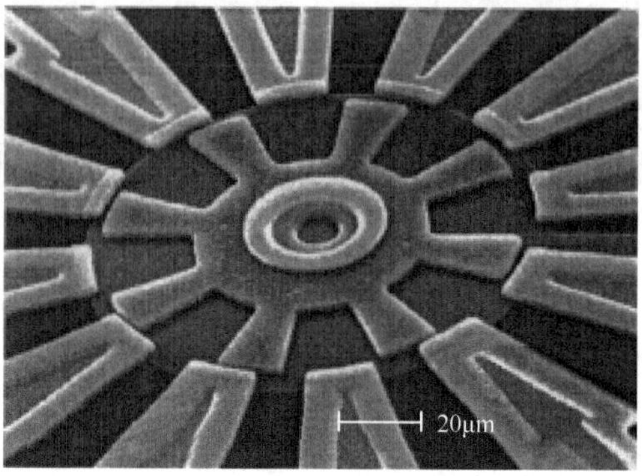

图 5-46　SLIGA 工艺制作的微马达

5.6.2　移动掩膜 LIGA 技术

为了控制 PMMA 微结构的侧壁倾斜度，便于形成具有不同倾斜度的斜面、锯齿、圆锥或圆台等微结构，日本 Tabata 等[31]科研人员在 1999 年提出了移动掩膜 LIGA 技术。该技术采用移动掩膜 X 射线深度光刻（moving mask deep X ray lithography，M^2DXL）技术代替常规的静止掩膜 X 射线深度光刻。在光刻时，X 射线掩膜不是固定不动的，而是沿着与光刻胶基片平行的方向移动或转动，这样光刻胶的曝光量就会随着掩膜的移动而变化，从而形成具有相应深度和形状的微结构。改变掩膜图形、掩膜运动轨迹和速度可以形成各种不同的微结构。图 5-47 为 M^2DXL 的示意图[30]。

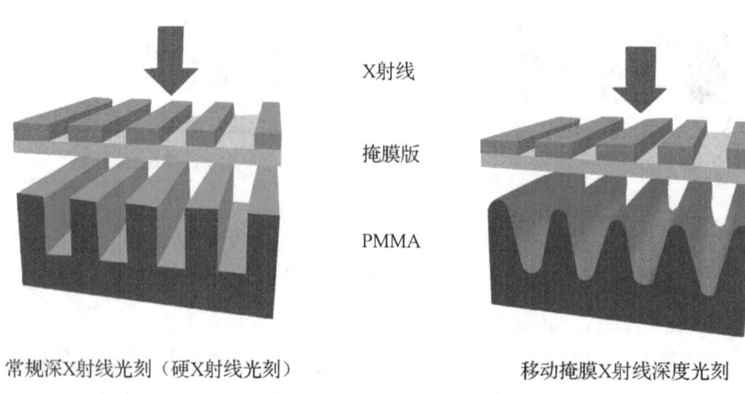

图 5-47　M^2DXL 示意图

M^2DXL 完成之后，再采用微电铸和微复制工艺，生成具有高深宽比的微结构。图 5-48 为使用该技术产生的微结构。

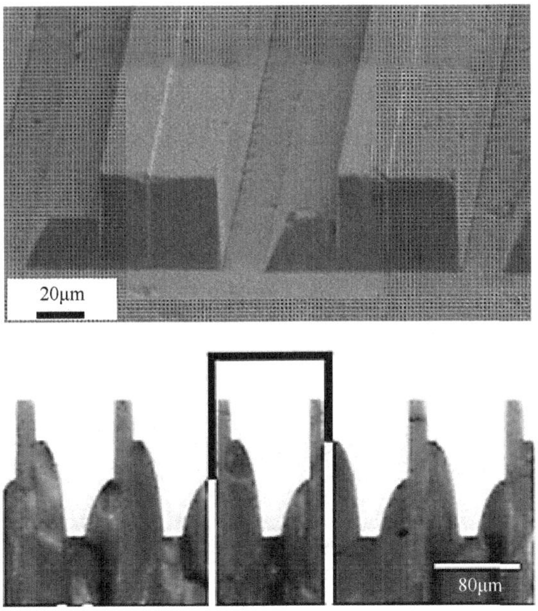

图 5-48　使用 M^2LIGA 技术产生的微结构

5.6.3　封装后释放准 LIGA 技术

封装后释放准 LIGA 技术是指利用无氰电铸（电铸液不含氰化物）制作金结构层，采用 PECVD 制作的无定形硅作为牺牲层，采用先部分封装，然后腐蚀牺牲层释放微结构的工艺流程。这种技术避免了划片、压焊等封装工艺对可动敏感结构造成的破坏。由于在封装时，可动结构尚未释放，因此可以采用普通的设备进行封装，从而降低了加工成本，提高了成品率。基于无氰电铸的准 LIGA 加工技术可以利用倒装焊制造的设备与工艺，降低了工艺研发周期和成本。倒装焊是指焊料把面朝下的芯片凸点和基板互连在一起，形成稳定可靠的机械和电气连接。

封装后释放准 LIGA 技术的基本工艺流程如下（图 5-49）。

（1）在制作了电路的硅片上生长钝化层，然后制作无定形硅（非晶硅）牺牲层，如图 5-49（a）所示。

（2）溅射 TiW/Au 种子层，涂胶并光刻。采用无氰电铸技术制作金结构。用反镀工艺去除不需要的金种子层，用过氧化氢（H_2O_2）腐蚀去除不需要的 TiW 层，如图 5-49（b）所示。

（3）利用深反应离子刻蚀设备，采用 Bosch 工艺在金结构的侧壁制作类特氟龙薄膜作为防黏附层；Bosch 工艺是指在集成电路制造中为了阻止或减弱侧向刻蚀，设法在刻蚀的侧向边壁沉积一层刻蚀薄膜的工艺；在 Bosch 工艺中类特氟龙薄膜被作为深反应刻蚀的阻挡层。而类特氟龙薄膜是典型的疏水薄膜；采用 Bosch 工艺中的类特氟龙薄膜生长周期制作薄膜，采用 Bosch 工艺中刻蚀周期腐蚀去除上表面与底面的薄膜，通过控制生长与腐蚀的时间可以在结构侧壁制作类特氟龙薄膜。

（4）对硅片划片，再进行贴片和压焊。由于结构未释放，因此采用一般的封装设备加工即可，如图 5-49（c）所示。

（5）用二氧化氙（XeF_2）干法腐蚀无定形硅牺牲层，释放结构。XeF_2 腐蚀具有较好的选择性，几乎不腐蚀光刻胶、二氧化硅、铝线等，对金与 TiW 的腐蚀速率也很低，不会对封装材料造成显著影响，可以实现封装后释放。最后封帽完成器件制作，如图 5-49（d）所示。

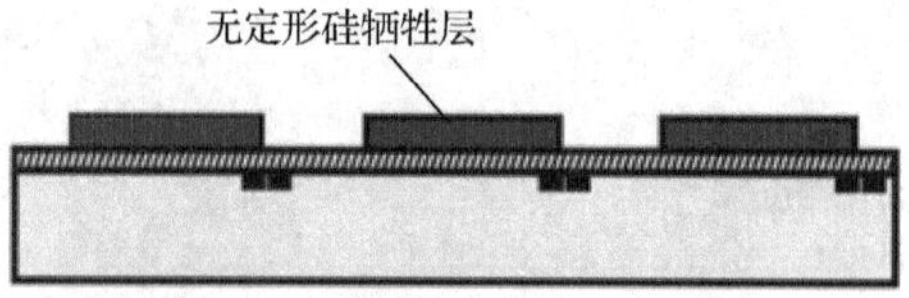

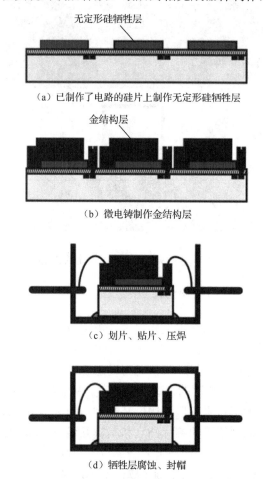

（a）已制作了电路的硅片上制作无定形硅牺牲层

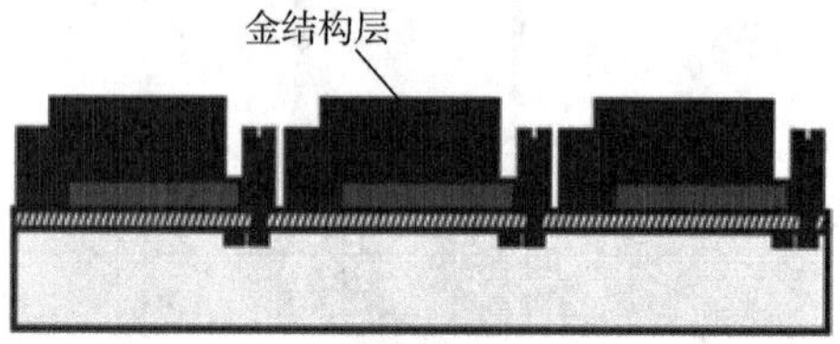

（b）微电铸制作金结构层

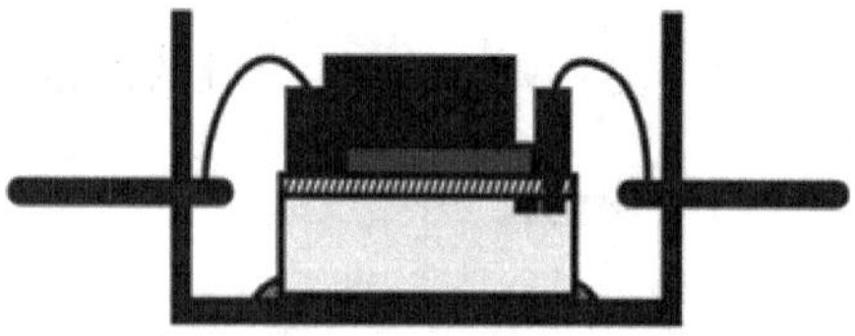

（c）划片、贴片、压焊

（d）牺牲层腐蚀、封帽

图 5-49　封装后释放准 LIGA 技术基本工艺流程

5.6.4　IH 工艺

集成固体聚合物立体光刻工艺（interted harden polymer stere lithography，IH）是一种微立体光刻技术。该工艺可以加工出硅工艺和 LIGA 技术难以加工的具有任意曲面、斜面的微立体构件，实现了微结构的真三维加工。在 IH 提出后的近十年的时间里，Mass IH、Super IH、Hybrid-IH 和 Multi-Polymer IH 等一系列新工艺又相继出现。

IH 立体光刻工艺是从宏观的立体光刻技术发展而来的，光刻的对象是液态紫外抗蚀剂，该抗蚀剂能够在紫外光的照射下产生固化现象。为了得到紫外光聚合物的三维结构，首先需要加工出二维片状结构，称之为片状单元。图 5-50 为三维结构和片状单元之间的关系，即三维结构是由紫外线固化液体抗蚀剂形成的二维片状单元堆积而成。

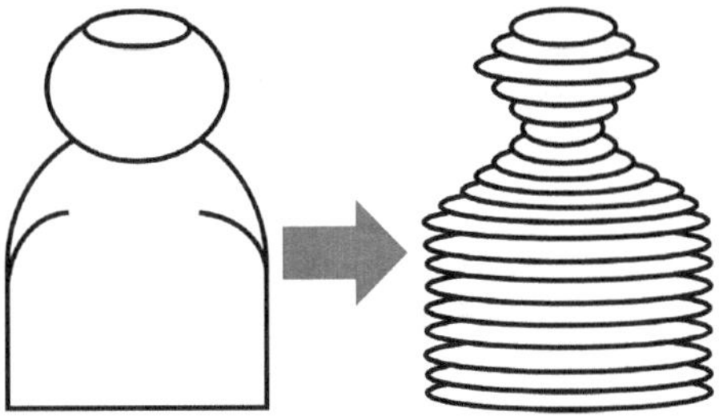

图 5-50　三维结构和片状单元之间的关系

IH 工艺的加工设备如图 5-51 所示，其主要工艺步骤如下：

（1）光刻时，在计算机控制下，固定在 z 轴工作台上的透明玻璃板下降到抗蚀剂中，使其保持与容器底平面一个分层厚度的距离，该厚度内的空间中充满抗蚀剂。

（2）紫外光通过光闸、透镜以及透明玻璃板聚焦到液态抗蚀剂上，将抗蚀剂固化形成二维图形（即片状单元）。

（3）z 轴工作台、玻璃板和镜头轻轻提升，液态抗蚀剂又充满玻璃板和刚刚固化的抗蚀剂之间，重复该过程直到最终形成三维聚合物结构。

用这种结构制作模板进行电铸，又可获得三维金属微结构。使用该技术，已加工出微型螺旋弹簧、聚合物弯曲管等三维微器件。

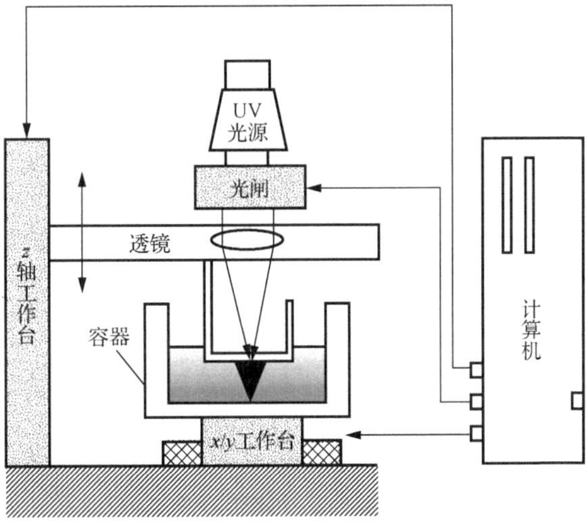

图 5-51　IH 工艺的加工设备

IH 工艺的主要优点如下：

（1）不需掩膜，与 CAD/CAM 系统相连进行片状单元或三维图形的结构设计，具有极大的加工灵活性。

（2）可用于 IH 工艺成型的材料种类较多，应用范围广。

（3）设备简单，成本低，生产周期短。

（4）理论上可以制作深宽比为任意值的复杂三维微器件。

IH 工艺也存在一些不足之处：由于该工艺中使用的光源为紫外光源，光斑尺寸和光刻分辨率受到光学性质的限制，再加上 x、y 向的扫描是靠机械移动来完成的，其加工精度受到机构定位精度和重复定位精度限制，目前分辨率仅为亚微米级。如果能将电子束曝光技术引进到 IH 工艺中，上述问题就可能得到解决。

复习思考题

5-1 列举 LIGA 工艺的主要步骤。

5-2 简述 LIGA 工艺和准 LIGA 工艺的区别。

参 考 文 献

[1] Zhang P, Liu G, Tian Y C, et al. The properties of demoulding of Ni and Ni-PTFE moulding inserts[J]. Sensors and Actuators A: Physical, 2005, 118(2): 338-341.

[2] Urisu T, Kyuragi H. Synchrotron radiation-excited chemical-vapor deposition and etching[J]. Journal of Vacuum Science & Technology B, 1987, 5(5): 1436-1440.

[3] 马波. 微细结构中永磁材料电铸技术研究[D]. 长春: 长春理工大学, 2007.

[4] Wollersheim O, Zumaque H, Hormes J, et al. Radiation-chemistry of poly(lactides) as new polymer resists for the LIGA process[J]. Journal of Micromechanics and Microengineering, 1994, 4(2): 84-93.

[5] Ehrfeld W, Einhaus R, Munchmeyer D, et al. Microfabrication of membranes with extreme porosity and uniform pore-size[J]. Journal of Membrane Science, 1988, 36: 67-77.

[6] DiBari G A. Nickel plating[J]. Plating and Surface Finishing, 1999, 86(11): 51-52.

[7] Chan K C, Qu N S, Zhu D. Effect of reverse pulse current on the internal stress of electroformed nickel[J]. Journal of Materials Processing Technology, 1997, 63(1-3): 819-822.

[8] 童修强. 工艺因素对氨基磺酸镍镀层内应力的影响[J]. 材料保护, 1987(1): 23-26.

[9] 姚金环, 李延伟, 林红, 等. 硫酸盐电铸镍内应力的影响因素[J]. 电镀与涂饰, 2010, 29(3): 20-22.

[10] Tsuru Y, Nomura M, Foulkes F R. Effects of chloride, bromide and iodide ions on internal stress in films deposited during high speed nickel electroplating from a nickel sulfamate bath[J]. Journal of Applied Electrochemistry, 2000, 30(2): 231-238.

[11] 李佰林. 搪塑模具制备及搪塑工艺关键技术研究[D]. 长春: 吉林大学, 2014.

[12] Saitou M. Internal stress in nickel thin films affected by additives in electrodeposition[J]. International Journal of Electrochemical Science, 2016, 11(2): 1651-1660.

[13] 谭志成. 微电铸铸层内应力的研究[D]. 大连: 大连理工大学, 2014.

[14] Mata A, Fleischman A J, Roy S. Fabrication of multi-layer SU-8 microstructures[J]. Journal of Micromechanics and Microengineering, 2006, 16(2): 276-284.

[15] 宋磊. 微电铸层内应力与微模具型芯制作的研究[D]. 大连: 大连理工大学, 2009.

[16] 牛云松, 于志明. 超声辅助电沉积叠层镍膜及其耐腐蚀性能研究[J]. 腐蚀科学与防护技术, 2013, 25(2): 110-114.

[17] Zhao Z, Du L Q, Tao Y S, et al. Enhancing the adhesion strength of micro electroforming layer by ultrasonic agitation method and the application[J]. Ultrasonics Sonochemistry, 2016, 33: 10-17.

[18] 王丽丽, 管从胜, 孙从征. 热处理对镍-磷合金镀层结合强度和硬度的影响[J]. 电镀与精饰, 2008(2): 4-6.

[19] Williams M L, Landel R F, Ferry J D. The temperature dependence of relaxation mechanisms in amorphous polymers and other glass-forming liquids[J]. Journal of the American Chemical Society, 1955, 77(14): 3701-3707.

[20] 王敏杰, 田慧卿, 赵丹阳. 聚合物熔体微尺度剪切黏度测量方法与黏度模型[J]. 机械工程学报, 2012, 48(16): 21-29.

[21] Lorenz H, Despont M, Fahrni N, et al. SU-8: a low-cost negative resist for MEMS[J]. Journal of Micromechanics and Microengineering, 1997, 7(3): 121-124.

[22] Chen D, Yang F, Tang M, et al. DEM microfabrication technique and its applications in bioscience and microfluidic systems[C]. Conference on Micromachining and Microfabrication Process Technology and Devices, Nanjing, China, 2001.
[23] Yang C R, Hsieh Y S, Hwang G Y, et al. Photoablation characteristics of novel polyimides synthesized for high-aspect-ratio excimer laser LIGA process[J]. Journal of Micromechanics and Microengineering, 2004, 14(4): 480-489.
[24] 张卫平, 陈文元, 范志荣, 等. 模数≤0.06mm 的微行星齿轮减速器的 CAD/CAM 技术[J]. 机械设计, 2000(12): 14-16.
[25] 李震. 柔性机构拓扑优化方法及其在微机电系统中的应用[D]. 大连: 大连理工大学, 2006.
[26] 陈迪, 蔡炳初. LIGA 技术、准 LIGA 微加工技术及其应用[C]. 微纳制造技术应用研讨会, 2003.
[27] 李含雁, 冯进军. UV LIGA 技术在毫米波太赫兹器件中的应用进展[J]. 太赫兹科学与电子信息学报, 2018, 16(5): 776-780.
[28] 胡洋洋. UV-LIGA 与微细电加工组合制造金属阵列网板技术研究[D]. 南京: 南京航空航天大学, 2010.
[29] 周峰, 朱荻, 明平美, 等. UV-LIGA 技术制备大厚度高开孔率精细金属网板[J]. 精细化工, 2009, 26(6): 589-594.
[30] Fan L S, Tai Y C, Muller R S. IC-processed electrostatic micro-motors[C]. Technical Digest, International Electron Devices Meeting, San Francisco, CA, USA, 1988: 666-669.
[31] Tabata O, Sasaki T, Suzuki A, et al. Microfabrication of three-dimensional structures using micro-stereolithography and electroforming[J]. Proceedings of the IEEE, 1999, 86(8): 1590-1598.

第 6 章 微传感器

利用微机械加工技术将微米级的敏感元件、信号处理器、数据处理等封装在一块芯片上制成微传感器，可以实现力学量、电磁量、热学量、化学量和生物量的检测，其具有体积小、功耗低、易集成、价格低廉等优势，受到广泛关注，产业化前景广阔。

6.1 物理信号传感器

本节根据微传感器所测物理量的不同，分别介绍力学、电磁学、热学、光学、声学等微传感器的概念、特点及应用。

6.1.1 力学传感器

力学传感器是将力的量值转换为电信号的器件，此类传感器能够直接测量张力、拉力、压力、重量、扭矩、内应力和应变等力学参量，或通过力学参量间接测量直线加速度、角加速度等运动量，是动力设备、工程机械、各类工作母机和工业自动化系统中不可缺少的感应部件。

1. 测力传感器

测力传感器一般分为压阻式和电容式。压阻式力学传感器采用弹性构件和应变片共同构成传感器件，当材料感受外力后，几何形状或晶格参数将发生变化，进而引起材料电阻率变化，通过标定和测量回路中的电阻变化获得力学信息。电容式压力传感器是利用被测外力对探测材料电容大小的影响间接获取力学信息。微系统中集成的分布式力学微传感器一般采用 MEMS 工艺制造，感应器件的最小尺度为微米级，元件分布间距为百微米至毫米，响应频率可达千赫兹量级。体硅工艺[1-3]和表面硅工艺[4-6]都可用于制造压力微传感器。首款基于体硅工艺制造的压力微传感器于 1963 年问世，而后于 1985 年出现了基于表面硅工艺的压力微传感器。体硅工艺利用单晶硅优异的机械性质，如较少的表面缺陷、理想的材料弹性、优异的重复性和几乎零残余应力等制备响应敏锐的感应元件，但该方法制备的膜片厚度具有较大差异，导致感应一致性较差；表面硅工艺的结构材料多为氮化硅和多晶硅，材料的性能对工艺的依赖性强，存在残余应力干扰，但膜片厚度的重复精度较高。

Motorola 公司（现 Freescale 公司）于 1991 年量产了 MPX 系列集成双极信号处理电路的单晶硅膜片压阻式压力微传感器，这是全球第一款量产的 MEMS 集成微传感器产品，广泛应用于汽车、医疗和工业控制领域。这款压力微传感器采用 X-ducer 的 X 型压阻结构，由 2 个

4 端口输出压阻材料构成，如图 6-1 所示[7]。微传感器测力时在引脚 1、3 输入电流，利用被测压力在膜片内产生的剪应力改变输入电场强度，进而改变引脚 2、4 之间的阻值大小，可以测量作用在膜片上的外部压力。

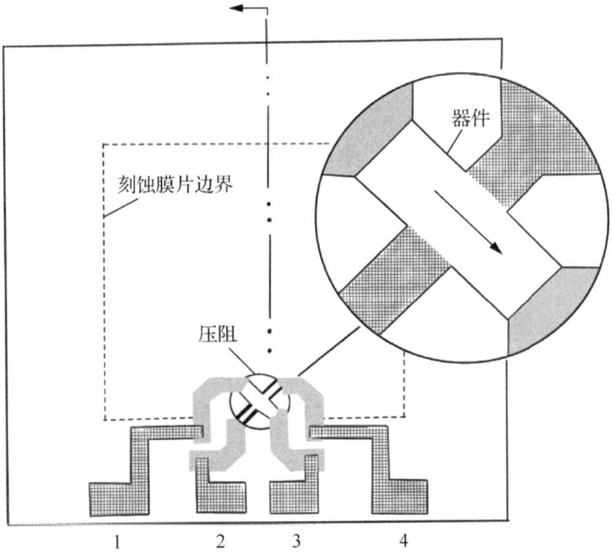

图 6-1　X-ducer 结构示意图

清华大学 Jian 等[8]设计了一款高性能柔性压力微传感器。制作流程为：①以天然植物叶片为仿生模板浇注制作聚二甲基硅氧烷（m-PDMS）柔性基底；②采用 CVD 工艺在基底上沉积由定向碳纳米管/石墨烯（ACNT/G）组成的高导电薄膜；③再将两块 PDMS 膜导电面对在一起，使两个面间的 ACNTs 交错分布连接，形成传感器。传感器受力后，两块 PDMS 膜之间的碳纳米管产生形变，电阻发生变化，从而引起电路中的电压、电流值改变，实现对压力的检测。制备的 PDMS 薄膜的微观形貌如图 6-2 所示，薄膜表面有许多平均直径(64.7±9.1)μm、高度约 3μm 的突起结构，可以增加薄膜表面粗糙度，扩大薄膜接触面积，显著提高传感器灵敏度性。

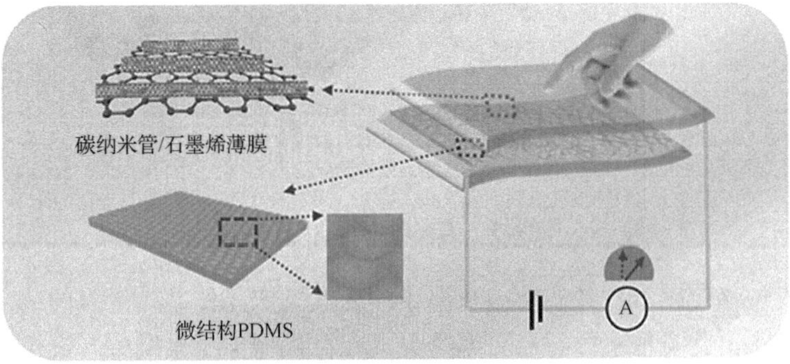

图 6-2　基于 ACNT/G 杂化薄膜和 m-PDMS 薄膜的柔性压力传感器微结构示意图[8]

2. 位移传感器

位移传感器又称为线性传感器，它可以将位移量转换为电信号，在工程领域广泛应用。位移传感器的发展经历了两个阶段，即经典位移传感器阶段和半导体位移传感器阶段。20 世纪 80 年代以前，人们以经典电磁学为理论基础，把不便于定量检测和处理的位移、速度等物理量转换为易于量化、便于传输与处理的电信号，如电阻式、电感式、电容式位移传感器等。随着 MEMS 技术发展，微型化、集成化和智能化的需求引出了半导体位移传感器的概念。使用半导体新材料的 MEMS 位移传感器不仅体积小、易于集成，还可以达到更高的测量分辨率和精度，因此备受关注。MEMS 位移传感器根据测量原理分为谐振式、压阻式、时栅式等。

Ishida 等[9]设计了一款基于谐振频率偏移原理的哨式位移传感器，其结构如图 6-3 所示。这款传感器包含一个开放式哨型腔和一个封闭式哨型腔，前者用作位移感应元件。此外，传感器还包含唇缘结构、滑块运动机构和共振管。当空气流入哨型腔，由于唇缘结构对气流的压缩和膨胀作用，气流将以一定的共振频率产生振动，振幅、频率与腔体的边缘结构和共振管长度有关。通过测量由谐振管长度变化引起的共振频率偏移，即可测定当前的探头位移。对这款谐振式位移传感器的测试表明，在测量毫米级的位移量时，误差仅为微米级，表明其具有较高的线性测量性能和重复度。

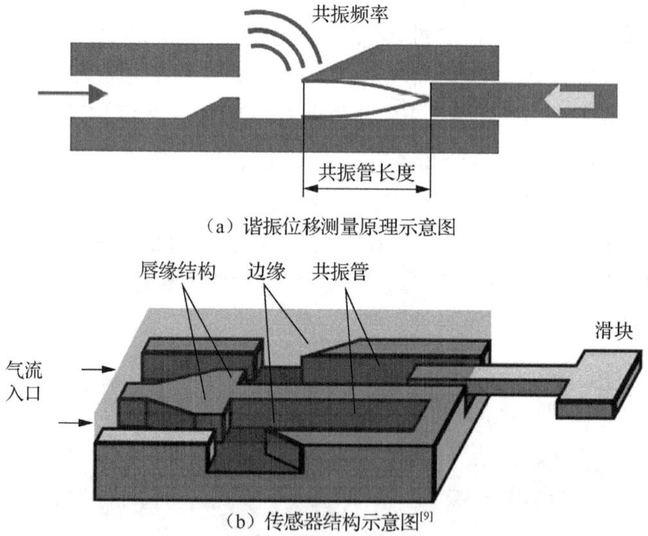

（a）谐振位移测量原理示意图

（b）传感器结构示意图[9]

图 6-3　哨式谐振位移传感器

对于压阻式位移传感器，其使用掺杂离子的应变感应元件具有更强的线性应变灵敏度，由于尺寸规模较小，此类位移传感器更容易集成在微机械电子系统中。离子注入是制造压阻式感受器的常用方法。在离子注入中，掺杂剂离子以高能量加速进入基底，在植入基板的晶体结构中留下级联损伤。离子注入过程一般采用较大的注入角度（7°～45°），从而在深反应离子刻蚀沟槽的刻蚀侧壁上形成压电电阻微结构。通过精确控制掺杂剂浓度和深度，可以获得不同量程和敏感度的应变感受器元件。如图 6-4 所示[10]，注入后的材料被制成悬臂梁结构，压阻传感器设置在梁的根部，以最大限度提高灵敏度。压阻感受器的电阻率变化是材料内部应力的函数，当悬臂梁受力位移时，通过压阻回路中电压电流的计算即可测定悬臂梁的自由端位移。目前的MEMS压阻式位移传感器测量精度在10Hz～1kHz带宽频率下可达到0.1Å_{rms}。

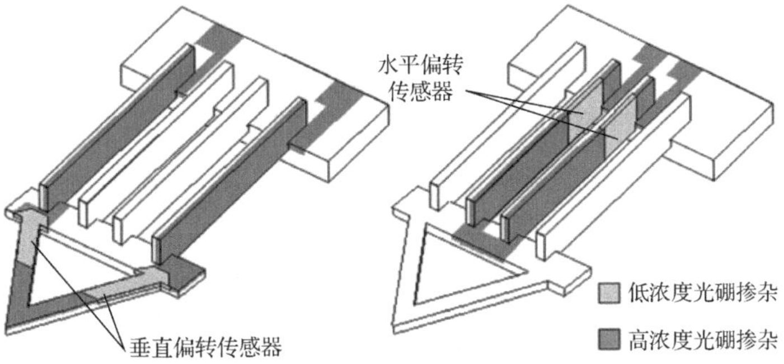

图 6-4 压阻式悬臂位移传感器[10]

时栅式位移传感器采用交变电场耦合方式，利用比相电路解算实现纳米位移测量，是纳米数控机床、大规模集成电路、微电子运动系统等超精密装备的关键功能部件。许卓等[11]设计了一款大量程时栅式纳米位移传感器，图 6-5 展示了其加工流程，选用 0.5mm 玻璃作为传感器基底，由于金属与玻璃基材的黏附性较差，因此需添加过渡层。

（1）首先在金属 Al 基底上溅射 Mo 作为过渡层，然后磁控溅射电极 Al，其中 Mo/Al 厚度为 60nm/60nm。

（2）将溅射完成后的基片在丙酮溶液中浸泡 12h，随后刻蚀电极层和金属 Mo。

（3）完成电极加工后，为了避免氧化问题，在器件表面进行贴膜处理。

在传感器工作时，电场内的纳米时栅传感元件在位移时将产生周期性脉冲信号，通过测定脉冲信号大小及频率，即可测定大量程的纳米级位移。测试结果表明，在 200mm 的大量程区间内，这款光栅位移传感器的峰值误差约为 500nm，可以实现纳米位移的稳定输出。

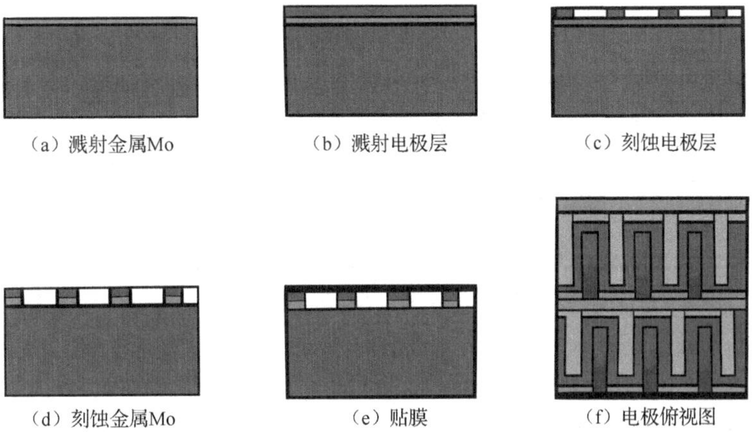

（a）溅射金属Mo （b）溅射电极层 （c）刻蚀电极层

（d）刻蚀金属Mo （e）贴膜 （f）电极俯视图

图 6-5 栅式位移传感器加工流程[11]

3. 加速度传感器

加速度传感器是利用被测物的加速运动产生的惯性力引起质量位移或材料应变，转换并计算加速度信息。惯性微机械开关便是基于上述加速度测量原理设计的。上海交通大学 Yang 等[12]设计了一种双层弹簧横向驱动惯性开关，其主要由柔性可动电极、固定电极和多向约束结构构成，如图 6-6 所示。当加速度在传感方向达到设定阈值时，可动电极将向固定电极移动直至接触，弹簧的对称布置限制了电极在其他方向的位移扰动，提高了传感器的单轴灵敏度与测量精度。

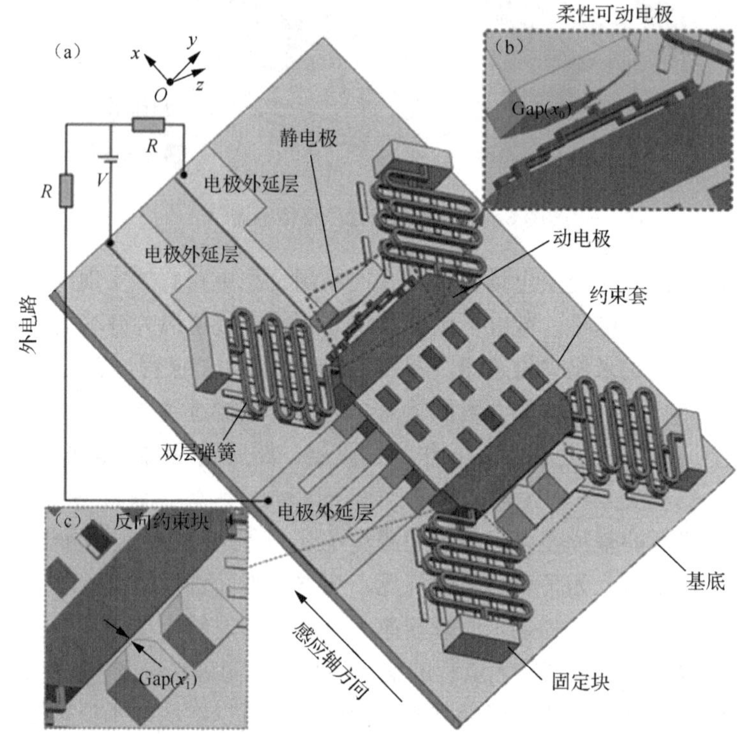

图 6-6　弹簧惯性开关结构图[12]

陀螺仪也属于惯性传感器的一种，用于测量角速率或姿态角。与传统陀螺仪相比，MEMS 陀螺仪具有体积小、重量轻、成本低、精度高、易于集成等优点。MEMS 陀螺仪通常有两个方向的可移动电容：径向电容在振荡电压下做径向运动，横向电容用于捕捉径向电容运动时产生的切向电气属性变化。由于电容的切向力正比于角速度，可根据电容参数变化计算运动体角速度。1988 年，由美国 Draper 实验室成功研制出世界上首款 MEMS 陀螺仪。该陀螺仪采用静电驱动挠性梁框架式结构[13]，如图 6-7 所示。陀螺仪由内外两个平衡架组成，两个平衡架通过正交的柔性铰链连接在一起，内平衡架上安装了一个竖立的矩形块。柔性铰链在旋转扭矩作用下会发生运动，在其他方向力的作用下表现出较强的刚性。当传感器外平衡架以一定的频率和角度振动时，内平衡架会在垂直于平衡架表面的方向上产生振动响应，内平衡架上感应元件的电气属性由于科里奥利效应发生变化，该变化量与系统角加速度成正比，因而可以通过放大、调制后输出的电信号解析当前角加速度信息。西安飞行自动控制研究所的王永等[14]设计了一款质量元件环式分布的四质量块 MEMS 陀螺仪。陀螺仪结构如图 6-8 所示，耦合梁位于环式分布中央，质量元件彼此通过耦合梁连接并沿中心点对称。每一质量元件都包括驱动框架、科里奥利质量件和检测框三部分，驱动框的外侧均匀分布有两组驱动梳齿和四组驱动检测梳齿，检测框的外侧均匀分布两组传感检测齿。驱动框架负责激励质量件产生简谐振动，当有外部角速度输入时，由于科里奥利效应，检测梳齿会发生周期性位移，进而产生差分电容信号。对差分电容信号进行测量，可以实现角速度的稳定测量。

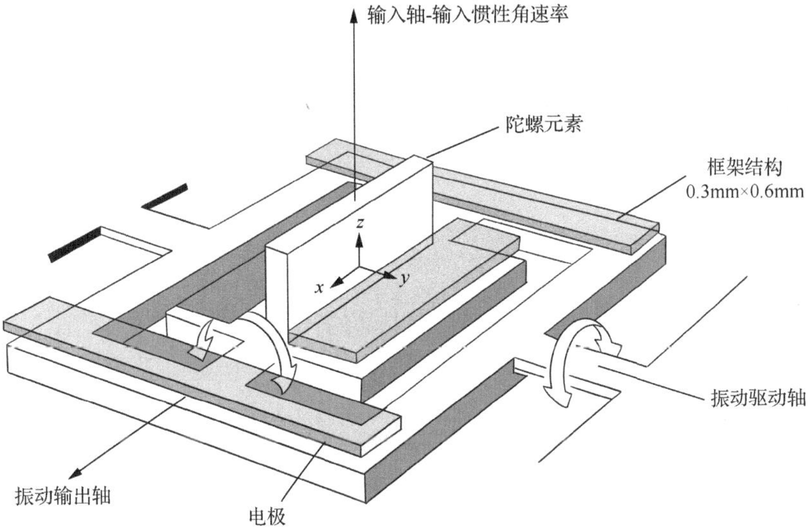

图 6-7 挠性梁框架式陀螺仪结构图[13]

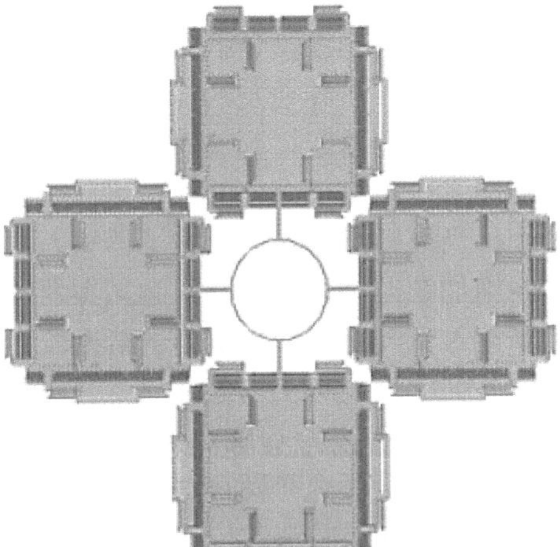

图 6-8 环式分布的四质量块陀螺结构简图[14]

4. 流量传感器

流量传感器是指用于测定单位时间内流过某一横截面积的流体体积或质量的器件。由于微机电系统的流量较小、集成度高、流固耦合作用明显，精确测量微小流量是MEMS流量传感器的首要难点。根据MEMS流量传感器原理和结构不同，大致分为压敏电阻式、谐振式、热敏式等类型。

陈佩等[15]基于MEMS技术设计了一种梁膜结合的压差式流量传感器，传感器主体由中央膜片、敏感梁和硅支撑结构组成，梁膜结构如图6-9所示。在工作时，中央膜片直接受到运动流体的冲击作用，膜的上下表面将产生压力差，应力通过中央膜片传递到敏感梁上，在敏感梁根部产生应力变化，在此布置的压敏电阻的电阻率变化可以反映流体冲击的应力大小，进而间接测量冲击力和实时流量。对这款流量传感器的性能测试表明，气体测试灵敏度为 0.3508mV/ms^2，基本精度为0.5885%FS；液体测试灵敏度为41.5241mV/ms^2，基本精度为0.9323%FS。

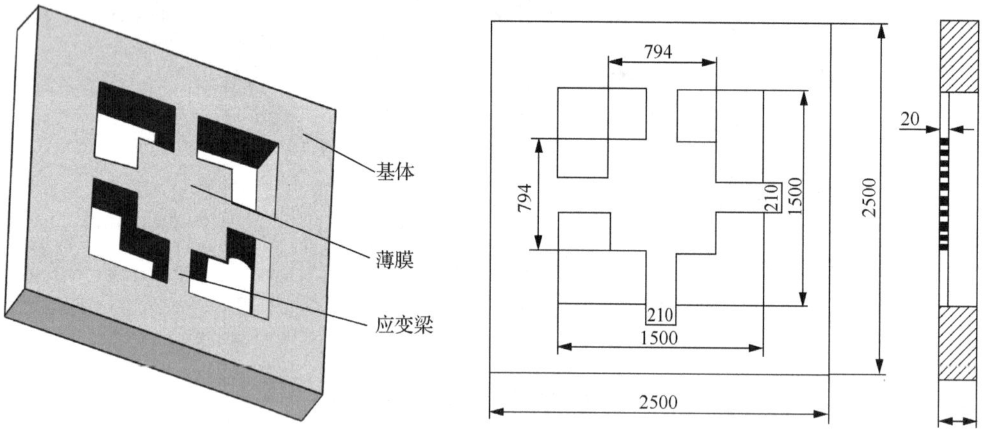

图6-9 压差式流量传感器结构示意图[15]（单位：mm）

Guo等[16]提出了一种基于共振传感的新型谐振式流量传感器，其结构如图6-10所示。该设备采用独特的非对称式设计，模仿自然界毛发的硅微流量感受器由两级微杠杆机构和两个对称谐振器组成，通过键合将信号检测器连接到玻璃晶片上。采用一种由旋转锚和八个旋转梁组成的新型杠杆枢轴，以实现主框架在平面内的旋转运动。四组摆动梁用于抑制主框架的横向结构摆动，提高结构刚性。当外部流体作用于传感器输入端时，传感元件产生的阻力将通过两级微杠杆机构放大，并施加在谐振器上，以引起谐振器的固有频率漂移，通过检测谐振器的固有频率偏移可以计算输入空气流速。初步测试结果表明，在22kHz的共振频率下，制作的谐振流量传感器的机械灵敏度为5.26Hz/(m/s)^2。

Shikida等[17]提出了一种以聚酰亚胺为基底的热敏气体流速传感器，其结构示意图见图6-11。首先在聚酰亚胺薄膜上形成金属电热图形，通过选择性地刻蚀部分铜牺牲层来产生空腔和电引导通路，空腔用于上方电热层的热效应隔离以缩短响应时间，最后刻蚀薄聚酰亚胺膜形成用作流速传感元件的金属膜。热敏传感器采用热流速原理进行流速测量，当对流传递到膜片时，气流将导致加热器表面温度下降，由于加热器由具有反馈调节功能的恒温电路控制，在强制对流传热条件下的被测流速与加热器功率、电压之间存在特定关系曲线，可据此测定当前流速。测试结果表明，传感器温度-流速波形的上升和下降响应时间分别为 0.50s

和0.67s，可以实现快速的流速反馈。

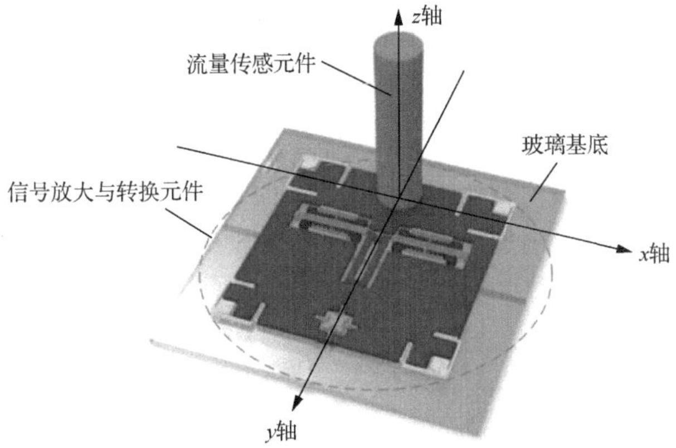

图6-10 谐振式流量传感器结构示意图[16]

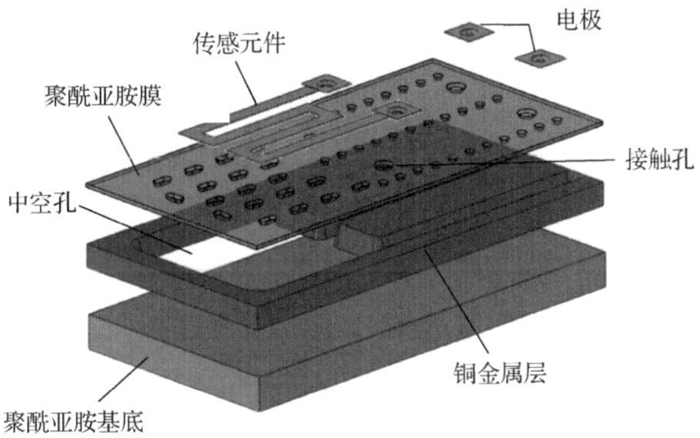

图6-11 热敏气体流速传感器结构示意图[17]

6.1.2 电磁信号传感器

电磁信号传感器按被测物属性可分为电场、电流、磁通量、磁场强度传感器等。电磁信号传感器的应用范围广泛，具有输出信号大、抗干扰性能强、无接触、自适应性强等优点，可在烟雾、油气等恶劣环境中使用。不同电磁传感器的测量原理亦不相同，如电流或电场传感器通过将系统磁能转换为电信号传递信息；磁通量传感器通过测量磁导率变化来测定构件形状或载荷变化，常用于测量材料内部损伤情况；磁场强度传感器采用电磁感应原理，通过读取传感元件的感应电动势获得被测信息。下面通过实例对各种MEMS电磁信号传感器进行介绍。

1. 电场传感器

电场传感器是指能够感受电场强度并转换成可识别输出信号的传感器。不同电场存在于不同的环境中，例如自然环境中的静电场、电力系统的交变电场、瞬时高压产生的瞬态电场。各类电场的强度与特性均有不同，用于测量特定电场的传感器结构、原理、量程和精确度要求也不尽相同。

Chen 等[18]提出了一种基于铌酸锂亚微米薄膜与硅微环谐振器结合的电场传感器，该混合材料系统将铌酸锂的电光效应与硅波导的高折射对比度相结合，研制出无金属掺杂的紧凑型电场传感器。如图 6-12 所示，使用电子束光刻和等离子体刻蚀在 SOI 晶片上刻蚀硅带波导环形谐振器，通过切割铌酸锂作为硅微环谐振器的顶部包层，整个传感器由 1μm 厚的 PECVD SiO_2 覆盖。作为导波传播的光载波信号经由耦合间隙耦合到环形谐振器中，环形谐振器附近的光波长对环形谐振器中调制的有效折射率敏感，灵敏度取决于光传输相对于波长的斜率。当传感器处于高频电场中时，由于电光效应改变了 $LiNbO_3$ 薄膜中的折射率，环形谐振器中导模的有效折射率被调制，导致光载波的强度发生变化，因而可以用于测量电场强度。

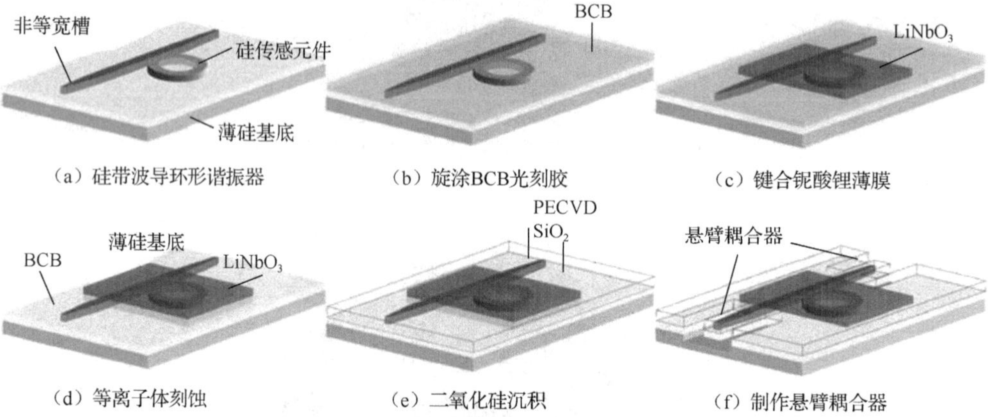

图 6-12　电场传感器制作过程[18]

Wijeweera 等[19]基于 MEMS 技术研制出一款新型电场微传感器。这种电场微传感器拥有仅 $1cm^2$ 的电场斩光快门，其工作原理是当快门在电场中快速动作并暴露出感应电极时，电极回路将产生交变电流并被差分感测电路捕捉，计算并转换为电场强度。这种电场传感器的结构如图 6-13 所示，动作快门结构小、质量轻，系统整体功耗仅为 70μW。由于感应电流对电场强度具有线性响应，且微弱的感应电流避免了额外电场干扰，因此可以实现较高的测量分辨率。

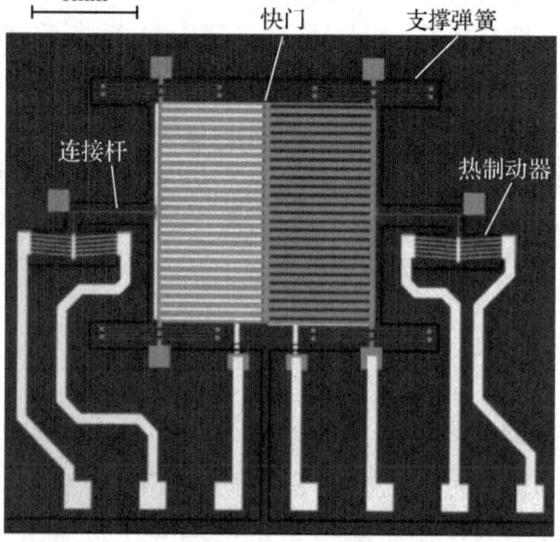

图 6-13　新型微机械电场传感器结构图[19]

2. 电流传感器

电流传感器是能够捕捉到被测电流变化并按一定规律将电流信号变换为符合标准需要的电信号或其他形式的信息输出的传感器，多用于电力领域的输电系统数据测量、电气控制和继电保护等。电流传感器根据测量原理不同，主要可分为电磁式电流传感器、电子式电流传感器等。电磁式电流传感器包括霍尔电流传感器、罗戈夫斯基电流传感器及专用于变频电量测量的变频功率传感器（可用于电压、电流和功率测量）等。电子式电流传感器通常包含两种传感元件，主传感元件用于承受高电压，并将其转换为光学或力学信号，辅助传感器用于捕捉二次信号，并转换为测量值。与电磁式电流传感器相比，电子式电流传感器传输频带宽，二次负荷容量小，结构易于微型化，是目前电流传感器研究的主要方向之一。

Leland 等[20]设计了一种交流电流 MEMS 传感器，其结构如图 6-14 所示，氮化铝（AlN）被选为活性压电材料，并采用 4 掩膜工艺制造 AlN 压电微悬臂梁。基于三维打印技术制造钕合金磁粉和环氧黏合剂混合的微型永磁体，并安置在微梁上，整个传感器件与外部回路相连并封装。当微电流传感器放置在承载交流电流的电线附近时，磁铁与电线周围的振荡磁场耦合，洛伦兹力将偏转压电悬臂并产生与电线中电流成比例的正弦电压，通过对测得电压进行换算，可以准确获得被测电流大小。

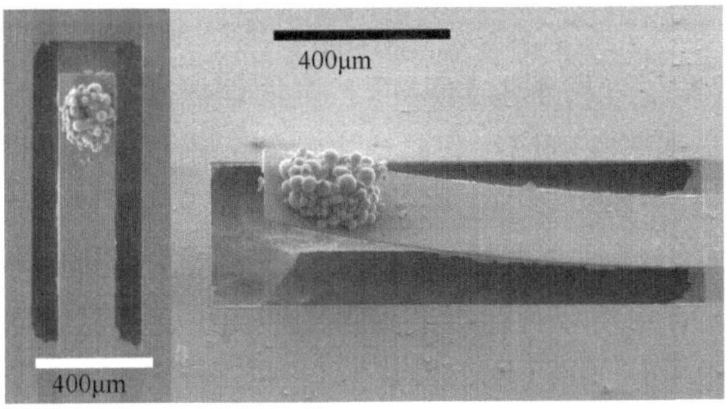

图 6-14 MEMS 电流传感器[20]

3. 磁通量传感器

磁通量传感器是基于铁磁性材料的磁弹效应原理制成的，即当铁磁性材料承受的外界机械载荷发生变化时，其内部的磁化强度（磁导率）随之发生变化，通过测量铁磁性材料的磁导率变化，即可测定构件的内部结构变化或载荷，是一种无损检测技术。磁通量传感器的特点在于被测构件即是传感器的感应元件，感应构件的磁特性变化直接反映在系统中。铁磁性材料的磁特性受化学成分、组织结构、杂质、缺陷、材料的均匀性、外部温度等影响，使用磁通量传感器进行测量时，应考虑消除这些因素的干扰。

Edelstein 等[21]设计了一款 MEMS 磁通量传感器，通过将由软磁材料制成的通量集中器放置在磁传感器附近的 MEMS 结构上，实现低通磁场的高灵敏度测量。如图 6-15 所示，MEMS 结构和磁传感元件位于两只独立的管芯上，传感元件通过的接触垫与管芯上的铟凸块焊接固定。由于采用双芯片设计，当通量集中器的两个移动部件彼此同向移动时，两只微传感器分别处于最大磁场强度和最小磁场强度位置，由于噪声频率在高场强和低场强环境下具有特定变化频率，通过设计相应算法，可以更加精准高效地滤掉传感背景噪声和干扰，提高磁通量的测量精度。

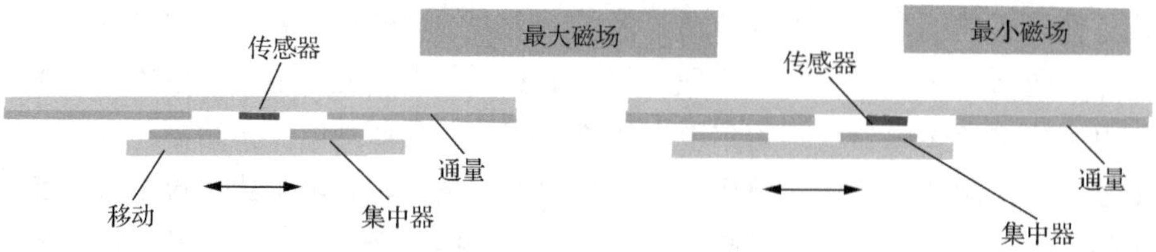

图 6-15　磁通量传感器结构示意图[21]

4. *磁场强度传感器*

磁场强度传感器是一种对磁场强度敏感，并能将磁场强度转换为电信号的传感器。根据磁场感应范围，可将磁场传感器分为三大类：低强度磁场、中强度磁场和高强度磁场传感器。低强度磁场传感器主要用于医学以及军事等领域，由于测量精度要求较高，其体积结构较大；中强度磁场传感器也被称为地磁传感器，多用于探测地磁场强度变化，包括磁通门、磁力计和各向异性磁阻传感器等；高强度磁场传感器又称为偏置磁场传感器，该类磁场传感器的探测范围高于地磁场，这一类型的磁场传感器包括半导体磁阻传感器、霍尔装置和巨磁阻磁场传感器等。

Herrera-May 等[22]介绍了一种基于 MEMS 技术的谐振磁场强度传感器。由于谐振结构对施加相同频率的激励源呈现放大响应，因而适用于制造体积小、功耗低、灵敏度高的集成化磁场传感器。图 6-16 展示了使用谐振结构的 MEMS 磁场传感器的结构及其工作原理，传感主体结构由连接在硅基底的 U 形自由受力的谐振微梁组成，其上搭载由两只有源和无源压电电阻器组成的惠斯通电桥，电桥以与微梁的谐振频率提供交流激励电流。当该 U 形谐振结构在 x 方向上暴露于外部磁场时，将产生洛伦兹力，并在两个有源压电电阻器上产生纵向应变，进而改变系统回路的电压，通过测量输出端电压变化，可以实时测量外部磁场强度。

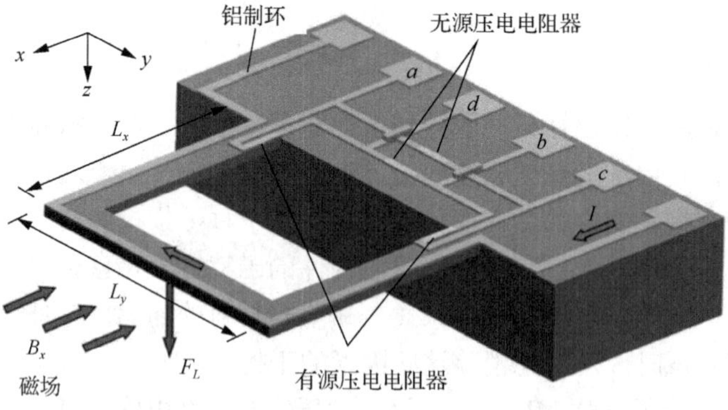

图 6-16　磁场强度传感器结构示意图[22]

L_x、L_y-相应的梁尺寸；F_L-产生的洛伦兹力

6.1.3 热学信号传感器

热学信号传感器是指能感受热力学参量并转换成可读输出信号的传感器。最常见的热学信号传感器是温度传感器。按照与待测介质的接触方式不同，温度传感器可以分为接触式和非接触式温度传感器。根据传感器的工作原理和物理效应，温度传感器又可以分为晶体管式、PN 结式、热电式、辐射式温度传感器等。其中，晶体管式温度传感器利用半导体晶体管的电流-温度输出特性，将感受到的温度转换为电流信号；PN 结式温度传感器利用半导体材料的 PN 结正向压降随温度变化的原理，也可以将测得的温度转换为电压信号；热电式温度传感器是使用各种热敏电阻作为感温元件的传感器，其回路电压将随温度发生改变；辐射式温度传感器则利用物体发出的辐射热量间接测量温度值。

Moser 等[23]研制出一款尺寸极小的柔性温度传感器。由于使用了耐高温材料，可在 400℃的温度下稳定工作。这款柔性传感器的微加工工艺流程如下。

（1）首先在 4in 硅晶片上溅射沉积 Al 层，然后对钛/铂/钛和钛/铝触点进行微图形化刻蚀处理。

（2）沉积聚酰亚胺层和二氧化硅牺牲层。

（3）通过等离子体刻蚀构建探针的外形和接触开口。

（4）最后在晶片上旋涂保护性光致抗蚀剂层以避免铝氧化。

制作的传感器三维视图见图 6-17。由于传感器体积小，且具有抗扭转性，可以很容易地缠绕在直径为 0.5mm 的针体上。传感器的响应时间明显小于一般温度传感器，可用于多种医疗领域。

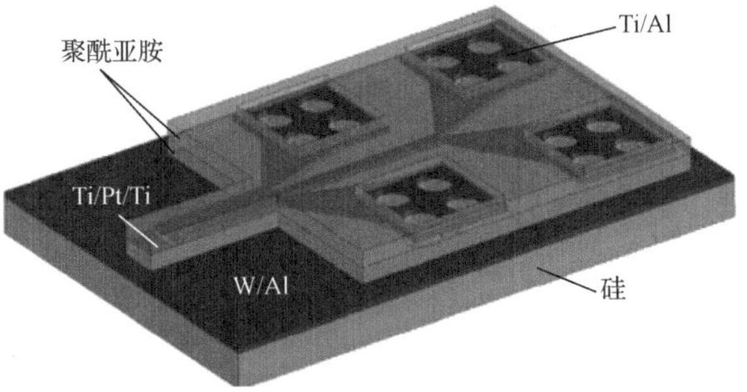

图 6-17 柔性温度传感器结构示图[23]

Liang 等[24]提出了一种 MEMS 导热传感器，可直接测量液体和生物材料的导热系数。这款传感器将紧密包装的微制金线用作温度感应元件，通过改变微制金线的长度，可以重新配置传感器几何形状以适应各种形状和尺寸的被测样品。传感器的结构如图 6-18 所示，在制作完成后使用热标准材料在温度校准常数下对传感器进行系统校准，保证其在测量不同样品时具有稳定的导热性质。传感器的测试结果表明，其测量结果与理论值的相对误差小于 5%，表明该型微传感器能够准确反映液体和生物材料的基本热性质信息。

Simon 等[25]研发了一款用于汽车燃料电池系统温度检测的 MEMS 热导率传感器，它由薄介电膜作为铂加热器与温度传感器的载体结构，基于传感元件对“冷”“热”元件的温差热响应实现氢气热传导率的测量。这款热导率传感器的结构如图 6-19 所示，测试了不同尺寸的温度感应膜和加热器的灵敏度、功耗和热响应，实现了空气中检测限为 0.2%的氢气温度检测。

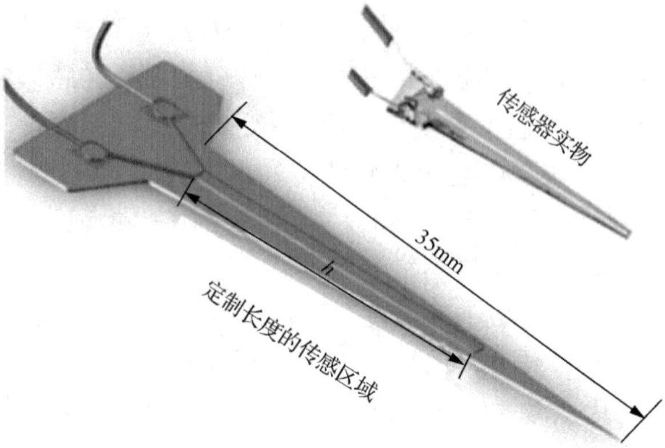

图 6-18　导热传感器模型与实物三维视图[24]

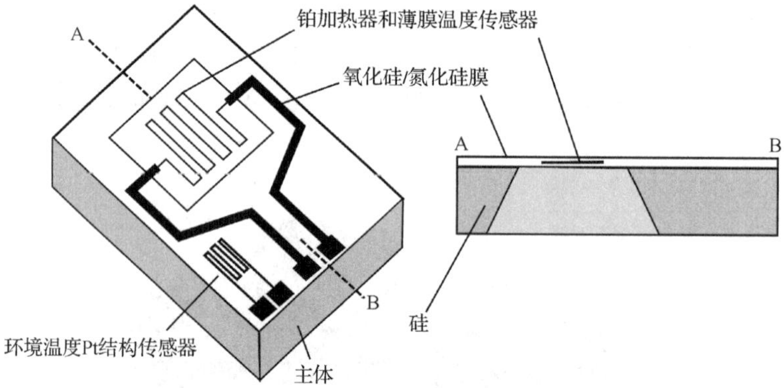

图 6-19　热导率传感器结构示意图[25]

6.1.4　光学信号传感器

光学信号传感器通常是指能敏锐感知光谱上从紫外光到红外光的光能量，并将其转换成电信号的传感器件。光学信号传感器由光敏元件组成，主要包括红外线传感器、可见光传感器、激光传感器等。

1. 红外线传感器

红外线传感器是利用红外线的反射、折射、散射、干涉、吸收等物理性质进行测量的传感器。任何具有一定温度（高于绝对零度）的物质都能向外辐射红外线，根据探测机理可将红外线传感器分为光子探测器（基于光电效应）和热探测器（基于热效应）两种。红外线传感器常应用于以下场景：①用于辐射和光谱的测量；②用于跟踪红外目标，确定其空间位置和运动轨迹；③用于热成像系统，可形成目标红外辐射的分布云图；④用于红外遥感测距和通信系统。

台湾清华大学纳米工程与微系统研究所的 Shen 等[26]采用标准 CMOS 和 MEMS 工艺，研发制作了一种微型热电红外传感器。如图 6-20 所示，它由热传导吸收体和带有嵌入式热电偶的蛇形结构组成。该传感器的红外感应器是伞状结构设计，与仅由嵌入式热电偶的蛇形结构红外传感器相比，新的伞状结构实现了更高的红外吸收面积，且增加了热连接和冷连接之间的温差，进而提高了温度响应敏感度和测量准确性。

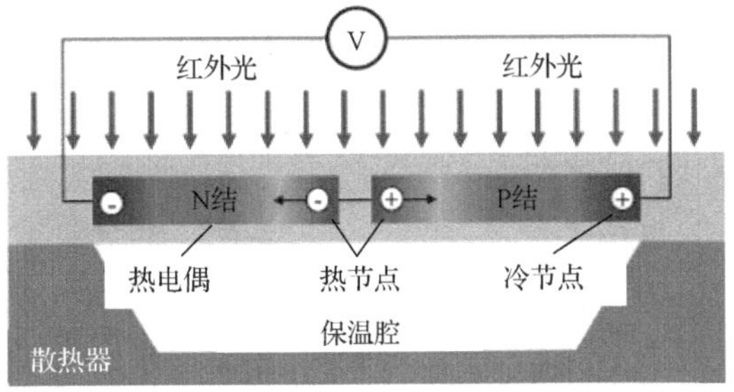

（a）热电红外传感器的作用原理示意图

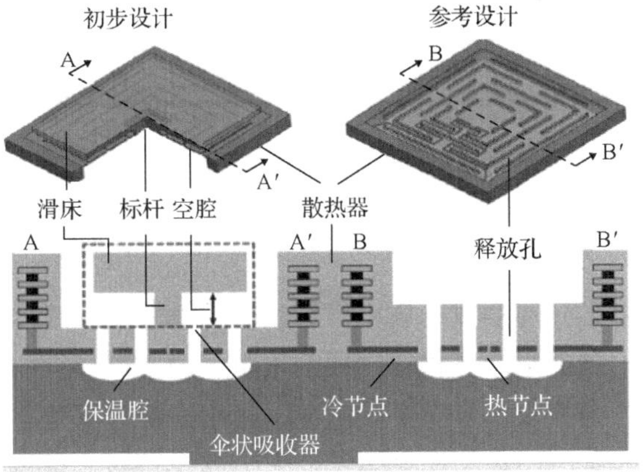

（b）红外传感器结构示意图 （c）仅带嵌入式蛇形热电偶的参考设计

图 6-20 热电红外传感器设计方案[26]

台湾彰化师范大学 Shen 等[27]提出了一种基于双模调制的单热电堆传感器，在传感器上实现了一种利用斩波放大器 AD8551 和 P 沟道场效应管（PMOS）组合的开关传感电路，它同时还具有环境温度补偿功能。为实现探索红外传感器的双模调制，采用标准 TSMC 0.35μm 的多晶硅层和金属层加工工艺和 MEMS 后处理工艺制备了热电堆元件。图 6-21 展示了热电堆元件的微观结构，其中热电堆元件结构是中心对称的，由多个串联的热电偶组成。中心区域为吸收膜，具有较小的热容，容易产生温升。以膜中心为原点对称布置 32 对热电偶，每对热电偶均由 n^+聚合物和铝制备。两种不同材料的串联热电偶在受到热辐射后，冷、热端之间会产生微弱的电压差，捕捉这一微小压差即可识别当前的热辐射强度。

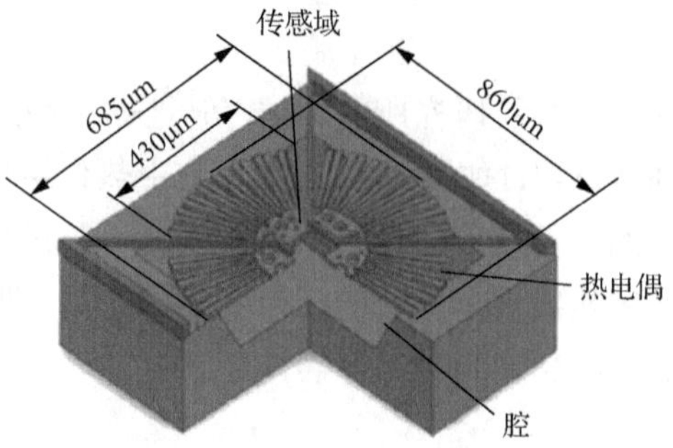

（a）热电堆结构示意图

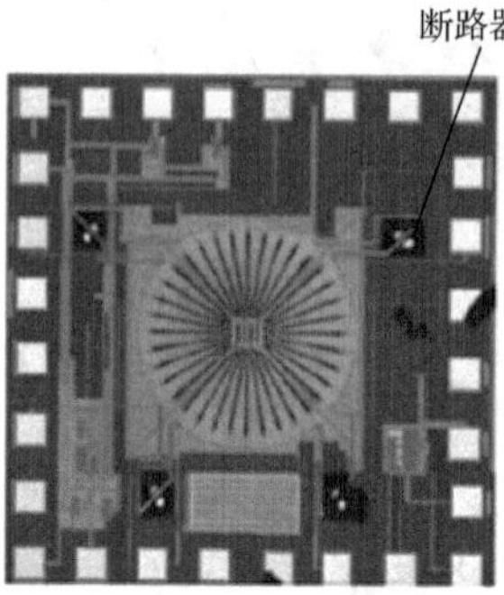

（b）芯片整体实物图

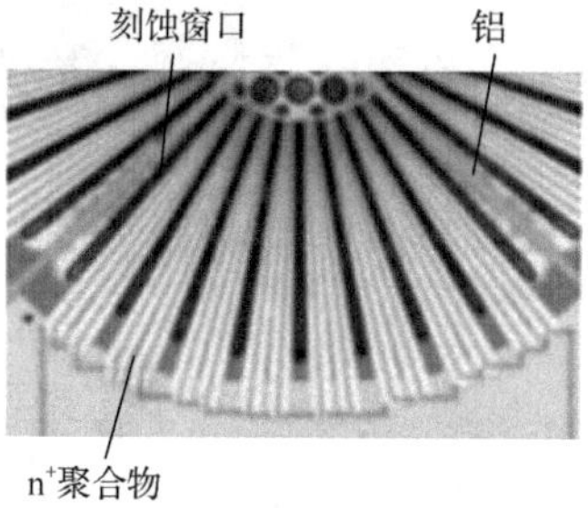

（c）1/4热电堆微结构实物展示

图 6-21　双模调制单热电堆传感器结构与实物图[27]

2. 可见光传感器

可见光传感器是将可见光转换成可读电信号的器件，采用的光敏元件多为光敏电阻和光敏三极管。光敏电阻是一种由半导体材料制成的电阻，通常以环氧树脂材料封装，其阻值随着光照强度变化而发生定向改变，具有高灵敏度、光谱一致性等优点。基于上述特性制备的不同形状和受光面积的光敏电阻可用于高温、高压、高湿等恶劣环境下的光线强度测量，且能够保持较强的传感可靠性。光敏三极管是一种基极受光线变化的电子传感器件，其结构与普通三极管相似，也具有电流放大作用，但基极通常不引出。光敏三极管内部的光电效应与电极无关，因此可以使用直流电源供电，电流输出稳定。光敏三极管的灵敏度和半导体材料以及入射光的波长有关，感光波段广泛，灵敏度较高，性能稳定，且具有一定的线性输出能力。

希伯来大学 Katzir 等[28]通过湿法刻蚀工艺研发了一款简单的多壁碳纳米管-纳米粒子光传感器。纳米粒子通过物理化学作用吸附到碳纳米管上，形成图 6-22 所示的光敏薄片。光照下的纳米粒子可吸收光谱，且在多壁碳纳米管上生成电压，电压大小与光照强度相关。根据上述光电效应，该团队将纳米粒子和多壁碳纳米管整合在器件触点上作为光敏元件，制成了具有可见光响应性的敏感光电传感器件。

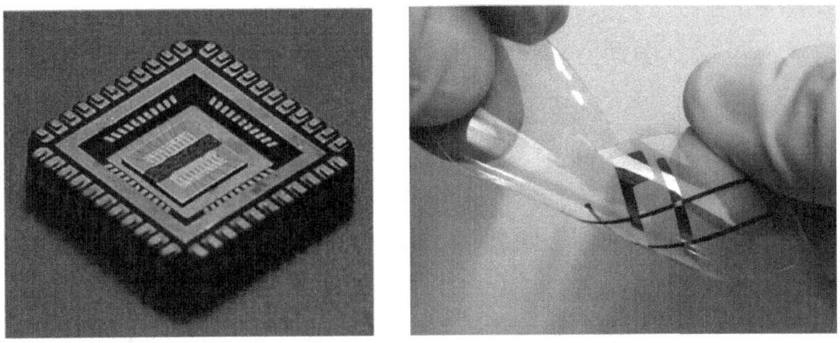

（a）触点上的多壁碳纳米管通道　　（b）在柔性透明基底上制备光敏元件

图 6-22　碳纳米管传感器实物图[28]

英国拉夫堡大学 Robbins 等[29]研制了一种紧凑型荧光检测传感模块，采用多层光学干涉仪和光电二极管组成了集成荧光传感器，用于即时微流体荧光分析。图 6-23 显示了集成式荧光传感器的侧面结构，其中 SiO_2/Ta_2O_5 光学干扰滤波片集成在针状光电二极管上，其工艺流程如下。

（1）通过在顶部旋转聚酰亚胺层并固化，然后溅射 500nm 厚的 Si 层形成主体结构。

（2）通过反应离子刻蚀聚酰亚胺和 Si 层形成悬垂结构。

（3）通过离子辅助沉积制备 5.8μm 厚的 SiO_2/Ta_2O_5 多层光学干涉滤光片，然后使用标准抗蚀剂剥离器去除聚酰亚胺层，以剥离冗余的滤光片。

图 6-23（b）展示了上述步骤结束后顶部的光学显微照片。将微发光二极管与该荧光传感器相结合，目前已成功用于链霉抗生物素蛋白与藻红蛋白结合物的荧光分布状态测量。

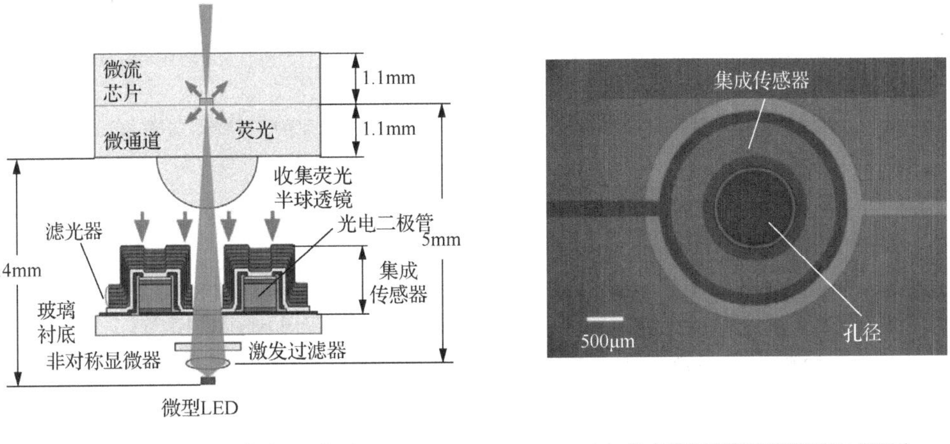

（a）集成传感器横截面示意图　　（b）集成荧光传感器顶部光学显微照片

图 6-23　荧光传感器结构示意图[29]

3. 激光传感器

激光传感器是利用激光技术进行测量的传感器，它由激光发射器、激光接收器、光电器件和测量电路组成，可以把被测物理量（如长度、流量、速度等）转换成光信号，然后利用光电转换器把光信号变成电信号，通过相应电路的过滤、放大、整流得到输出信号，从而计算被测量。利用激光的高方向性、高单色性和高亮度等特点可实现无接触远距离测量。激光传感器常用于长度、距离、振动、速度、方位等物理量的测量，还可用于探伤和大气污染物的监测等。

日本丰田中央研发实验室 Ito 等[30]研发了一套激光测距系统，该系统包括微机电系统（MEMS）镜扫描器和单光子成像仪。图 6-24（a）是激光传感器的结构示意图。发射器和接收器光学器件完全分离，以便在不影响接收光圈的情况下实现激光发射器件小型化。MEMS 反射镜采用了移动磁体配置，如图 6-24（b）所示，四只磁铁附着在镜面上，镜面基于驱动线圈磁场产生的力而倾斜，霍尔传感器的输出跟踪器相对于 MEMS 镜上磁体的距离，信号由 MEMS 驱动器板上的模数转换器（analog to digital converter，ADC）读取，用于 MEMS 反射镜和图像传感器之间的同步。该发射器包括激光二极管（laser diode，LD）和 MEMS 反射镜。光信号从三个激光二极管发射，由于激光光束彼此分离，它们不能同时到达潜在用户的眼睛，从而提高了用户的安全性。此外，由于单光子成像仪和反射镜像素级同步，所提出的结构能够实现高信噪比测量。

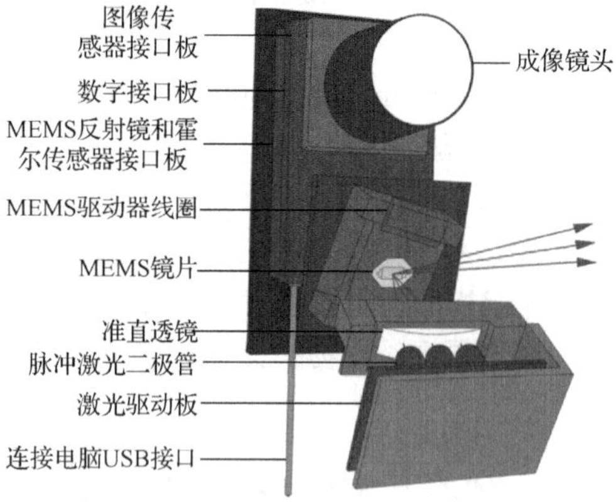

（a）传感器结构示意图

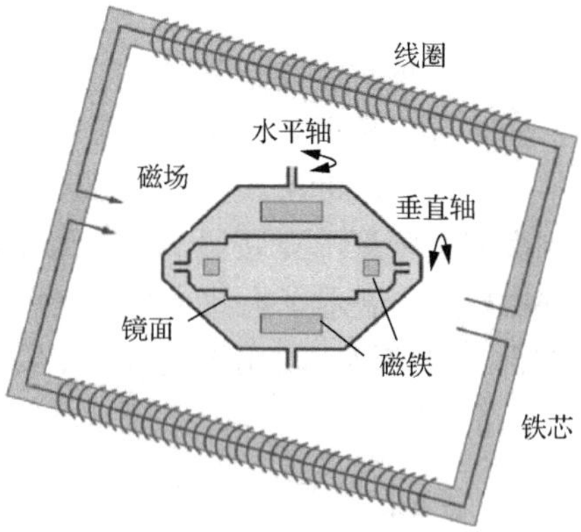

（b）MEMS反射镜示意图

图 6-24　激光测距传感器[30]

6.1.5　声学信号传感器

一般把能够感受噪声、声压、超声波等声学量并转换为可用输出信号的器件称为声学信号传感器，根据被测声信号的能量传输方式分为噪声传感器、声学传感器和超声波传感器等。

1. 噪声传感器

噪声传感器内置一个对声音敏感的电容式驻极体，驻极体面与背电极相对，中间的空气隙作为绝缘介质，以背电极和驻极体上的金属层作为两个电极的平板电容，电容的两极之间带有输出电极。由于驻极体薄膜上分布有自由电荷，当声波引起驻极体薄膜振动而产生位移时，电容两极板之间的距离发生改变，从而引起电容的容量发生变化。根据公式 $C=Q/U$，当电容 C 发生改变，而电荷量 Q 恒定时，必然引起电容器两端电压 U 的变化，此时即可将噪声信号转化为电信号。

中国电子科技集团公司第四十九研究所史鑫等[31]针对绝缘体上硅（SOI）压阻式噪声传感器的动态测量问题，设计了一种 SOI 感声膜与声腔结构组合的声敏感芯片，其声腔的频率响应特性可通过结构参数进行调节。如图 6-25 所示，考虑传感器结构件的声学特性，采用梁膜结构构建传感器主体。由于硅膜的刚度系数与其膜厚的立方成正比，梁区厚度须大于膜区，将大部分振动能量集中于梁上。通过仿真软件对感声结构进行静态、动态分析及结构参数优化，对感声膜结构的应力分布进行模拟分析，确定了各部分的几何尺寸和压敏电阻器的排布方式。对声传感器进行了标定测试，由声校准器产生标准声压级的声信号作用于传感器上，测试结果表明上述声敏感结构能够满足高声压级的噪声测量精度要求。

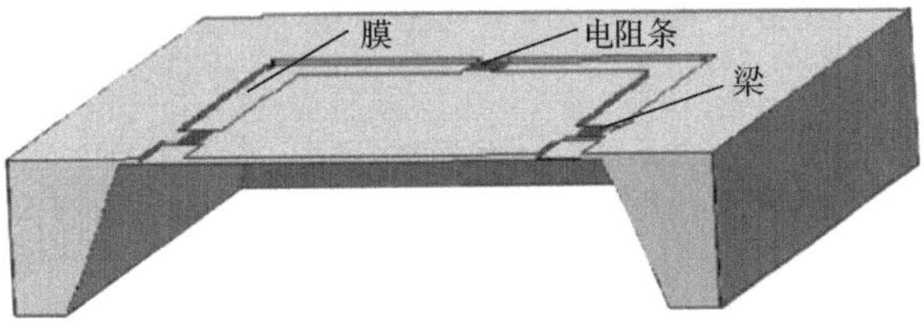

（a）SOI感声膜芯片结构图

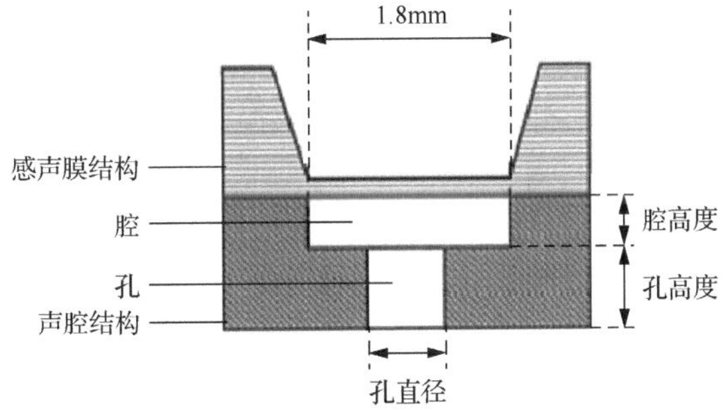

（b）声敏感结构剖视图

图 6-25　SOI 压阻式噪声传感器示意图[31]

2. 声学传感器

声学传感器是一种将声压信号转换为电信号的传感器，主要包括微麦克风、微声表面波传感器等。采用硅基底制造的声学传感器一般被称为硅基麦克风。世界上第一款硅基麦克风是 1983 年制造的 ZnO 压电麦克风。而后分别于 1984 年和 1986 年出现了驻极体和电容式硅基麦克风。与采用聚合物材料振动膜的驻极体式麦克风相比，硅基麦克风具有以下优点：①微加工技术可精确控制麦克风的尺寸和薄膜应力，实现灵敏度和响应频率的高精度控制；②采用表面贴装工艺装配的硅基麦克风可承受 260℃的高温回流焊，连接结构更加稳固可靠；③硅基麦克风为单面结构器件，单边尺寸仅为 1～2mm，微型化成本低；④信号处理电路提供外部偏置电路，有效偏置放大性能可使硅基麦克风在不同温度下的灵敏度受温度、振动和湿度的影响小；⑤硅基麦克风的重复精度高、电流功耗低、耐冲击和振动能力较强。

图 6-26 为 OMRON 公司开发的硅基麦克风结构[32]，这种声学传感器采用多晶硅振膜和多晶硅背板结构，其制造流程示意图如图 6-26（b）所示。

（1）首先依次沉积和刻蚀多晶硅牺牲层、SiO_2 牺牲层、多晶硅振膜层、SiO_2 牺牲层以及多晶硅背板层，然后从背面利用 TMAH 刻蚀腔体。

（2）当刻蚀到多晶硅牺牲层时，TMAH 横向进入，进一步向下刻蚀。

（3）最后利用 HF 气相刻蚀去除所有的 SiO_2 牺牲层，实现背板和多晶硅振膜的剥离悬空。相比于 DRIE 垂直刻蚀或 KOH 倾斜刻蚀，这种背腔结构在芯片面积相同的情况下会使传感器具有更高的灵敏度。

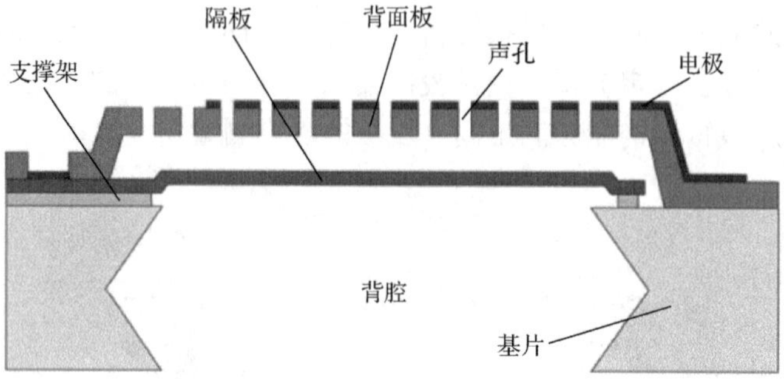

（a）声学传感器结构示意图

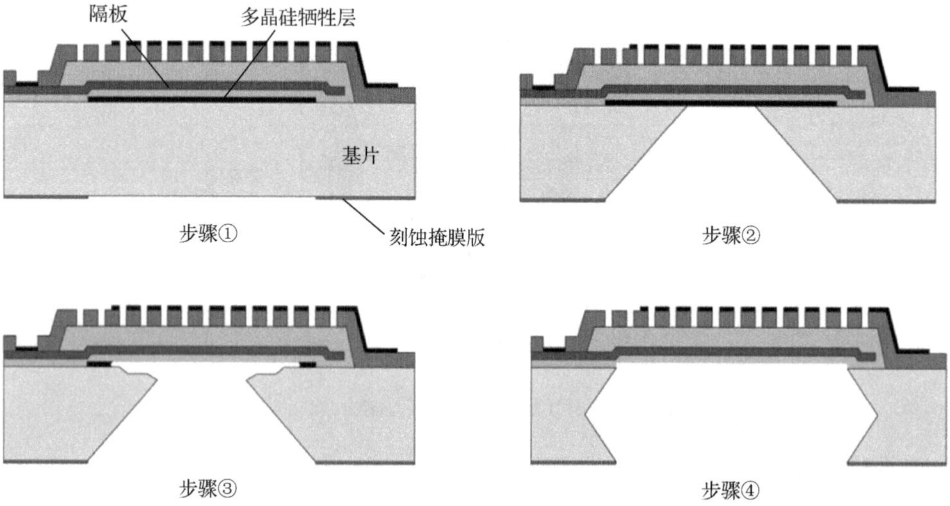

（b）声学传感器制造流程示意图

图 6-26　OMRON 公司硅微声学传感器[32]

3. 超声波传感器

超声波传感器是将超声波转换成其他能量信号（通常是电信号）的传感器。超声波是指振动频率高于 20kHz 的机械波，它具有频率高、波长短、绕射现象小、方向性强等特点。超声波对液体、固体的穿透能力强，在非透明固体中，超声波遇到杂质或分界面会产生显著反射形成反射回波。超声波传感器的具体检测方式分为以下几种：①穿透式，发送器和接收器分别位于两侧，当被检测对象从它们之间通过时，根据超声波的衰减（或遮挡）情况进行检测。②限定距离式，发送器和接收器位于同一侧，当限定距离内有被检测对象通过时，根据超声波的反射情况进行检测。③范围限定式，发送器和接收器位于限定范围的中心，反射板位于限定范围的边缘，并以无被检测对象遮挡时的反射波衰减值作为基准值。当限定范围内有被检测对象通过时，根据反射波的衰减情况（将衰减值与基准值比较）进行检测。④回归反射式，发送器和接收器位于同一侧，把检测对象表面（平面物体）作为反射面，根据反射波的衰减情况进行检测。

美国加州大学伯克利分校的 Jiang 等[33]提出了一种单芯片超声脉冲回波指纹传感器，其架构如图 6-27 所示。此款传感器具有基于压电微机械超声换能器（piezoelectric micromachined ultrasonic transducer，PMUT）的超声波发射和接收能力，65×42 单元的超声换能器阵列集成在 MEMS 晶片上，使用 AlGe 共晶键合将标准 CMOS 晶圆键合到 MEMS 硅片上，并与超声换能器组合形成专用集成电路（application specific integrated circuit，ASIC）。ASIC 采用标准 180nm CMOS 工艺实现，配置有 24V 高压晶体管，以 20MHz 的频率发送超声脉冲。传感器的表面涂有聚二甲基硅氧烷（PDMS）层，从而提供与皮肤匹配的良好声阻抗值。当手指接近 PDMS 表面时，ASIC 可绘制上方表面处的超声压力场，进而表征指纹形状。

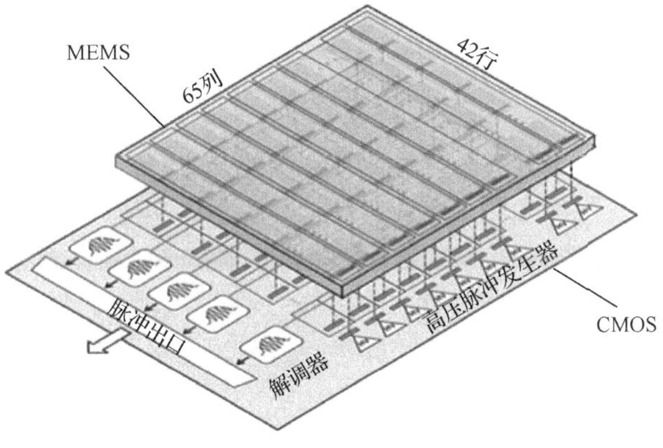

图 6-27　超声波指纹传感器架构[33]

西北工业大学 Li 等[34]研发了一款新型光纤干涉超声波传感器，它由高性能的硅薄膜构成，采用 MEMS 加工技术在绝缘体硅片上制备了厚度为 5μm 的振动膜。通过在 SOI 晶片的处理层上制作特定的阶梯孔构建法布里-珀罗（Fabry-Perot，FP）腔，用于吸收超声波。这款超声波传感器结构及加工工艺流程如图 6-28 所示。

（1）使用深反应离子刻蚀工艺在 SOI 晶片的处理层上刻蚀直径 2.5mm、深度 470μm 的深孔。

（2）使用喷涂、光刻和 DRIE 工艺在先前深孔的底部中心刻蚀直径 1120μm、深度 30μm 的小孔。

（3）使用缓冲氧化物刻蚀工艺完全刻蚀小孔底部的氧化物层，并且将器件层用作自停止层。

（4）将 100nm 厚的金膜溅射在器件层的内表面上，作为 FP 腔的反射表面。

FP 腔可以捕捉并放大微弱的超声波信号，并将振动能量传递给声敏薄膜，通过膜的变形及电气属性变化表征超声波测量值。测试结果表明，该传感器最小可检测超声波压力范围为 $1.5\mathrm{mPa}/\sqrt{\mathrm{Hz}}$ 至 $0.625\mathrm{mPa}/\sqrt{\mathrm{Hz}}$，表明该传感器具有检测微弱超声信号的能力。

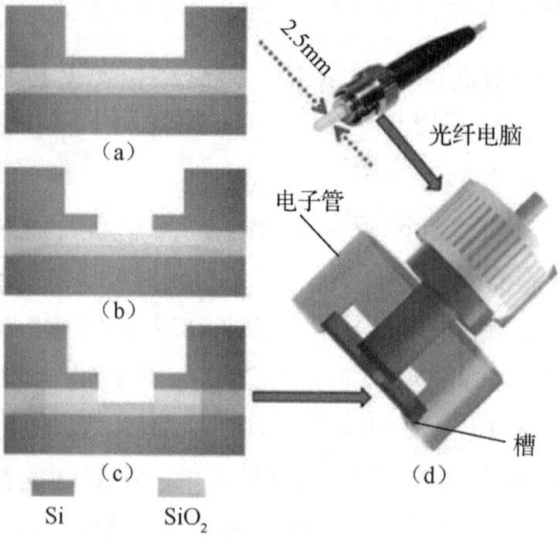

图 6-28　光纤超声波传感器加工工艺流程与实物[34]

6.2　化学信号传感器

化学信号传感器是用于测量各种化学物质浓度的装置，常用于生产流程分析和环境污染监测，在矿产资源探测、气象观测、工业自动化、医学诊断等领域均有广泛应用。化学信号传感器的结构形式大致分为两类：一类是分离型传感器，前端液膜或固体膜承担感受器功能，电信号的转换功能由其他电子装置负责，传感与信号转换功能分离，有利于对每种功能模块进行独立优化；另一类是一体化传感器，如半导体气体传感器，传感与信号转换功能在同一模块进行，有利于化学信号传感器的微型化。化学信号传感器针对环境中的化学分子进行监测，根据用途可分为可燃性物质传感器、大气物质传感器、毒性物质传感器等类型，以下对每种传感器进行单独介绍。

1. 可燃性物质传感器

可燃性物质传感器是对一种或多种可燃物质浓度响应的测量器件，可进一步分为烷烃类可燃气体传感器、红外线可燃物质传感器、催化燃烧型物质传感器。随着生产生活中燃料的普遍使用，对可燃性物质传感器的精度、性能、稳定性方面的要求越来越高，因此，在充分研究有机、无机材料的化学敏感特性及气相敏感机理的基础上，结合微机械电子加工技术制造高敏感度、微型化、集成化器件，是进一步提高可燃性物质传感器性能的主要研究手段。

Yu 等[35]提出了一种掺杂 Pt/W 的 Nb_2O_5 纳米柱阵列可燃气体传感器，用于监测可燃性气体加热过程，其制造过程如图 6-29 所示。

图 6-29 中，传感层的表面均匀诱导生长了钨铌氧化物纳米柱阵列，纳米柱平均长度和直径分别为 1.5μm 和 75nm。当气体分子进入这一活性感测区域时，Pt 与 Nb_2O_5 肖特基接触区的势垒改变，界面电阻发生变化，通过捕捉这一变化即可实现被测物质的可燃性检测。目前，这款可燃气体传感器已在 25℃下的 H_2、CH_4 和 NO_2 中进行了测试，验证了其对上述几种可燃气体的敏感性。

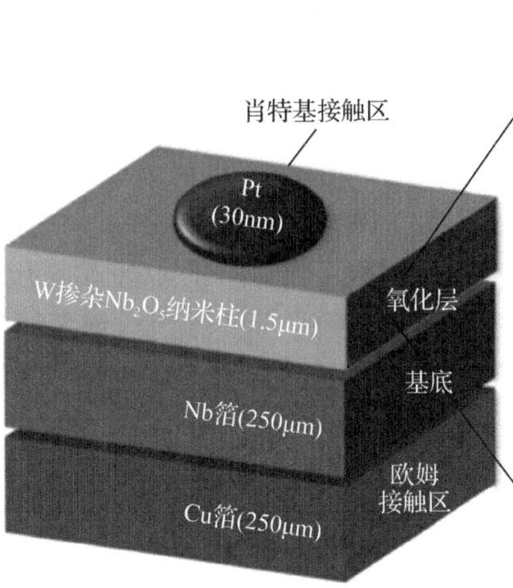

（b）纳米柱传感层显微成像

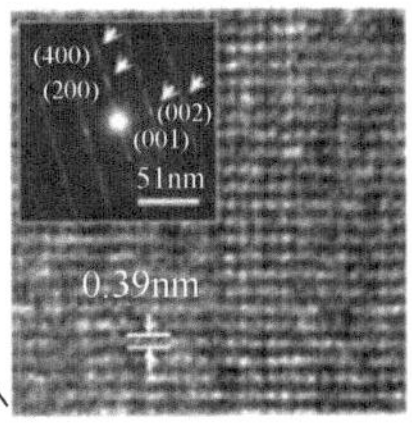

（a）Pt/W掺杂的Nb_2O_5纳米柱传感器结构示意图　　（c）纳米柱中的原子排列图像

图 6-29　Nb_2O_5纳米柱阵列的可燃气体传感器[35]

2. 大气物质传感器

大气物质传感器用于检测大气中的特殊物质含量，按感测原理分为电阻式和非电阻式传感器。电阻式半导体气敏元件是根据半导体接触到物质时回路阻值的改变来测量物质浓度；非电阻式半导体气敏元件则利用大气物质的吸附性和反应性触发某种化学变量对物质浓度进行检测。

王成杨等[36]设计了一种以三氧化钨（WO_3）为敏感材料的微结构大气物质传感器，传感器的结构如图 6-30 所示。传感器芯片尺寸为 1.3mm×1.3mm，微热板的有效面积为 0.4mm×0.4mm，WO_3涂覆于热板表面。WO_3对二氧化氮（NO_2）气体的敏感机理为：NO_2是一种典型的氧化性气体，当气体传感器暴露在 NO_2 中时，NO_2在 WO_3纳米颗粒表面吸附并发生反应。由于 WO_3为 N 型半导体材料，反应后的 WO_3将会失去电子，引起材料的载流子浓度增加、迁移率降低，最终表现为敏感材料的电导率降低。实验结果表明，该气体传感器对 NO_2 气体表现出良好的响应性，在最佳工作温度下（140℃）功耗为 23mW，响应时间为 60s，恢复时间为 180s。

图 6-30　WO_3气敏微传感器结构图[36]

Ke 等[37]提出了一种基于 MEMS 的苯传感器，它的结构包括石英基底、薄膜 WO_3 传感层、集成微加热器和叉指电极（interdigital electrode，IDE）。图 6-31 为带有集成微加热器和 IDE 的苯传感器结构示意图。当苯存在于空气中时，会在加热的 WO_3 传感层上发生氧化，导致 WO_3 膜的电导率发生变化，进而改变了 IDE 之间的电阻，可以根据回路的电压变化计算苯浓度。由于气敏元件的敏感度与温度有关，在传感芯片上设计了温控模块（Pt 微电热板），用于提高测量过程中的传感器灵敏度。由于溅射的 WO_3 传感层的单颗晶粒尺寸小，密集排布的晶粒增加了与苯的接触面积，元件灵敏度和响应速度进一步得到增强。通过前期测试，发现这款气体传感器在 300℃的工作温度下工作性能最佳，此时的苯传感器的高灵敏度为 $1.0k\Omega/(10^{-6}mg/L)$，低检测限为 $0.2\times10^{-6}mg/L$，快速响应时间为 35s。

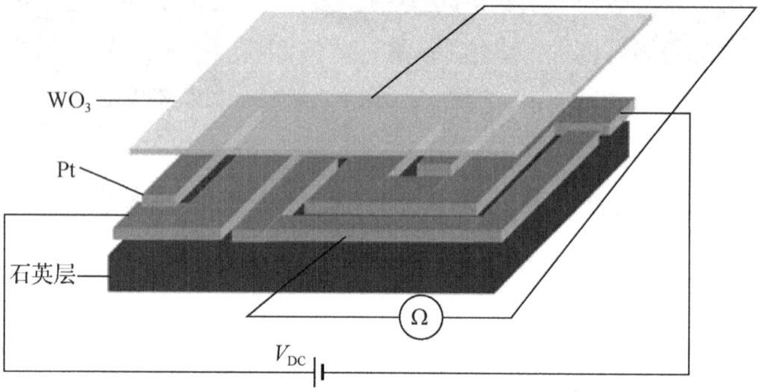

图 6-31　MEMS 微热板苯气体传感器结构示意图[37]

3. 毒性物质传感器

毒性物质传感器主要用于检测空气中的有毒物质，多为电解式电化学信号传感器。其工作性能要求是灵敏度高、选择性强、低浓度输出线性度高，主要用于对 CO、NH_3、SO_x、NO_x、Cl_2 及其他化学有害物质的检测。

Lee 等[38]基于 MEMS 技术开发了一种新型甲醛传感器，该传感器的结构见图 6-32，包含一组铂（Pt）电阻加热微型电热板、溅射的一氧化镍层和氧化金层。其制造工艺如下：首先在基底上溅射沉积 2μm 的 NiO 传感层，然后沉积 Cr（0.01μm）薄层用作随后的 0.3μm Pt 层的黏附层。使用电子束蒸发工艺沉积，采用标准剥离工艺对 Pt 电阻器进行图形化处理，作为微加热板上的加热器，加热器的电阻设计为 30Ω。当传感器置于甲醛气氛中时，传感器表面吸附的甲醛分子将在 NiO 的催化下与氧气发生反应，由于 NiO 的消耗，敏感层薄膜的电导率升高、电阻降低。通过测量电阻变化即可得到甲醛含量值。微电热板的持续加热可增强气敏元件的敏感度。这款气体传感器在测试中呈现出高稳定性（0.23%）、低滞后值（0.18%）、快速响应时间（13.0s）、高灵敏度［$0.14\Omega/(10^{-6}mg/L)$］和低检测限（$1.2\times10^{-6}mg/L$）。

Lee 等[39]制作了一种用于 NO_2 气体检测的传感器。传感器以在低于 100℃的温度下合成的 ZnO 纳米柱作为敏感材料，为了增强气敏纳米材料的反应性和敏感性，同样配置了一只微电热板用于提高材料温度。这种传感器的加工制作过程与标准的 CMOS 工艺完全兼容，可用于批量生产。此外，由于高灵敏度的工作要求，传感器工艺流程如图 6-33 所示。

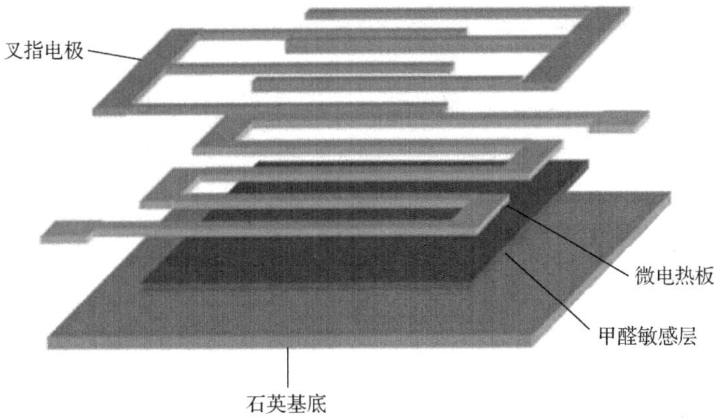

图 6-32 微型加热板集成的甲醛气体传感器实物图[38]

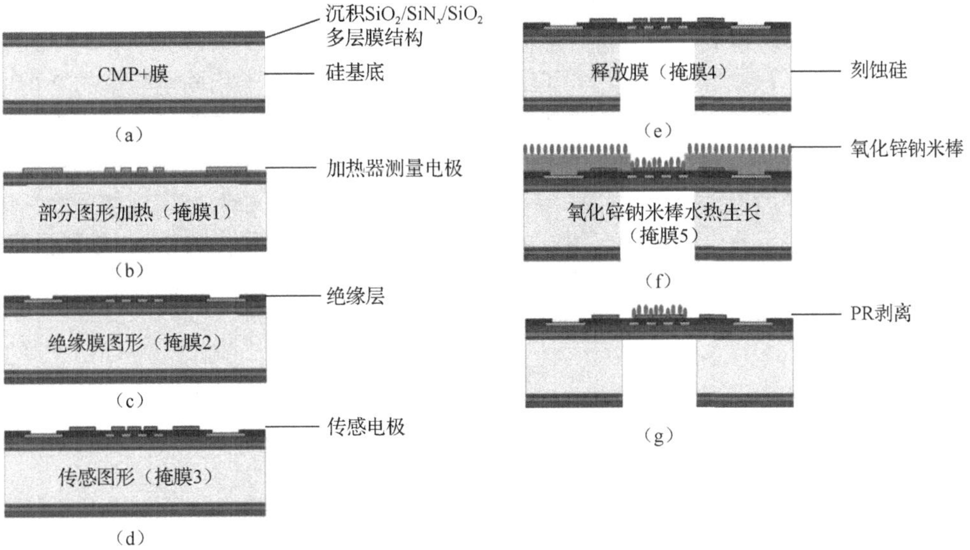

图 6-33 NO_2 气体传感器的制造工艺[39]

（1）将 6in 硅片机械抛光至 400μm 厚度，然后沉积 SiO_2、SiN_x、SiO_2 多层膜结构，其中每层膜的厚度为 1μm。

（2）选择 3nm/250nm 的 Ti/Pt 薄膜作为电极材料，通过剥离工艺形成叉指形状。

（3）旋涂 5.7μm 厚的光刻正胶并刻蚀，利用离子刻蚀技术形成微加热薄膜。

（4）利用光刻和水热工艺加工微电热基底，将纳米半导体材料固定在微加热器上。

（5）在微电热基底无电极的一面旋涂 1.4μm 光刻胶并刻蚀，置于水溶液中。

（6）为了形成氧化锌纳米柱，在六水合硝酸锌［$Zn(NO_3)^2/6H_2O$］中添加等浓度的高铁胺水溶液（HMTA/$C_6H_{12}N_4$），混合后置于 100℃的烘箱中数小时。

（7）纳米柱水热生长完成后，立即浸入去离子水中消除残留化学物质。

（8）通过用 PR 剥离器去除光致抗蚀剂，完成 NO_2 气体传感器的制作。

在测试环节中，这款 NO_2 气体在 0.5×10^{-6}mg/L 时的灵敏度为 $0.36\Omega/(10^{-6}$mg/L)，功耗仅为 15mW，表现出了低功率的高灵敏度气体检测性能。

6.3 生物医学传感器

生物医学传感器是把生命体的生理体征信息转换成为量化分析结果的测量装置。由于体积小，易穿戴，微传感器常用于医学上的生物体征指标快速诊断和自然生物研究。作为一款用于生物指标测量的传感器，除了良好的准确性和响应性外，还需考虑生物因素的影响，如生物信号的复杂性、相容性、可靠性和安全性等。

6.3.1 体征信号传感器

生命体征传感器根据工作原理可以分为压力式体征传感器、电容式体征传感器、光电式体征传感器等，其工作原理如下：①压力式体征传感器是通过作用在应变片上的压力，使应变片发生形变而输出电信号的一种力学传感器；②电容式体征传感器是通过生物的机械动作改变回路电容，形成电势差输出的一种力学传感器；③光电式体征传感器是根据感知的光强度变化，将光强变化转换成电信号进行输出的一种光信号传感器。

王璐等[40]设计了一款脉象传感器，其结构如图 6-34 所示。由于相同电阻率的 P 型电阻比 N 型电阻具有更显著的压阻效应，故采用 MEMS 技术在 N 型单晶硅基底膜片上制备了以纳米硅/单晶硅异质结，并与栅极和漏极短接，采用沟道电阻作为压敏电阻，构成惠斯通电桥结构。这款脉象传感器的工作原理为：在接受电源激励的情况下，若对硅膜施加压力，则沿着晶向的 2 个径向沟道等效电阻和切向等效电阻电阻率将发生不同程度的改变，导致桥路失衡，产生电压输出。测试结果表明，该传感器的灵敏度为 1.623mV/kPa，准确度为 2.029% FS。

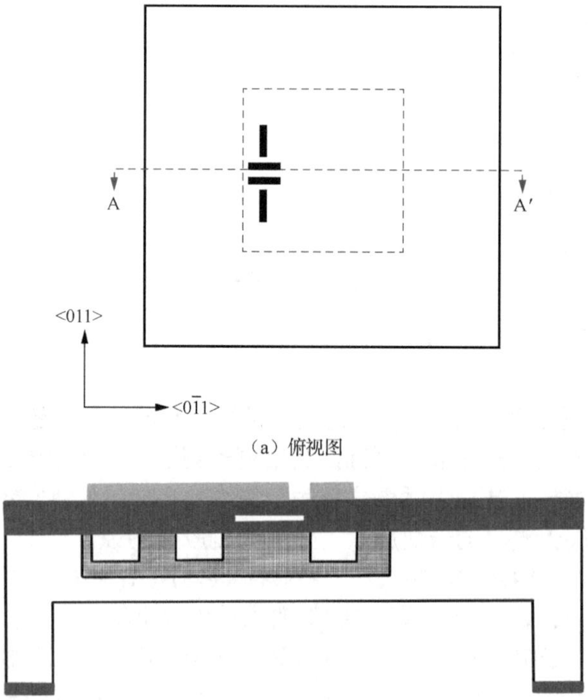

（a）俯视图

（b）A-A′截面剖视图

图 6-34 脉象传感器芯片制作工艺流程[40]

Chattopadhyay 等[41]设计了一种基于膜片的 MEMS 电容式压力体征传感器，用于实时测量心率，其内部结构见图 6-35。该传感器由固定板 Si_3N_4 和移动板多晶硅制成，MEMS 制造工艺步骤如下。

（1）选择厚度为 10μm 的硅片作为基底材料，在两侧沉积厚度为 1000nm 的 SiO_2 层。

（2）沉积 Si_3N_4 层和多晶硅并在顶部注入 B 离子。

（3）通过旋涂技术将光致抗蚀剂（PR-SPR2）旋涂于顶部。

（4）利用湿法刻蚀技术去除多晶硅层以及具有湿缓冲氧化物刻蚀的光致抗蚀剂 PR-SPR2，并通过 LPCVD 技术在顶部沉积 Si_3N_4。

（5）构建空腔，使用 PR-SPR2 光刻胶沉积在基板的底部，然后对掩蔽层进行 UV 胶光刻。

（6）连续刻蚀 Si_3N_4 层、多晶硅层、第二层 Si_3N_4、SiO_2 层和 PR-SPR2 层。

将制作的电容式心率传感器安装在手腕处，当心脏收缩和扩张期间桡动脉血流冲击传感器膜片时将导致回路电容改变并输出电压，通过对周期性电压变化进行统计即可实时测得心率。

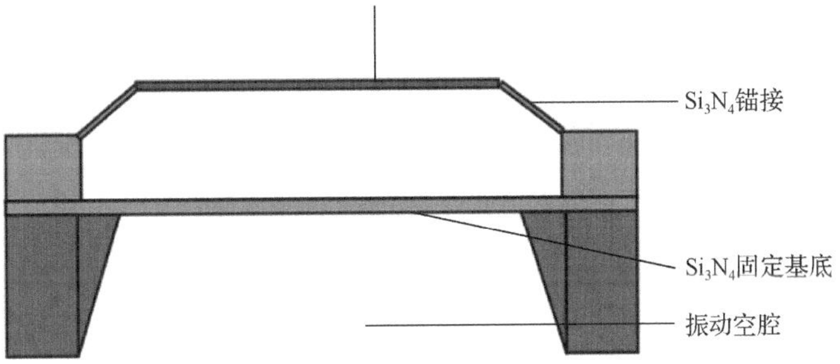

图 6-35 电容式心率传感器结构示意图[41]

6.3.2 生物标志物传感器

生物标志物传感器是用于测量各项生物指标的传感器，可用于慢性病和重大疾病的诊断和监测。生物标志物传感器的种类有离子浓度传感器、酶传感器、免疫因子（抗原抗体）传感器等。

1. 离子浓度传感器

离子是人体细胞内重要的元素，作为细胞的第二信使在细胞的信息传导的过程中起着非常重要的作用。近些年来，随着生物医学技术水平的不断提高，科学研究者通过实验发现了许多新的激活蛋白和荧光指示剂（或称荧光探针），一定程度上丰富了离子检测的方法。同时，荧光检测技术和成像分析技术的快速发展使得钙离子检测的方法不断地创新和改进，数字电荷耦合器件（charge coupled device，CCD）成像荧光显微镜、激光共聚焦扫描显微镜、多光子扫描显微镜、流式细胞仪等技术的发展，使得钙离子浓度的检测精度和检测极限有了很大的突破。

徐莹[42]提出了一种光寻址电位传感检测技术。这款离子浓度传感器可在药物刺激下测量多种胞外离子（Ca^{2+}、H^+、K^+）的浓度。传感器内部结构如图 6-36 所示，其制作工艺过程大致为：在硅片或玻片基底上溅射 300nm 的 Au，采用剥离技术形成金电极；为了和绝缘层贴合须增加 30nm 的 Ti 或其他过渡金属，如 Cr、Ni 等；在器件上制作 Si_3N_4 绝缘保护层，并刻蚀电极孔。制作的离子浓度传感器可用于测量细胞代谢产物的离子浓度变化，即利用光寻址细胞传感单元与培养液接触，获取各种离子的特性曲线。对离子传感阵列进行实验测试，传感器的最大灵敏度值为(0.87±0.04)nA/mV，单位时间内光生电流的改变量为(2.17±0.38)nA。

周围[43]在微流控芯片技术基础上设计制作了一种基于比率荧光法的细胞内钙离子浓度传感器，使用染色试剂与钙离子特异性结合，改变结合前后激发光的波长，利用不同波长激发光下发出的荧光强度的比值来计算钙离子浓度。微流控显微成像系统包括快速波长切换系统、显微成像系统、微流控驱动系统和微流控传感器等。在实验中，微流控传感器可实现细胞的加载、培养、离子染色等功能，设计的传感器如图 6-37（a）所示，A、B、C、D 分别为四个封接口，直径为 1mm，A 位置注入细胞溶液，B 位置注入染色试剂，C 位置注入含有 K^+的刺激溶液，D 为废液出口。传感器的制作过程主要步骤如图 6-37（b）所示，先采用 UV 光刻的方法制造出微通道结构凸起模具，然后浇铸 PDMS，在一定温度下固化后将 PDMS 剥离，即可制得带有微通道的传感器基片，与玻璃盖片封接后，可以制得高分子聚合物的微流控离子浓度传感器如图 6-37（c）所示。

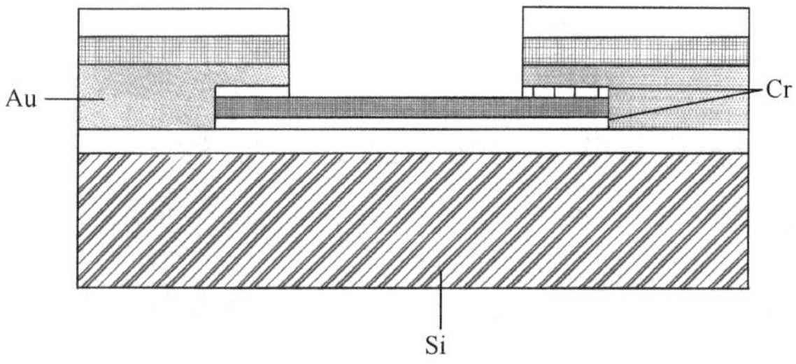

图 6-36　光寻址电位传感器[42]

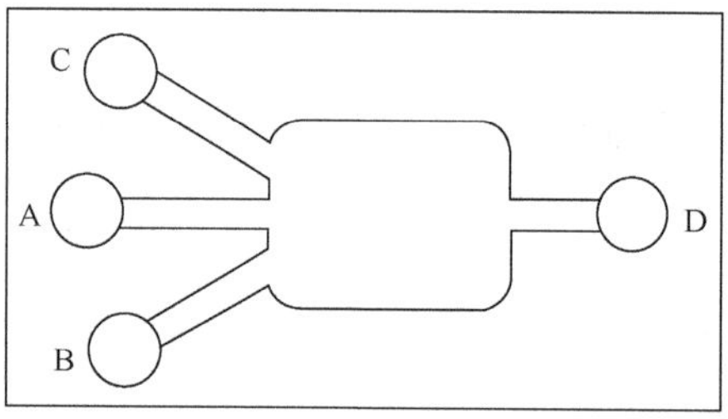

（a）芯片构型

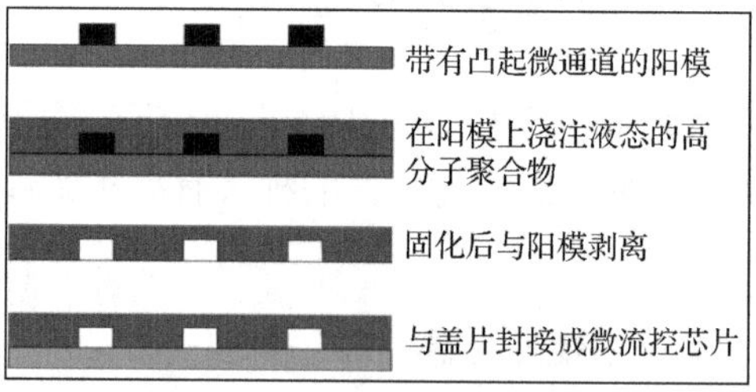

（b）芯片制造流程

（c）芯片实物图

图 6-37　离子浓度测量微流控芯片[43]

2. 酶传感器

酶传感器由固化酶敏元件与信号转换元件两部分组成。由于酶是水溶性的物质，不能直接用于传感器，因此须将它与适当的载体结合，形成不溶于水的固定化酶膜。常见的一类酶传感器是酶电极，即将酶膜设置在转换电极附近，被测物质在酶膜上发生催化反应，生成电极活性物质，如 O_2、H_2O_2、NH_3 等，由电极测定反应中生成或消耗的电极活性物质，并将其转换为电信号。根据酶电极的输出信号方式分为电流型和电位型两类电极。电流型电极是从催化有关物质的电极反应所得到的电流来确定反应物质浓度，如有氧电极、燃料电池性电极、H_2O_2 电极等。电位型电极是通过测量敏感膜电位来确定与催化反应有关的各种离子浓度，如 NH_3 电极、CO_2 电极、H_2 电极等。酶电极的特性除与电极基础特性有关外，还与酶的活性、底物浓度、酶膜厚度、pH 值和温度等相关。近年还发展了利用酶在反应过程中的荧光变化而获得底物浓度的化学荧光传感器，以及利用酶选择性吸附的质量敏感型器件。这类传感器中直接利用了酶的分子识别功能，具有较好的发展前景。

Teng 等[44]设计了一款以硅片为基底，基于葡萄糖氧化酶修饰碳孔电极的微型葡萄糖浓度传感器。这款传感器选用电流型酶电极作为敏感元件，生物酶用于催化葡萄糖的电氧化，使产生的过氧化氢进入碳膜，在施加的 0.7V 激励电压下发生电解反应。电解反应产生的电子将在工作电极和反应电极之间形成电流回路，通过测量该电流信号可以间接地测量葡萄糖的浓度。酶修饰碳孔电极葡萄糖传感器的结构如图 6-38 所示，选用具有良好绝缘特性的二氧化硅作为基板材料，基于 MEMS 工艺在基底表面构建碳孔电极，工艺流程如下。

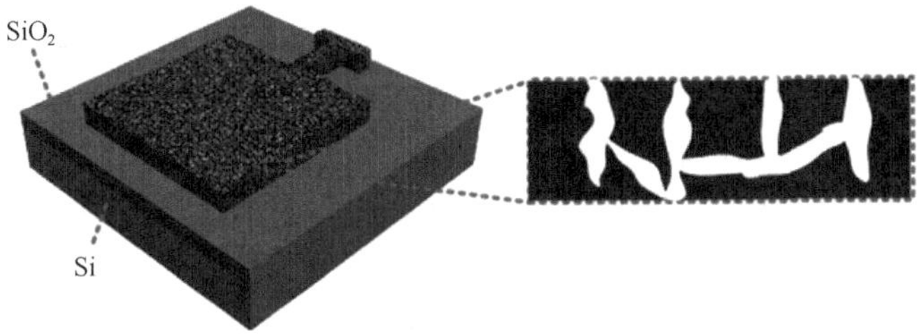

（a）成型的碳孔膜酶电极示意图

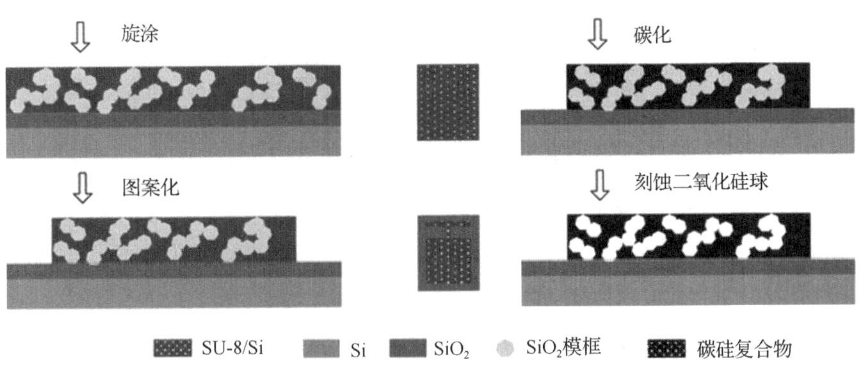

（b）碳孔膜电极的制备工艺

图 6-38 葡萄糖浓度酶传感器的结构与制作流程[44]

（1）使用 SU-8 光刻胶作为光敏聚合物前体。

（2）使用纳米 SiO_2 球作为模板，将 SU-8 旋涂在 SiO_2/Si 基板上并刻蚀。

（3）氮气流下的膜将于 900℃下热解，SU-8 分子转化为碳。

（4）在 HF 溶液中刻蚀材料以除去二氧化硅球，获得碳孔膜。

传感器的测试结果表明，酶传感器的检测范围为 0.5～5mM，响应时间<20s。比较了不同碳孔膜厚度葡萄糖传感器的传感性能，证明其具有 0.194mA/(mM·cm^2)的高灵敏度。

顾愿愿等[45]通过化学还原法制备了石墨烯（GR）、石墨烯/金（GR/Au）复合纳米酶电极。由于 GR/Au 表现出对酪氨酸酶（Tyr）强烈的吸附性，可用于构建 GR/Au-Tyr-CS/GCE 修饰电极。构建的修饰电极不仅可实现 Tyr 与电极间的直接电子转移，也对双酚 A 表现出良好的催化性能。修饰酶电极的制备原理如图 6-39 所示，工艺流程如下。

（1）分别用去离子水、无水乙醇对裸电极进行 5min 超声清洗，依次用粒径为 0.3μm、0.05μm 的氧化铝粉末对电极进行抛光，用去离子水冲洗、氮气吹干。

（2）取适量壳聚糖溶于 0.5%醋酸溶液中，得到 1.5mg/mL 浓度的壳聚糖溶液，用氢氧化钠调节 pH 值至 6.0。

（3）取 100μL 石墨烯/金复合物均匀分散液，与质量浓度为 4.5mg/mL 的酪氨酸酶溶液振荡混合 1h。

（4）当石墨烯/金与酪氨酸酶吸附完全后，取 100μL 质量浓度为 1.5mg/mL 的壳聚糖溶液，振荡混合 15min，得到浓度比为 1∶1.5∶0.5 的石墨烯/金-酪氨酸酶-壳聚糖混合液。

（5）取 10μL 石墨烯/金-酪氨酸酶-壳聚糖混合溶液滴涂于电极表面，并在室温条件下干燥，得到 GR/Au-Tyr-CS/GCE 的电极。

（6）在与（5）相同的条件下制备 GR-Tyr-CS/GC 电极，将电极在 pH 7.0 的 PBS 中活化 30min，浸入含适量 BPA 的 PBS 缓冲溶液中使用。

这款酶电极传感器对双酚的监测线性范围为 0～2.5×10^{-6}mol/L（相关系数为 0.99653），检测限为 1.88×10^{-8}mol/L，响应灵敏度高，检测范围宽，呈现良好的测量稳定性和重复度。

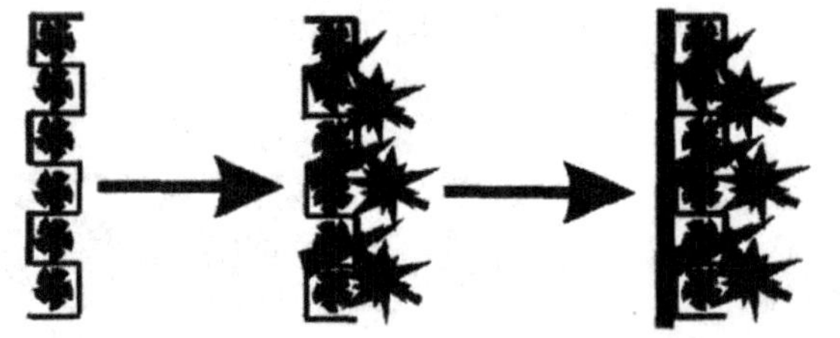

图 6-39　纳米复合物修饰的酶电极制备原理图[45]

3. 免疫因子传感器

抗体（分析物特异性探针）和抗原（分析物）之间的特异性非共价结合是免疫因子传感的基础，可用于高灵敏度、高选择性的临床免疫性标志物检测中，在流行病防治、医疗诊断、食品安全、药物筛选与开发、环境监测、生物威胁管理等方面有着诸多应用。

Lim 等[46]使用金纳米颗粒（AuNP）作为电化学敏感元件，以石墨烯作为电极材料，制成了高灵敏度电化学免疫因子传感器。这款免疫因子传感器对抗原的检测原理如图 6-40 所示。首先将第一抗体固定在石墨烯电极表面上，然后加入抗原 hCG，并用 AuNPs 标记，形成“三明治”结构。在周期性施加 1.2V、40s 电压时，免疫复合物发生高电位预氧化反应，引起 AuNP 含量改变，此时可以通过差分脉冲方法进行还原和扫描，氧化还原反应过程中 Au 的电沉积与 hCG 浓度呈线性关系，可据此测定 hCG 的浓度。此款免疫因子传感器的还原峰电流信号和 hCG 浓度之间的线性关系为 0～500pg/mL（相关系数为 0.97351），检测限为 5pg/mL。

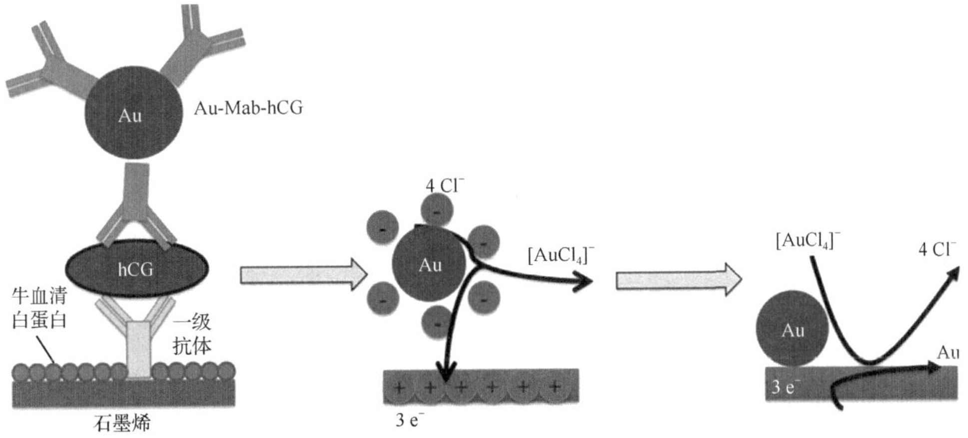

图 6-40 电化学免疫传感识别原理示意图[46]

复习思考题

6-1 简述 MEMS 微传感器的分类及每种传感器的特点。

6-2 简述 MEMS 微传感器的内在设计原则与逻辑。

参 考 文 献

[1] Clark S K, Wise K D. Pressure sensitivity in anisotropically etched thin-diaphragm pressure sensors[J]. IEEE Transactions on Electron Devices, 1979, 26(12): 1887-1896.

[2] Chau H L, Wise K D. Scaling limits in batch-fabricated silicon pressure sensors[J]. IEEE Transactions on Electron Devices, 1987, 34(4): 850-858.

[3] Ko W H. Solid-state capacitive pressure transducers[J]. Sensors and Actuators, 1986, 10(3-4): 303-320.

[4] Guckel H, Burns D W. Planar processed polysilicon sealed cavities for pressure transducer arrays[C]. International Electron Devices Meeting, IEEE, 1984: 223-225.

[5] Mastrangelo C H. Silicon-on-insulator capacitive surface micromachined absolute pressure sensor: US 5369544[P]. 1994-11-29.

[6] Mastrangelo C H, Zhang X, Tang W C. Surface-micromachined capacitive differential pressure sensor with lithographically defined silicon diaphragm[J]. Journal of Microelectromechanical Systems, 1996, 5(2): 98-105.

[7] Baskett I, Frank R, Ramsland E. The design of a monolithic, signal conditioned pressure sensor[C]. Proceedings of the IEEE 1991 Custom Integrated Circuits Conference, 1991: 27.

[8] Jian M Q, Xia K L, Wang Q, et al. Flexible and highly sensitive pressure sensors based on bionic hierarchical structures[J]. Advanced Functional Materials, 2017, 27(9): 1606066.

[9] Ishida T, Mochizuki S, Kagawa Y, et al. MEMS whistle-type temperature-compensated displacement sensor using resonant frequency shift[J]. Sensors and Actuators A: Physical, 2015, 222: 24-30.

[10] Barlian A A, Park W T, Mallon J R, et al. Semiconductor piezoresistance for microsystems[J]. Proceedings of the IEEE, 2009, 97(3): 513-552.

[11] 许卓, 杨杰, 王成, 等. 大量程纳米位移传感器的微纳加工制造[J]. 传感器与微系统, 2015, 34(10): 60-62.

[12] Yang Z Q, Shi J H, Yao J, et al. A laterally driven MEMS inertial switch with double-layer suspended springs for improving single-axis sensitivity[J]. IEEE Transactions on Components, Packaging and Manufacturing Technology, 2018, 8(10): 1845-1854.

[13] Boxenhorn B, Greiff P. A vibratory micromechanical gyroscope[C]. Guidance, Navigation and Control Conference, 1988.

[14] 王永, 孟冰, 陈旭辉, 等. 一种环式分布的四质量块微机械陀螺研究[C]. 无人载体导航与控制技术发展及应用学术研讨峰会, 2018.

[15] 陈佩, 赵玉龙, 田边. MEMS 梁膜结构流量传感器设计与实现[J]. 实验流体力学, 2017, 31(2): 34-38.

[16] Guo X , Yang B , Wang Q H , et al. Design and characterization of a novel bio-inspired hair flow sensor based on resonant sensing[J]. Journal of Physics: Conference Series, 2018, 986: 012005.

[17] Shikida M, Niimi Y, Shibata S. Fabrication and flow-sensor application of flexible thermal MEMS device based on Cu on polyimide substrate[J]. Microsystem Technologies, 2017, 23(3): 677-685.

[18] Chen L, Reano R M. Compact electric field sensors based on indirect bonding of lithium niobate to silicon microrings[J]. Optics Express, 2012, 20(4): 4032-4038.

[19] Wijeweera G, Bahreyni B, Shafai C, et al. Micromachined electric-field sensor to measure AC and DC fields in power systems[J]. IEEE Transactions on Power Delivery, 2009, 24(3): 988-995.

[20] Leland E S, Sherman C T, Minor P, et al. A new MEMS sensor for AC electric current[C]. Sensors, IEEE, 2010: 1177-1182.

[21] Edelstein A S, Fischer G A, Egelhoff W, et al. MEMS approach for making a low cost, high sensitivity magnetic sensor[C]. Sensors, IEEE, 2010: 2149-2152.

[22] Herrera-May A L, Aguilera-Cortés L A, García-Ramírez P J, et al. Resonant magnetic field sensors based on MEMS technology[J]. Sensors, 2009, 9(10): 7785-7813.

[23] Moser Y, Gijs M A M. Miniaturized flexible temperature sensor[J]. Journal of Microelectromechanical Systems, 2007, 16(6): 1349-1354.

[24] Liang X M, Ding W D, Chen H H, et al. Microfabricated thermal conductivity sensor: a high resolution tool for quantitative thermal property measurement of biomaterials and solutions[J]. Biomedical Microdevices, 2011, 13(5): 923-928.

[25] Simon I, Arndt M. Thermal and gas-sensing properties of a micromachined thermal conductivity sensor for the detection of hydrogen in automotive applications[J]. Sensors and Actuators A: Physical, 2002, 97: 104-108.

[26] Shen T W, Chang K C, Sun C M, et al. Performance enhance of CMOS-MEMS thermoelectric infrared sensor by using sensing material and structure design[J]. Journal of Micromechanics and Microengineering, 2019, 29(2): 025007.

[27] Shen C H, Chen S J, Guo Y T. A novel infrared temperature measurement with dual mode modulation of thermopile sensor[J]. Sensors, 2019, 19(2): 336.

[28] Katzir E, Yochelis S, Paltiel Y, et al. Tunable inkjet printed hybrid carbon nanotubes/nanocrystals light sensor[J]. Sensors and Actuators B: Chemical, 2014, 196: 112-116.

[29] Robbins H, Sumitomo K, Tsujimura N, et al. Integrated thin film Si fluorescence sensor coupled with a GaN microLED for microfluidic point-of-care testing[J]. Journal of Micromechanics and Microengineering, 2017, 28(2): 024001.

[30] Ito K, Niclass C, Aoyagi I, et al. System design and performance characterization of a MEMS-based laser scanning time-of-flight sensor based on a 256×64-pixel single-photon imager[J]. IEEE Photonics Journal, 2013, 5(2): 6800114.

[31] 史鑫, 王伟, 李金平. 基于 SOI 压阻式噪声传感器的声学动态特性分析与设计[J]. 传感器与微系统, 2018, 37(5):61-63+69.

[32] Kasai T, Tsurukame Y, Takahashi T, et al. Small silicon condenser microphone improved with a backchamber with concave lateral sides[C]. TRANSDUCERS 2007-2007 International Solid-State Sensors, Actuators and Microsystems Conference, IEEE, 2007: 2613-2616.

[33] Jiang X Y, Tang H Y, Lu Y P, et al. Ultrasonic fingerprint sensor with transmit beamforming based on a PMUT array bonded to CMOS circuitry[J]. IEEE Transactions on Ultrasonics, Ferroelectrics, and Frequency Control, 2017, 64(9): 1401-1408.

[34] Li H Y, Li D L, Xiong C Y, et al. Low-cost, high-performance fiber optic Fabry-Perot sensor for ultrasonic wave detection[J]. Sensors, 2019, 19(2): 406.

[35] Yu J, Cheung K W, Yan W H, et al. Tungsten-doped Nb_2O_5 Nanorod sensor for toxic and combustible gas monitoring applications[J]. IEEE Electron Device Letters, 2016, 37(9): 1223-1226.
[36] 王成杨, 李玉玲, 丁文波, 等. 基于 MEMS 工艺的 NO_2 气体传感器研制[J]. 传感器与微系统, 2018(7): 81-83.
[37] Ke M T, Lee M T, Lee C Y, et al. A MEMS-based benzene gas sensor with a self-heating WO_3 sensing layer[J]. Sensors, 2009, 9(4): 2895-2906.
[38] Lee C Y, Hsieh P R, Lin C H, et al. MEMS-based formaldehyde gas sensor integrated with a micro-hotplate[J]. Microsystem Technologies, 2006, 12(10): 893-898.
[39] Lee J, Kim J, Im J P, et al. MEMS-based NO_2 gas sensor using ZnO nano-rods for low-power IoT application[J]. Journal of the Korean Physical Society, 2017, 70(10): 924-928.
[40] 王璐, 温殿忠, 刘红梅, 等. 利用 MEMS 技术研制硅脉象传感器[J]. 传感技术学报, 2010, 23(9):1226-1231.
[41] Chattopadhyay M, Chowdhury D. Design and performance analysis of MEMS capacitive pressure sensor array for measurement of heart rate[J]. Microsystem Technologies, 2017, 23(9): 4203-4209.
[42] 徐莹. 基于 MEMS 技术的新型细胞传感器及其在细胞电生理中应用的研究[D]. 杭州: 浙江大学, 2007.
[43] 周围. 基于微流控芯片的细胞内钙离子检测及细胞驱动技术的研究[D]. 天津: 河北工业大学, 2010.
[44] Teng F, Wang X H, Shen C W, et al. A micro glucose sensor based on direct prototyping mesoporous carbon electrode[J]. Microsystem Technologies, 2015, 21(6): 1337-1343.
[45] 顾愿愿, 潘道东, 孙杨赢, 等. 基于石墨烯/金-酪氨酸酶-壳聚糖快速检测双酚 A 电化学酶传感器的研制[J]. 中国食品学报, 2014(8): 213-218.
[46] Lim S A, Yoshikawa H, Tamiya E, et al. A highly sensitive gold nanoparticle bioprobe based electrochemical immunosensor using screen printed graphene biochip[J]. RSC Advances, 2014, 4(102): 58460-58466.

第 7 章 微执行器

MEMS 执行器也被称为 MEMS 致动器，是 MEMS 器件执行实际动作的一个关键部件。其最基本的工作原理是将光、电等其他形式能量转换为机械能，驱动末端构件完成相应动作。用于 MEMS 执行器的经典致动方式包括静电致动、电磁致动、压电致动和热致动，其他致动方式还包括气动、电液致动、凝胶致动、光致动、超声波致动和形状记忆合金膜片致动等。按照结构形式和功能作用不同，可将 MEMS 执行器分为机械微执行器、仿生微执行器和其他微执行器等。

7.1 机械微执行器

按照执行功能不同，机械微执行器可细分为微阀、微泵、微马达和微夹钳等，下面分别进行介绍。

7.1.1 微阀

微阀主要应用于那些要求对制造过程中的液体或气体流量进行精密控制的系统，按照动作类型可分为主动式微阀和被动式微阀。主动式微阀需要由机械力驱动阀开合，而被动式微阀不需要附加机械力驱动。

1. *主动式微阀*

主动式微阀通常使用体硅或表面硅微加工技术制造得到弹性膜，通过膜的动作实现阀的开闭。膜的动作通过连接电、磁、压电或热装置进行控制。

1）电驱动

利用在可动平行板电极和固定电极间施加静电电压产生驱动力的原理，可制造出结构简单的静电驱动微阀。静电产生的力 P_{el} 可用下面的公式计算：

$$P_{el}=\frac{1}{2}\varepsilon_0\left(\frac{V}{d}\right)^2 \tag{7-1}$$

式中，ε_0 为两种板之间材料的介电常数；d 为两平面之间的间距；V 为施加的电压。

Atik 等[1]开发了一种静电驱动常闭式微流量阀（图 7-1）。该阀的阀座和阀膜分别由 PDMS 和聚对二氯甲苯制成，阀膜上带有金电极。未通电情况下，阀膜贴紧阀座，阀门关闭，液体无法流过；通电后，阀膜受到静电力作用，产生弯曲变形，阀口打开，液体流过。

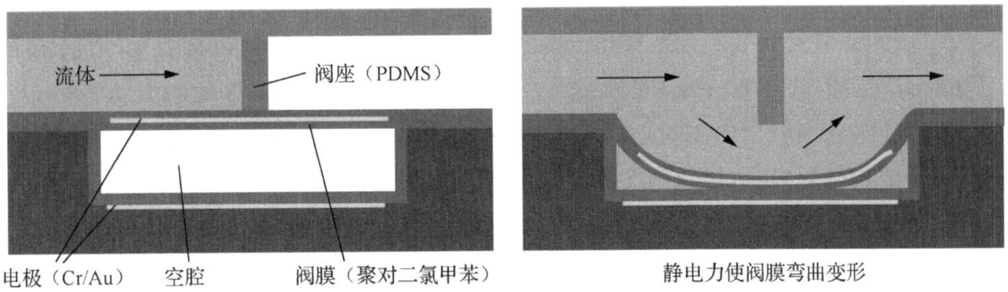

图 7-1 静电驱动微流量阀结构图[1]

该阀主要的制造步骤如下：①使用 HF 在玻璃上刻蚀出空腔结构；②采用化学气相沉积在玻璃表面沉积一层二氧化硅；③在空腔底面沉积金电极；④沉积聚对二氯甲苯形成下层电极；⑤在空腔中沉积牺牲层；⑥在牺牲层上沉积聚对二氯甲苯和金电极，形成阀膜和上电极；⑦使用浇注工艺制备 PDMS 阀座和上盖，并与玻璃基底键合在一起；⑧剥离牺牲层，得到阀体结构。

2）磁驱动

根据电磁驱动的工作原理，金属导体在磁场力作用下会产生运动。相比于其他微尺度驱动方式，电磁驱动可以产生较大位移以及驱动力，有较为明显优势。

Choi 等[2]使用体硅微加工和硅片键合技术制作微阀，该微阀主要由用于阀口密封的硅薄膜和带有进/出口的固定阀座组成，阀体结构如图 7-2 所示。执行器和阀门组件均单独制作，采用低温键合技术连接在一起。电感器充当磁通发生器，并通过与硅膜上电镀的坡莫合金磁耦合产生足够的力来拉动硅膜。当膜向上抬起时，阀门打开，液体从进口流向出口。

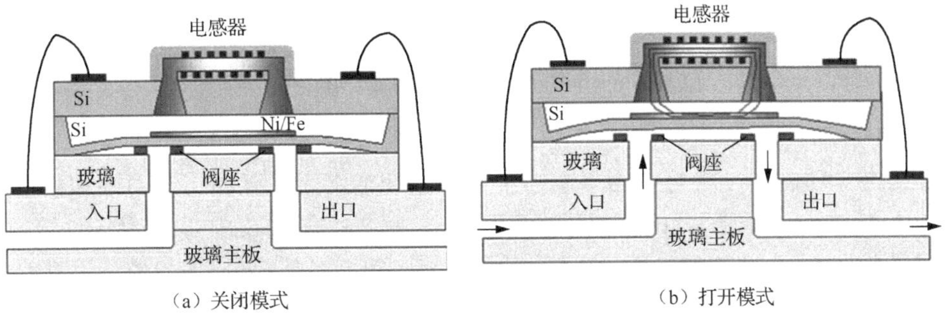

图 7-2 玻璃基底制作的电磁阀结构[2]

美国罗格斯大学 Gholizadeh 等[3]设计制造了一种新型快速响应的磁流变液控制微阀。磁流变液是智能材料的一种，它在外部无磁场时呈现低黏度的牛顿流体特性，在外加磁场时呈现高黏度、低流动性的流体特性，液体的黏度大小与磁通量存在对应关系。该阀使用磁流体控制阀门膜片变形，实现阀门启闭，即在磁场作用下，膜片上方腔体中的磁流体迅速重新定向，对膜施加一个作用力，使膜变形，关闭其正下方的微流体通道。

该阀门制作流程如图 7-3 所示。

（1）在 3in 硅片上旋涂一层 12μm 厚的 SU-8，将阀门所需结构的图形转移到该层［图 7-3（a）］，形成 SU-8 模具。

（2）将重量比为 10∶1 的 PDMS 和固化剂的混合物以 4000r/min 的旋涂速率涂敷到 SU-8 模具上，得到膜厚(15±2)μm PDMS 薄膜，在 80℃下固化 2h［图 7-3（b）］。

（3）将 2mm 厚的 PDMS 层（带有磁流变流体的通孔）［图 7-3（c）］，使用氧等离子体键合到 PDMS 薄膜上［图 7-3（d）］。

（4）将整个 PDMS 结构从硅模晶片上剥离［图 7-3（e）］，并使用氧等离子体将其键合到 1mm 厚 PDMS 层基底顶部。1mm 厚的 PDMS 层由 5∶1 比例的 PDMS 与固化剂制成，加强该层硬度，避免阀门动作时该层与 PDMS 薄膜一起塌陷。

（5）将浓度为 10mg/mL 的磁流变液注入瓣膜顶部上方的小孔中。

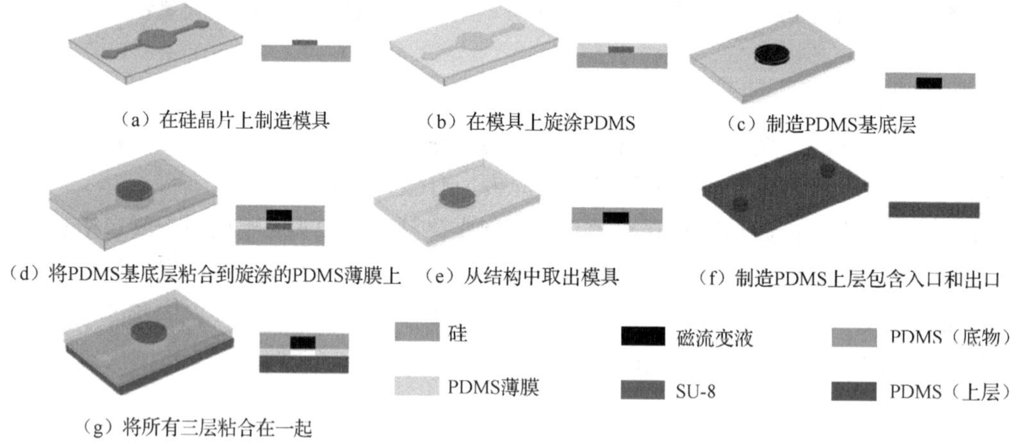
（a）在硅晶片上制造模具
（b）在模具上旋涂PDMS
（c）制造PDMS基底层
（d）将PDMS基底层粘合到旋涂的PDMS薄膜上
（e）从结构中取出模具
（f）制造PDMS上层包含入口和出口
（g）将所有三层粘合在一起
硅
磁流变液
PDMS（底物）
PDMS薄膜
SU-8
PDMS（上层）

图 7-3　电磁驱动弹性微阀的制造步骤[3]

3）压电驱动

Agnes 等[4]研制了一种可以用于医疗植入的钛合金常闭式微阀［截面图和模型图分别如图 7-4（a）和（b）所示］。该阀在未通电状态下，阀芯柱塞封闭阀口，液体无法流通。通电时，PIC 压电薄膜 1 产生形变，推动柱塞 3 向下运动，阀口开启，液体可以流过［图 7-4（c）］。该微阀具有良好的密封性，常关泄漏率小于 1μL/min，可以满足医疗器械对于流体精准控制的需求。

Agnes 等[4]还研制了一种常开式微阀［结构如图 7-5（a）所示］。该阀在未通电状态下，PIC 压电薄膜 1 处于弯曲形变状态，阀口开启，液体正常流通。通电时，PIC 压电薄膜 1 形变拉紧，封闭阀口开，液体无法流通［图 7-5（b）］。

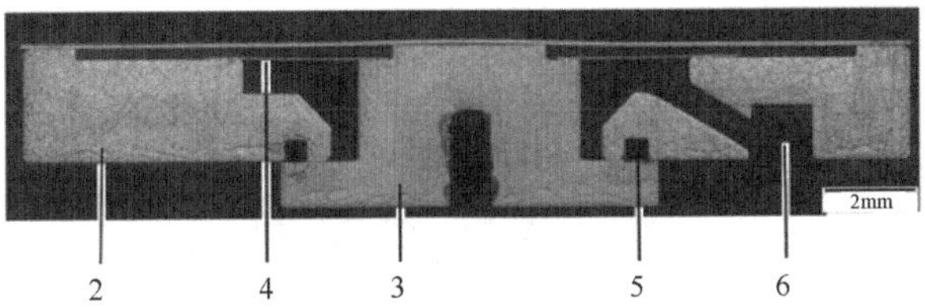

（a）常闭微阀截面图

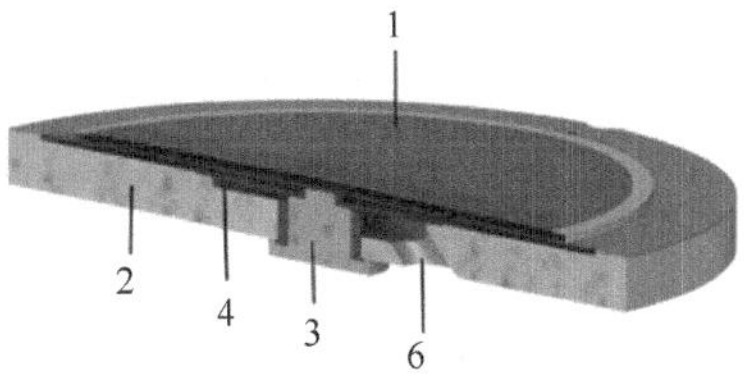

（b）粘合压电致动器的阀门模型

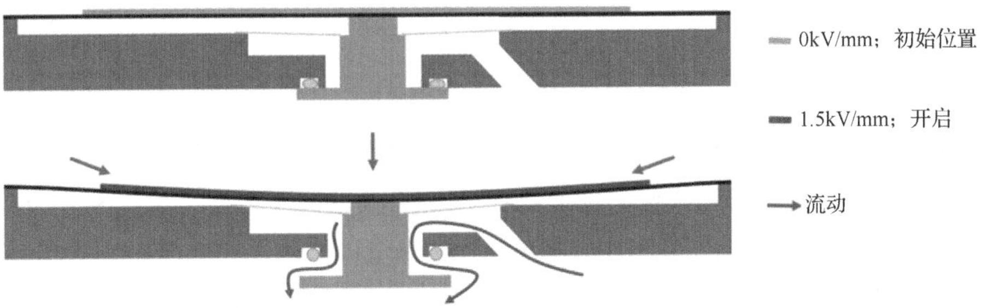

（c）工作原理示意图

图 7-4　常闭式微阀结构[4]

1-PIC 压电薄膜；2-阀体；3-柱塞；4-弹簧箔；5-密封胶圈；6-流道

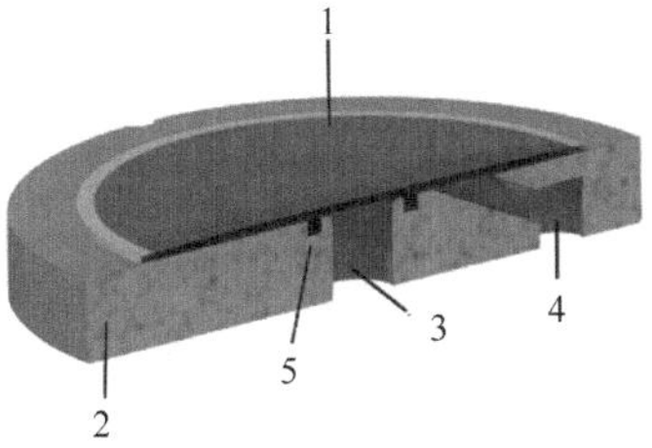

（a）常开微阀结构图

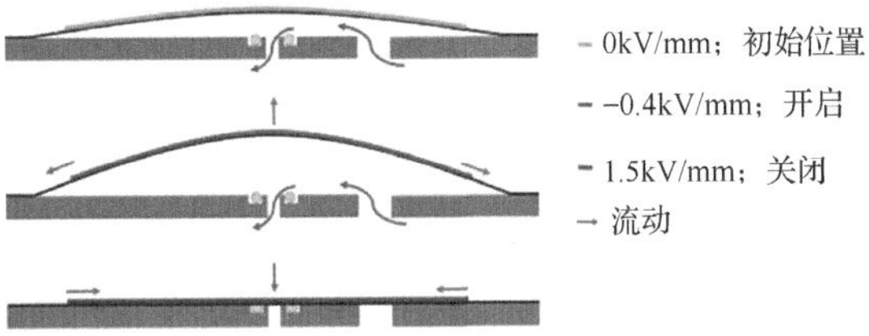

（b）工作原理示意图

图 7-5　常开式微阀结构[4]

1-PIC 压电薄膜；2-阀体；3-阀口；4-流道；5-密封胶圈

4）热驱动

热驱动是通过加热或冷却阀腔内气体，使气体的体积膨胀或收缩，驱动阀膜运动或变形，实现阀的开闭。

Kim 等[5]研制了一种常开式热气驱动微阀，利用掺锡氧化铟（indium tinoxide，ITO）当作加热器，采用 PDMS 制作的热气室、膜和通道如图 7-6（a）所示，图 7-6（b）显示了微阀的 PDMS 通道和阀座。当 ITO 加热器加热 PDMS 热气室的空气时，空气体积膨胀使得 PDMS 膜变形，PDMS 膜膨胀偏转并密封在阀座上将阀关闭。膜厚度和施加的入口压力影响阀的关闭功率，ITO 加热器控制流量关闭和打开时间分别在 20s 和 25s 左右。

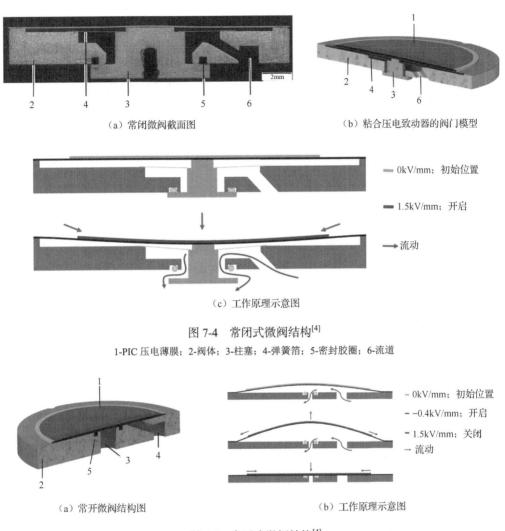

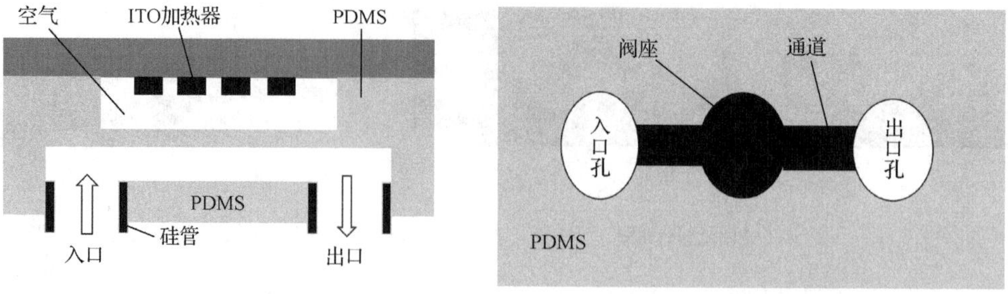

（a）微阀的横断面图 （b）微阀PDMS腔体

图 7-6 常开式热气驱动微阀结构布局[5]

该微阀由三个部件组装而成，包括通道和阀座、膜和热气室以及 ITO 加热器，具体步骤如图 7-7 所示。①微阀通道和阀座的制作：将 PDMS 预聚体混合物浇注在 SU-8 模具上，在室温下固化 24h 后，从模具剥离 PDMS，在其上钻出进出口管孔。②PDMS 膜和热气室的制作：在硅片上制备 SU-8 模具，将 PDMS 预聚物混合物旋涂在模具上，在 60℃下固化 30min，与①中制作的 PDMS 通道和阀腔结构键合在一起，并从硅片剥离。③ITO 加热器制作：采用磁控溅射法将 ITO 层沉积在玻璃基板上，对 ITO 薄膜进行图形化后，用 $FeCl_3$/HCl 溶液腐蚀多余的 ITO。④使用深紫外系统对 PDMS 和玻璃表面进行处理，将②中制得的 PDMS 结构与玻璃键合，最终得到常开式热气驱动阀。

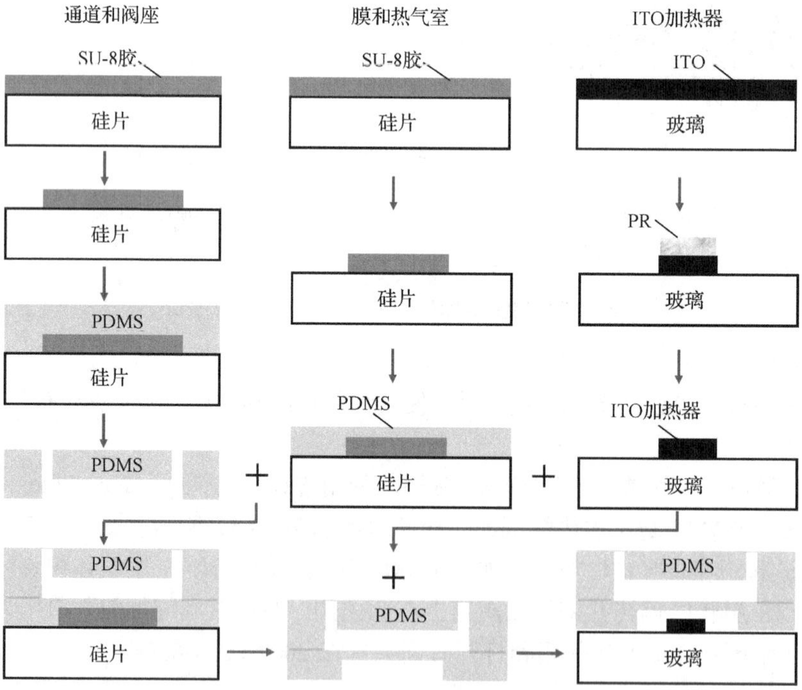

图 7-7 常开式热气驱动阀制造流程[5]

2. 被动式微阀

被动式微阀主要控制微通道内流体的运动方向，使之沿指定方向流动并防止反向运动，具有止回功能[6,7]。

张丛春等[6]为了在微流体控制系统中实现对流体流速和单向流动的控制，借鉴人体心脏瓣膜的结构，设计了新型被动式微阀。该微阀的阀膜进行三等分或四等分，上层采用 SU-8（2100）制作微阀的支撑层，下层采用 SU-8（2015）制作微阀门的膜片，整体结构如图 7-8 所示。当液体正向流入时，阀膜受力变形，微阀开启；当液体反向流入时，阀膜变形被支撑层阻挡，微阀关闭。

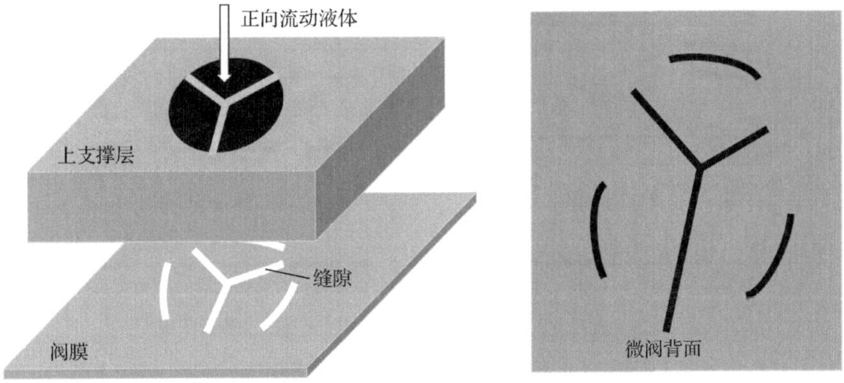

图 7-8 被动式微阀结构[6]

其制作工艺如图 7-9 所示。

（1）在玻璃基底上溅射钛，并用湿氧氧化法制备二氧化钛。

（2）旋涂第一层 SU-8(2015)光刻胶，厚度 20μm。

（3）前烘后，紫外光刻出阀的膜片结构，显影时用 50W 兆声振荡辅助显影，使缝隙中的光刻胶完全溶解。

（4）电镀 Cu，厚度与阀门膜片的厚度相同。

（5）溅射一层 Cr/Cu 种子层。

（6）旋涂厚度为 10μm 的正胶。

（7）光刻出牺牲层图形。

（8）电镀 Cu 将其填平。

（9）去除正胶及 Cr/Cu 种子层。

（10）旋涂 SU-8(2100)光刻胶，厚 200μm。

（11）经前烘、光刻、中烘、显影出支撑层结构。

（12）用氨水与过氧化氢的混合物去除牺牲层中的 Cu 及种子层中的 Cu，用铁氰化钾溶液去除 Cr/Cu 种子层中的 Cr。

东京工业大学 Mao 等[8]提出了一种新的制造方法，实现了微垂直配置的 SU-8 止回阀制造，如图 7-10 所示。普通的部分重叠式止回阀是一种简单的悬臂式结构，柔性悬臂垂直于流动方向并由流体通道的侧壁支撑，这种结构存在间隙，会导致止回阀的工作效率降低。这种全重叠式止回阀通过添加顶部块和底部块增大止回阀的重叠面积，能够承受较高的背压，且泄漏量较小（在 18kPa 时比普通部分重叠式止回阀减少泄漏量 53.6%）。

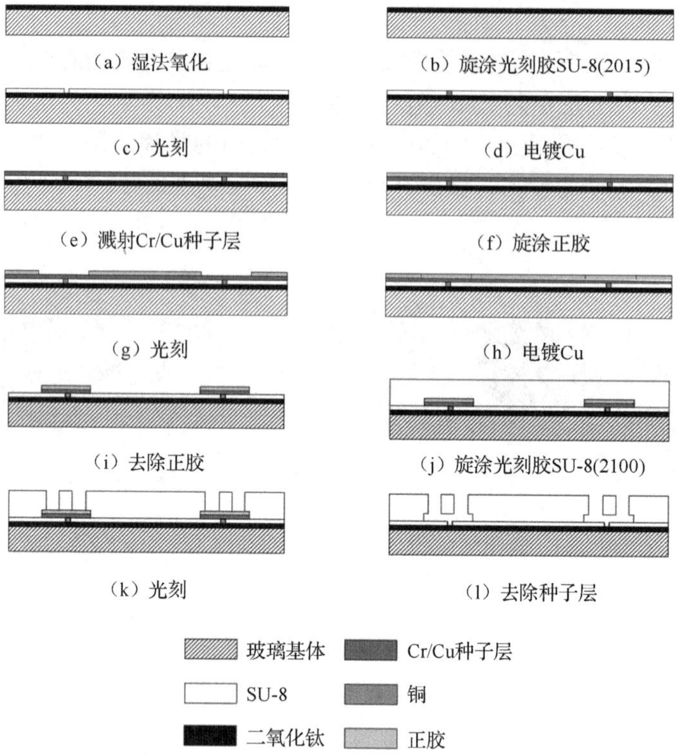

图 7-9　微阀的工艺流程[6]

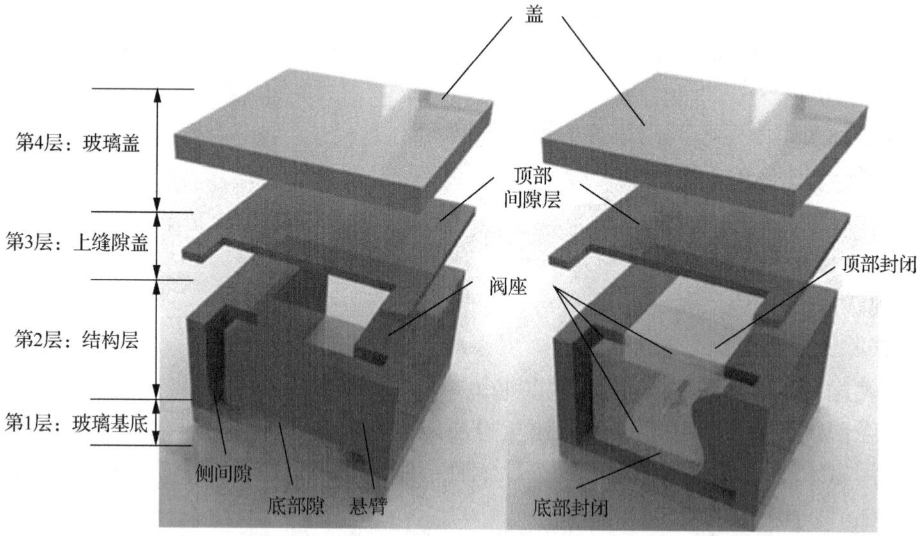

（a）普通部分重叠式SU-8止回阀　　（b）全重叠式SU-8止回阀

图 7-10　两种止回阀示意图[8]

普通的部分重叠式止回阀呈柱状，便于光刻制作，而该完全重叠式止回阀则是通过较复杂的多层工艺实现，如图 7-11 所示。

（1）清洗玻璃晶片，在 110℃下预烘烤 90s 以使其脱水，从而增强牺牲层与晶片之间的黏合。

（2）在晶圆上旋涂一层厚度约为 6μm 的 AZ5214E，并通过紫外线曝光和显影剂 NMD-3 进行图形化，图 7-11（b）所示。

（3）在玻璃晶圆上形成一层牺牲层后，在设备上旋涂一层厚度为 62μm 的 SU-8［图 7-11（c）］，在 95℃下加热烘烤 10min。

（4）7.2mW/cm^2 的紫外线强度下暴露 50s［图 7-11（d）］。

（5）将晶片覆盖一层厚约 353μm 的 SU-8［图 7-11（e）］。

（6）流体通道和止回阀是在 7.2mW/cm^2 的光强度下，在 120s 的紫外光照射并在曝光后 65℃烘烤 30min 后形成［图 7-11（f）］。

（7）为了获得顶块［图 7-11（g）］，按照实验优化的剂量控制紫外线照射，曝光后在 95℃下烘烤 5min。

（8）在丙二醇甲基醚醋酸酯（PGMEA）溶液中进行处理，并用异丙醇（IPA）彻底冲洗［图 7-11（h）］，将未交联的 SU-8 和交联的 AZ5241E（牺牲层）都被显影剂去除，使用旋涂机以 2000r/min 的旋转速度进行 40s 干燥。为了形成顶部间隙，在聚对苯二甲酸乙二醇酯（PET）片上额外形成一层薄薄的 SU-8（62μm），然后从 PET 片材上释放。

（9）带有图形的 SU-8 层通过使用未交联的 SU-8 黏合剂［图 7-11（i）］黏合到切块装置上。

（10）利用玻璃盖密封该器件［图 7-11（j）］。

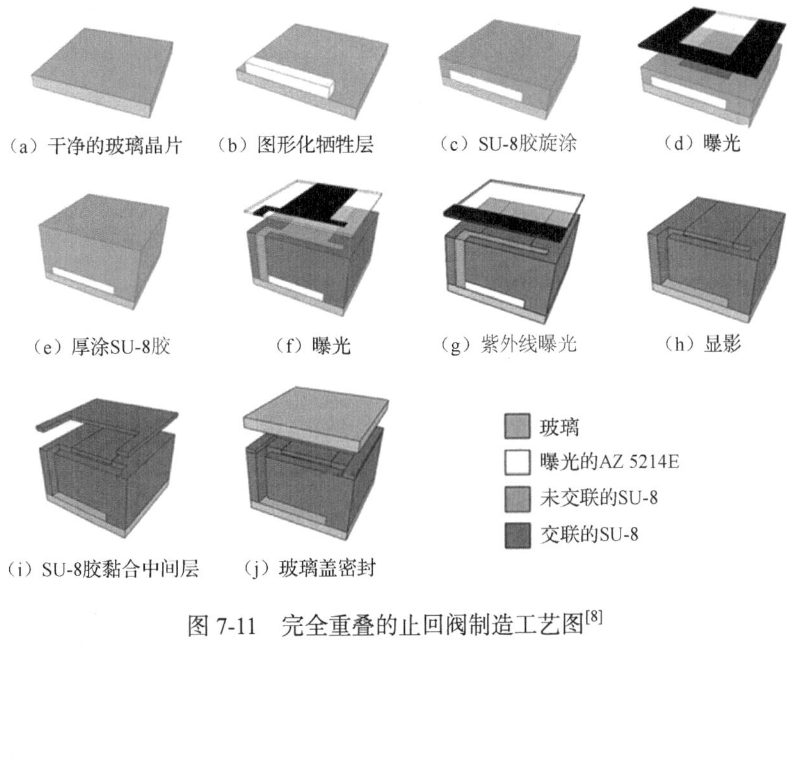

图 7-11 完全重叠的止回阀制造工艺图[8]

7.1.2 微泵

微泵是用于增加流体压力并使之产生流动的机械装置，它可用来将液体送至位置较高、压力较大或距离较远的地方。根据在工作过程中是否需要外界提供能源，微泵可分为有源微泵和无源微泵，其中有源微泵按照驱动结构是否依靠机械部件又可分为机械驱动微泵和非机械驱动微泵。下面主要对有源微泵进行介绍。

1. 机械驱动微泵

机械驱动微泵具有驱动力大、响应快的特点，是目前应用最广泛的类型，但往往具有较为复杂的致动结构，并且存在磨损和泄漏问题。机械驱动微泵有多种致动机理，常见的主要包括电磁、压电、热（气）压、静电和离心力等。

1）电磁驱动微泵

Farah 等[9]提出了一种微型柔性介电弹性体致动（dielectric elastomer actuator，DEA）微泵（图 7-12），该泵使用 VHB 膜介电弹性材料作为泵膜驱动液体流动。该微泵具有较高的可靠性，在 0.1Hz 和 0.25Hz 的低工作频率下，每个重复激励周期的动态响应标准偏差分别为 1.4%和 1.25%。研究表明 DEA 微泵的最佳工作频率为 3Hz，在该工作频率下的最大流速为 42μL/s。

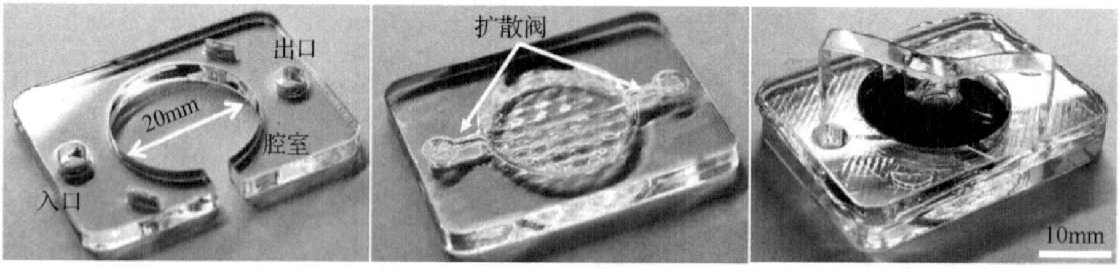

（a）丙烯酸框架　（b）基础框架　（c）组装后的整体结构

图 7-12　DEA 微泵实物图[9]

DEA 微泵制造的工艺流程如图 7-13 所示。

（1）激光切割丙烯酸板材，以形成具有腔室、两个端口（入口和出口）和两个上拉弹簧槽的框架［图 7-13（a)］。

（2）使用数控加工中心制作基础框架［图 7-13（b)］。

（3）将提前准备好的 VHB 膜预拉伸到丙烯酸框架上，并在两侧沉积炭黑粉末［图 7-13（c)～（d)］。

（4）在沉积炭黑所得到的膜顶部表面涂覆 PDMS 使电极绝缘［图 7-13（e)］。

（5）将丙烯酸框架堆叠在基础框架上，并将样品在 60℃下烘烤 30min［图 7-13（f)］。

（6）用 0.5cm×7cm 塑料片制成拉力弹簧固定到封合后的丙烯酸框架和 VHB 膜上［图 7-13（g)］，以提供向上的拉力并形成平面外驱动。VHB 膜有黏性表面，可以黏附上拉弹簧并向上拉伸。

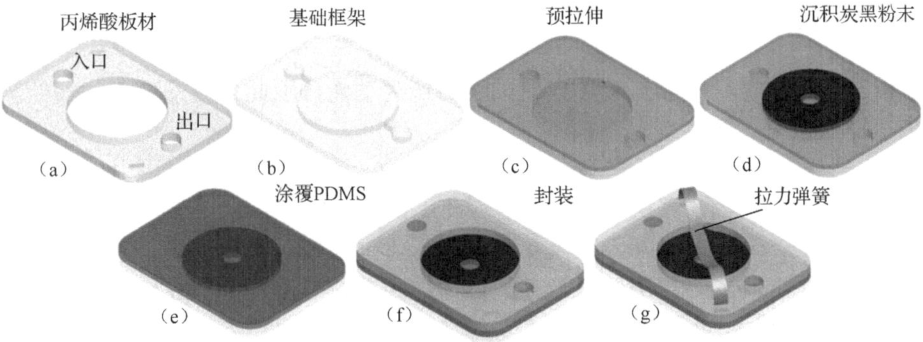

图 7-13 DEA 致动微泵的工艺流程[9]

2）压电驱动微泵

Esashi 等[10]通过微加工技术在硅晶片上制造了一种常闭式微泵，该微泵由两个多晶硅单向阀和一个由小型压电致动器驱动的隔膜组成（图 7-14），最大泵送流量和压力分别为 20μL/min 和 7651.8Pa/cm^2。

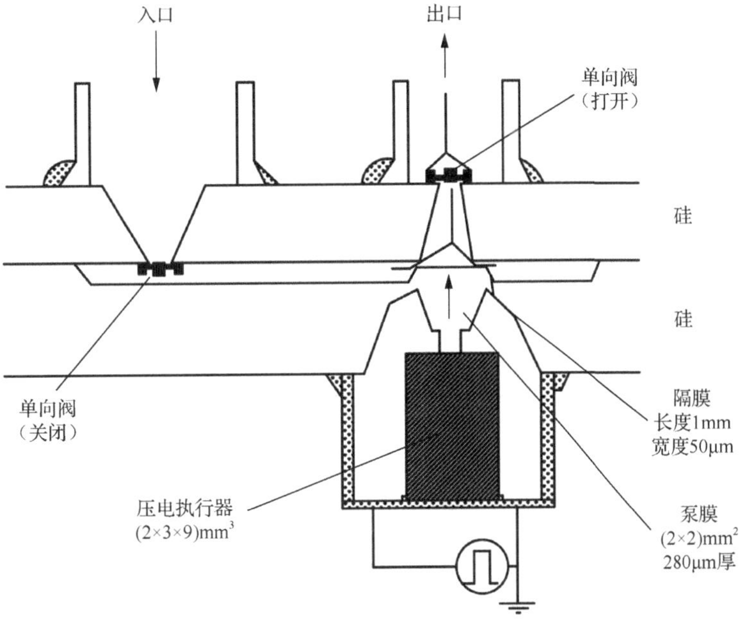

图 7-14 常闭式压电微泵结构图[10]

该微泵的制作流程如下：①在厚度为 200μm 双面抛光的硅晶片的两面制造出两个单向阀。②通过光刻在 280μm 厚的硅晶片的两侧形成大约 10μm 深的压力室和台面，随后进行氢氧化钾各向异性湿法刻蚀，然后在氢氧化钾溶液中刻蚀形成 50μm 厚的隔膜。在约 2μm 厚的低温玻璃层一面进行溅射沉积，形成压力室。③将两个硅片进行 Si—Si 键合。④键合后的器件用环氧树脂安装在玻璃管中，玻璃管搭接成与该微泵的自由端齐平，入口和出口的组件和管接头用环氧树脂固定。

2. 非机械驱动微泵

非机械驱动微泵是利用非机械形式的驱动力作为动能，因此多数没有运动部件，结构相对于机械驱动微泵更加简单。

Grzebyk 等[11]提出了一种低真空离子吸附微泵，它集成在微器件上，内部腔室可以产生从大气压到 100Pa 范围内的真空。其具体结构及实物照片如图 7-15 所示。该泵由硅片与玻璃基板阳极键合制成，通过改变间距可以实现电压变化。当在阴极和阳极之间施加电压时，泵内气体被电离，生成高能等离子体，等离子体与周围材料发生反应生成化合物（主要是氧化物、氮化物），使泵腔内气压降低，实现气体泵入。这种微泵采用双电极硅玻璃结构，由于内部电极十分近，即使在 0.1MPa、电压低于 1000V 的情况下也可以点燃气体放电。

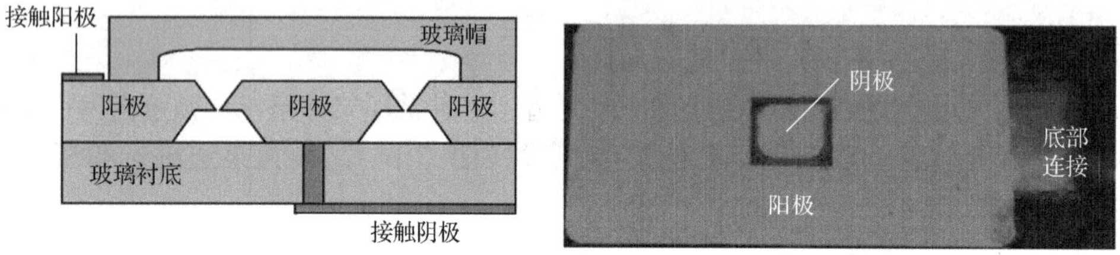

（a）该器件的横截面示意图　　（b）结构封装前的照片

图 7-15　低真空离子吸附微泵[11]

该微泵的制造工艺流程如下：①将硅基底热氧化并进行光刻图形化［图 7-16（a）］。②使用 KOH 溶液对硅片上下两侧进行各向异性刻蚀，直到只有薄膜连接两个电极［图 7-16（b）］。电极之间的距离可以非常精确地调整，它取决于三个参数：光刻掩膜上的形状、基底厚度和时间。阴极周围刻蚀的区域底侧要比顶侧宽，以防止微泵运行期间短路。③从硅晶片的底侧去除剩余的氧化物，并将其阳极键合到玻璃基底上［图 7-16（c）］。④继续刻蚀直至中心区域完全释放［图 7-16（d）］。⑤从基底的背面钻出一个孔，并沉积金属层以确保与阴极的电接触［图 7-16（e）］。⑥在 40%氢氟酸中刻蚀出玻璃帽，并阳极键合到结构的其余部分［图 7-16（f）］。

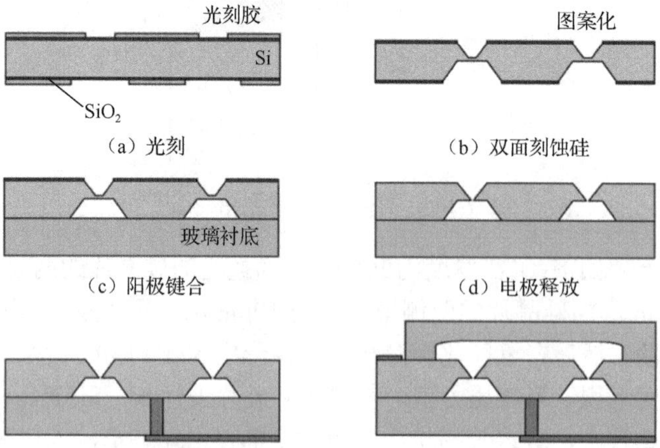

（a）光刻　　（b）双面刻蚀硅

（c）阳极键合　　（d）电极释放

（e）道接触准备　　（f）封装

图 7-16　低真空离子吸附微泵工艺流程图[11]

7.1.3 微马达

微马达是一种将电能转换成动能的动力源。本节主要对以下几种类型的微马达进行介绍。

1. 静电马达

静电马达是由转子以及一组固定电极组成，转子固定在基底的轴承上，固定电极称作定子，位于转子外围。工作时在定子上施加交替电压，转子接地后可围绕马达的轴做旋转运动。微马达具有和电路兼容性较好、制造成本较低的特点，因此适用于批量生产。静电马达的驱动力大小与马达尺寸成反比，即马达的尺寸越小，静电力则越大，同时驱动力矩也增大。但是马达外形尺寸越小加工难度越大，并且摩擦力对于电极效率的影响越发显著。因此，未来在微马达尺寸缩小方面的研究还有待突破。第一台静电马达于 1988 年 7 月由美国加州大学研制成功，其厚度为 1～1.5μm，直径为 100μm[12]。1993 年，我国清华大学研制出硅基微静电马达，转子直径为 100μm 和 120μm 两种，膜厚约 2μm[13]。1995 年，中国科学院上海冶金研究所（2001 年更名为中国科学院上海微系统与信息技术研究所）采用 LIGA 技术研制的静电马达直径为 140μm，厚度 8μm，马达转矩为 10^{-6}mN·m[14]。

静电马达利用电容可变原理进行工作。假设有两块电场垂直于极板且均匀分布的平行板，其余方向无静电力作用，忽略电容间的边缘场效应和电容在边界上的漏电场，则两板间的电场为

$$E=\frac{q}{\varepsilon_r\varepsilon_0 A} \tag{7-2}$$

上下极板间的电势差为

$$V=Ed=\frac{qd}{\varepsilon_r\varepsilon_0 A} \tag{7-3}$$

可求得电容为

$$C=\frac{q}{V}=\frac{\varepsilon_r\varepsilon_0 A}{d} \tag{7-4}$$

式中，q 是电荷；V 是瞬态电压；A 是有效面积；d 是两板间距离；ε_0 是真空中的介电常数；ε_r 是两板间电解介质的介电常数。

当电压变化产生的瞬态电流为 $i=C\dfrac{\partial v}{\partial t}$ 时，瞬态功率是 $P=Vi$，电容中的瞬态电场能是

$$W=\int P\mathrm{d}t=\int CV\mathrm{d}V=\frac{1}{2}CV^2+X_{\mathrm{int}} \tag{7-5}$$

由于初始状态下做功为 0，故得到

$$W=\frac{1}{2}CV^2 \tag{7-6}$$

由上式可知，当电压一定时，对静电马达来说，转子与定子间存储的电场能与两板间面积有关。而两板间有效面积又与转动角度 θ 有关，则得到电场能随 θ 变化的函数：

$$W(\theta)=\frac{1}{2}\left(\varepsilon_r\varepsilon_0\frac{A}{g}\right)V^2=\frac{1}{2}\left[\varepsilon_r\varepsilon_0\frac{(r+g)\theta h}{g}\right]V^2\approx\frac{1}{2}\left(\varepsilon_{\mathrm{r}}\varepsilon_0\frac{r\theta h}{g}\right)V^2 \tag{7-7}$$

式中，g 是转子与定子间隙；r 是静电马达半径；h 是静电马达的厚度。

将电场能对角度求微分可求得扭矩为

$$\tau=\frac{\mathrm{d}W}{\mathrm{d}\theta}=\frac{\varepsilon_r\varepsilon_0}{2}\frac{rh}{g}V^2 \tag{7-8}$$

由式（7-8）可知，欲提升扭矩 τ，可以通过增加工作电压或加大尺寸 r 和 h 来实现；间隙 g 受限于工艺，线宽不能无限减小。

2. 电磁马达

平面型可变磁阻的电磁马达带有全集成的定子和线圈[15]，定子是由集成的电磁体制成，而转子是由软磁体材料制成。马达有两组显磁极，一组在定子上（它通常有激励线圈缠绕着），另一组在转子上。与静电马达相比，电磁马达体积更小，但驱动转换效率略显不足。电磁马达具有驱动力矩大的优点，但由于需要采用 LIGA 或准 LIGA 工艺进行加工，因此目前还不适用于批量生产。上海交通大学研制出了重量 12.5mg，最大输出力矩 1.5μN·m，最大转子转速为 18000r/min 的电磁马达[16]。

3. 热致伸缩马达

与一般的马达不同，热致伸缩马达是一种能输出直线运动的动力元件。基于热胀冷缩原理设计与制作的热致伸缩马达，可实现长距离运动和大输出力，广泛地应用于微光学镜片、微爪和微型自主装结构等。

西安交通大学 Hu 等[17]研究了一种新型微机械手电热直线马达。该马达由 V 形电热执行器阵列、微型杠杆、微型弹簧和滑块组成。引入硅基绝缘体晶片以制造高纵横比结构体，芯片尺寸为 8.5mm×8.5mm×0.5mm。由于热膨胀产生的位移不够，需要一些其他部件来实现大位移驱动，如图 7-17 所示。引入微弹簧以将小变形转换成大变形。为了实现这一点，需要两个微爪致动器。它们与微弹簧对称设置，可以提高整个设备的工作性能。微爪致动器由两个带微型杠杆的 V 形电热致动器组成，微杆可以在减小输出力的同时放大输入位移，放大系数设置为 20，以保证足够的输出变形和输出力。

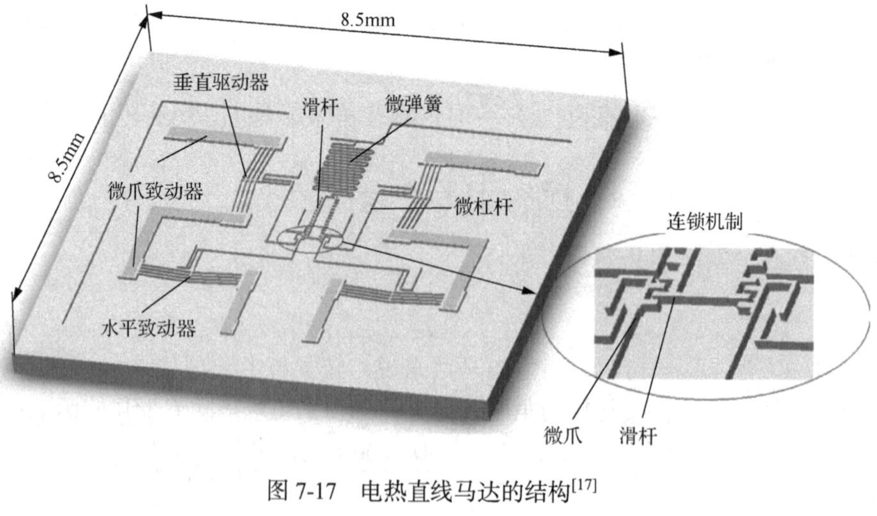

图 7-17　电热直线马达的结构[17]

该电热直线马达在硅基绝缘体 SOI 晶片上完成，由 50μm 器件层、3μm 填埋层和 430μm

手柄层组成，可以根据实际的力和功率要求定制器件的厚度。器件层的电阻率为 0.01～0.02Ω·μN·cm，可以提供良好的电通路。首先，使用升降装置将接合焊盘放置在器件层上。为了使引线键合具有良好的电接触和稳定的焊盘表面，引入了 50nm/300nm 的 Cr/Au 两层结构，如图 7-18（b）所示。接下来，晶片经过光刻进行图形化，并使用 ICP 刻蚀到埋置的 SiO_2 层上，该等离子体刻蚀方法可产生高纵横比的深度和宽度，并可以形成垂直侧壁结构，如图 7-18（c）所示。随后使用丙酮可以去除大量的残留物。最后，使用 HF 刻蚀埋藏的 SiO_2 层来释放整个装置，如图 7-18（d）所示。

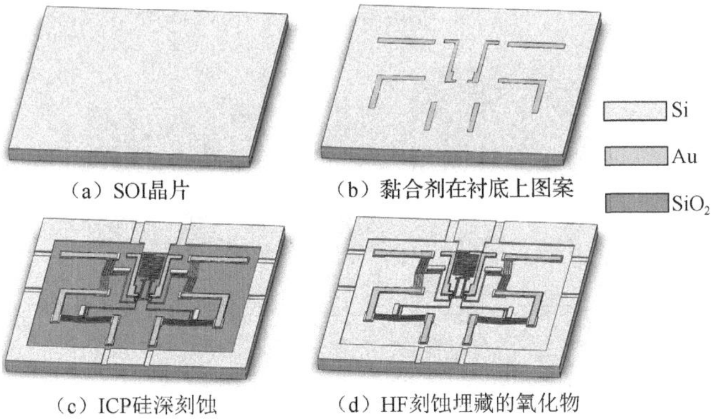

图 7-18 电热直线马达制作过程[17]

在移动操作中，线性马达可以移动近 1mm 的位移，每步 100μm，同时保持施加的电压低至 17V。在保持操作中，电机可以保持在一个特定位置而不消耗能量，驱动力可以达到 12.7mN。该设备可以进行超过两百万次的操作。

2015 年 Pham 等[18]研究了一种静电梳状驱动的新型热致伸缩马达（图 7-19），它由四个棘轮驱动器、两个离合执行器和一个梭子组成。梭子由两侧的 12 个翼组成，通过一对棘轮驱动器，借助与棘轮架移动方向垂直方向上的棘轮齿，向左或向右移动。

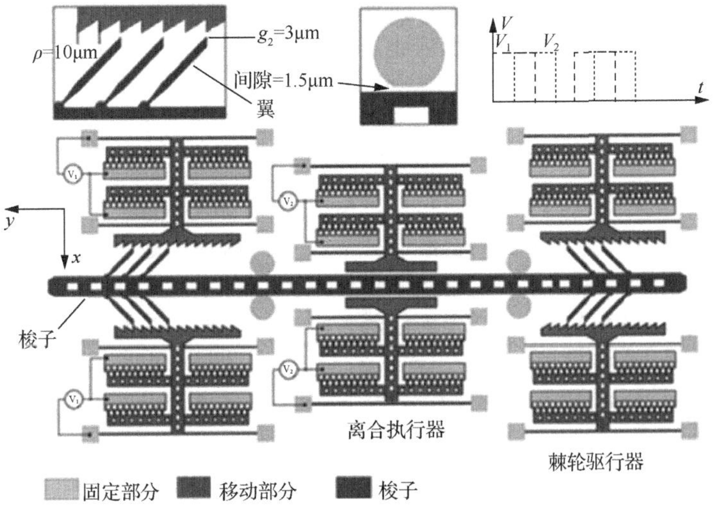

图 7-19 静电梳状热致伸缩马达示意图[18]

ρ-棘轮齿距；V_1-第一阶段周期性电压；V_2-第二阶段周期性电压；g_2-棘轮齿与翼端初始间隙

该微型直线马达采用 SOI-MEMS 技术制造，并用 SOI 晶片制备了器件层、SiO_2 层和硅基底层，厚度分别为 30μm、4μm 和 450μm。首先，设计了掩膜版并用于光刻工艺。在光刻和显影后，将图形转移到 SOI 晶片表面。其次，进行深度为 30μm 的深反应离子刻蚀工艺，以达到 SiO_2 层；深反应离子刻蚀的速率约为 1.2μm/min。然后，用去除剂溶液去除器件表面的光刻胶层，再用 HF 蒸气刻蚀 SiO_2，在 40℃下，浓度为 46%的 HF 蒸气对 SiO_2 的刻蚀速率约为 0.2μm/min，制作后的微型热致伸缩及其元件如图 7-20 所示。每个微型直线马达芯片有一个 5mm×5mm 的盖片，梭子的宽度为 90μm，长度为 4400μm。该系统在 1～10Hz 的驱动频率下可以平稳运行，梭子的最大行程约为 500μm，加载力 F_L=352.97μN。

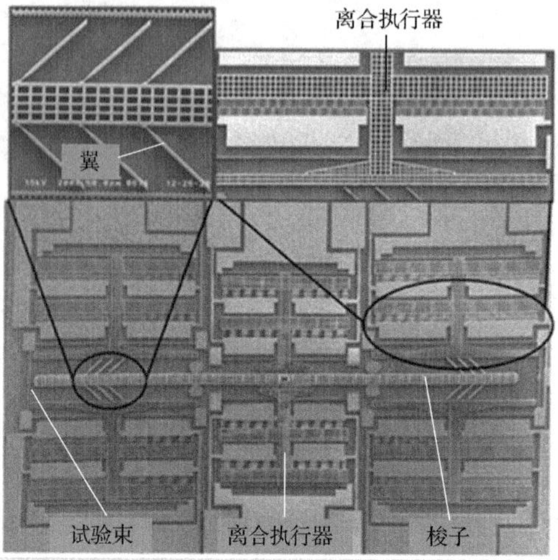

图 7-20　热致伸缩马达的 SEM 图[18]

7.1.4　微夹钳

微夹钳又称为微夹持器，在微装配、微操作等方面具有重要应用。微夹钳则是利用两个或多个钳爪互相接近，作用在物体上形成正压力来实现夹持操作。微夹钳直接与被操作对象相接触，需要在不损坏微小物体的情况下夹取和释放动作。微夹钳的结构主要包括基座、驱动器、力传递/放大机构、微钳爪和力反馈机构，其驱动方式有静电、电热、形状记忆合金、压电和电磁等。

随着微操作对象尺寸的逐渐减小，尺度效应的影响逐渐显著。在微米级尺度下，范德瓦耳斯力、静电力、表面张力等表面力已经取代体积力占据主导地位。由于尺度效应的影响，微小对象很容易黏着于微钳爪上而实现拾取操作，但是在钳爪分开夹持力消失后，微小对象可能在表面力作用下依然黏着在钳爪上无法释放。因此，微夹钳的设计关键不仅在于有效夹持，更重要的是还要实现稳定释放。一般来说，可以通过在钳爪上增加化学涂层进行化学改性，或者在钳爪上设计锯齿等粗糙结构进行物理改性，来减小钳爪和被夹持物体之间的表面力，以实现稳定释放。

1. 静电式微夹钳

图 7-21 给出了一个采用静电力驱动的微夹钳。该微夹钳的力传递/放大机构和钳爪为一

体，两个钳爪采用柔性梁支撑（图中未给支撑梁部分），钳爪接地，防止被夹持物体因钳爪上的静电积累而导致不能顺利释放。当在钳爪内侧的电梳上施加电压时，钳爪闭合实现夹持，当在钳爪外侧的两个电梳上施加电压时，钳爪张开释放物体。

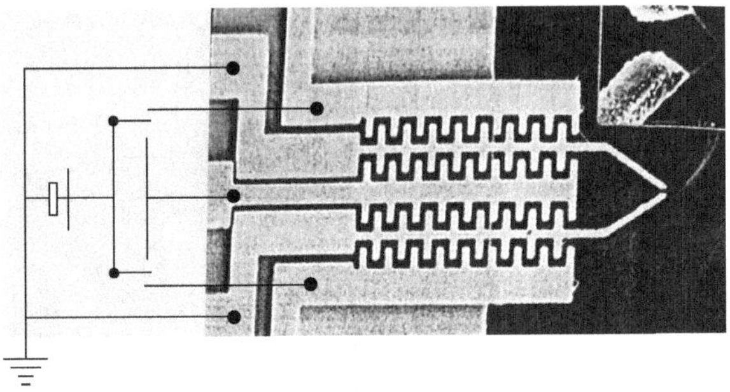

图 7-21　静电式微夹钳

Velosa-Moncada 等[19]设计了一种新型的 MEMS 微夹钳。该夹钳具有旋转静电梳状驱动执行机构，用于夹持肿瘤细胞（circulating tumor cells，CTCs），图 7-22 为其结构示意图。该夹钳具有梳状致动器和两个多晶硅臂（一个固定、一个移动），臂的尖端用于夹持细胞，第一个臂固定于硅基底上，第二个臂由两个多晶硅蛇形弹簧支撑。在梳状静电致动器通电时，移动臂底端向通电一侧移动，带动顶端向相反方向移动，从而使前端的夹钳口打开或关闭。微夹钳尖端的初始开口为 40μm。

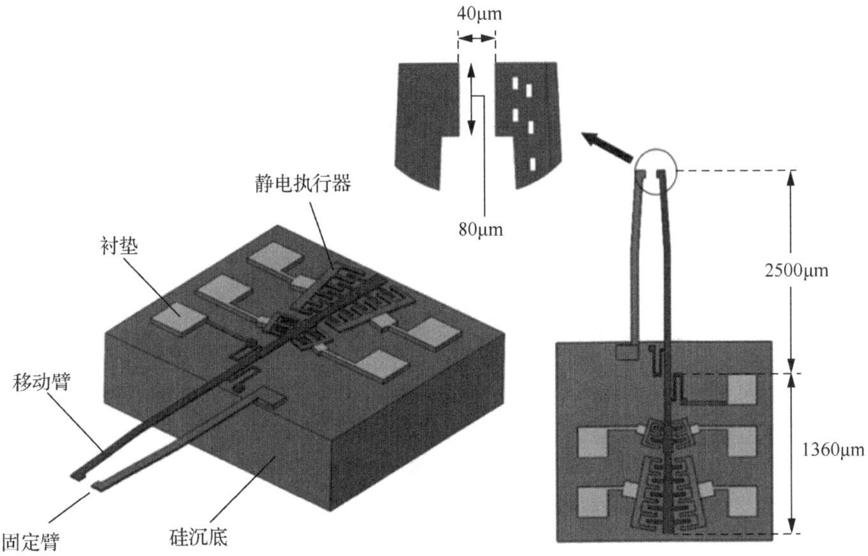

图 7-22　微夹钳设计结构示意图[19]

2. 电热式微夹钳

Masood 等[20]提出了一种基于 SU-8 的 2-DoF 电热微夹钳。该夹钳采用了一种改进的平行四边形铰链机构，实现了微夹钳的位移放大和平移运动，图 7-23 为微夹钳结构图。该夹钳左右两侧完全对称，每个钳爪可以由独立的电源控制。夹钳臂的挠曲变形由带有金加热器的 V 形热电执行器控制。该微夹持器的设计方法可使夹爪温度降到最低，适合于生物医学领域的细胞、生物材料夹持操作。在驱动电压为 80mV 时，单个爪尖位移为 11μm，夹爪温度只比周围环境高 2～3℃，微夹持力的最大值为 231μN。

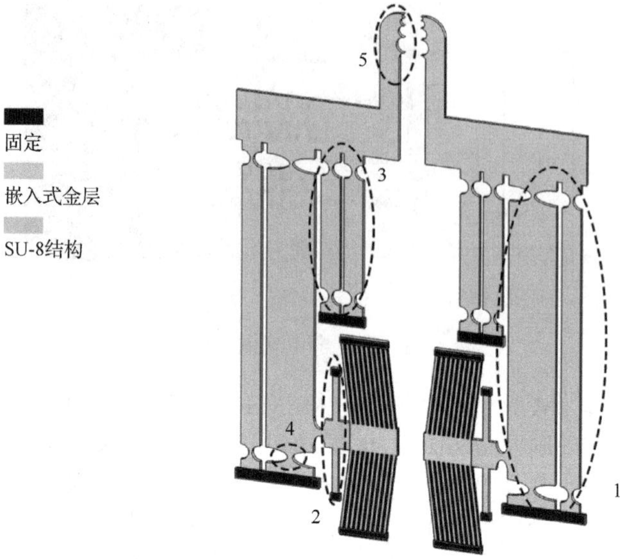

图 7-23　电热驱动微夹钳设计示意图[20]

1-平行四边形机构；2-移动关节/散热器；3-移动关节；4-挠曲椭圆铰链；5-夹爪

马耳他大学工程学院机械工程系 Cauchi 等[21]研究了一种用于抓取红细胞的电热微夹钳，该微夹钳是基于“冷热臂”原理进行设计的，采用电热驱动方式进行工作。它包括两个不同宽度的平行臂，这两个平行臂一端连接在一起，形成电气回路。当给该夹钳通电时，由于中间热杆的电阻大于两侧冷杆的电阻，所以中间热杆的温度要高于两侧冷杆，导致热杆产生弯曲变形，夹钳前端的端口打开，如图 7-24 所示。

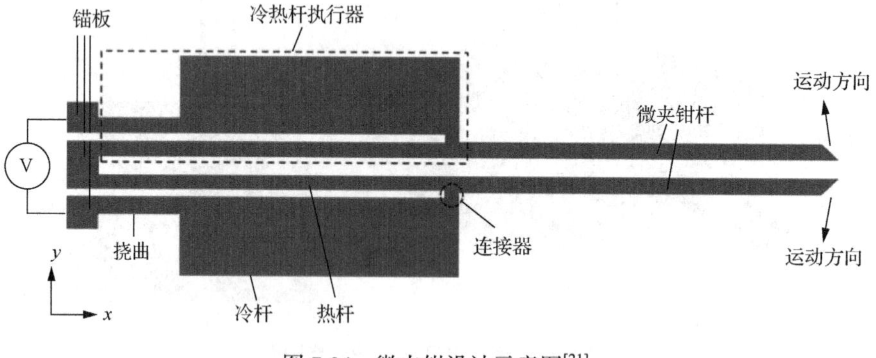

图 7-24　微夹钳设计示意图[21]

该微夹钳使用表面硅加工工艺制造，其工艺流程如图 7-25 所示：①采用低压化学气相沉积，在 20μm 厚多晶硅基底上制备氮化硅层；②沉积 PSG 作为牺牲层；③采用等离子刻蚀在 PSG 层上制备图形；④沉积多晶硅层；⑤在多晶硅上刻蚀形成相应图形；⑥沉积金属 Cr 种子层和 0.5μm 厚的 Au 电极层，采用剥离工艺形成金属电极图形；⑦将硅片浸入氢氟酸溶液中，去除 PSG 牺牲层，释放金属图形结构，使用二氧化碳进行干燥，以减少剥离黏滞。

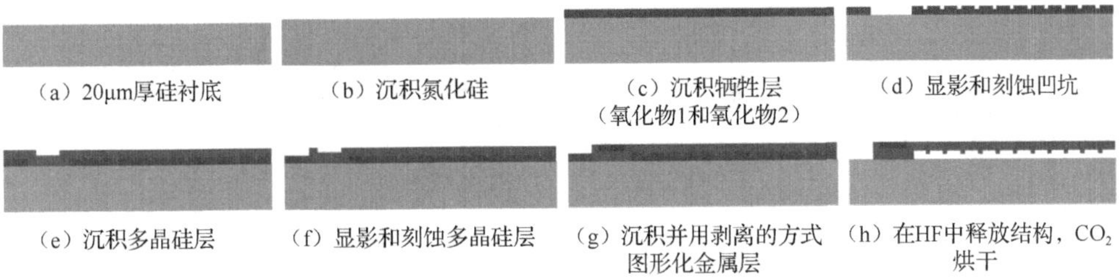
（a）20μm厚硅衬底
（b）沉积氮化硅
（c）沉积牺牲层
（氧化物1和氧化物2）
（d）显影和刻蚀凹坑
（e）沉积多晶硅层
（f）显影和刻蚀多晶硅层
（g）沉积并用剥离的方式
图形化金属层
（h）在HF中释放结构，CO_2
烘干

图 7-25 用于抓取红细胞的电热微夹钳制造工艺流程示意图[21]

7.2 仿生微执行器

仿生微执行器依据生物运动规律或者生化反应原理进行设计，具有较高的执行效率、多样的功能和良好的生物相容性。

7.2.1 人工纤毛

纤毛是细胞表面伸出的细长突起，可用于推动其自身或与其接触物体产生运动。构建出尺寸与生物纤毛相近，且具有类似的动态特性的人工纤毛依旧是目前的研究热点。

1. 电化学驱动

康奈尔大学团队开发了一种人造纤毛超表面，可实现对微流体流动的精准操控[22]，如图 7-26 所示。该人造纤毛由钛和铂制成，每根纤毛就是一个纳米驱动器，将其放在缓冲溶液中并施加不同电压，纤毛就会通过自身的周期性形变驱动液体流动。

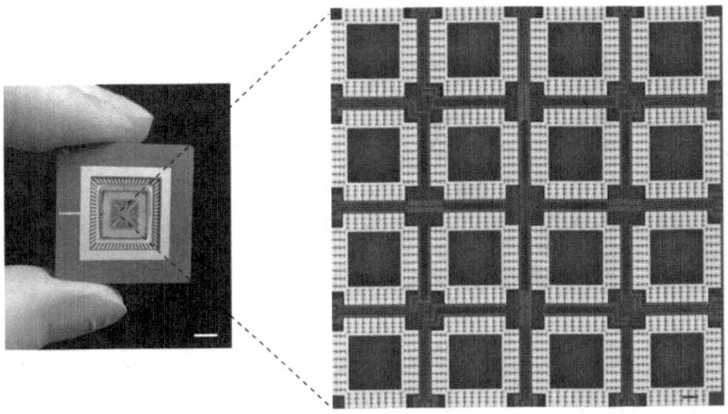

图 7-26 由 4×4 纤毛单元阵列组成的人造纤毛超表面[22]

每根人造纤毛是一条约 50μm 长、5μm 宽、10nm 厚的微带，一端连接到基底上，如图 7-27（a）所示。在磷酸盐缓冲液（pH 7.45）中，通过提升人工纤毛相对于 Ag/AgCl 参比电极的电位，触发裸露的铂表面产生电化学反应，可以诱导人工纤毛的激活。当施加 1V 电压时，激发氧化反应使铂表面弯曲，当施加−0.2V 电压时，促进还原反应使纤毛恢复到初始状态。图 7-27（b）展示每个独立驱动母线连接的纤毛阵列。

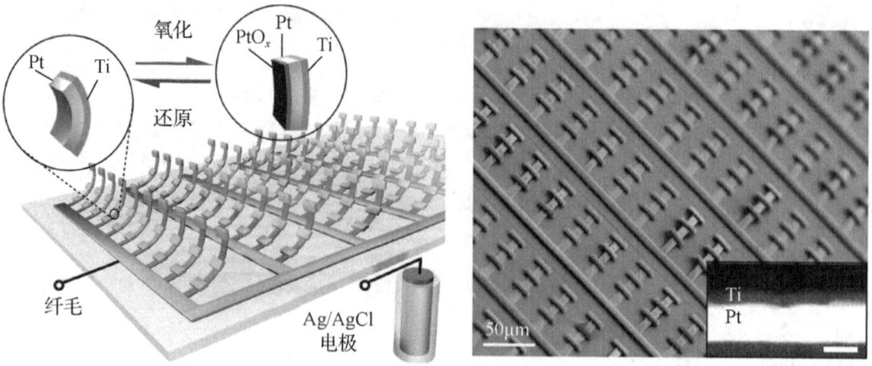

（a）　　（b）

图 7-27　基于电化学驱动的人工纤毛[22]

2. *磁驱动*

Kang 等[23]提出了一种将磁性纳米粒子三维有序自组装的人工纳米纤毛执行器，通过粒子间的“滚动和滑动”实现整个纤毛束运动。纤毛的活动通常发生在纤毛底部第 4 个和第 5 个粒子之间的交界处［图 7-28（a）～（c），图（a1）、(b1)、(c1）均为不同粒子数量下的三维模型；图（a2）、(b2)、(c2）均为不同方向外部磁场作用下延时光学显微图像］，这是由于底部第 1～4 个粒子周围的磁场强度比上部相对较低［图 7-28（d），图（d）为组装 10 个纳米粒子周围磁场的有限元模拟］。

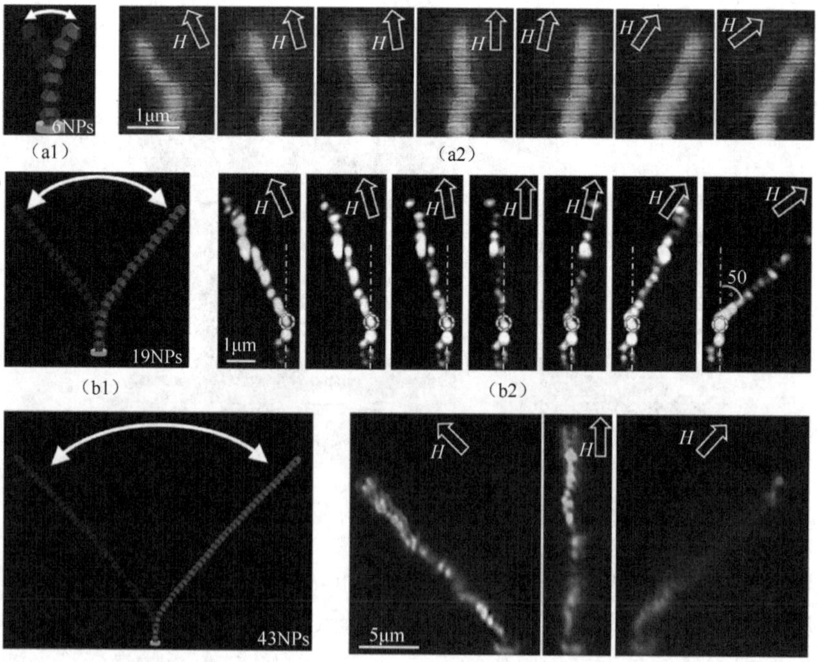

（a1）　（a2）

（b1）　（b2）

（c1）　（c2）

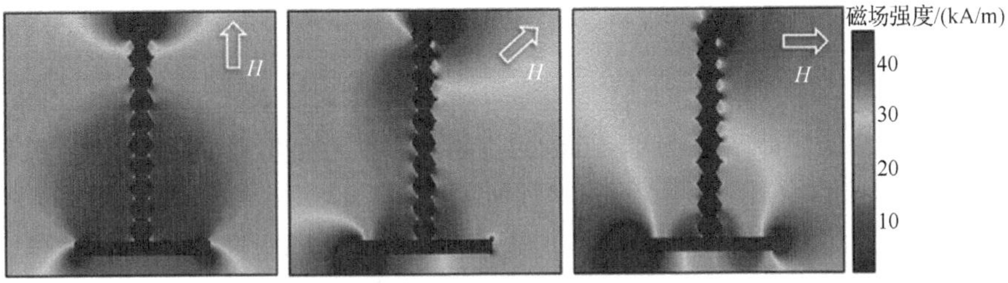

(d)

图 7-28　纳米纤毛的场响应型动态运动[23]

从磁性纳米颗粒组装合成纳米纤毛阵列的过程如下：①用油酸对 Fe_3O_4 纳米粒子进行功能化处理，使其均匀分散；②将单分散在正己烷中的 Fe_3O_4 纳米粒子从喷嘴中喷出，此时这些粒子通过溶剂的蒸发转化为蒸气/气溶胶状态（喷嘴温度升高至 70℃，辅助溶剂挥发）；③高度分散的固相气溶胶形式 Fe_3O_4 纳米粒子可以在单粒子水平的图形化磁场中定向，被基底材料吸引（这里基底材料使用镍），并最终逐层组装成垂直排列的高纵横比纳米纤毛。

7.2.2　人工肌肉

在微系统驱动中使用的压电材料、电活性聚合物、气动弯曲弹性膜等大多仅适用于特定微机构，研发适用范围更广的多功能微致动器仍是一个难点。生物体中的肌肉组织给了研究人员一个解决该问题的灵感[24]，肌肉组织是优秀的执行器，其基本结构在工作过程中不会发生显著变化，能够在微尺度实现高效驱动控制。

1. 光学驱动

Sakar 等[25]结合了光遗传学、骨骼肌组织工程学和 MEMS 技术，开发了一种“骨骼肌生物驱动器”（图 7-29）。该驱动器采用基因编码在骨骼肌成肌细胞中表达 Channelrhodopsin-2 视紫红蛋白。该蛋白在受到脉冲蓝光照射时，会诱导产生膜电流和张力变化，从而实现人造肌肉收缩运动。该装置主要有以下几方面用途：①可以作为人工肌腱实现骨骼微组织固定的作用；②可以实现可溶性物质的快速扩散，可对细胞骨架结构进行高通量分析；③可被用于研究不同生物机械刺激对微骨骼肌生物结构和功能的影响。

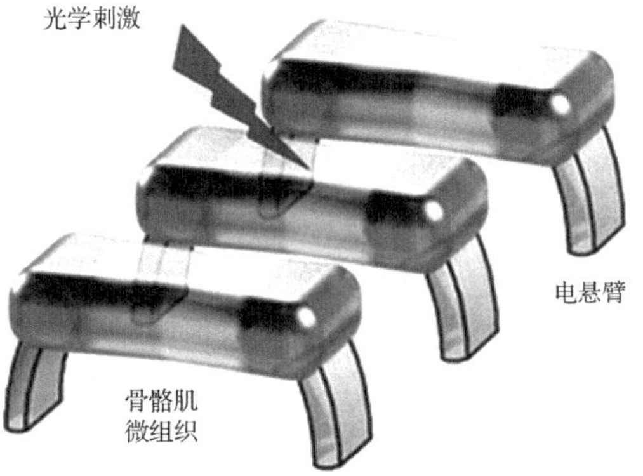

图 7-29　人工骨骼肌三维模型图[25]

2. 电脉冲驱动

Fujita 等[26]设计了一种可以通过骨骼肌细胞的收缩来驱动药物输送系统的微装置。该装置由带有弹簧和棘轮的硅微机械系统（Si-MEMS，图 7-30）、胶原膜和 C2C12 肌肉细胞组成。Si-MEMS 器件的尺寸为 600μm×1000μm，胶原膜的宽度为 250～350μm。当用电脉冲刺激 C2C12 肌肉细胞时，胶原膜与 C2C12 肌管复合体会产生收缩，带动 Si-MEMS 器件执行器末端产生约 8μm 位移，从而驱动药物输运系统给药。

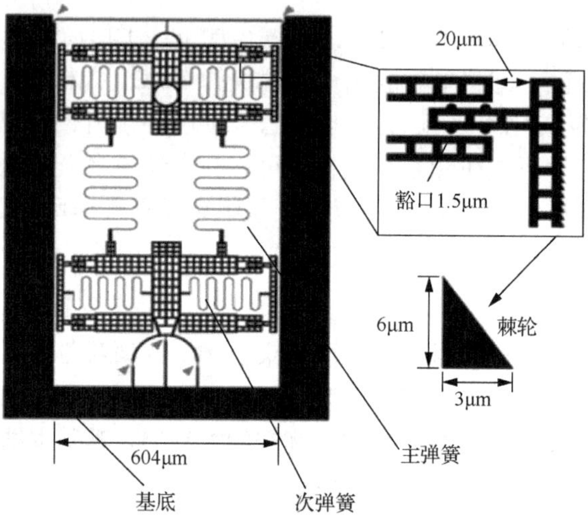

（a）Si-MEMS器件结构设计示意图

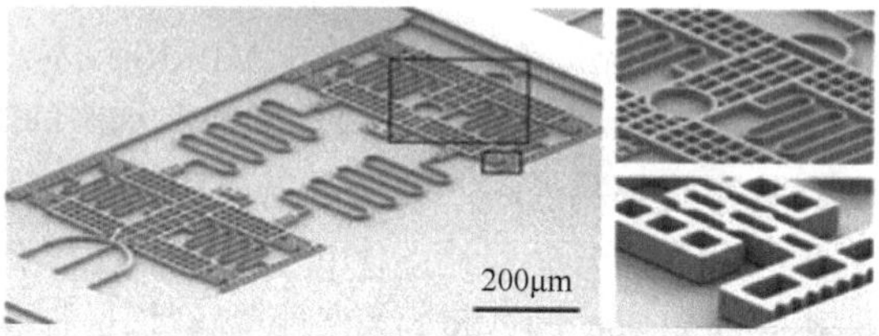

（b）制造的器件的SEM图像

图 7-30　Si-MEMS 器件[26]

将胶原膜集成到 Si-MEMS 器件中的过程如图 7-31 所示。①在乙醇中加入 1μL 5%聚 N-异丙基丙烯酰胺（poly-N-isopropylacrylamide，PNIPAAm），使 Si-MEMS 器件和基片埋入 PNIPAAm 中，并干燥 1 天；②在器件上放置掩膜，曝光制备胶原膜的黏合区域，利用氧等离子体在 100W 下刻蚀 3min 以去除矩形的 PNIPAAm；③在器件表面涂胶；④用手术刀将厚度为 20μm 的紫外光交联胶原膜切成宽度为 250～350μm、长度为 1mm 的矩形，并放置在胶水上；⑤降低介质温度至 32℃以下，去除 PNIPAAm（在 32℃以下具有亲水性）。

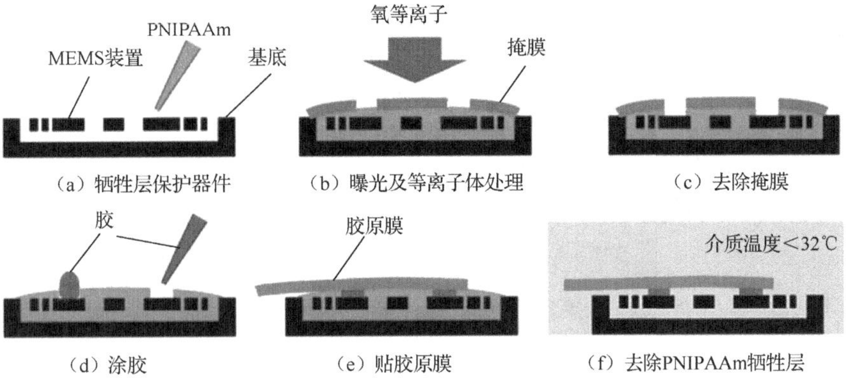

图 7-31　胶原膜集成到 Si-MEMS 装置工艺流程图[26]

3. 液压驱动

Kedzierski 等[27]借鉴生物肌肉和步进电机的设计和操作概念开发了一种新型微液压步进执行器（microhydraulic stepping actuators，MSA）。MSA 由电极阵列、复合薄膜（聚酰亚胺和玻璃复合制备）和液滴阵列组成［图 7-32（a）和（b）］。该执行器工作原理类似肌肉运动，即将单个肌动蛋白细丝的迁移整合成肌球蛋白头的运动，从而获得肌肉的收缩力量。执行器中的每组电极阵列由 4 个相同的电极组成，在电极阵列的上面是液滴阵列。液滴按照设计整齐排列，间距等于一组电极阵列间距，相邻两个液滴间充满油。执行器以循环方式顺序地为电极充电，电润湿作用将所有附着于电极表面的液滴由一个电极拉至下一个通电电极上方，液滴带动上方复合薄膜移动，实现类似肌肉的伸张运动，如图 7-32（c）所示。MSA 执行器的输出功率密度最高可达 200W/kg，功率密度随着尺寸的减小而呈二次方增长。

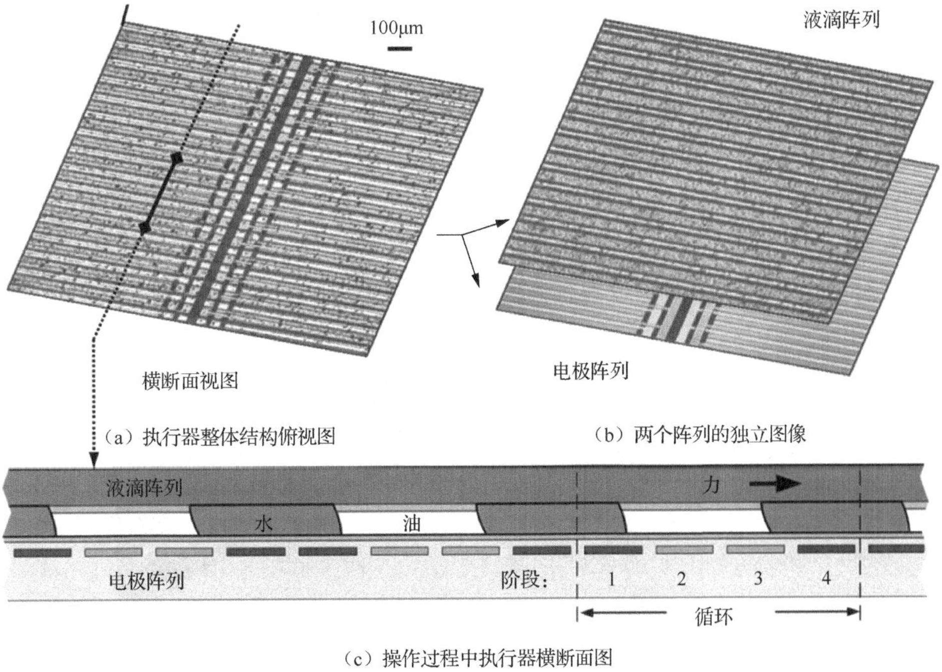

图 7-32　微液压步进执行器的结构和工作原理[27]

电极阵列的制造工艺为：①玻璃晶片清洗干净后沉积第一层金属层，再进行图形化及干法刻蚀；②沉积第二层金属层，并进行图形化及干法刻蚀，再用 300nm SiO_2 封顶；③将 60nm 厚含氟聚合物旋涂在晶片上，并以 175℃烘烤 1h。

7.3 其他微执行器

近些年研究较多的有微过滤器、微混合器、微透镜阵列、微扬声器和微加热器，下面将逐一进行介绍。

7.3.1 微过滤器

微纳制造技术的发展推动了在微小尺寸器件上的进行生化分析实验的相关研究，使得预处理、流体输运、生化反应等都可以集成在一个微器件上完成。相对于传统的检测分析仪器，这种微器件具有微型化、集成化、便携化优势，更加便于使用。作为其中的重要功能单元，微过滤器是研究热点之一。根据是否需要采用外加力场对微粒进行分离，可以把微过滤器分为主动过滤和被动过滤两种。主动过滤技术主要由外部施加的磁场、声场、电场等实现微粒的分离。被动过滤技术则是通过器件中的微通道结构或利用微流体自身的动力学性质进行微粒分离，根据流动方式分为盲端过滤和错流过滤。

1. 主动过滤方法

1）磁力过滤

磁力过滤是通过在外部施加一定的磁场，使具有磁性的微粒被吸附在流道侧壁上，而其他微粒和流体则正常从通道流出；或是根据磁性微粒与其他微粒的磁泳迁移率不同，在磁场中它们的运动轨迹会发生偏差，使得两者相互分离。

Afshar 等[28]设计了一种新型集成微流控磁珠分离系统，如图 7-33 所示，包括磁颗粒的投加、控制释放和随后分别在静态条件和连续流模式下的高分辨率磁泳粒度分离。结果显示，当流速为 0.3mm/s 时，20μm 宽的各个虚拟出口通道处 1.0μm 单珠、1.0μm 双珠和 2.8μm 磁珠得到了有效分离，且对应出口可以找到大约 70%～80%的特定微粒。

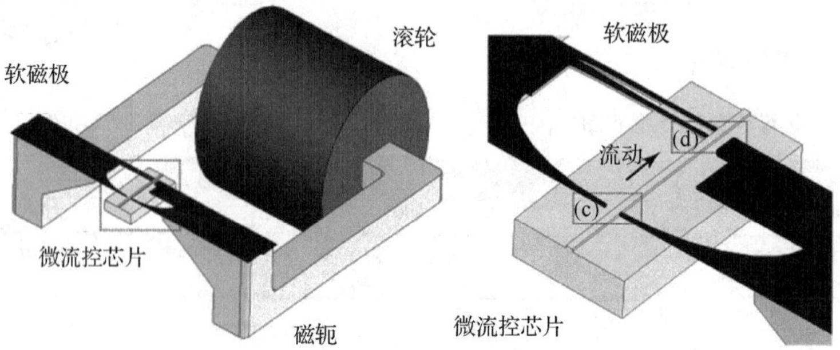

（a）包括电磁铁的磁致动系统　　（b）磁极阵列和微流控微芯片局部放大图

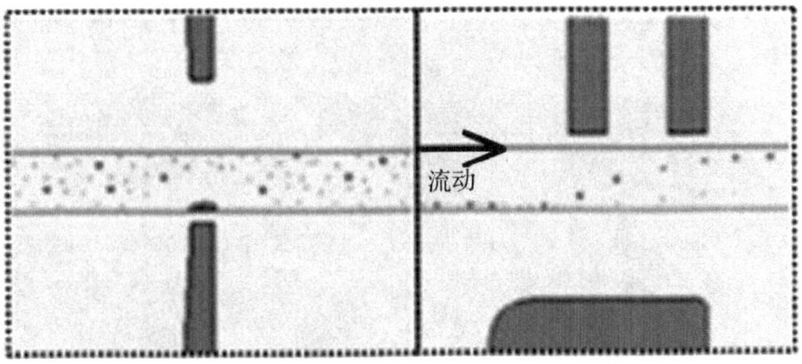

（c）用于颗粒投加和聚焦的磁塞形成/释放部分示意图　（d）分离区示意图

图 7-33　磁力分离过滤器原理示意图

微流控芯片部分由 PDMS 作为基底，由玻璃密封。PDMS 微结构采用标准的 SU-8 模塑工艺制造，其中包含 200μm 宽、100μm 高、10mm 长的微通道，并设有专用凹槽用于定位两对软磁极。不同的部件通过 PMMA 芯片夹持器连接在一起。外部电磁铁和磁轭固定在芯片支架上。磁极是从高饱和电势软磁钴铁合金箔上激光切割而成，并在夹紧前从芯片的侧面插入到芯片的凹槽中。

2）声学过滤

声学过滤方法是利用超声波的声辐射力作用实现不同颗粒的分离。一般的声分离多采用声表面驻波，当在流道施加超声时，样品中的悬浮微粒会发生迁移，由于微粒的体积、密度和可压缩性不同，在驻波场内会被声辐射力驱动向着波节或波腹移动，最终实现分离。

西安交通大学的学者[29]设计了一种基于微流控和声表面波技术的声学阀分离装置[图 7-34（a）]，包括压电基底、换能器和微流道。液滴在微流道内流动，换能器生成声表面波，控制微流道内离散相液滴的前进路线，实现分离过滤。换能器为聚焦式表面声波叉指换能器，换能器组由一号换能器和二号换能器组成，一号换能器和二号换能器构造不同的声场[图 7-34（b）～（g）]；微流道包括主流道和三条分支流道。

该声学阀主要有基底层和通道层两部分，基底层制作方法如下：①采用铌酸锂（$LiNbO_3$）作为基底材料，上面分别溅射 Cr 和 Au 金属层；②采用剥离工艺将金属层图形化；③激光切割图形化后的 $LiNbO_3$。通道层制作方法为：①采用光刻制作 SU-8 模具；②将 PDMS 浇注在模具上，在 80℃加热 4h 形成固体聚合物沟道。最后，对制备的基底层和通道层进行氧等离子体表面处理，再将两者键合在一起。

3）介电泳过滤

介电泳（dielectrophoresis，DEP）分离又称双向电泳分离，通过对不带电的中性微粒施加非匀强电场使其发生极化，进而驱动微粒产生迁移运动实现分离。DEP 效应有两种形式，当微粒的极化率高于所处的介质时，DEP 作用力 F_{DEP} 的方向指向高电场区域，称为正向介电泳；当介质的极化率高于其中的微粒时，F_{DEP} 的方向指向低电场区域，称为负向介电泳。DEP 分离采用非接触式操纵，不受分离目标尺寸的限制，可以通过调节介质的介电常数、外部电压频率、外加电场等优化分离效果。

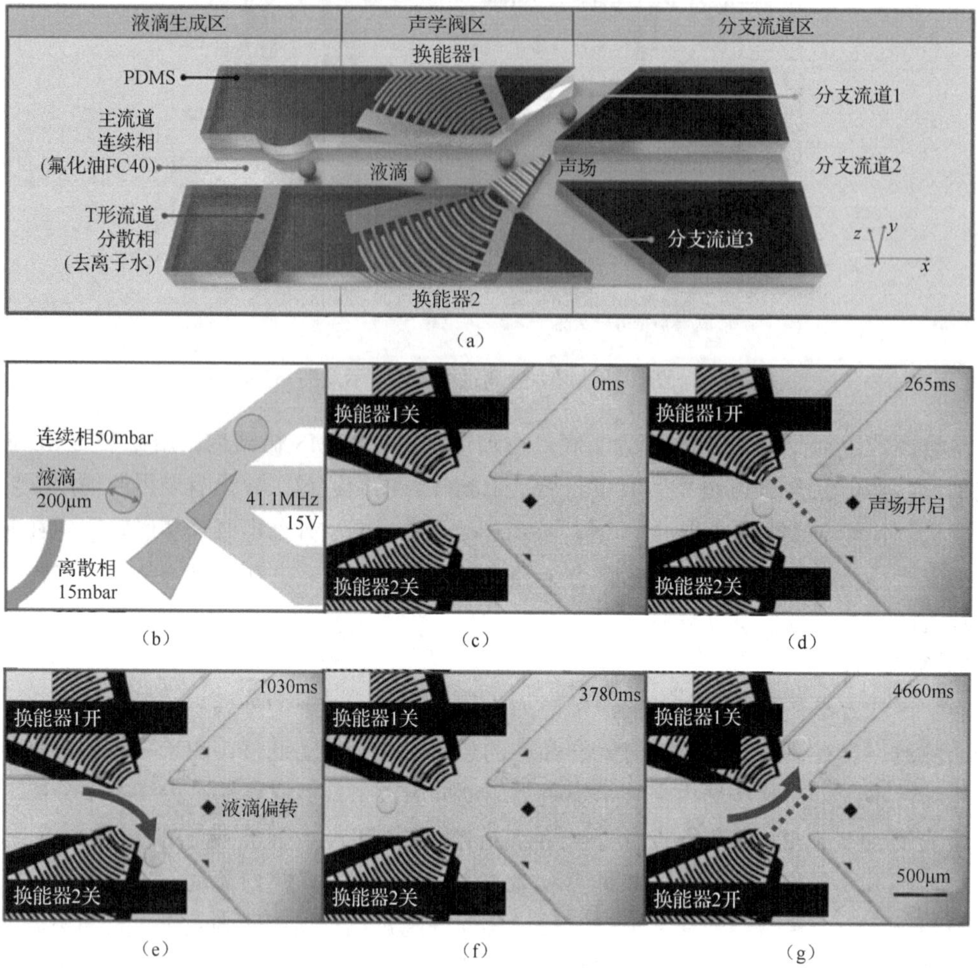

图 7-34　声学分选器概念及实验结果[29]

1bar=10^5Pa

Wang 等[30]利用嵌入通道侧壁的垂直交叉指状电极的双频耦合介电电泳力实现了微流体中细胞或微粒的横向流动分离。图 7-35（a）和（b）表示了一个典型的介电泳场分离原理，通过 DEP 作用力和重力的平衡，不同的细胞/颗粒被置于沿通道方向不同高度的平面上。通道中的流体携带颗粒沿不同的抛物线轨迹流动，使颗粒在不同的时间到达出口。为了实现横向分离，可以使用在通道的侧壁上的交叉指状电极沿通道的宽度方向产生 DEP 力，并且使用在相反侧壁上的电极产生的第二 DEP 力与第一 DEP 力耦合，使混合细胞群分离，流向不同的通道出口，如图 7-35（c）所示。如图 7-35（d）所示，当一个粒子接近电极 1 时（如 A 点），电极 1 的 DEP 力 f_1 大于电极 2 的 DEP 力 f_2，粒子将被推向左电极（电极 2）。当离开右电极时，DEP 力 f_1 减小，DEP 力 f_2 增大，直到达到平衡位置，在 C 点 f_1 等于 f_2。同样的，“灰粒子”也可在 f_1 和 f_2 的作用下，到达中心线右侧的某个平衡，从而使两种粒子分别流向不同出口，达到分离的目的。

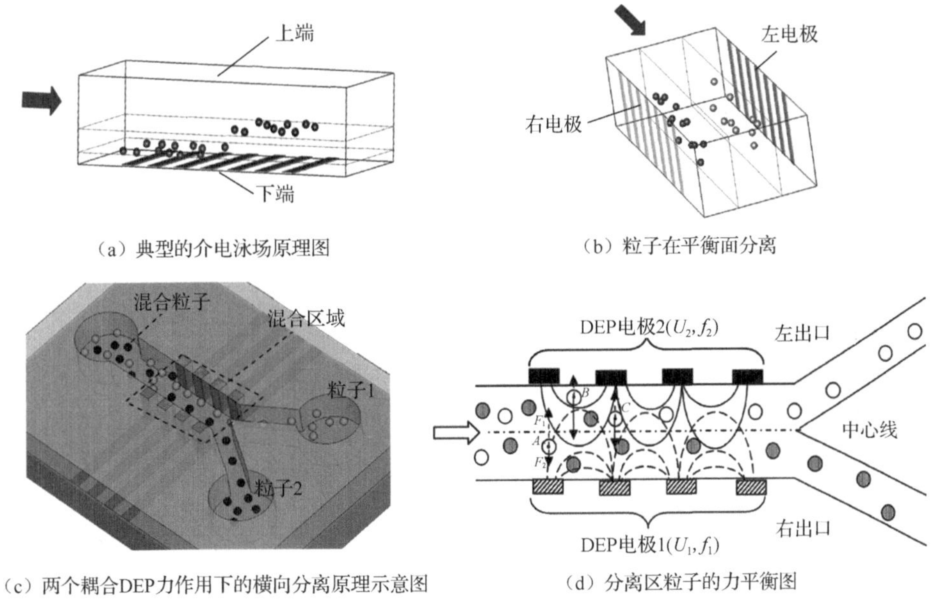

（a）典型的介电泳场原理图
（b）粒子在平衡面分离
（c）两个耦合DEP力作用下的横向分离原理示意图
（d）分离区粒子的力平衡图

图 7-35 介电泳分离示意图[30]

2. 被动过滤方法

1）盲端过滤分离法

盲端过滤是一种传统方法，在流体压力差作用下，尺寸小于过滤屏障缝隙的颗粒可以流过屏障，大于缝隙的颗粒则被过滤屏障截留，从而实现过滤分离。但随着过滤时间增长，被截留颗粒将在过滤屏障处形成阻碍层，导致过滤阻力增加，如果不增大流体压差，过滤透过效率将会显著降低。盲端过滤原理简单，应用成熟，但存在易堵塞问题，不利于长期使用。

清华大学利用 MEMS 技术制造了 PDMS 盲端过滤器[31]。该过滤器有三层结构，上下两层分别是液体流入和流出通道，中间层为多孔滤膜，滤膜孔径 2.5～3.3μm。他们使用该过滤器分别对不同尺寸的聚苯乙烯微珠进行了过滤分离，分离效率超过 99.9%。该过滤器 PDMS 多孔过滤膜制作过程如图 7-36 所示。

2）错流过滤分离法

当水流方向与过滤屏障平行时，会在过滤屏障表面产生两种力，一种是垂直于过滤屏障的法向力，可以使液体中的小颗粒物穿过过滤屏障缝隙；另一种是与过滤屏障平行的切向力，可以将无法穿过屏障的大颗粒物带走。因而，错流过滤不会造成过滤屏障阻塞，过滤效率也较盲端过滤更高。

密歇根大学研制了一种用于从全血中连续流动分选白细胞的微流控芯片[32]，该芯片（图 7-37）采用表面微机械加工技术制造高孔隙率微滤膜，利用错流过滤方法实现细胞分选，具有很高的通量和分离效率。

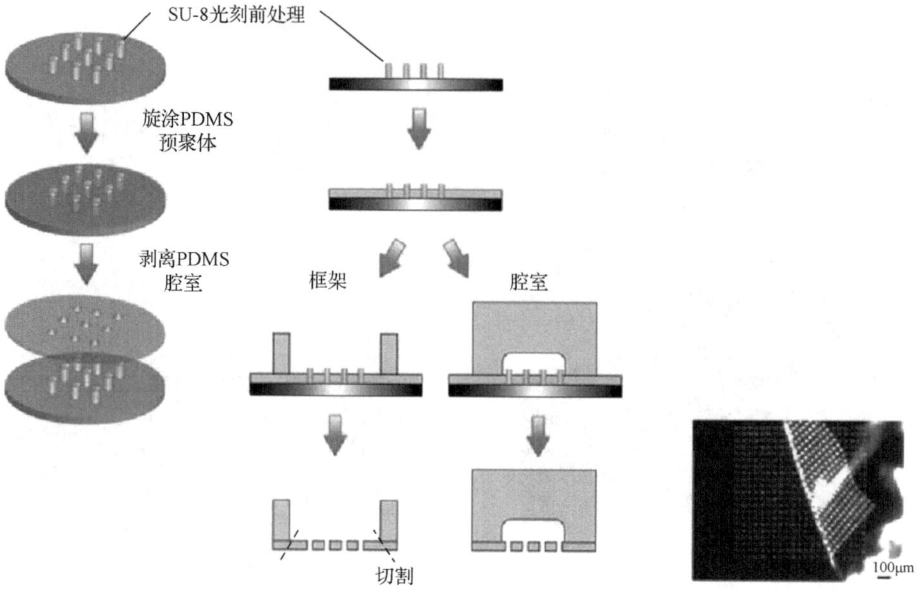

（a）流程示意图　　（b）从多孔膜模具上剥离的PDMS多孔过滤膜的图像

图 7-36　PDMS 多孔过滤膜制作过程[31]

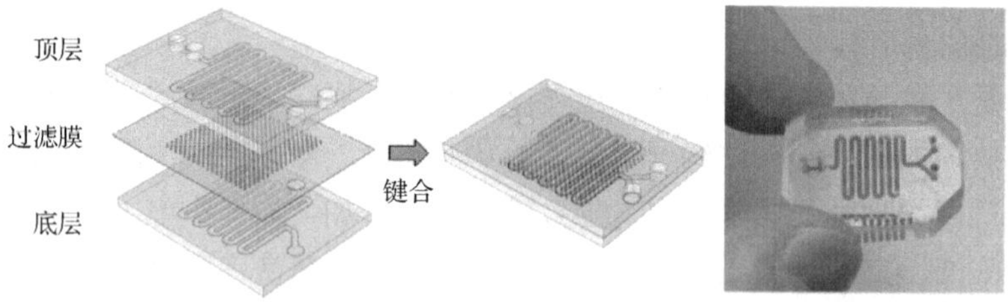

（a）各部分结构示意图　　（b）实物图

图 7-37　错流过滤分选芯片[32]

PDMS 微滤膜主要加工步骤为：①将硅片在真空条件下硅烷化 1h；②将预聚物和固化剂按照 10∶1 混合后抽真空 30min，得到 PDMS；③在硅片上均匀地涂覆 10μm 厚的 PDMS；④硅片在 60℃下烘焙过夜，使 PDMS 完全固化；⑤对 PDMS 表面进行 5～10min 氧等离子处理，旋涂 10μm 厚的 AZ9260 光刻胶；⑥在 80℃下，对光刻胶烘烤 10min；⑦光刻并采用 SF_6 和 O_2 混合气体刻蚀微孔；⑧去胶后在 60℃下烘烤过夜，使 PDMS 表面恢复到其原始疏水状态。

7.3.2　微混合器

微混合器是微生化分析系统中的关键单元组件，其最常见的七种应用包括生成样品浓度梯度、化学合成、化学反应、聚合、提纯和纯化、生物分析以及液滴/乳液生成等。微流体系统中流动通道的微小尺度增加了表体比，这对其在许多生物医学系统中的应用是有利的[33]。然而，流体混合主要是由扩散引起的，在这种微通道中，雷诺数较低，流体通常呈现层流状态，混合过程缓慢。因此，需要开发能够实现高效混合的微混合器结构。微混合器依据输入能量可分为非动力式和动力式。

1. 非动力式微混合器

非动力式微混合器只依靠流体流动作用实现混合，内部不包含移动部件，最为典型的是T型微混合器、静态微混合器和混沌微混合器。

Kuo 等[34]对包含方波、弯曲和锯齿形微通道的三种血浆微混合器的流动特性和混合性能进行了数值模拟和实验研究。图 7-38 为方波微通道参数示意图，其中 H 表示通道高度，L 表示轴向通道长度，W 表示通道宽度，P 表示间距。对于所有三种器件，微通道尺寸规定如下：H=1400μm，L=5000μm，W=200μm 和 P=1600μm。此外，在每种情况下，沟道深度设定为 100μm，故通道横截面的纵横比（即宽度/深度）等于 2。结果发现，在三种器件中，方波微通道可以产生最佳的混合效果，可在 4s 内获得约 76%的混合效率。

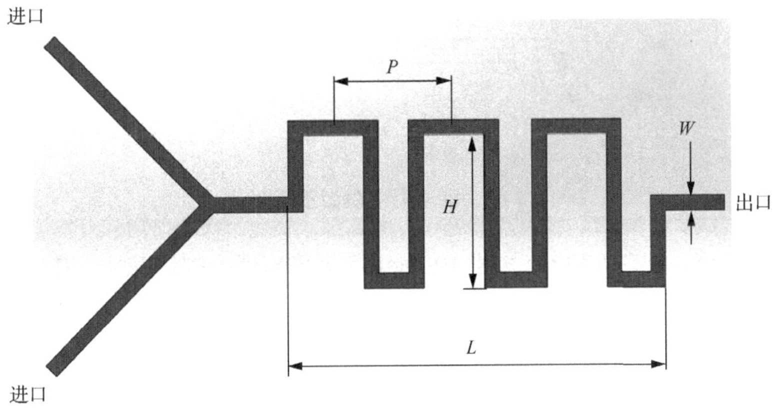

图 7-38 方波微通道[34]

该微流体器件的制造流程为：①使用 AutoCAD 软件生成每个微通道配置的光掩膜图形，并将其转移到塑料掩膜上；②使用光刻技术制造微通道的 SU-8 模具，使用该模具浇注厚度为 100μm 的 PDMS 层；③在 PDMS 层的入口和检测室区域中钻三个通孔（每个直径为 2mm），用于样品注入和平衡压力；④将 PDMS 基板与玻璃盖板键合在一起。封装好的芯片如图 7-39 所示。

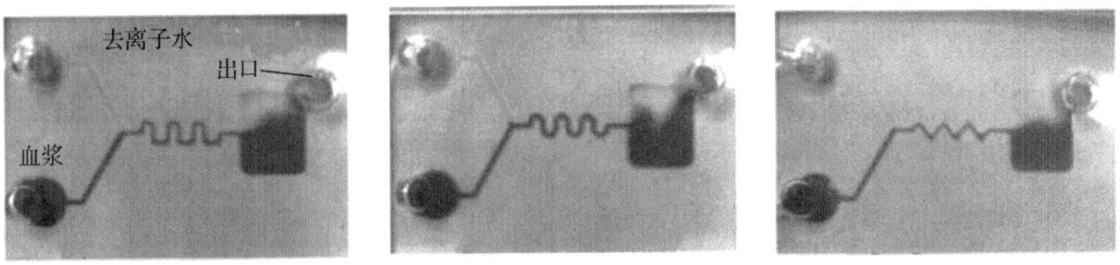

（a）方形通道　　（b）弯曲通道　　（c）锯齿形通道

图 7-39 微通道中混合血浆和去离子水效果[34]

2. 动力式微混合器

动力式微混合器需要借助外界作用力实现不同流体混合，如磁力搅拌型微混合器、电场促进型微混合器等。

Yang 等[35]提出由超声波振动促进混合的器件。该混合器在液体通道背面集成超声波装置（图 7-40），该装置利用 PZT 振动产生超声，超声振动会在液体通道内产生湍流，促进液体混合，当超声振动停止时，通道内恢复层流状态。

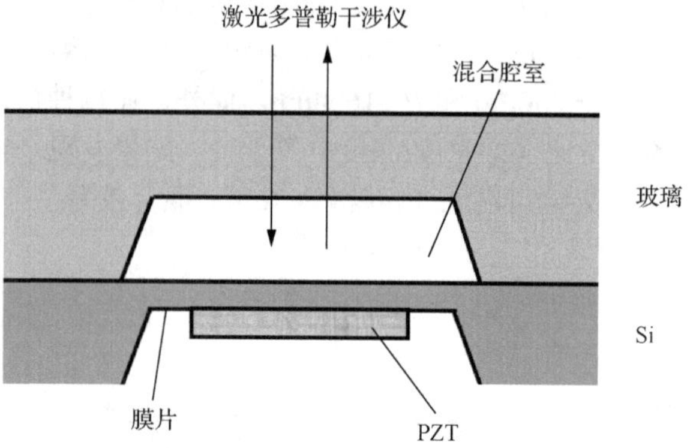

图 7-40　混合器横截面示意图[35]

混合器在 100mm 厚的<100>硅片和 100mm 厚耐热玻璃上制造完成，具体制造流程如下：①以 Cr/Au 为掩膜，采用 HF 各向同性刻蚀在玻璃上形成进出口、微通道和混合器的图形；②将硅片与玻璃进行阳极键合，实现微结构封装；③在硅基底一侧沉积 SiO_2 和 Si_3N_4 层作为刻蚀掩蔽层，采用各向异性刻蚀制备振荡膜片；④将 Pt/Ti 电极溅射到 Si 基底；⑤用环氧树脂将压电 PZT 陶瓷直接粘在振动膜片上，并与电极相连。

7.3.3　微透镜阵列

微透镜阵列又称复眼透镜或蝇眼透镜，是由一系列孔径在微米级的微透镜按一定排列形式组成的阵列，具有单元尺寸小、集成度高的特点，相比于传统光学元件具有更高的灵敏度。微透镜阵列的出现促使光学元件进一步向微型化、集成化的方向发展，微透镜阵列因其自身优良的光学特性而在成像、照明、立体图像显示以及三维物体识别等方面具有广泛的应用。微透镜阵列根据其光学原理的不同，主要可分为两类，即基于折射原理的折射微透镜阵列和基于衍射原理的衍射微透镜阵列。

1. 折射微透镜阵列

折射微透镜阵列是基于传统的几何光学的折射原理，可以实现光束变换和光斑整形，在光通信、医疗、办公设备等方面具有广阔应用前景。

Chen 等[36]提出利用喷墨印刷（ink-jet printing，IJP）和咖啡环效应来制造折射微透镜阵列的新方法。该方法通过喷墨印刷将苯甲醚印刷到基底上形成微孔图形，利用咖啡环效应提高微孔边缘溶剂堆积量，以便制备具有更高表面曲率的透镜。咖啡环效应是指当液滴沉积在基板上时，液滴边缘水分扩散速率远快于液滴中心区域，其内部的液体源源不断地补充至边缘，溶液干燥后在液滴边缘形成更厚、更窄的圆形图形。

该方法工艺流程如图7-41(a)所示：①在薄膜上旋涂PMMA，获得厚度约为1μm的PMMA薄膜；②用IJP工艺将苯甲醚溶剂印刷到PMMA膜上，制作微孔阵列；③利用咖啡环效应增加溶剂在微孔边缘的堆积量；④使用 O_2 和 CF_4 进行干法刻蚀，得到微孔阵列；⑤用IJP在每个微孔上滴印紫外固化胶NOA65，经过紫外固化后，制得微透镜阵列［图7-41（b）］。该方法得到的折射微透镜阵列有较强的聚焦效果，其聚焦光点的形状是未失真的圆形，证明了折射微透镜阵列有良好的透镜轮廓。

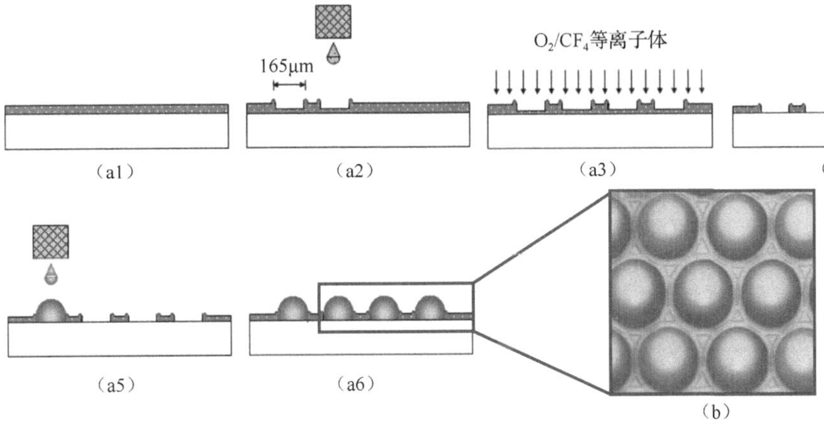

图7-41 全喷墨印刷折射微透镜阵列[36]

2. 衍射微透镜阵列

衍射微透镜阵列的表面面型具有相位浮雕结构且面形不连续，可以调制改变入射光波的相位。传统的制造方法需要两种不同的掩膜图形，每种图形需要重复进行两组光刻和刻蚀（通常是离子束刻蚀或反应离子刻蚀），制造出具有4相位结构的衍射型微透镜阵列。但是这种方法的制造误差（如掩膜对准误差）是不可避免的，容易损失透镜的衍射效率。

Albero等[37]提出了一种半球形微透镜加工技术，即在酸性溶液中对硅进行各向同性湿法刻蚀，以制造出微透镜模具。合理控制温度和刻蚀剂浓度等工艺参数可以最大限度地减少制备过程中的各种缺陷。制备模具后，采用热压或紫外光模塑等复制技术制造聚合物微透镜阵列。

微透镜模具制造工艺流程如下（图7-42）。

（1）在硅片上制备0.5μm厚的热氧化物（SiO_2）层，再通过低压化学真空沉积100nm低应力氮化硅（Si_3N_4）。

（2）为了使 Si_3N_4 图形化，在其上蒸发一层100nm厚的镍/铬（Ni/Cr）合金，并使用正胶进行光刻。

（3）Ni/Cr 合金层图形化后，通过 RIE 工艺将其转移到 Si_3N_4 掩膜上，并移除 Ni/Cr 层。

（4）用 HF 溶液腐蚀 SiO_2，开窗口。

（5）将硅片浸入由 HF（49%浓度）和 HNO_3（60%浓度）按 1∶9 的比例组成的各向同性刻蚀溶液中，在室温（22℃）下进行微透镜刻蚀。

（6）将掩蔽层去除，得到微透镜的硅模具。制得模具表面光滑、均匀，微透镜结构重复性好。

结果表明，控制诸如刻蚀时间和掩膜孔径尺寸等参数，可以得到直径在 40～343μm 的不同规格模具。然后将这些模具用于制造微透镜，可获得焦距从数十微米到 1.2mm 的透镜阵列。

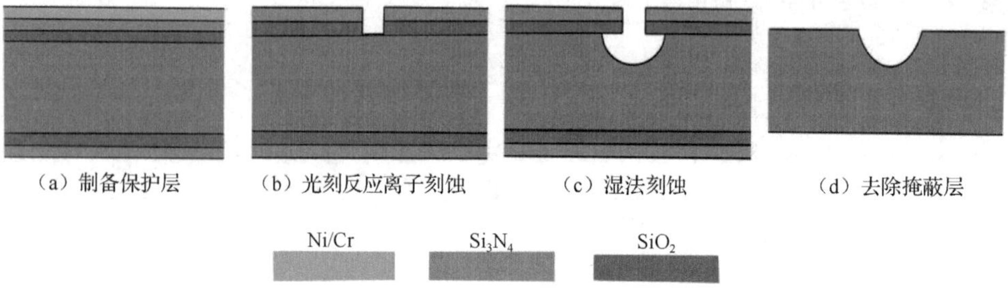

图 7-42　用于制造微透镜模具的工艺步骤[37]

7.3.4　微扬声器

随着手机、平板电脑等消费类电子产品的飞速发展，基于 MEMS 技术的微扬声器的需求正在急速增长。微扬声器主要由盆架、磁钢、极片、音膜、音圈、前盖、接线板、阻尼布等构成。其基本工作原理是将电信号转换为声音信号进行重放。按照驱动方式的不同，微扬声器可以分为压电式和电磁式等。

1. 压电式微扬声器

压电式微扬声器利用压电材料的逆压电效应进行工作，即将压电介质置于周期性变化电场中时，它会发生周期性弹性形变，从而带动与其相连的薄膜振动，将电信号转化为声信号。由于振动的非线性及压电材料易受残余应力影响，导致压电式微扬声器在音频系统中的使用受限。

Lee 等[38]制作并测试了一种微机械压电悬臂换能器，该换能器既可作为麦克风又可作为微扬声器使用。该器件采用悬臂结构，能量转化效率高，扬声器的灵敏度更优，输出声压更高。

图 7-43 是压电悬臂微扬声器的结构示意图。加工的主要难点是制造包括底电极、压电层和顶电极结构的多层悬臂。具体工艺过程如下。

（1）在硅片上制备 0.2μm 厚的热氧化层。

（2）利用二氯硅烷（SiH_2Cl_2）与氨（NH_3）的蒸气（6∶1 比例），采用 LPCVD 工艺在基底上制备第一层 0.5μm 厚的低应力氮化硅。

（3）用刻蚀液从背面刻蚀硅晶片，形成硅杯。

（4）在基片上下表面（反应气体比 4∶1）沉积第二层 0.5μm 厚的氮化硅层。

（5）沉积第一层低温氧化物（LTO）。

（6）在该层上用 LPCVD 工艺形成多晶硅电极。

（7）制备 0.2μm 厚第二层 LTO 层。

（8）用射磁控溅射将 0.5μm 厚的氧化锌薄膜溅射到第二层 LTO 层上，退火 25min。

（9）在氧化锌薄膜上沉积 0.3μm 厚 LTO 层以将其包覆。

（10）制备接触孔。

（11）溅射沉积 0.5μm 厚的铝层并对其进行图形化以形成顶部电极。

（12）在基片的背面溅射沉积另一个 0.5μm 厚的铝层，以便在悬臂正面切割过程中支撑膜片。

（13）对正面的 LTO 和氮化硅分别进行刻蚀，再使用 $K_3Fe(CN)_6$/KOH 对下面的支撑铝层进行湿刻蚀，释放悬臂。

（14）用金刚石切割晶片，将微扬声器黏合并接线到陶瓷包装上。

通过控制残余应力的分布，可制造长度为 2000μm 的压电悬臂，其最大平面外挠度通常不超过 35μm。微扬声器输出与输入驱动成正比，在 4.8kHz 和 6V（零峰值）驱动下，输出声压可以达到 100dB。在低频范围内，麦克风灵敏度稳定在 3mV/μbar（约 30mV/Pa），在 890Hz 的最低谐振频率下为 20mV/μbar（约 200mV/Pa）。

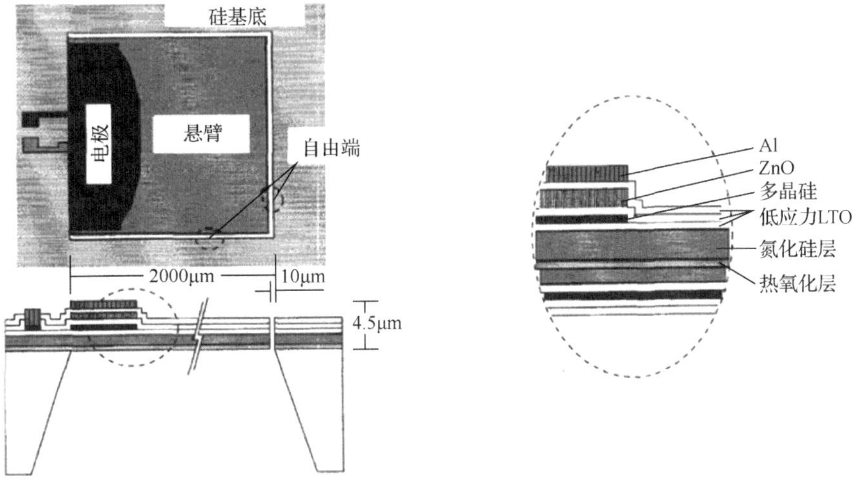

图 7-43　压电悬臂微扬声器结构示意图[38]

2. 电磁式微扬声器

电磁式微扬声器的工作原理如图 7-44 所示，当扬声器的音圈通入电流信号后，音圈在电流的作用下产生交变磁场，磁场的大小和方向随音频电流的变化不断发生变化，同时永磁铁产生恒定磁场，二者相互作用使音圈前后振动，音圈和振动膜相连，带动振膜振动，引起空气的振动而发出声音。这种微扬声器可以保证较大的振动幅度，同时其振动的线性度高，有利于声音的高保真还原。

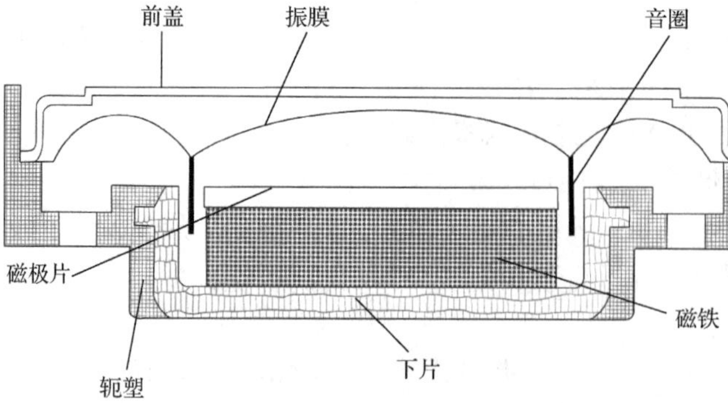

图 7-44 电磁式微扬声器原理示意图

Shahosseini 等[39]设计了一种硅基电磁微扬声器，如图 7-45 所示。扬声器由弹性薄膜、平面铜线圈和永磁体组成。平面线圈制作在弹性膜上，线圈通电后产生磁场，与永磁体相互作用，带动薄膜产生振动，发出声音。

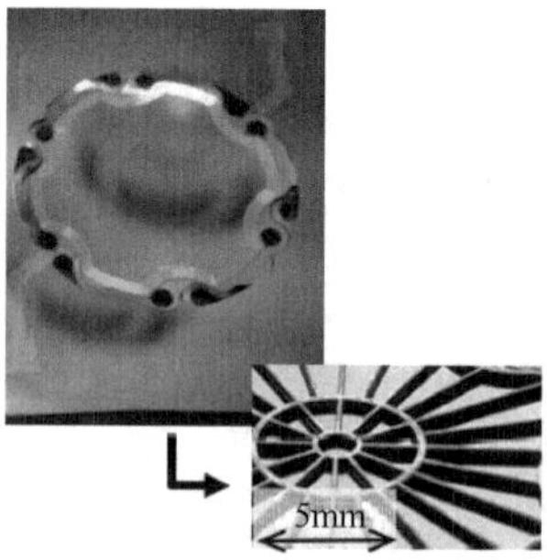

图 7-45 硅基电磁微扬声器

该电磁微扬声器在 SOI 完成制造，加工步骤如图 7-46 所示。①通过 PECVD 在 SOI 基底的正面沉积厚度为 200nm 二氧化硅绝缘层；②在表面溅射 200μm 厚的铜，利用光刻技术对铜表面进行图形化，再将硅片浸入刻蚀溶液中对铜层进行化学刻蚀；③通过 PECVD 沉积绝缘氧化层，再次光刻图形化，使用 RIE 进行刻蚀二氧化硅；④为了在基板的正面图形化悬臂，通过 RIE 对二氧化硅进行刻蚀，然后采用深反应离子刻蚀（DRIE）在 SOI 基底的顶侧进行硅层刻蚀；⑤氧等离子体处理以改善二氧化硅的表面黏附性，在基底上溅射 200nm 厚种子层；⑥采用特殊工艺在表面旋涂 35μm 厚光刻胶，保护基板正面结构；⑦在电解槽中以 200r/min 的磁棒搅拌电解液，电镀铜微线圈；⑧在用离子束刻蚀去除铜种子层后，背面进行光刻；⑨采用 DRIE 在该面进行刻蚀；⑩采用 RIE 将作为刻蚀停止层的氧化硅层从背面的开口中移除，释放微扬声器的移动部分。

声学测试证实，在距离微扬声器 10cm 处的位置，声压为 80dB，频率从 330Hz 到 20kHz 不等。与传统的微扬声器相比，该扬声器在较低的频率下可以获得更高的声音强度，从而可以实现更好的低音渲染。

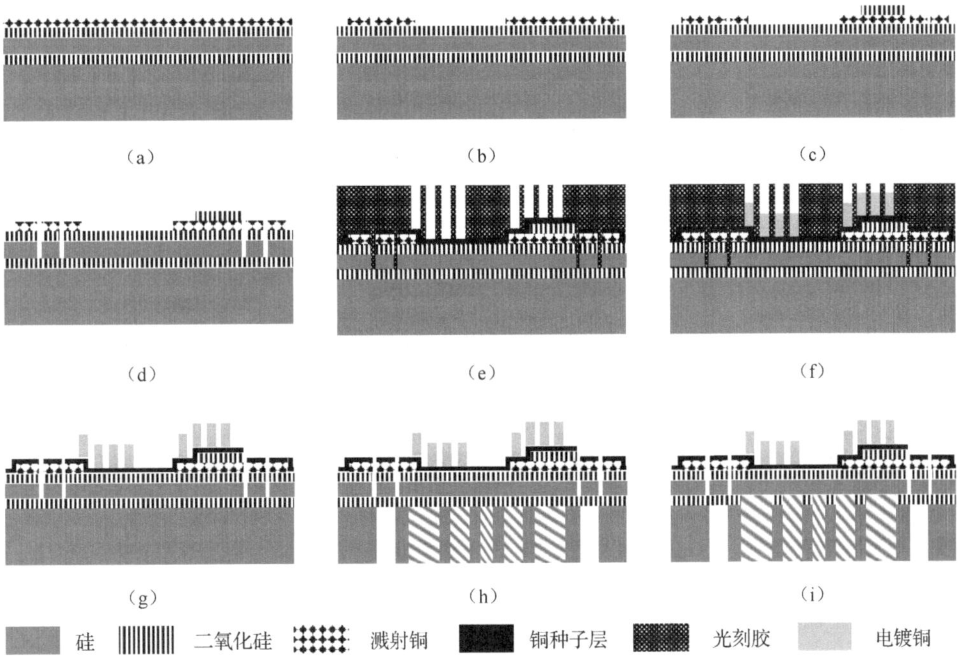

图 7-46　微扬声器的微细加工步骤[39]

7.3.5　微加热器

微加热器按结构分类，主要包括薄膜式、悬浮式等。

1. 薄膜式微加热器

薄膜式微加热器一般由支撑膜和薄膜电阻组成。支撑膜起机械支撑和绝缘作用，薄膜电阻提供热源。支撑膜使用绝缘性能较好的材料，如氮化硅、氧化硅、碳化硅等；薄膜电阻可以用碳化硅、多晶硅、扩散硅等半导体材料，还可以用镍、铂、钨、镉等金属材料。支撑膜介于基底和薄膜电阻之间，形成良好的热隔离条件。给薄膜电阻通电，薄膜电阻升温，达到预定工作温度。如图 7-47 所示。

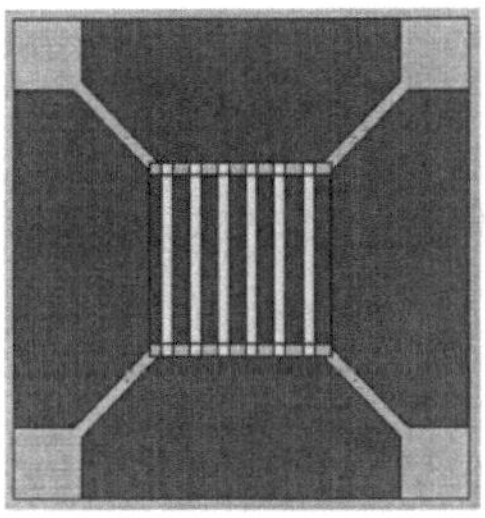

图 7-47　薄膜式微加热器

Zhang 等[40]使用 MEMS 技术制造薄膜金/钛微加热器，其制造步骤如图 7-48 所示。

（1）将正胶旋涂到 550μm 厚的双抛光 Pyrex 玻璃基板上，并光刻出第一种图形。

（2）用电子束蒸发工艺在玻璃基板上沉积 206nm 厚的钛金属层，其中钛金属层起到电阻器和黏附层的作用。

（3）再将作为导体和接触垫厚度为 77nm 的金层通过电子束蒸发沉积在钛层上。

（4）添加丙酮在超声水浴中对钛和金进行剥离。

（5）利用对应溶剂对金属层进行清洁后，在沉积有金和钛金属的 Pyrex 玻璃基板上旋涂光刻胶，并使用第二种掩膜版进行图形化。

（6）在除去曝光的光刻胶后，将基板放入金刻蚀剂中 5min，去除金层并将 Z 字形钛层作为电阻器显露出来。

（7）利用溶剂和去离子水进行清洗，将带有金/钛微加热器的玻璃晶片用氮气吹干，然后放入烘箱中，在 250℃下烘干，即可获得微加热器。

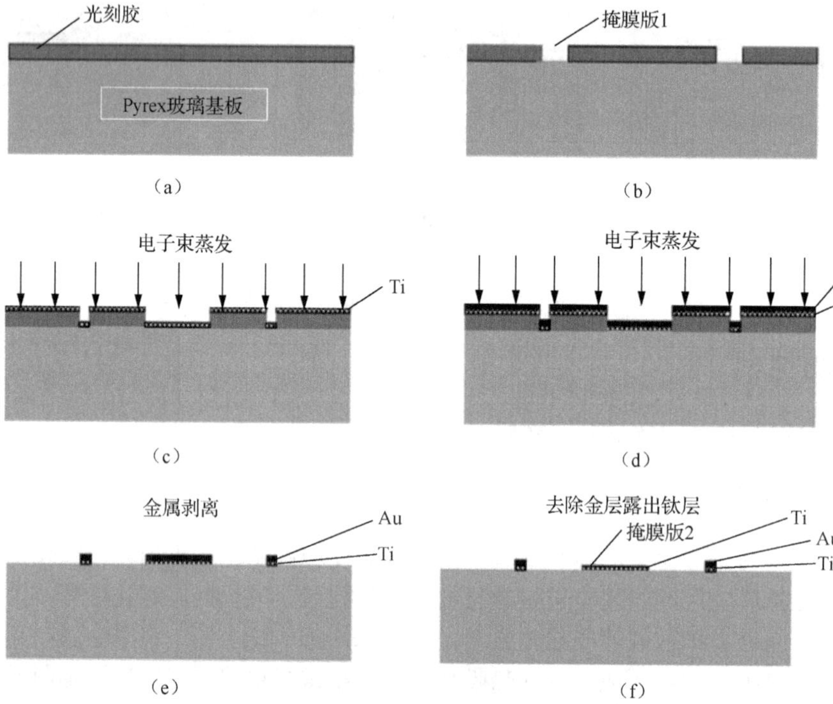

图 7-48　薄膜式微加热器制造工艺

2. 悬浮式微加热器

悬浮式微加热器是用几根悬臂作为机械支撑，连接中间的有源区和周围边界，使中间的加热区域悬空，悬浮式微加热器通过支撑梁与周围相连，有源区的损耗要小很多，但机械稳定性会差一些，制作难度也很大。

Hotovy 等[41]在砷化镓（GaAs）基底上制备了 TiN/Pt 微加热器（图 7-49），该加热器的悬浮膜和四个微桥均由 GaAs 制成，加热元件和温度传感器均由铂制成。

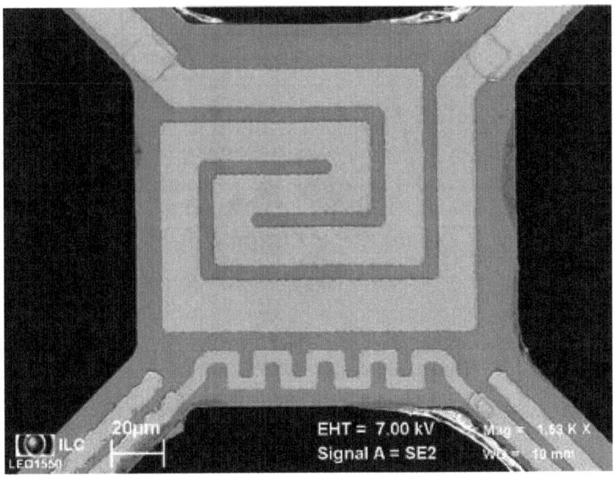

图 7-49 悬浮式 TiN/Pt 微加热器 SEM 图[41]

悬浮式 TiN/Pt 微加热器工艺如图 7-50 所示。

（1）进行双面对准光刻，制备基底两侧的刻蚀掩膜。

（2）采用 AZ5214 光刻胶作为掩蔽层，基于 CCl_2F_2 高选择性反应离子刻蚀技术，从 GaAs 正面刻蚀出结构。

（3）利用剥离技术制备用于背面刻蚀的 Ni 掩膜。

（4）以 CCl_2F_2 作为保护气体，从背面通过 RIE GaAs 基底，到 AlGaAs 层（刻蚀停止层）终止刻蚀。

（5）去除光刻胶和多余的刻蚀停止层，得到悬浮式微加热器结构。

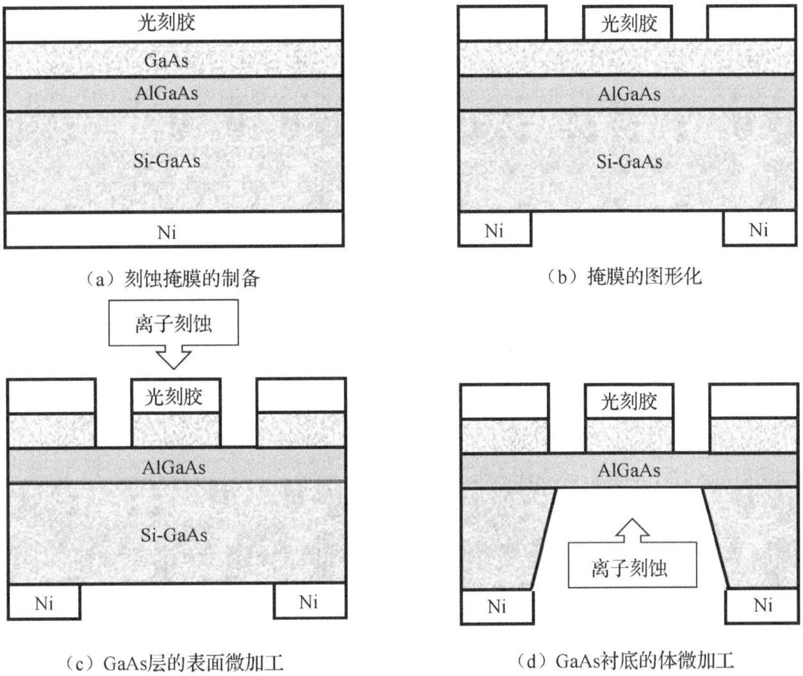

（a）刻蚀掩膜的制备

（b）掩膜的图形化

（c）GaAs层的表面微加工

（d）GaAs衬底的体微加工

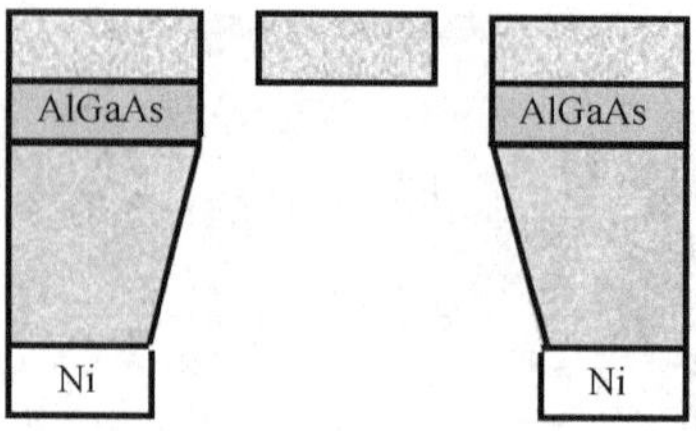

（e）去除抗蚀剂、停止刻蚀

图 7-50　悬浮式微加热器制作工艺流程[41]

制造出的悬浮式加热器结构是双螺旋形的，采用四座微桥，置于 150μm×150μm 的热隔离悬浮膜上。该微加热器的电阻在 63～71Ω 的范围内，通过 400℃退火，保证了电极的稳定性。这种悬浮式 TiN/Pt 微加热器可以在 30mW 左右的极低功耗下，将温度升高到 550K，且相关力学测试表明，该装置的多层结构在最高温度下仍具有良好的力学稳定性。

复习思考题

7-1 举例说明 MEMS 执行器设计时需要考虑的相关指标。

7-2 简述静电马达的组成和工作原理。

参 考 文 献

[1] Atik A C, Özkan M D, Özgür E, et al. Modeling and fabrication of electrostatically actuated diaphragms for on-chip valving of MEMS-compatible microfluidic systems[J]. Journal of Micromechanics and Microengineering, 2020, 30: 115001.

[2] Choi J, Oh K W, Han A, et al. Development and characterization of microfluidic devices and systems for magnetic bead-based biochemical detection[J]. Biomedical Microdevices, 2001, 3(3): 191-200.

[3] Gholizadeh A, Javanmard M. Magnetically actuated microfluidic transistors: miniaturized micro-valves using magnetorheological fluids integrated with elastomeric membranes[J]. Journal of Microelectromechanical Systems, 2016, 25(5): 922-928.

[4] Agnes B B, Claudia P D, Sebastian H A K, et al. Piezoelectric titanium based microfluidic pump and valves for implantable medical applications [J]. Sensors and Actuators A: Physical, 2021, 323(1): 112649.

[5] Kim J H, Na K H, Kang C J, et al. A disposable thermopneumatic-actuated microvalve stacked with PDMS layers and ITO-coated glass[J]. Microelectronic Engineering, 2004, 73-74: 864-869.

[6] 张丛春, 郭泰, 丁桂甫. 基于 SU-8 胶的新型被动式微型阀[J]. 光学精密工程, 2013, 21(4): 1011-1016.

[7] 赵士明, 赵静一, 李文雷, 等. 微流体驱动与控制系统的研究进展[J]. 制造技术与机床, 2018(7): 40-47.

[8] Mao Z B, Yoshida K, Kim J W. A micro vertically-allocated SU-8 check valve and its characteristics[J]. Microsystem Technologies, 2019, 25(1): 245-255.

[9] Farah A M G, Mah C K, AbuZaiter A, et al. Soft dielectric elastomer actuator micropump[J]. Sensors and Actuators A: Physical, 2017, 263: 276-284.

[10] Esashi M, Shoji S, Nakano A. Normally closed microvalve and mircopump fabricated on a silicon wafer[J]. Sensors and Actuators, 1989, 20(1): 163-169.

[11] Grzebyk T, Górecka-Drzazga A, Dziuban J A. Low vacuum MEMS ion-sorption micropump[J]. Procedia Engineering, 2016, 168: 1593-1596.

[12] Trimmer W S N. Microrobots and micromechanical systems[J]. Sensors and Actuators, 1989, 19(3): 267-287.
[13] 孙曦庆, 李志坚, 费圭甫, 等. 一种结构改进了的硅基微静电马达[J]. 半导体学报, 1993, 14(7): 453-455.
[14] 王添平, 王效东, 解健芳, 等. 金属镍微型静电马达的初步研制[J]. 传感技术学报, 1995(2): 69-73.
[15] Ahn C H, Kim Y J, Allen M G. A planar variable reluctance magnetic micromotor with fully integrated stator and coils[J]. Journal of Microelectromechanical Systems, 1993, 2(4): 165-173.
[16] 曹长江, 杨红红, 张琛. 电磁型微马达及其控制方式应用研究[J]. 测控技术, 2000, 19(12): 5-7.
[17] Hu T J, Zhao Y L, Li X Y, et al. Design and characterization of a microelectromechanical system electro-thermal linear motor with interlock mechanism for micro manipulators[J]. Review of Scientific Instruments, 2016, 87(3): 35001.
[18] Pham P H, Nguyen K T, Dang L B. Design and performance of a high loading electrostatic micro linear motor[J]. Microsystem Technologies, 2015, 21(11): 2469-2474.
[19] Velosa-Moncada L A, Aguilera-Cortés L A, González-Palacios M A, et al. Design of a novel mems microgripper with rotatory electrostatic comb-drive actuators for biomedical applications[J]. Sensors, 2018, 18(5): 1664.
[20] Masood M U, Saleem M M, Khan U S, et al. Design, closed-form modeling and analysis of SU-8 based electrothermal microgripper for biomedical applications[J]. Microsystem Technologies, 2019, 25(4): 1171-1184.
[21] Cauchi M, Grech I, Mallia B, et al. Analytical, numerical and experimental study of a horizontal electrothermal mems microgripper for the deformability characterisation of human red blood cells[J]. Micromachines, 2018, 9(3): 108.
[22] Wang W, Liu Q K, Tanasijevic I, et al. Cilia metasurfaces for electronically programmable microfluidic manipulation[J]. Nature, 2022, 605(7911): 681-686.
[23] Kang M S, Seong M H, Lee D H, et al. Self-assembled artificial nanocilia actuators[J]. Advanced Materials, 2022, 34(24): 2200185.
[24] Wehner M, Truby R L, Fitzgerald D J, et al. An integrated design and fabrication strategy for entirely soft, autonomous robots[J]. Nature, 2016, 536(7617): 451-455.
[25] Sakar M S, Neal D, Boudou T, et al. Formation and optogenetic control of engineered 3D skeletal muscle bioactuators[J]. Lab on a Chip, 2012, 12(23): 4976-4985.
[26] Fujita H, Dau V T, Shimizu K, et al. Designing of a Si-MEMS device with an integrated skeletal muscle cell-based bio-actuator[J]. Biomedical Microdevices, 2011, 13(1): 123-129.
[27] Kedzierski J, Holihan E, Cabrera R, et al. Re-engineering artificial muscle with microhydraulics[J]. Microsystems & Nanoengineering, 2017, 3: 17016.
[28] Afshar R, Moser Y, Lehnert T, et al. Magnetic particle dosing and size separation in a microfluidic channel[J]. Sensors and Actuators B: Chemical, 2011, 154(1): 73-80.
[29] Qin X M, Wei X Y, Li L, et al. Acoustic valves in microfluidic channels for droplet manipulation[J]. Lab on a Chip, 2021, 21(16): 3165-3173.
[30] Wang L S, Lu J, Marchenko S A, et al. Dual frequency dielectrophoresis with interdigitated sidewall electrodes for microfluidic flow-through separation of beads and cells[J]. Electrophoresis, 2009, 30(5): 782-791.
[31] Wei H B, Chueh B H, Wu H L, et al. Particle sorting using a porous membrane in a microfluidic device[J]. Lab on a Chip, 2011, 11(2): 238-245.
[32] Li X, Chen W Q, Liu G Y, et al. Continuous-flow microfluidic blood cell sorting for unprocessed whole blood using surfacemicromachined microfiltration membranes[J]. Lab on a Chip, 2014, 14(14): 2565-2575.
[33] Deng Q L, Lei Q, Shen R W, et al. The continuous kilogram-scale process for the synthesis of 2, 4, 5-trifluorobromobenzene via Gattermann reaction using microreactors[J]. Chemical Engineering Journal, 2017, 313: 1577-1582.
[34] Kuo J N, Liao H S, Li X M. Design optimization of capillary-driven micromixer with square-wave microchannel for blood plasma mixing[J]. Microsystem Technologies, 2017, 23(3): 721-730.
[35] Yang Z, Matsumoto S, Goto H, et al. Ultrasonic micromixer for microfluidic systems[J]. Sensors and Actuators A: Physical, 2001, 93(3): 266-272.
[36] Chen F C, Lu J P, Huang W K. Using ink-jet printing and coffee ring effect to fabricate refractive microlens arrays[J]. IEEE Photonics Technology Letters, 2009, 21(10): 648-650.

[37] Albero J, Nieradko L, Gorecki C, et al. Fabrication of spherical microlenses by a combination of isotropic wet etching of silicon and molding techniques[J]. Opt Express, 2009, 17(8): 6283-6292.

[38] Lee S S, Ried R P, White R M. Piezoelectric cantilever microphone and microspeaker[J]. Journal of Microelectromechanical Systems, 1996, 5(4): 238-242.

[39] Shahosseini I, Lefeuvre E, Moulin J, et al. Silicon-based MEMS microspeaker with large stroke electromagnetic actuation: design, test, integration and packaging of MEMS/MOEMS (DTIP) [C]. Symposium on Design, Test, Integration and Packaging of MEMS/MOEM Cannes, France, 2012.

[40] Zhang K L, Chou S K, Ang S S. Fabrication, modeling and testing of a thin film Au/Ti microheater[J]. International Journal of Thermal Sciences, 2007, 46(6): 580-588.

[41] Hotovy I, Rehacek V, Mika F, et al. Gallium arsenide suspended microheater for MEMS sensor arrays[J]. Microsystem Technologies, 2008, 14(4-5): 629-635.

第 8 章 微机电系统典型应用

MEMS 发展的目标是通过微型化、集成化、智能化来探索具有新原理、新功能的元件和系统，开辟一个新技术领域及产业。本章将介绍 MEMS 在生物医学、军事安全、远程通信以及航空航天等领域的典型应用与发展情况。

8.1 MEMS 在生物医学中的应用

生物医学微系统（biomedical MEMS，BioMEMS）是指利用 MEMS 技术制造的用于生物医学领域科学研究、药物分析、疾病诊断和治疗等的微尺度、集成化器件和系统。

BioMEMS 不但为微观生物医学的研究和发展提供强有力的工具，还极大地促进了各种先进的诊断和治疗仪器、药物开发、药物释放、微创伤手术等领域的发展，已成为 MEMS 最重要的应用和研究领域之一。

8.1.1 微内窥镜

MEMS 技术的快速进步大大促进了电子内窥镜检查系统的发展。医用内窥镜及其配套设备是当前应用非常广泛的医疗仪器，医生可通过它深入到手眼不可触及的地方，直接对胃肠、生殖道、脊椎、颅腔人体内部器官、结构进行观察和手术操作。

在内窥镜发展历程中，其结构发生了 4 次大的改进，从最初的硬管式内窥镜（1806～1932 年）、半曲式内窥镜（1932～1957 年）到纤维内窥镜（1957 年以后），再到如今的电子内窥镜（1983 年以后）。如今，医用内窥镜在临床上的应用越来越普及，它正向着小型化、多功能、高像质发展。其中，具有代表性的为无线胶囊内窥镜技术。

2001 年，以色列 Given Imaging 公司开发出口服式胶囊内窥镜“M2A”（目前更名为 PillCam）[1]，如图 8-1 所示，外形尺寸ϕ11mm×26mm。胶囊内窥镜经口服吞下，借助消化道的正常蠕动向前推进，最后被排出体外。放置在患者身上的一组传感器阵列可以接收胶囊内窥镜发出来的图像数据，并存储到数据记录仪，然后在工作站上回放图像供医生诊断。该研究成果显然是体内无创成像的一大飞跃，被医学界称为 21 世纪内窥镜发展的革命。

清华大学研究了一种双向数字式无线内窥镜系统[2,3]，其设计原理如图 8-2 所示。胶囊内窥镜配置了可调焦距的光学镜头、可调视角的摄像头，从而可以对肠道指定组织进行聚焦，以便得到更加清晰的图像。而且胶囊内窥镜集成了无线收发数字式通信芯片，从而具有双向无线通信的能力，可以通过体外观测，对胶囊内窥镜工作状态进行实时控制。由其设计原理可知，该胶囊内窥镜的研制重点在于设计与制造适用于胶囊内窥镜系统的集成图像与通信芯片，以加强其内部电路的集成度，增加空间利用率[4,5]。

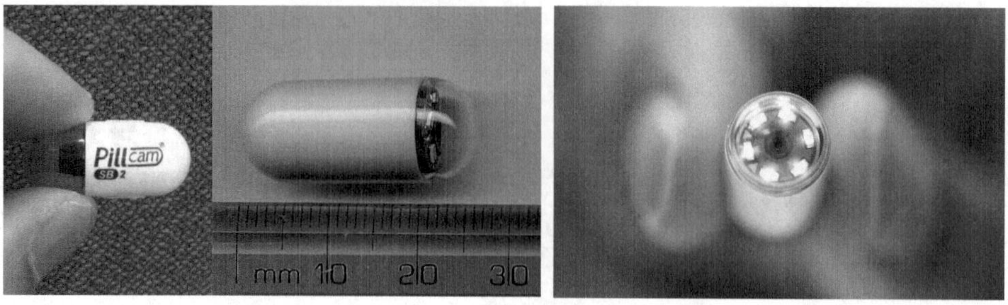

图 8-1　胶囊内窥镜

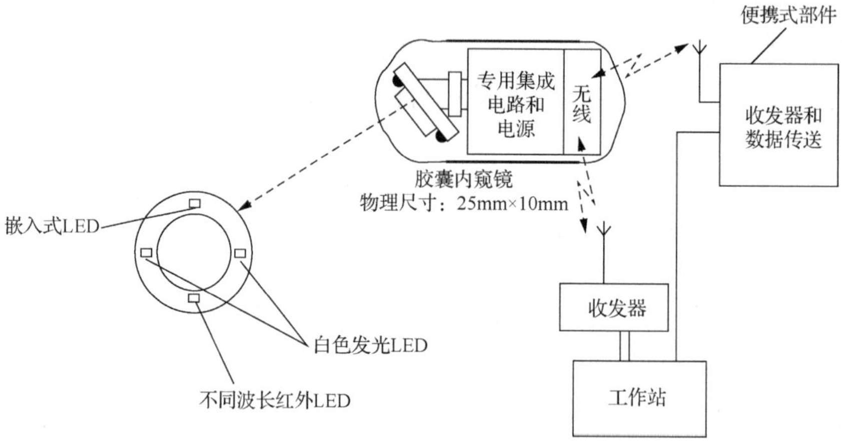

图 8-2　清华大学提出的胶囊内窥镜设计原理图

LED-发光二极管

从功能上讲，无线胶囊内窥镜通过吞咽进入肠道，对食道、胃、小肠和大肠进行特定和非特定位置图像拍摄和分析，诊疗过程无创伤、患者痛苦小。

8.1.2　微型手术和治疗器械

BioMEMS 微型手术器械是集医学、机器人、机械、生物、力学、计算机技术等诸多学科于一体的交叉研究领域，它提高了手术精度和工具的灵活性、降低了手术的风险、减小了手术医生的疲劳。

微型手术器械能够精确地打开特定的细胞膜，杀死异常细胞，甚至实现细胞内各种药物的输送，是无创手术强有力的辅助工具。如图 8-3 所示，微型手术器械在磁场的作用下通过尖端旋转运动可以在细胞膜上钻孔。这种功能可以用来高精度地穿透组织，有望实现可控的显微手术[6]。具有代表性的微钻孔器还有铁包覆的钙化生物管。这种钻孔器末端有尖，钙化生物管的多孔结构还赋予其载药的能力，在磁场作用下，微钻孔器可以刺入杀死目标细胞，也可以将药物定向输送给靶细胞[7]。

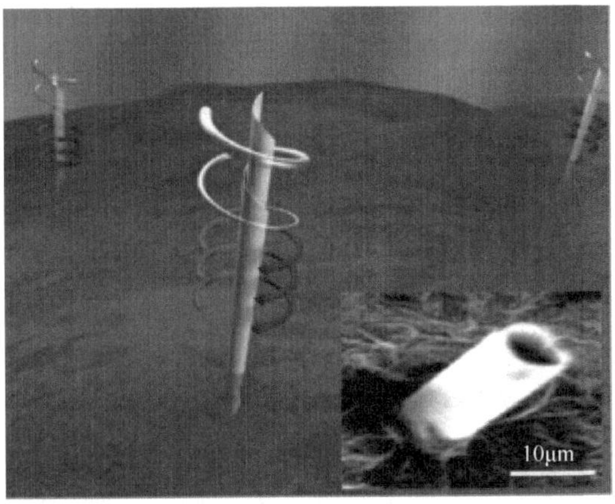

图 8-3　用于微创手术的磁性机器人[6]

韩国学者制备了不同螺旋数的磁性钻孔驱动器，优化了其在流体环境中的推进力和钻孔力[8]。通过增强电磁驱动系统中产生的旋转磁场来操纵磁性钻孔驱动器，并表征了其在模拟血管网络的流体通道中的运动和钻进性能。最后在血管中模拟了穿透血栓的过程，为心血管疾病提供了应用潜力，如图 8-4 所示。

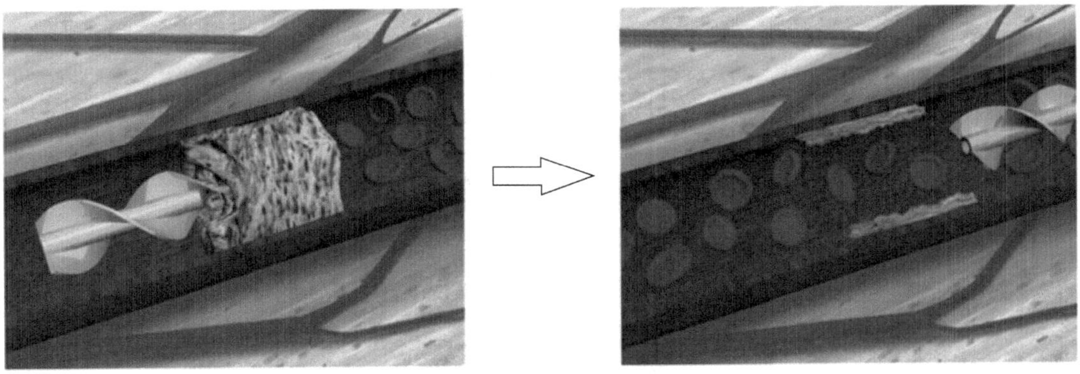

图 8-4　三维血管网络中磁性钻孔驱动器概念示意图[8]

8.1.3　定点释放微药丸

药物的服用方式以及高效准确的体内输运是影响治疗效果的重要因素。口服药物是使用最多的给药方法，具有无侵入、自助、价格便宜等优点。然而，对于一些敏感的大分子药物，如氨基酸、蛋白质、脱氧核糖核酸（deoxyribonucleic acid，DNA）的药物等，由于胃部及肠道内酸性环境、酶的作用以及肝的过滤，药物的疗效会大幅度降低甚至彻底丧失，因此这些药物不适合口服。除口服外，肌肉和静脉注射也是常用的给药方法。但是注射需要专门的医护人员才能完成，难以适应家庭“床旁诊疗”的发展需求。此外，药物都存在最优服用量区间，低于这个区间，药物治疗效果会降低，高于这个区间，药物会产生毒副作用。理想的服药方法应使药物浓度保持在最优区间内，但无论口服还是注射，药物在体内的浓度曲线都是典型的衰减曲线。

采用 BioMEMS 技术可以实现药物的定点释放。口服药物使 BioMEMS 进入人体消化道，利用位置监测系统跟踪药丸的位置，当药丸到达指定区域时遥控释放药物，实现定点、定位、定剂量的药物投放。这种方式可以提高药物利用率，缩短康复疗程，并且减轻了病人痛苦，方便医务人员操作。药物释放以后，还可通过 BioMEMS 按照临床药理学规定获得血液样本，根据血液样本中的药物浓度时间曲线进行药代动力学分析。典型的应用是胰岛素的注入，通过葡萄糖传感器实时监测体内葡萄糖浓度，控制药物释放系统在合适的时间释放合适的胰岛素剂量，使胰岛素的释放量接近生物体自身胰岛细胞产生的胰岛素量。

国外消化道定点药物释放胶囊（site-specific delivery capsule, SSDC）的研究开始于 20 世纪 80 年代初，目前已经研制成功了一些体内药物释放微机器人。德国 Hugemann 等[9]于 1981 年研制的“HF capsule”是最早用于临床的遥控胶囊。“HF capsule”由射频信号触发，药物封装在一个气球囊中，感应的射频电流触发钢针移动，刺破气球囊而将药物释放出来，如图 8-5 所示。但是“HF capsule”在药物剂型上有一定的局限性，只能释放液体药物，而且刺破气球囊后，只能依靠药物重力作用自行释放，无法达到主动释放的目的。

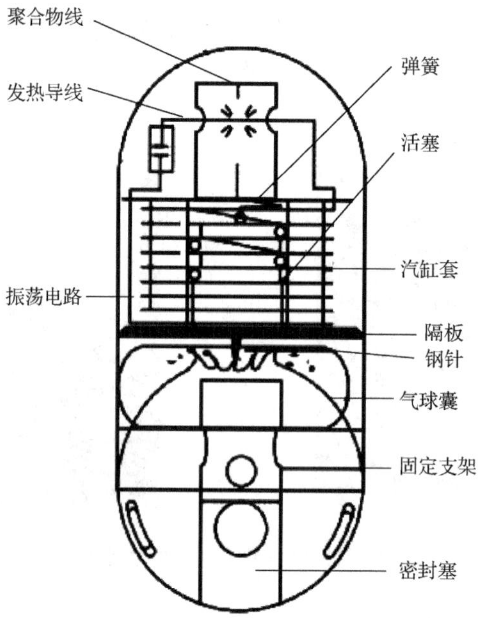

图 8-5　射频胶囊结构示意图

法国 Lambert 等[10]开发了“Telemetric Capsule”，如图 8-6 所示，包括一个定位探测器、发射单元、锂电池和一个可以更换的储药仓。位置指示齿轮与消化道壁摩擦产生旋转，实现路程“记录”，而齿轮的旋转信息通过发射单元发射到体外的接收单元。该药丸通过磁开关遥控药物释放，位于体外的磁场发生装置连接位于药丸中的磁开关，磁开关接通电路释放一个压缩弹簧，弹簧的压力将药物释放出来。

国内在该领域的研究起步较晚，在关键技术方面取得了部分成果。2002 年，国家 863 计划将“基于 MEMS 的人体腔道诊疗系统”列为专题，遥控释药胶囊的研究在国内得到更全面的开展。

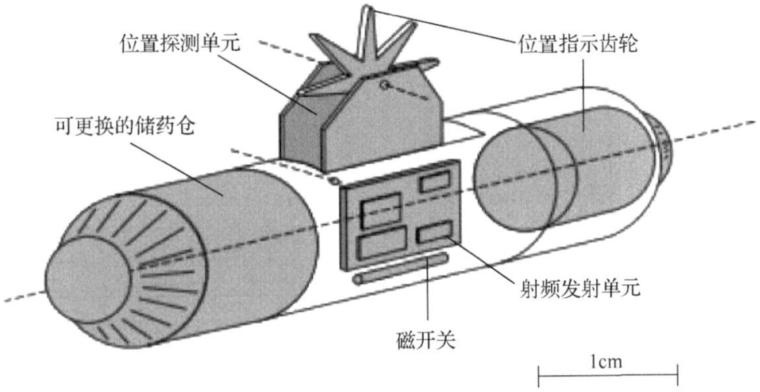

图 8-6　Telemetric Capsule 结构示意图

华南理工大学陈扬枝等[11]提出了一种基于超声触发控制的化学气压式胃肠道药物释放胶囊，如图 8-7 所示，反应物质醋酸溶液和碳酸钠颗粒分别装于不同的仓内，中间由动物油脂隔离，释药时由超声波的“空化作用”[12]使油脂溶解，醋酸和碳酸钠接触反应，生成二氧化碳气体推动药仓单向阀释放药物。该胶囊可用于溶液、悬浮液、胶体、粉末和小颗粒等多种药物释放，外形为ϕ12mm×32mm，携药量为 0.97mL，释放速度精确可控。

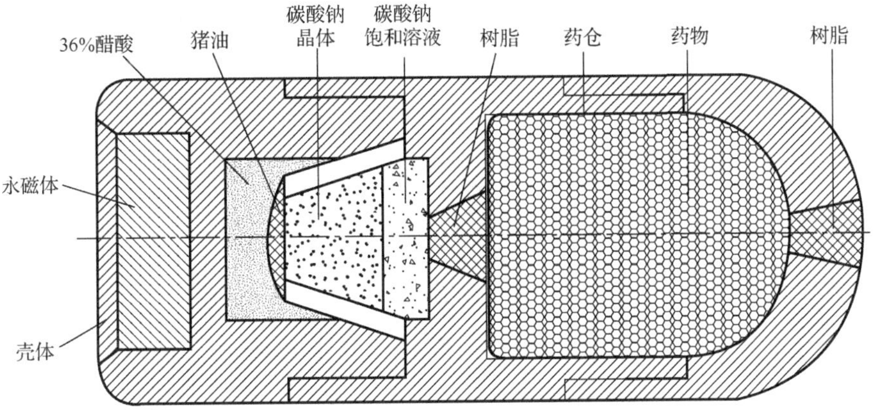

图 8-7　超声触发控制的化学气压式胶囊结构示意图

图 8-8 是重庆大学研究的一种肠道药物释放遥控式微电子胶囊[13]，该系统由遥控药丸与体外遥控装置组成，遥控药丸是系统的核心。该系统设计结构简单，密封可靠性高，释放迅速，而且可以适应溶液、悬浮液和粉末等多种药物剂型的操作。遥控系统由体外的遥控发射装置和药丸中的遥控接收单元组成，利用高频电磁波作为遥控信号。遥控发射装置由高频信号源、阻抗匹配系统及发射天线构成；遥控接收单元包括接收天线、高频开关模块及微型驱动单元。其工作原理为：遥控药丸接收到体外发射的高频遥控信号时，遥控模块产生磁场，拖动带有永磁体的活塞运动，活塞挤压药囊，完成药物释放。微型驱动单元等结构均采用 MEMS 技术制作，有效减少了控制系统的功率消耗。遥控药丸长度为 30mm，直径为 10mm，两端设计为圆滑的曲面结构，遥控药丸具有良好的空间利用率，药物容量可达 0.5mL，能够满足一般药物进行 HDA 研究的容量要求。

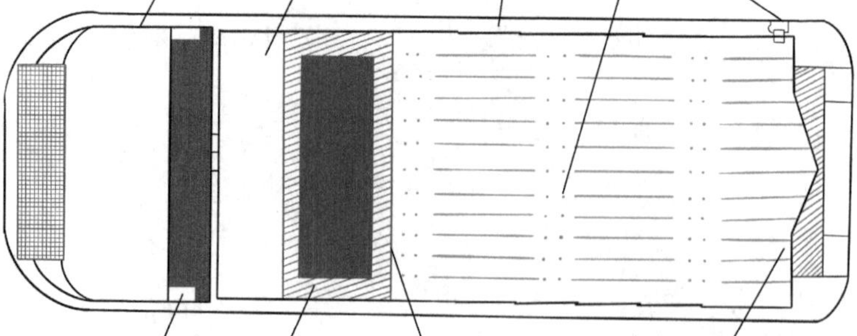

图 8-8　遥控式微电子胶囊结构示意图

除了上述药物释放载体，生物胶囊（biocapsule）也是研究较为广泛的新型药物释放载体。生物胶囊利用半透膜将具有生物活性的物质或组织包装起来，使营养成分、水、氧、细胞排泄物等能够双向通过半透膜，免疫细胞或抗体等能够破坏生物活性物质的成分不能通过半透膜，从而维持所承载药物或组织的生物活性，降低排斥反应，如图 8-9 所示。例如，对于胰岛的保护，半透膜允许葡萄糖、胰岛素和其他胰岛细胞的营养成分自由通过，但是阻挡大分子如抗体和补体成分的通过。这种方法使移植或者植入的生物体或药物免受免疫系统的排斥，避免了长期使用免疫抑制药物，对于器官移植、疾病治疗和药物释放具有重要意义。

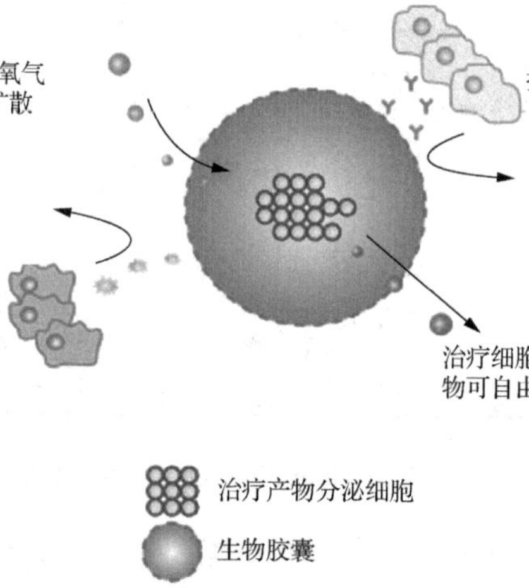

图 8-9　生物胶囊和体内药物释放

通过在生物胶囊表面结合配位体，还可以利用生物特异性亲和将其固定在特定的部位，实现指定位置的药物释放。利用微加工技术，可以制作用于药物封装的具有高度均匀纳米孔的薄膜材料，以及特定部位释放的微粒。由于典型的胰岛素、葡萄糖、氧和二氧化硅等分子直径在 3.5nm 以下，微加工的多孔半透膜适合作为生物微胶囊的封装材料。

8.1.4 微流控芯片

以微流控芯片为核心的微全分析系统是当前 BioMEMS 研究的热点之一。微流控（microfluidics）芯片技术是把生物、化学、医学分析过程的样品制备、反应、分离、检测等基本操作单元集成到一块数平方厘米的芯片上，自动完成分析全过程的技术。由于它在生物、化学、医学等领域的巨大潜力，已经发展成为一个生物、化学、医学、流体、电子、材料、机械等学科交叉的崭新研究领域。

微流控芯片具有微型化、集成化、便携化的特点。同时，由于其内部结构单元尺寸微小，可减小流动系统中的无效体积，降低能耗和试剂用量，而且响应快，因此有着广阔的应用前景。DNA、蛋白质等生物大分子链的长度为微米量级，直径为纳米量级，生物细胞的典型尺寸为数十微米，均在 BioMEMS 的作用范围内，因而可以借助微细加工技术和微电子技术制作出微型化的、集成化的生物大分子分析平台或细胞操作平台，形成微流控芯片。由于具有效率高、成本低的优点，微流控芯片的研究和开发将对生物医学基础研究、疾病诊断与治疗、新药开发、环境监测、司法鉴定等产生重大影响。微流控芯片主要以分析化学和分析生物化学为基础，以材料在芯片微管道中的输运为标志。应用 MEMS 加工技术，在微芯片上加工出缩小到数毫米至数微米尺度的容器、泵、阀、管道等，将整个化验室的功能，包括样品处理、进样、反应、分离、检测等集成在微芯片上，用来进行 DNA、蛋白质等生命物质的分析。当前的微流控芯片大多以毛细管电泳为核心。除了继续探索新的分析模式及优化设计理论外，微流控芯片的另一个发展方向是提高芯片功能集成度及开发样品准备芯片。

微流控芯片对其检测系统提出了更高的要求。一套完整的微流控系统包括三个部分：①承载不同功能的微流控芯片；②支撑芯片流体控制及信号采集的控制和检测装置；③完成芯片功能化的试剂盒。对于常规的生物或化学实验室来说，检测都是其不可或缺的一步，而用以实现常规生物或化学实验室各种功能操作的微流控芯片实验室同样也离不开检测这一基本过程。以微流控芯片实验室为平台进行的各种化学、生物学反应和分离等通常都发生在微米量级尺寸的微结构中，这与传统意义上的操作有很大差别。为此，微流控芯片实验室对检测器的要求也较传统检测器更为苛刻。这主要体现在以下三个方面：①在微流控芯片运行过程中，可供检测物质的体积微小（微升、纳升甚至皮升级），且检测的区域一般也非常小，这就要求检测器应具有更高的检测灵敏度；②由于芯片微通道尺寸较小，许多混合反应及分离过程往往在很短时间内（秒级甚至更短）完成，因此要求检测器具有更快的响应速度；③芯片实验室的最终目的是将尽可能多的功能单元集成在同一块微芯片上，因此要求作为输出终端的检测器具有较小的体积，最好能直接集成在芯片上。

1. 微流控芯片在核酸检测中的应用

核酸是遗传信息的携带者，也是基因表达的物质基础。核酸是以核苷酸为基本单位的重要生物分子，包括 DNA 和核糖核酸（ribonucleic acid，RNA）两种。对核酸结构、功能与调控的认识是人类在分子水平研究遗传、进化和疾病诊断的基础。

微流控技术显示了极强的核酸研究功能。以核酸为研究对象的技术如 DNA 萃取纯化、聚合酶链反应（polymerase chain reaction，PCR）扩增、分子杂交、电泳分离和检测等都可以单一或集成地在微流控芯片上完成。微流控技术适合于核酸研究所涉及的各个应用领域，如临床基因诊断、遗传学分析和法医鉴定等。下文以基因测序为例。

基因分型是进行遗传基因多态性分析的必要途径，常用于疾病诊断、遗传学和法医学等应用研究，也是微流控芯片核酸研究的主要内容之一。基因分型（genotyping）是指确定一条染色体上的一些基因、一段 DNA 序列或一部分遗传标记的连锁组合，实际上就是确定一条染色体上某个区段的单体型。微流控芯片实验室集快速、高效和集成化特点于一体，为大规模人群基因分型和多态性研究提供一个高通量的技术平台。短串联重复序列（short tandem repeat，STR）广泛存在于原核和真核生物的基因组中，是具有长度多态性的 DNA 序列，被认为是理想的遗传标记。STR 分型方法具有简便、准确度高、扩增片段大小适中，适于 DNA 降解检材等特点，目前已发展为个体识别的主要标记。

图 8-10 是一套基于微流控芯片平台的便携式法医学基础分析系统[14]，由微流控芯片和检测装置两部分组成，前者含 STR 分型扩增及分离单元，后者实现芯片控制和产物的四色荧光检测。该便携式法医学基因检测装置集温控、电泳分离、四色荧光检测等单元于一体，如图 8-10（a）所示。其包含一个 488nm 双频二极管激光器、一套四色荧光光学检测系统、PDMS 芯片气动阀、PCR 控制电子元件和四个控制芯片电泳的高压电源，装置尺寸为 12in×10in×4in。芯片结构如图 8-10（b）所示，该芯片集成了 PCR 反应池、微泵、微阀和电泳分离单元等，进行样品分析时，反应液先通入 160nL 的 PCR 池中，阀关闭，经过 35 个温控循环后，阀开启，产物通入 7cm 长的分离通道，后者维持 70℃恒温，以尿素为变性剂，变性聚丙烯酰胺为筛分介质进行电泳分离，四色荧光检测器检测。此系统集 PCR 循环、电泳分离、气动微阀、四色荧光检测等于一体，为法医学大量样本的快速现场及时分析提供了可行性。

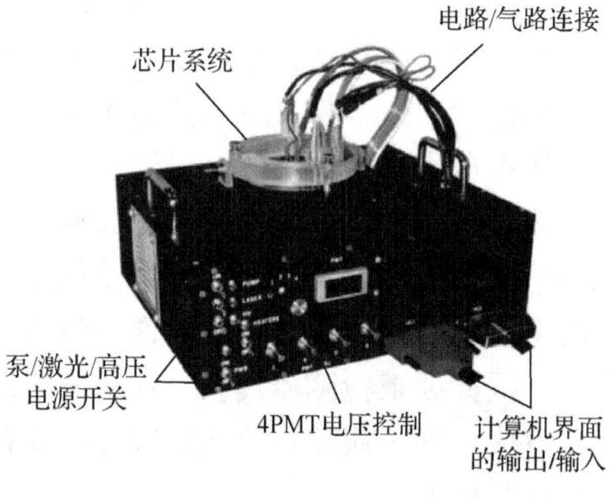

（a）便携式法医学基因检测装置实物图

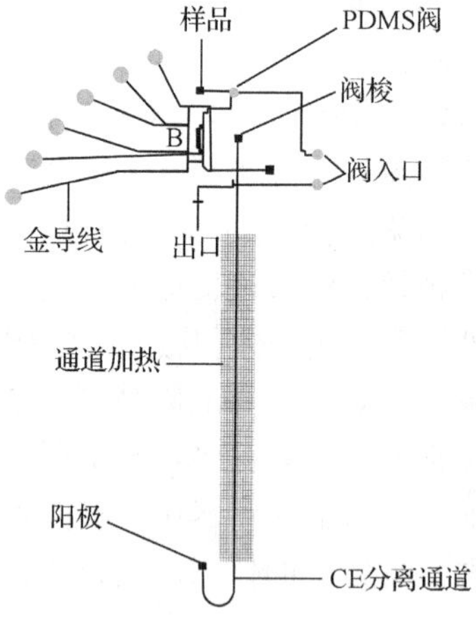

（b）STR基因分型微流控芯片示意图

图 8-10　基于微流控芯片平台的便携式法医学基础分析系统

2. 微流控芯片在蛋白质研究中的应用

微流控芯片实验室具有各种操作单元灵活组合、规模集成的特点，符合蛋白质组学研究发展需要。蛋白质是由约 20 种氨基酸根据不同的排列顺序，以肽键的形式（—CO—NH—）结合而成的具有一定空间结构的链状化合物。蛋白质的可变性和多样性导致了蛋白质的研究远比核酸的研究复杂和困难，因此对研究平台提出了更高的要求。

图 8-11 是一套表面涂层石英芯片和 CCD 吸收成像全程检测装置[15]，用等电聚焦法分离肌球蛋白，当蛋白质处于 pH 与 PI 一致的介质中时，迁移就会停止，不同 PI 的蛋白质分子可以聚集在不同的位置，由此根据位置可以确定蛋白质的等电点。

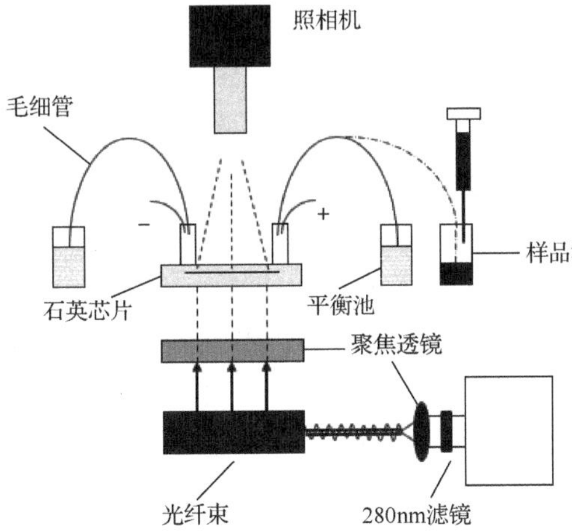

图 8-11　微流控芯片等电聚焦用于蛋白质等电点的测定

图 8-12 是将胰蛋白酶反应器和芯片电泳集成在微流控芯片上并与质谱联用[16]，3～6min 内可完成蛋白酶的水解反应，对细胞色素 C 和牛血清蛋白的氨基酸序列覆盖率分别可达 92% 和 71%。

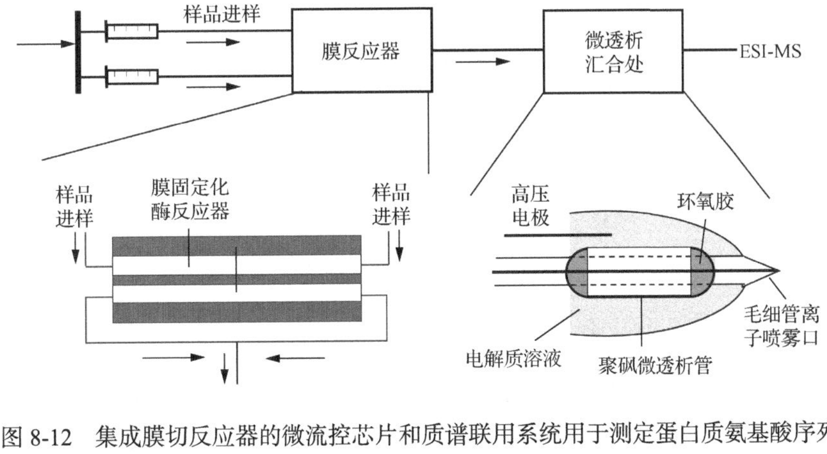

图 8-12　集成膜切反应器的微流控芯片和质谱联用系统用于测定蛋白质氨基酸序列

图 8-13 是把微混合器和核磁共振探针集成在微流控芯片上[17]，制作了一个基于时间分辨核磁共振的蛋白质构象变化研究装置，在该装置上，化学变性剂和蛋白质溶液分别通过两根毛细管进入微混合器中进行快速充分混合，并通过调节混合点到检测点的距离和流体流速来控制化学变性剂与蛋白质相互作用的时间。在低 pH 和 40%或更高的甲醇水混合溶剂中，通过观察泛素中 His-68 和 Tyr-59 的质子核磁共振图，可以确定蛋白质的构象变化。

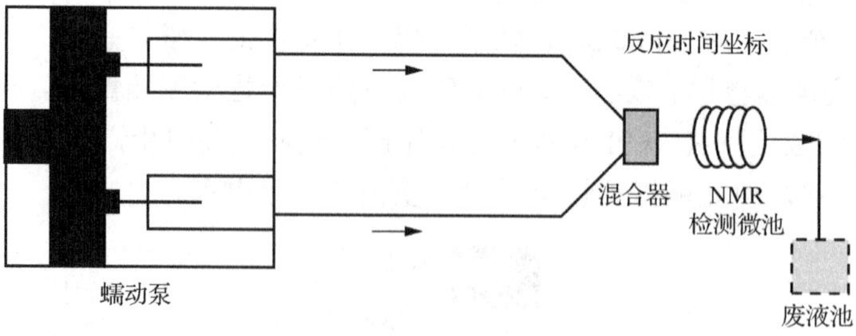

图 8-13　集成有时间分辨核磁共振的芯片系统示意图

急性心肌梗死（acute myocardial infarction，AMI）是目前危害最大的一类心脑血管疾病，肌钙蛋白 I（cTnI）被认为是 AMI 诊断的金标准，因为血液中 cTnI 含量对心肌细胞损伤有很强的特异性。因此，cTnI 的现场快速检测对于心脑血管疾病临床早期诊断和早期治疗具有极其重要的意义。微流控即时检测技术具有检测过程方便快捷、试剂需求量小等优点，近些年成为 cTnI 检测的研究热点。大连理工大学提出了一种灵敏、便携的微流体电化学阵列装置用于 AMI 的诊断[18]，并通过电化学测量 cTnI 的浓度评估风险，如图 8-14 所示。

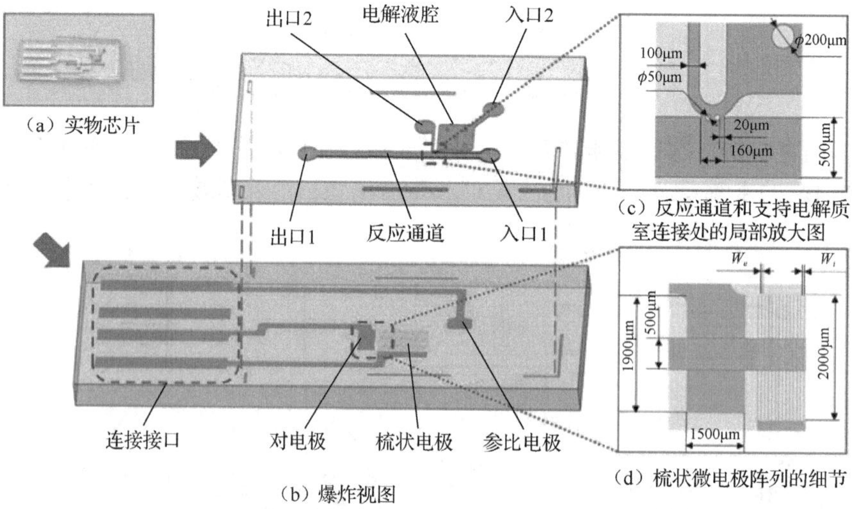

图 8-14　微流控芯片的结构

3. 微流控芯片在代谢物小分子分析中的应用

通常的代谢物分析主要有两类应用：一类是比较正常和病变生理状态下的疾病标志物水平；另一类是监测外源性药物代谢物的水平。研究药物代谢及相关药理和毒理学数据，达到指导药物开发和合理临床用药的目的。

微流控芯片有助于更好地研究病变过程和疾病标志物水平。生物体液中的代谢物与细胞和组织中的代谢物处于动态平衡。所有由病理生理紊乱或外源性的药物或毒物刺激引起的直接生化反应，以及与控制代谢的酶或核酸产生相互作用而引起体内物质在比例、浓度等方面发生的变化，最终都会在代谢物中得到反应。对这些由疾病引起的代谢物的响应进行分析，能够帮助人们更好地理解病变过程及机体内物质的代谢途径，有助于疾病的生物标记物的早期发现。微流控芯片内的微通道网络可较好模拟人体内循环环境，基于微流控技术的疾病发展过程体外模拟是相关领域研究热点。微流控芯片还具有检测灵敏度高的特点，在体液中极微量疾病标志物的检测方面也具有突出优势，在重大疾病早期诊断方面有巨大应用潜力。下面以葡萄糖浓度为例，介绍微流控芯片在疾病标志物分析方面的应用。

体液中葡萄糖浓度与多种疾病相关，是代谢物检测的重要指标。尤其对于糖尿病患者，需长期控制饮食和注射胰岛素来维持正常的血糖水平。频繁的血糖测定和胰岛素注射对患者而言，无疑在精神和肉体上都带来巨大的伤害。图 8-15 是自动血糖测定和胰岛素注射集成微流控芯片系统[19]，该系统模拟人工胰腺，采用电化学方法实时准确检测血糖水平，如果血糖浓度过高，系统会自动控制微泵微阀注射固定量的胰岛素。该系统采血量小，能很大程度地减少患者的痛苦。

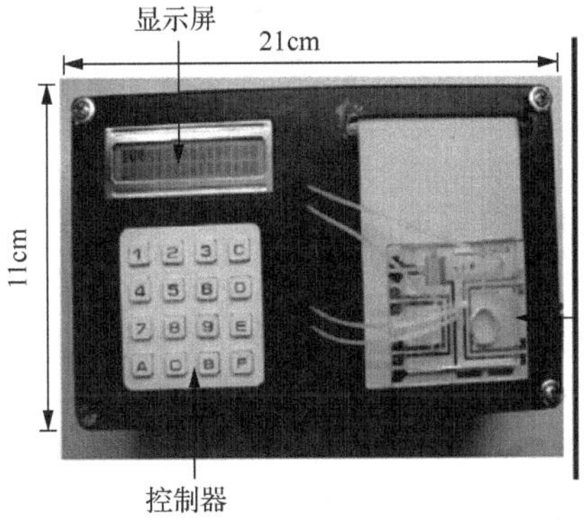

（a）

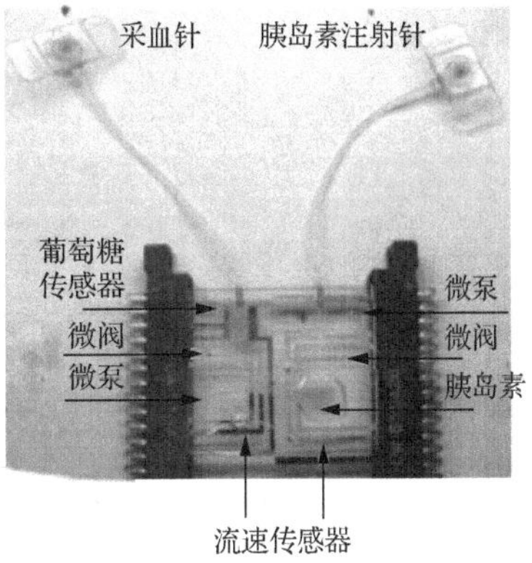

（b）

图 8-15　自动血糖测定和胰岛素注射集成微流控芯片系统

微流控芯片技术可以采用体外研究方式同时获取药物代谢的分子结构信息和其细胞毒性作用信息，在药物代谢研究中有重要应用。药物代谢是指药物在体内经过代谢酶的生物转化。药物经代谢后，其理化性质将发生变化，从而引起病理和毒理活性的改变。研究药物代谢并明确其代谢途径，对制订合理的临床用药方案、剂型设计及新药开发工作都具有重要的指导意义。当前的药物代谢研究主要集中在体内代谢研究和体外代谢研究两个方面。体内代谢是药物代谢研究最常采用也最贴近实际的研究方法，但其研究周期长，影响因素复杂，过程难以控制，也难以完全阐明药物代谢的机理。体外代谢是指在体外模拟体内药物代谢过程，它可以排除体内因素的干扰，直接观察酶对底物的选择代谢性，为整体实验提供了可靠的理论依据。药物体外代谢研究的一般策略是药物离线或在线经代谢酶生物转化为药物代谢物。药物代谢物一方面可分离检测，获取其分子结构信息，进而研究其代谢途径；另一方面也可用于研究药物与细胞（如肝细胞）孵化，考察药物经代谢后的毒副作用或代谢性药物相互作用。但目前常用的孔板阵列芯片无法同时获取药物代谢物的分子结构信息和其细胞毒性作用信息。微流控芯片具有多种单元技术在整体可控的微小平台上灵活组合、规模集成的特征和优势，可以同时获取上述两种信息，对高通量药物代谢筛选的发展具有重大意义。

药物研发第一步是明确药物可吸收并发挥作用，科学家通常以药物渗透性评价药物吸收情况。微流控芯片-质谱联用技术用于药物研发，药物渗透性评价是第一步。图 8-16 是一款稳定同位素标记辅助的微流控芯片电喷雾质谱（SIL-chip-ESI-MS）平台[20]，用于细胞代谢的定性和定量分析，微流控细胞培养、药物诱导细胞凋亡分析和细胞代谢测量同时在专门设计的设备上进行，并将体外培养 MCF-7 细胞暴露于抗癌剂（染料木素）中进行细胞药物测定。结果证明 ESI-MS 芯片系统可选择性和定量分析细胞药物吸收和代谢物，具有高的稳定性、灵敏度和重复性。

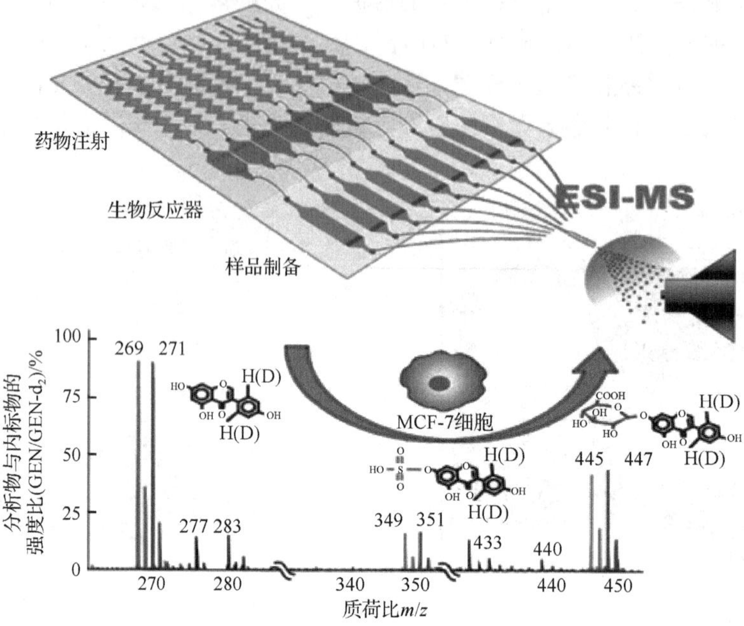

图 8-16　ESI-MS 芯片系统原理图

GEN/GEN-d_2-染料木黄酮和染料木黄酮-d_2

对乙酰氨基酚（acetaminophen）俗称扑热息痛，是一种广泛使用的解热镇痛临床常见药物，从 1966 年，Davidson 和 Eastham 首先报道了对乙酰氨基酚引起肝坏死的案例之后，它的肝毒性引起了广泛的关注。对乙酰氨基酚引起肝毒性的一种可能性是过量服用，另一种可能性是由于多种药物的不合理同时服用，影响了对乙酰氨基酚的正常代谢，这样即使在治疗剂量之内也会导致严重的肝毒性，此时其他药物与对乙酰氨基酚发生了药物相互作用，增加了其毒副作用。尿苷二磷酸葡醛酸转移酶（UDP-glucuronosyltransferase，UGT）通路是对乙酰氨基酚重要的脱毒代谢通路，对乙酰氨基酚的 UGT 代谢如果被抑制，势必会增加其转化为苯醌亚胺（N-acetyl-p-benzoquinone imine，NAPQI）活性中间代谢物的概率[21,22]。图 8-17 是一种三层立体结构芯片来研究对乙酰氨基酚代谢[23]，芯片上层为 PDMS 盖片；中间层为石英片，刻蚀有微液流通道，并采用溶胶-凝胶技术固定了肝微粒体；下层为 PDMS 基片，刻蚀有微流通道和使细胞均匀分布的微结构。药物从上层与中间层形成的微通道中引入，在溶胶-凝胶固定化肝微粒体区域发生代谢反应，溶胶-凝胶是药物代谢微反应器，同时它也将药物代谢物检测和细胞毒效应评价分隔在不同的层完成。细胞从下层通道中引入，固定化的溶胶-凝胶阻止其进入上层通道。这样，药物经固定化肝微粒体代谢，部分被加电引入分离通道，在紫外吸收检测微流控芯片平台上完成电泳分离检测，同时，药物代谢物通过扩散与均匀分布在溶胶-凝胶底部区域的细胞作用，由于采用的溶胶-凝胶具有光通透性，因此在荧光显微镜上来获取药物作用后的细胞存活率，以此来判断药物代谢物的细胞毒性。

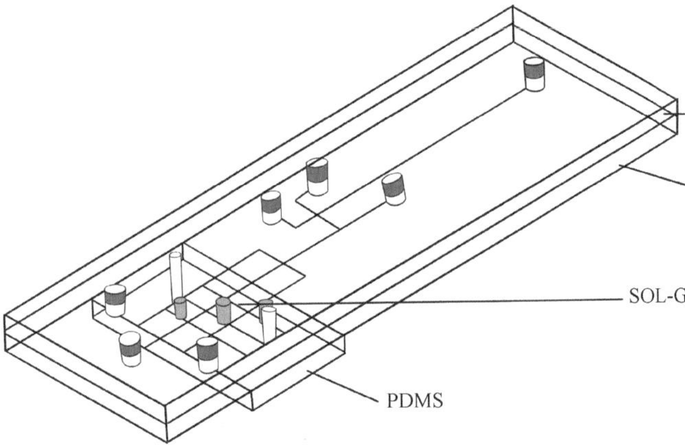

图 8-17　对乙酰氨基酚代谢芯片示意图

8.1.5　人工器官

疾患或创伤会导致人体器官出现不可逆转的病变和生理功能缺失，严重者危及生命。为拯救生命，临床上除修复组织、切除病变器官、移植同种器官外，尚可置换人工装置。这种模拟人体器官，暂时或永久替代病变器官的人工装置称为人工器官。人工器官是一类治疗性精密医疗器械，对挽救危重疾病患者生命起着重要的作用。

1. 人工心脏

第一个 MEMS 是作为心脏起搏器在医疗技术中得到应用的。心脏泵机构由正弦波电信号控制，血液循环泵入体内。当然起搏器是非常复杂的系统，目前采用阻断工作方式以延长植入电池的寿命。

苏州同心医疗科技股份有限公司陈琛团队于 2013 年研制出当时世界上最小的磁悬浮离心式人工心脏 CH-VAD 样机，目前已研制出 Demo I 到 Demo VI 等实验产品，动物实验已经完成大部分关键工作[24-26]。该型人工心脏泵利用混合磁悬浮结构，实现径向主动、轴向被动悬浮方式，重约 350g，如图 8-18 所示，转速达到 5000r/min，可提供 10L/min 流量，并在实现连续流的基础上进行了脉动流的实验，以达到符合生理心室运作的顺应性要求。

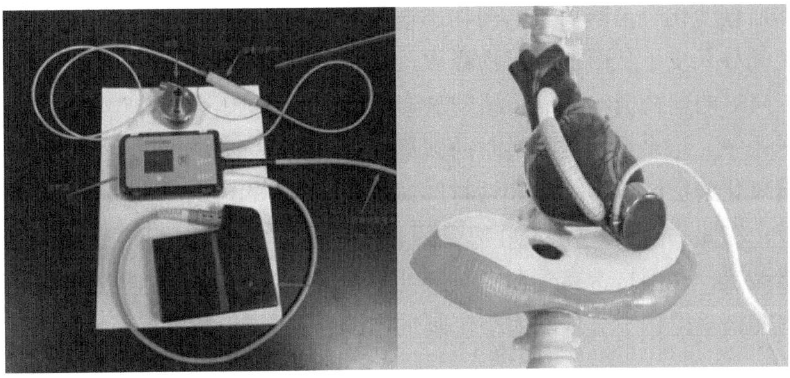

图 8-18　苏州同心医疗科技股份有限公司产品示意图[25,26]

2. 人工耳蜗

人工耳蜗是一种植入耳蜗的电子装置，通过电极阵列电流刺激残存的听神经纤维[27]，主要由植入耳蜗的刺激电极阵列、埋植皮层下的接收感应器、体外的麦克风、处理器、感应线圈等组成[28]。人工耳蜗在国际上的研究始于 20 世纪 60 年代，自 70 年代投入产业化以来，其技术水平不断得到突破，临床应用效果明显，是目前医学界一致认可的对双侧重度或极重度感音神经性听力损失患者的最有效治疗装置[29]。

Yuksel 等[30]设计了一种适用于全植入型人工耳蜗术的薄膜压电多声道换能器，如图 8-19 所示。其工作频率范围在可听范围内（250～5500Hz），传入的声音模拟了耳蜗的工作原理。该换能器由 8 根具有不同共振频率的薄膜压电悬臂梁组成，有效体积为 5mm×5mm×0.62mm，质量为 4.8mg，适合日常使用。

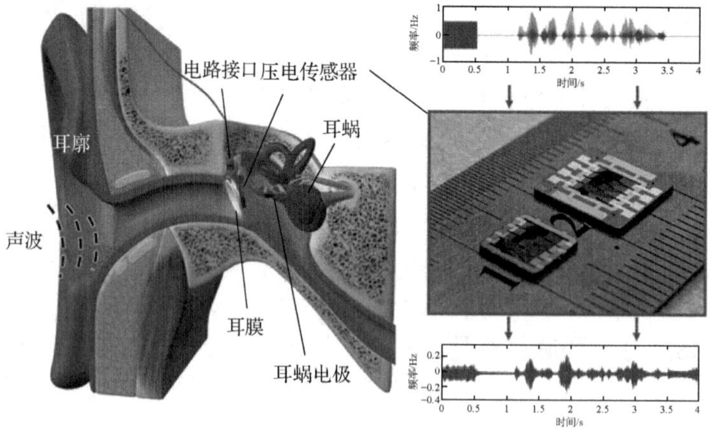

图 8-19　薄膜压电多声道换能器[30]

3. 人工胰腺

人工胰腺是目前的一个研究焦点，由葡萄糖传感器和胰腺素补充泵所组成。由传感器测量血液或组织中的葡萄糖含量，并启动补充泵向体内泵入一定剂量的胰腺素。这种模仿胰腺器官根据人体血糖变化分泌胰岛素的药物递送装置可称之为人工胰腺，该装置经手术植入人体皮下或经穿刺导入皮下从而控制药物释放，是一种长期给药体系。

基于 MEMS 的葡萄糖响应的闭路胰岛素给药方式是使用葡萄糖响应的以水凝胶为基础的胰岛素递送系统。这个系统需要实时的胰岛素递送系统的传递和一个响应性的胰岛素释放元件。葡萄糖氧化酶在结合 pH 响应性材料情况下成功地用作一个葡萄糖感应元件，比如薄膜或者水凝胶。在此基础上，Michael 等[31]设计了如图 8-20 所示的聚二甲基硅氧烷（PDMS）网格覆盖的微装置，该网格带有葡萄糖响应性生物无机薄膜，胰岛素放置在储库中，该装置在体外和体内测试都得到了有效的闭路控制生物传感。

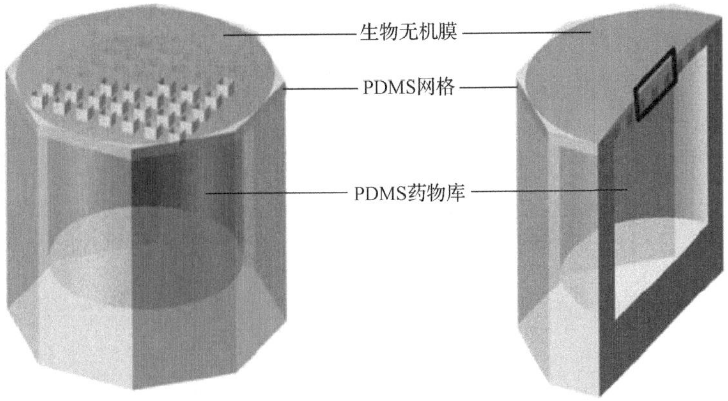

图 8-20　PDMS 网格覆盖微装置[31]

8.2　MEMS 在军事安全上的应用

军事领域是 MEMS 技术最早的应用领域之一，对推动 MEMS 技术的进步和发展起到了重大作用。当前，世界各国都非常重视 MEMS 技术在军事上的应用研究，MEMS 在军用设备中的应用日渐广泛和深入。美国国防高级研究计划局把 MEMS 技术确认为美国急需发展的新兴技术，并资助了大量 MEMS 项目，应用于飞行器和弹药导航的惯性系统、保险和引信、弹道修正、微型无人机、微型机器人、纳米武器、报警微传感器、微型敌我识别系统等方面。MEMS 在军用设备中的应用日渐广泛和深入。

8.2.1　用于飞行器和弹药导航的惯性系统

惯性导航系统通常由惯性测量装置、微处理器等组成。惯性测量装置包括加速度计和陀螺仪，又称惯性导航组合。陀螺仪用来测量飞行器的姿态和转动的角速度，加速度计用来测量飞行器加速度的变化。陀螺仪的功能是保持对加速度对准的方向进行跟踪，从而能在惯性坐标系中分辨出指示的加速度；对加速度进行两次积分，就可测定出物体的位置，由 3 个正交陀螺、3 个正交加速度和信息处理系统可以构成一种微型惯性测量单元（miniature inertial measurement unit，MIMU），它可以提供物体运动的姿态、位置和速度的信息，惯性测量组合广泛应用于各种航空航天平台及飞行器的制导系统中。随着 MEMS 及微惯性器件的发展，大量小型化、低成本、高性能的导航、制导与控制产品正越来越多地应用于小型无人飞行器、地面无人系统以及精确制导弹药等。我国无人飞行器、制导炮弹、制导火箭弹、制导炸弹和巡飞弹等装备迫切需求一种低成本微小型制导与控制系统。

国防科技大学基于硅微陀螺与硅微加速度计构成微惯性测量单元，采用系统级封装（system in package，SiP）技术对卫星基带信息处理 SoC、嵌入式深组合导航信息处理 SoC、红外成像信息处理 SoC、制导信息处理 SoC 和通信控制器 SoC 等进行高度集成，设计出基于 SiP 的制导与控制芯片[32]，如图 8-21 所示，系统具有制导模块的二次开发功能，可以满足不同用户需求，为各精确制导装备提供管用、好用、用得起的低成本微小型制导与控制系统。

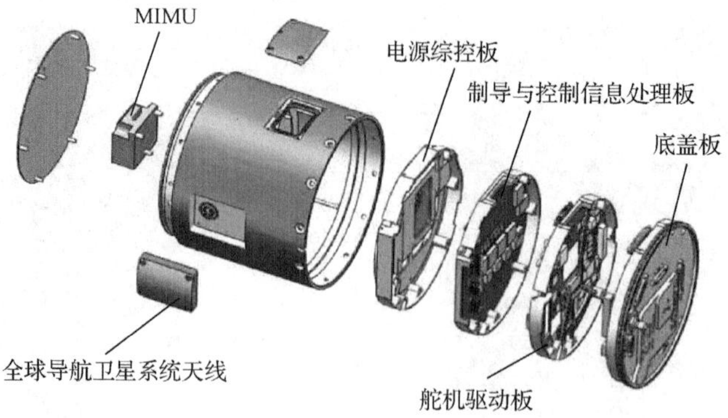

图 8-21 微小型制导与控制系统图

8.2.2 智能弹药技术

由于微型惯性测量组合较传统的装置大为缩小，因此就使得在常规弹药上应用微型惯性测量组合成为可能，由此可使常规弹药具有简易惯性制导的功能，即把常规弹药改装成灵巧弹药。与无控弹药相比，在达到同样的对目标毁伤概率的条件下，可大大减少弹药的消耗，而成本又不会增加很多。

1. 硬目标侵彻引信炸点控制

硬目标侵彻弹药是以打击地面建筑物、桥梁、机场跑道、指挥中心等高价值硬目标为主要目的，硬目标侵彻引信是侵彻弹药实现高效毁伤的核心部件。针对各种高价值硬目标的不同构造、形态，硬目标侵彻引信利用其中安装的加速度传感器作为环境信息敏感元件，感知弹丸在碰撞、侵入、穿透硬目标过程中承受的来自目标阻力的加速度。引信根据环境信息实时识别弹丸侵彻目标的历程和相对于目标的位置，完成最佳炸点识别和起爆控制任务，控制战斗在最佳炸点位置处爆炸实现对目标的高效毁伤。

目标侵彻引信一般具有定时、计行程、计层数、介质识别等功能，具有在高过载条件下能够自适应起爆的功能，主要通过高 g 值加速度传感器或者加速度阈值开关来获取敏感弹丸的侵彻状态，对获取的信号进行相关处理，提取弹丸与侵彻介质的相对状态，最后利用控制器来实时判断是否起爆弹药。弹丸在侵彻硬目标过程中，其加速度可达到几万到十几万倍的重力加速度。用加速度传感器可识别两种不同的目标介质，检测空穴及硬目标层数。在攻击多层硬目标介质时，传感器必须具有连续进行高加速度值测量的能力。硅材料在微小尺寸下，其内部缺陷减少，材料的强度提高，因此硅微结构具有很好的抗高过载能力，很适合利用微机械加工工艺来制造大量程的传感器。

美国桑迪亚国家实验室设计的一种电容式高 g 值加速度传感器芯片结构[33]，如图 8-22 所示，该芯片量程可达 5 万 g，整体结构包括参考电容，检测电容和支撑梁组。芯片正常工作时，工作电容两极板间距离改变，通过工作电容的变化，并与参考电容进行比较，计算差值。最终通过输出电压值的变化确定传感器芯片受到的加速度，该芯片整体采用多晶硅材料，主要使用 MEMS 干法刻蚀技术制造。

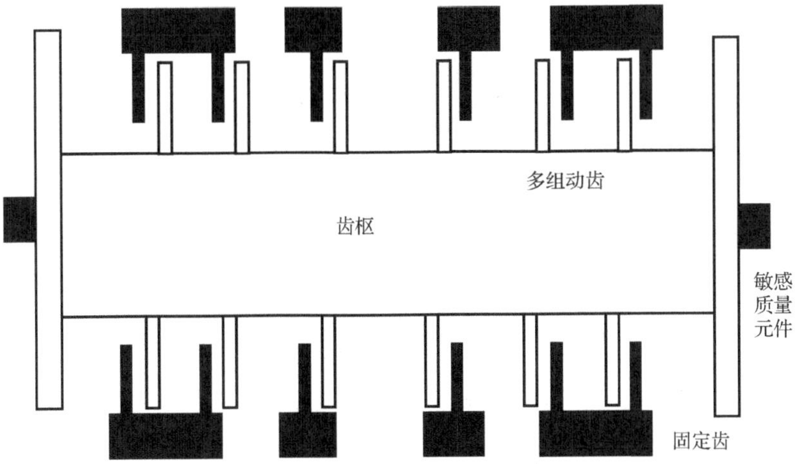

图 8-22　美国桑迪亚国家实验室设计的一种基于电容式 MEMS 高 g 值加速度芯片结构图

2. 引信安全系统的状态控制

用于引信安全系统保险或解除保险状态控制的微机电器件目前主要是各种微传感器，如微陀螺、微温度传感器、微压力传感器、微声传感器、微磁传感器等。微陀螺可确定导弹的顶点或降弧段飞行信息，并使用该信息作为远距离解除保险的信号。在这种情况下，由于无须精确测量倾角变化，对微陀螺精度和时间漂移的要求可以大大降低，有利于其研制和生产成本的降低。微温度传感器可测量导弹在飞行时与空气摩擦引起的引信头部局部范围温度变化信息。微压力传感器可测量导弹在飞行中引信头部所受的迎面空气压力，也可通过检测水的压力，确定鱼雷的入水深度。微磁传感器通过测量地球磁场的变化，确定导弹在飞行时的转速。上述各种微传感器测量的环境信息，都可以作为引信保险机构解除保险的信息。

采用微机电传感器可在不增大体积的情况下，极大丰富所探测环境信息，使引信保险状态转换可靠性更高。同时，微机电传感器的体积很小，适于制成传感器阵列，可获取的信息更多，通过智能信息处理，还可使获取信息的可靠性大大提高。

南京理工大学为适应武器弹药安全系统微小型化、高可靠性的发展要求，设计了一种基于硅双固态梁的 MEMS 安全保险机构[34]，如图 8-23 所示，其特点是不需要利用惯性力解除保险，该安保机构依靠烟火药剂燃烧分解产生的气体作为动力来完成解除保险功能。

3. 弹道修正引信

弹道修正引信是弹道修正技术与引信技术相结合的产物。弹道修正引信国外称为“低成本强力弹药”。其基本原理是在弹丸发射前根据探测到的炮位坐标、目标坐标等信息预先装定标称弹道信息，弹丸发射后利用微型惯性测量单元对弹丸的实际弹道进行测量，将此实际弹道与预先装定的标称弹道进行比较，结合更新的目标信息计算出弹道偏差，并根据偏差的大小控制引信上的修正机构进行距离、方向修正。它将传感技术、信息处理技术和控制技术等引入到传统武器系统中，其主要特征是在外弹道上，测量单元可以测量弹道偏差，并利用执行机构改变弹体的弹道参数，以减小弹道偏差量，提高射击精度。

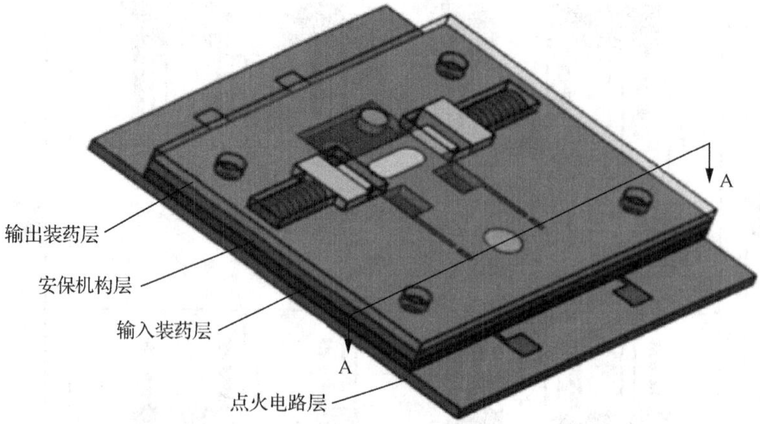

图 8-23 基于硅双固态梁的 MEMS 安全保险机构示意图

弹道修正引信可分为全球定位系统（global positioning system，GPS）定位引信、一维（射程）弹道修正引信、二维弹道修正引信等。GPS 定位引信由微型 GPS 接收机和无线电发射机组成，它可以获得落点坐标数据，并将其发送到发射分队指示火炮修正射击单元，改善随后发射炮弹的射击精度。一次 3 发弹连射就可以为后续发射提供足够的修正数据。一维修正引信是在 GPS 定位引信的基础上加上小型阻尼器，炮弹发射后，引信计算机借助 GPS 和引信中的微机电陀螺或微加速度计组合检测实际飞行弹道，计算弹道修正值，控制阻尼器工作，以修正炮弹的弹道和射程。二维弹道修正引信是在射程修正的基础上，在引信中引入惯性传感器、导航系统以及机械随动装置，利用鸭舵或小型火药推冲器进行射程和方向修正。对于惯性传感器，既可以使用微型惯性测量组合，也可以只使用加速度传感器，采用无陀螺惯性导航方法。装备二维弹道修正引信的弹药可以消除绝大部分距离和方向上的单元误差和散布误差。

如图 8-24 所示，由英国 BAE 系统公司研制的“银弹”弹道修正引信[35]，配装 M777 榴弹炮等 155mm 口径火炮发射，可取代 155mm 炮弹的引信，旋入炮弹头部，为其提供弹道修正能力。引信采用 GPS 技术和模块化设计，通过无线数据链进行编程，并具有触发、延期、时间和近炸等多种功能。引信前端采用了 MEMS 惯性测量组合装置和微机电驱动的两对鸭舵，其中一对的面积比另一对要大，以尽可能减小空气阻力。在出炮口 10s 后开始对炮弹的飞行弹道进行修正，圆概率误差小于 20m，可以有效对付时间敏感目标。射手只需粗略地瞄准就可实施射击，从而大量节省作战时间，快速完成任务。

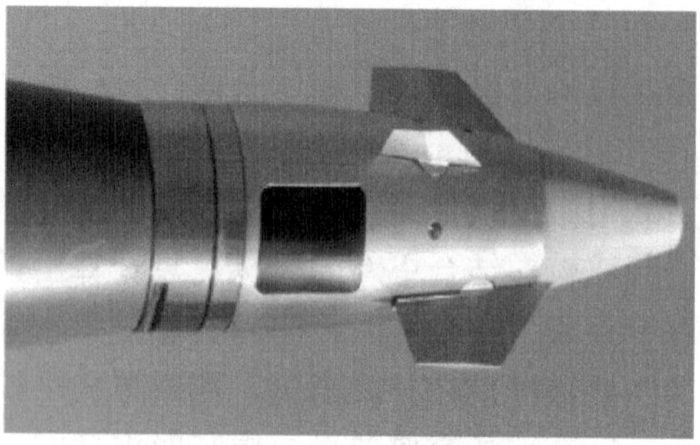

图 8-24 “银弹”弹道修正引信

8.2.3　微型机器人

微型机器人技术研究已成为国际上的一个热点，这方面的研究不仅有强大的市场推动，而且有众多研究机构的参与。以日本为代表的许多国家在这方面开展了大量研究，重点是发展进入工业狭窄空间微型机器人。

微型机器人多以自然界中运动迅捷高效的生物为原型，模仿昆虫及小型动物的外形及运动方式。微型机器人根据其运动形式的不同可以分为飞行机器人、爬行机器人和水下机器人。微型机器人以其体积小、质量轻、灵活度高、运动方式多样等优点在环境监测、器件探伤、军事等领域受到广泛关注。

1. 微型飞行机器人

微型飞行机器人是美国最先开始研究的一种未来新概念飞行器，通过在微尺寸的飞行器中集成各种微任务载荷，或者利用功能结构一体化等技术，使其具有比无人机更好的狭小地区隐秘侦察与监视功能。

“Robo Bee”是美国哈佛大学于 2007 年设计的一款重量仅为 60mg、翼展为 3cm 的微型扑翼飞行器[36]，其在驱动方面采用异于传统电机传动的压电模块作为飞行器的驱动源，在机械传动方面的设计区别于传统齿轮组与滑块相结合的传动模式，采用由聚合物和碳纤维制作的智能复合传动微结构，将压电模块的往复振动转换成机翼上下拍打运动，机械传递效率高达 90%。这种新型的传动模式下其翅膀的扑动频率可达 110Hz，扑动幅值可达 50°，并且在外接电源的情况下，可以实现引导起飞。此后，经过一系列的改进及创新，哈佛大学于 2013 年成功将新一代的“Robo Bee”添加了姿态控制传感器[37]，如图 8-25 所示，总重量增加到 80mg，同样采取外接电源的形式，可以实现束缚控制飞行。这一结果为类昆虫尺寸的微型扑翼飞行器在动力机构及传动机构的研发提供了指导方向，图 8-25 为“Robo Bee”两款微型扑翼样机。

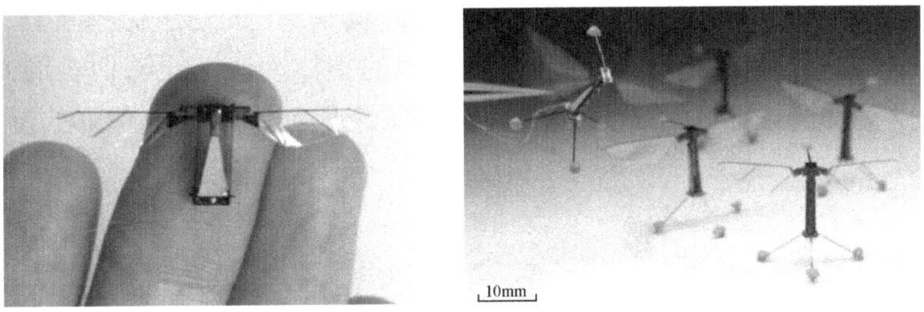

（a）2007年研制　　（b）2013年研制

图 8-25　“Robo Bee”微型扑翼样机

2. 微型爬行机器人

微型爬行机器人是最常见的移动机器人之一，多以蜘蛛、蟑螂、蛇等爬行动物为原型设计。微型爬行机器人越障能力强，且环境适应性也较强，能够在复杂崎岖的非规则地形中灵活运动。

美国加州大学伯克利分校的研究者提出了一种采用智能复合微结构加工工艺制作、由形状记忆合金驱动的六足爬行机器人[38]，如图 8-26 所示。该微型机器人长 80mm，宽 50mm，高 15mm，腿长 22mm，总质量为 6g。美国南加州大学的研究者制造出了一个 88mg 昆虫大小的自主爬行机器人 RoBeetle[39]，配备微型甲醇燃料电池，由 NiTi-Pt 基催化的人造肌肉提供运动的动力。

图 8-26　六足爬行机器人[39]

3. 微型水下机器人

微型水下机器人是以鱼类等水下生物为原型设计的，可在水中移动，具有视觉和感知系统，通过遥控或自主操作进行水下作业的机器人。按照推进方式可分为波浪式、侧鳍式及尾鳍式。

洛桑联邦理工学院的科研工作者开发出了一种“间谍鱼”的仿生微型机器人[40]，如图 8-27 所示，该机器人能够模仿鱼类的行为并表现出相似的集体动态，能够切实融入鱼类群体开展作业，科学家将仿生机器鱼潜藏在一组斑马鱼群中，近距离观察研究鱼群的反应及交流方式。

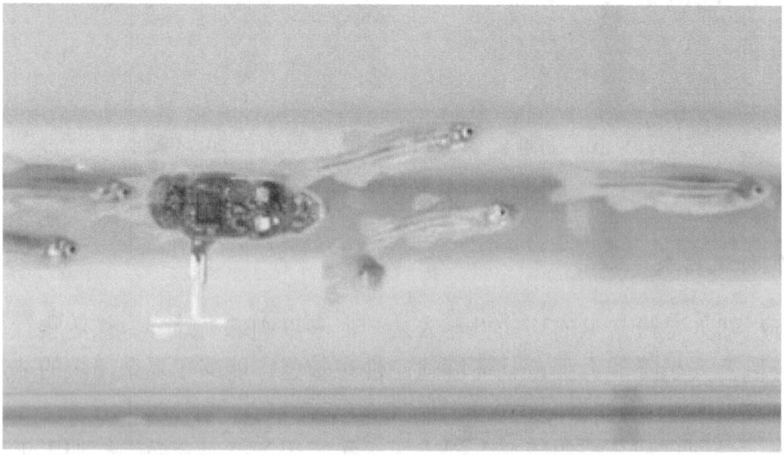

图 8-27　间谍鱼

8.2.4　其他军事应用

1. 有害化学试剂报警系统

在特定的 MEMS 产品上加一块计算机芯片构成袖珍质谱仪，可用于检测战场上的有害化学试剂。目前使用的质谱仪一般质量是 60～70kg，价格 1 万～2 万美元。而利用 MEMS 做成的有害化学试剂传感器系统只有一颗纽扣大小，这个系统可以最大限度地减少价格昂贵的生物媒介用量，需要时还可以配备合适的解毒剂等。同时这种 MEMS 产品便于大量生产，且在使用时具有探测迅速、坚固耐用、使用可靠并便于存放等优点。

由于声表面波（surface acoustic wave，SAW）传感器对外界环境，特别是空气组分及温度和压力具有很高的灵敏度，因此，可以制成各种具有广泛用途的高性能传感器。通过 MEMS 技术加工传感器芯片[41]，并以匀胶工艺将对化学毒剂敏感的金属酞菁有机半导体感应膜涂敷在芯片上，可以制造出化学试剂检测 SAW 传感器。气敏膜是 SAW 传感器的关键，被测气体与气敏膜的相互作用可以是较弱的物理吸附或是较强的化学吸附，有的甚至是更强的化学反应。理想的气敏膜与被测气体之间的相互作用应该是快速的、唯一的和可逆的。

2. 微型敌我识别新系统

现代战场上敌我界限模糊、双方交错活动，因此实时、精准、快速地进行敌我识别非常重要，可避免误伤发生。微型敌我识别单兵系统是一种使用简单、携带方便、能够发出红外光电信号的设备，配合机载红外热像仪使用，可使飞行员快速进行单兵目标的敌我属性识别，掌握战场主动权。

光电特征标识技术利用了标识物所特有的光电信息对其进行标定、识别、跟踪。基于 MEMS 红外光源的主动式红外光电特征标识技术可以准确地选择识别目标，不易被截获。美国 Ion Optics 公司旗下的 ICX Precision Photonics 技术团队研制出了系列小型红外光电信标和军用光电敌我识别装置[42]。图 8-28 为美国 Ion Optics 公司生产的基于 MEMS 红外光源的 MarkIR 系列全向红外脉冲信标，该信标装置可以在−40～50℃的环境下工作，能够通过红外热像仪等设备对 2km 范围内的目标进行有效探测[43]。

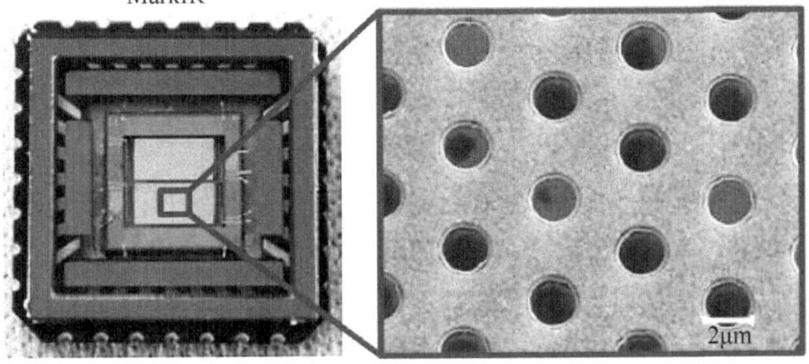

图 8-28　基于 MEMS 红外光源的全向信标（美国 Ion Optics）

3. 纳米武器

纳米技术使人类能够按照自己的意愿操纵单个原子和分子，以实现对介观世界的有效控制。纳米技术虽然目前应用研究尚不成熟，但由于其具有明显的军事潜力，因此极大地刺激着人们寻求纳米技术在军事上的应用。

纳米器件可以大大提高武器控制系统的信息传输、存储和处理能力，可以用于制造全新原理的智能化微型导航系统，因此使制导武器的隐蔽性、机动性和生存能力发生质的变化。虽然媒体已对“珍珠”卫星、“蚊子”导弹、“蚂蚁”士兵、“间谍”小草做了大量报道，但要制成真正实用的纳米武器还要克服许多困难。

8.3 MEMS 在远程通信中的应用

随着网络化时代的到来，人们对信息的需求与日俱增。从当前信息技术发展的潮流来看，建设高速大容量的宽带综合业务网络已成为现代信息技术发展的必然趋势。

近年来，密集波分复用（dense wavelength division multiplexing，DWDM）技术充分利用了光纤的带宽资源，使点到点的光纤大容量传输技术取得了突出进展。由于电子器件本身的物理极限，传统的电子设备在交换容量上难以再有质的提高，该瓶颈问题成为限制通信网络吞吐能力的主要因素。全光通信网是建立在 DWDM 技术基础上的高速宽带通信网，在干线上采用 DWDM 技术扩容，在交叉节点上采用光分插复用器、光交叉连接器来实现，并通过光纤接入技术实现光纤到家。

光分插复用器和光交叉连接器是全光网的核心技术，研制全光的交叉连接和分插复用设备，成为建设大容量通信干线网络十分迫切的任务。而光分插复用器和光交叉连接器的核心是光开关和光开关阵列。

全光系统中有两种光信号交换方法：传送交换法和反射交换法。在传送交换法中，信号通常被传送到一个特定的输出端；反射交换法则利用高反射率的表面微镜来改变光信号的方向。这两种交换方法都需要光开关来实现。

以水平驱动二维光开关为例解释光开关的工作原理。图 8-29 是光开关阵列的一个单元，具有单层体硅结构。采用正面释放深刻蚀、浅扩散工艺在硅上制作出光开关的基本结构，包括可动部分与固定部分。可动部分的悬臂梁侧壁用作反射镜，在自然状态对光有反射输出。在可动部分和固定部分之间有梳齿式的交叉电极，两电极间加上电压，在静电力的作用下，可动部分的悬臂梁在力的方向上将产生位移，悬臂梁的端部将不再对光有阻断作用，这时悬梁侧壁的反射输出为零，从而实现了光的开关。

全通信技术对光开关提出了更高的要求：①在技术指标上，要求器件具有更高的工作速度、低插入损耗和长工作寿命；②在体积上，由于单元器件的增多，要求更高的集成度；③在成本上，由于网络的扩大，所需器件的数量将大大增加，必须降低成本才能被用户接受。

采用传统的手段制造的光开关难以满足上述要求。利用 MEMS 技术制作的新型光开关，具有体积小、重量轻、能耗低等特点，可以与大规模集成电路制作工艺兼容，易于大批量生产、集成化，方便扩展，有利于降低成本。此外 MEMS 光开关与信号的格式、波长协议、调制方式、偏振作用、传输方向等均无关，同时在进行光处理过程中不需要进行光/电或电/光转换，特别是对于大规模光开关阵列。而光交叉连接器必须使用大规模光开关阵列，因此大规模 MEMS 光开关阵列几乎成为目前发展全光通信唯一可行的技术路线。

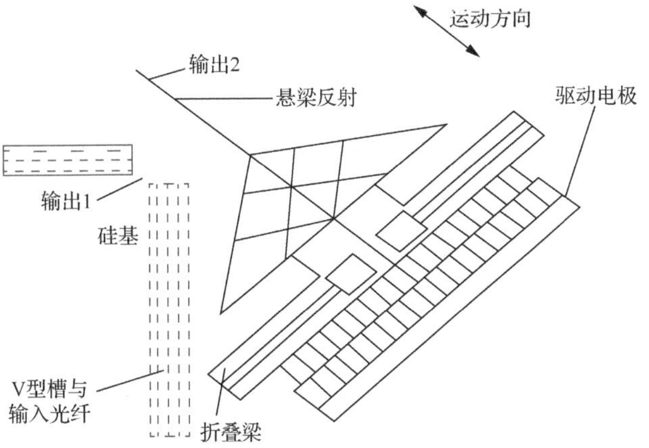

图 8-29　MEMS 光开关原理

Bell 实验室的“跷跷板”式光开关被称为世界上第一个有实用价值的 MEMS 光开关[44]；当时美国 OMM 公司的小阵列（4×4 和 8×8）光开关产品尚处于试用阶段，大于 32×32 阵列的光开关仍处于实验室水平。在此基础上，Lucent 公司于 2000 年 7 月 5 日推出了世界上第一个真正意义上的全光波长交换路由器，该产品在 2000 年 7 月底交付给 Global Crossing 公司，在其跨大西洋的网络上进行了测试，传输速率可达 10Tbit/s；2001 年底，该产品开始向日本电信提供服务，成功商用。

图 8-30 为瑞士纳沙泰尔大学研制的微型光纤开关示意图[45]，这是一个双通道的反射光开关。其工作原理是由一个静电驱动的梳状致动器控制反射镜的位置。在开关关闭时，反射镜伸出，光从光导纤维导入，经反射镜反射后，由垂直方向输出；在开关打开时，反射镜缩回，光线从光导纤维导入，无障碍地通过开关，直接输出。该开关利用硅的反应离子刻蚀制作。对于反射镜上的镀膜，当反射可见光时，镀铝；当反射红外光时，镀金。

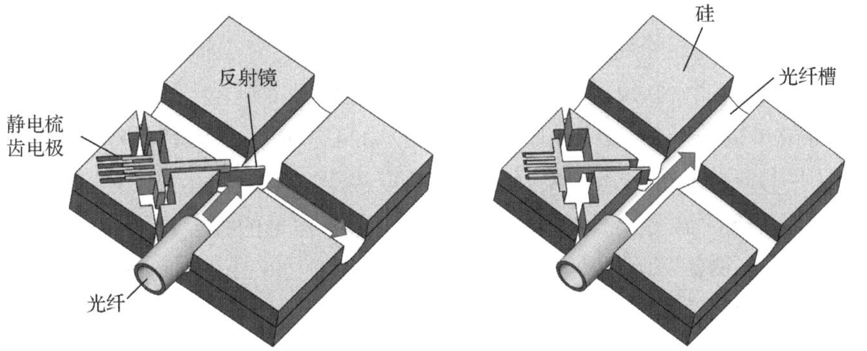

图 8-30　微型光纤开关示意图

按功能实现方法，可将 MEMS 光开关分为光路遮挡型、移动光纤对接型和微镜反射型。微镜反射型 MEMS 光开关方便集成和控制，易于组成光开关阵列，是 MEMS 光开关研究的重点，可分为一维 MEMS 光开关、二维 MEMS 光开关和三维 MEMS 光开关。

8.3.1 一维 MEMS 光开关

由于二维、三维 MEMS 光开关都是端口开关，完成对 DWDM 信号的波长交换必须先对输入光进行全部解复用，在交换完成后再对输出光进行波长复用，这就加大了端口管理的难度，并影响了器件的性能和可靠性。针对这种情况，研究人员提出了一维 MEMS 光开关的概念，即将光交换与 DWDM 解复用集成在一起[46]，如图 8-31 所示。在结构实现上采用透镜、分波元件和一维 MEMS 微镜的组合，输入光束在经过透镜的校准之后，由分波元件将波长分开，每个波长对应一个长方形微镜，并由此微镜将其导至所要输出的光纤，同时在此输出光纤内与其他导入波长一起完成复用并输出。一维 MEMS 光开关将光交换与 DWDM 的解复用和复用集成在一起，提高了器件的性能和可靠性，简化了端口管理，但制造工艺与控制方法复杂。

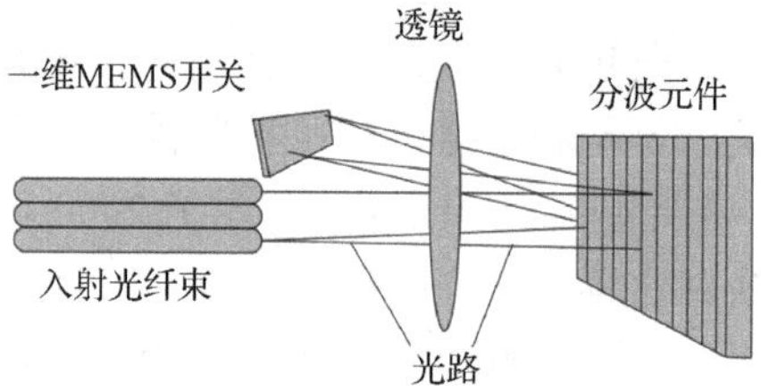

图 8-31　一维 MEMS 光开关

8.3.2 二维 MEMS 光开关

二维 MEMS 光开关的活动微镜和光纤位于同一平面上，对光信号进行重新导向，且活动微镜在任意给定时刻，只有“开”或“关”两种状态。对于二维器件，镜面翻转到一个设定位置（处于“开”状态）以便将光从一个固定的端口反射到另外一个端口，如果要切换到一个不同的端口，需要将这个镜面翻转至“关”状态，将另一个镜面翻转至“开”状态。如图 8-32 所示，对于 N 个端口，需要 $N\times N$ 个镜面，这使得实现 32 或 16 端口以上的器件变得复杂和不具备成本效益（如 32 端口的交换需要 1024 个镜面，而其中在任意给定时刻只有 32 个镜面被用到）。此外，光路长度乃至光损耗取决于被用到的端口，这使光学设计变得复杂化，在某些情况下，需要光信号调理功能来平衡所有信号的强度。

图 8-33 是 $N\times N$ 微镜阵列二维 MEMS 光开关[47]。光束在二维空间传输，每个微反射镜只有“开”（ON）和“关”（OFF）两种状态，光开关分别与输入光纤组和输出光纤组连接。当控制微反射镜(i, j)处于 ON 状态时由第 i 根光纤输入的光信号经反射后由第 j 根光纤输出，实现光路选择；当控制微反射镜$(i,\ 1), (i, 2), \cdots, (i,\ N)$处于 OFF 状态时，与输入光纤 i 相关的所有微反射镜全关，由第 i 根光纤输入的光信号直接由其对面的光纤输出。二维 MEMS 光开关可接受简单的数字信号控制，只需提供足够的驱动电压使微反射镜发生动作即可，简化了控制电路的设计。当二维 MEMS 光开关扩展成大型光开关阵列时，由于各端口间的传输距离不同，导致插入损耗不同，因此它只能用在端口较少的环路里。

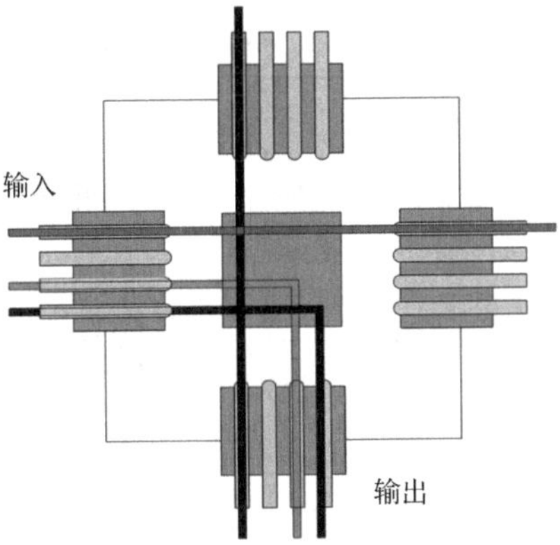

图 8-32　二维 MEMS 光开关

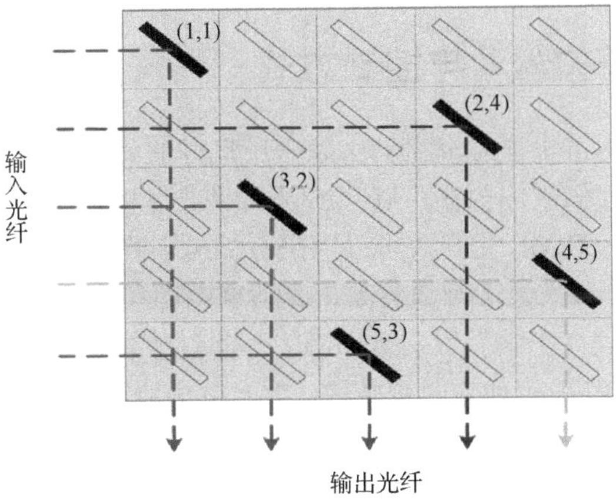

图 8-33　二维 MEMS 光开关阵列

8.3.3　三维 MEMS 光开关

与二维 MEMS 光开关相比，三维 MEMS 光开关的反射镜结构和控制电路的设计变得更为复杂。三维 MEMS 光开关结构使得由光程差所引起的插入损耗对光开关阵列的扩展影响不大，但对微反射镜位置控制要求较高，为了提高开关性能，通常采取闭环控制方式，利用角度传感检测和反馈微反射镜位置，以提高开关瞬态性能、增大控制角度、提高位置稳定性。

常规结构的三维 MEMS 大型多端口开关，其结构如图 8-34 所示[48]。其主要部件包括准直透镜阵列、输入输出光纤和 MEMS 反射镜阵列。底板 1 和底板 2 为输入输出光纤端面，其上安放着准直透镜阵列，实现对光束的准直，光纤输入、输出端口分别与准直透镜一一对应；底板 3 和底板 4 均安放 MEMS 反射镜阵列，两组可以绕轴改变倾斜角度的微反射镜安装在二维阵列中，每个输入和输出光纤都有对应的反射镜。在这种结构中，$N\times N$ 转换仅需要 $2N$ 个反射镜。通过将反射镜偏转至合适的角度，在三维空间反射光束，可将任意输入反射镜/光纤与任意输出反射镜/光纤交叉连接。

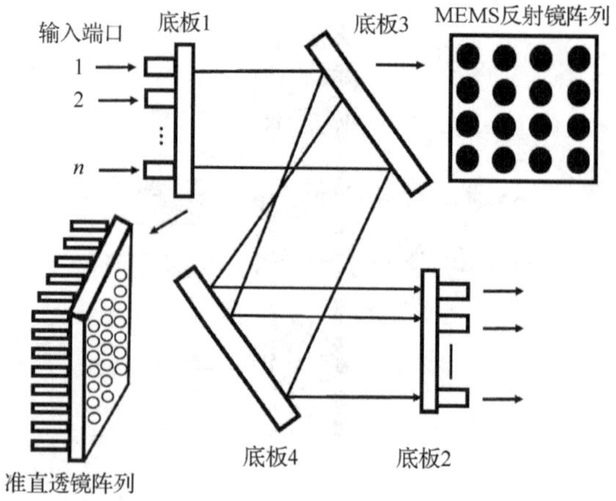

图 8-34　三维 MEMS 大型多端口开关结构

8.3.4　MEMS 光开关驱动与控制方式

为了充分利用 MEMS 光开关的优势，必须采用良好的闭环伺服控制来准确定位镜面，这正是难点所在，它在一定程度上限制了 MEMS 光开关技术的应用。

按能量供给方式分，MEMS 光开关可采用平行板电容静电驱动、梳状静电驱动、电致伸缩驱动、磁致伸缩驱动、形变记忆合金驱动、光功率驱动和热驱动等方式。不同的驱动方式对 MEMS 光开关的开关速度影响较大。形状记忆合金驱动或热驱动的光开关速度较慢，一般在毫秒量级，甚至更长。静电驱动方式则较快，并且静电驱动具有功耗低、易制造、可重复、易屏蔽等优点。当以微悬臂梁作为机械驱动部件时，在悬臂梁下加一个静电驱动电极，利用静电力，通过改变极板间电压（或在不同电极之间加相位差适当的脉冲），就可驱动悬臂梁，实现微反射镜的移动功能。

德国 Fraunhofer 研究所的 Jung 等[49]报道了一种二维静电驱动扫描镜，如图 8-35 所示，慢轴通过垂直梳齿驱动，快轴采用平面梳齿驱动，在 110V 直流电压驱动下，慢轴可以达到 ±7.5°的机械扫描角度，当镜面直径为 1.2mm 时，快轴谐振频率为 23.3kHz，快轴机械扫描角度为±9.5°。

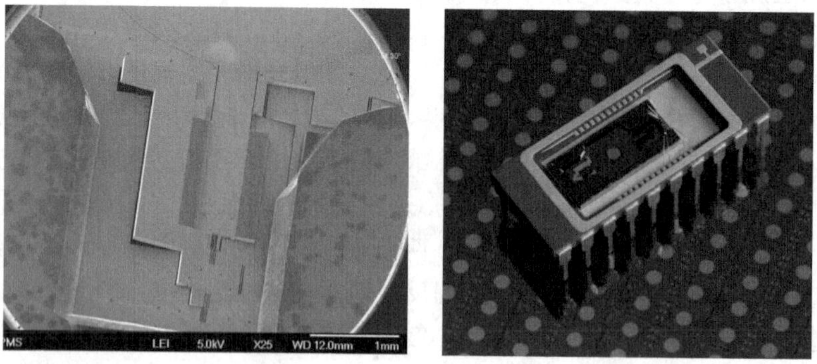

图 8-35　德国 Fraunhofer 研究所研制的二维静电驱动扫描镜[49]

MEMS 光开关根据路由信息的要求，通过控制光开关阵列中各微镜的升降、旋转或移动改变输入光的传播方向，实现光路的通断，控制原理如图 8-36 所示。个人计算机通过串口通信卡和串口通信线（如 RS232、RSA85、CAN 等）将控制信息发送至微处理器，微处理器接收控制信息后，通过驱动电路实现电平转换，控制 MEMS 光开关阵列的微反射镜动作，MEMS 光开关阵列将自身的状态反馈给微处理器，并通过串口通信线上传至个人计算机。

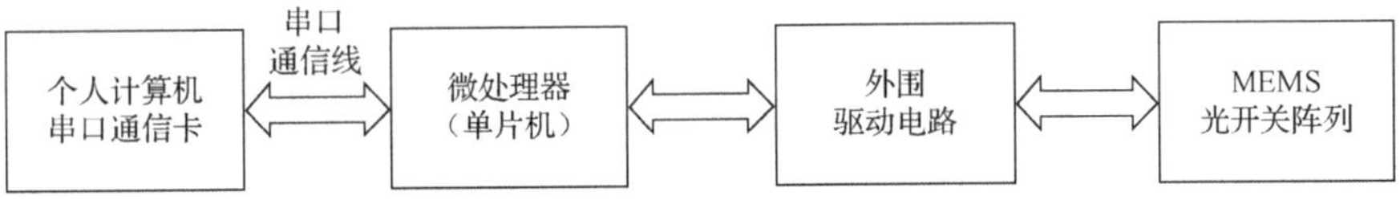

图 8-36　MEMS 光开关控制原理图

8.4　MEMS 在航空航天中的应用

航天领域对器件的功能密度要求很高，MEMS 的发展从一开始就受到航天部门的重视并得到应用。MEMS 技术在航空航天领域的应用优势主要有：①极小的质量和体积，有效降低发射负载；②低功耗，大部分器件处于电静态；③较小的热常数，可用较低功率来维持温度；④抗振动、抗冲击和抗辐射；⑤高度集成，在一个芯片上集成多种功能，简化了系统结构；⑥低成本，适合大批量生产。针对 MEMS 特点及航空航天技术的要求，本节主要介绍 MEMS 技术在航空航天领域的应用。

8.4.1　MEMS 在微纳卫星中的应用

国际上对卫星大小的划分一般是以整星质量为标准，总体分为 3 类：2000kg 以上的为大型卫星；1000～2000kg 的为中型卫星；1000kg 以下的为小型卫星。其中小型卫星再按质量又细分为：500～1000kg 的为小卫星；100～500kg 的为超小卫星；10～100kg 的为微卫星；1～10kg 的为纳卫星；1kg 以下的为皮卫星。而微纳卫星一般是微卫星与纳卫星的统称，即通常把整星质量在 1～100kg 范围的卫星称为微纳卫星。随着技术的发展，原来需要数十吨重的卫星来完成的任务，现在可以通过几颗、十几颗微纳卫星来共同实现，这已经成为未来航天应用的重要发展趋势之一。

相对于大型卫星来说，微纳卫星的优势主要体现在以下几个方面：①研制周期短，发射简洁快速，且发射成本低，能够满足局部战争和突发事件中战术性应用的快速响应要求，同时也满足新技术快速验证的需求。②系统应用灵活，整体可靠性高。将一颗大型卫星的任务分散由众多微纳卫星来一起完成，任务可灵活裁减与组合。大型卫星上任何一个部件失效将造成整星报废，但众多微纳卫星中任何一颗失效，仅造成整体性能下降，而且还可以通过地面快速补充发射来替代失效的微纳卫星。③通过数量优势来实现星座组网运行，可达到整个卫星系统对地重访周期的大幅度缩短。④在保证任务功能的前提下，可以大量使用商业货架产品与器件，从而大大降低了微纳卫星的研制成本。随着高新技术的发展和需求的推动，微纳卫星以其众多优势在科研、国防和商用等领域发挥着重要作用。

国外微纳卫星发展以美国最为活跃，美国陆军太空与导弹防御司令部针对“作战响应空间”概念，提出了包括“太空与导弹防御司令部-在轨纳卫星效用”（SMDC-ONE）、“纳眼”（Nano Eye）卫星和“鹰眼”（Kestrel Eye）卫星在内的多种微纳卫星。

SMDC-ONE 星座任务[50,51]共计划在低地球轨道部署 8 颗微纳卫星，用于快速响应超视距战场通信，如图 8-37 所示，主要任务目标是演示验证军用低成本卫星的快速设计和开发能力，以及微纳卫星的军用任务能力。SMDC-ONE 每颗卫星为 3U CubeSat 构型，质量为 4kg，载荷为超高频（ultra high frequency，UHF）及甚高频（very high frequency，VHF）波段接收机，两波段天线各 4 个，UHF 天线装在卫星的一端，VHF 天线装在另一端。SMDC-ONE 星座任务已开发了 8 颗卫星，还有一颗卫星根据快速响应办公室的项目进行了局部修改，称为作战响应空间（opera-tionally responsive space，ORS），是在 SMDC-ONE 基础上，增加了 Vulcan 软件定义无线电模块和 Raytheon Gryphon Type-1 加密机，可显著增强 CubeSat 执行任务的能力和安全性。

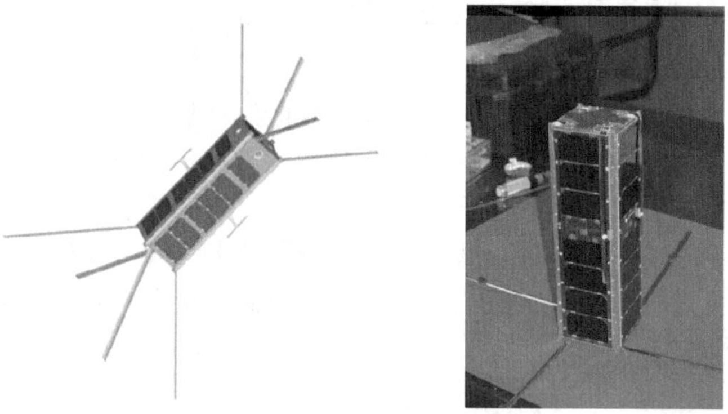

图 8-37　SMDC-ONE 卫星实物图与组成

Kestrel Eye 任务旨在演示战术级天基成像纳卫星，可通过大量组网为地面部队提供强大的持续侦查能力，如图 8-38 所示，任务内容为：卫星接收到地面战术单元（作战人员）发送的任务指令后，拍摄某指定的地面目标，并在同一个过顶时段内，将图像传回给该作战人员，全过程约 10min，相同区域的其他作战人员也可访问该数据。这样，战场数据便不再需要经过美国本土的地面数据中继或过滤，美军称其为战区直接任务部署。Kestrel Eye 每颗卫星重 18kg，尺寸为 10cm×10cm×30cm，搭载可见光成像载荷，可实现 1.5m 分辨率。单星造价 130 万美元。

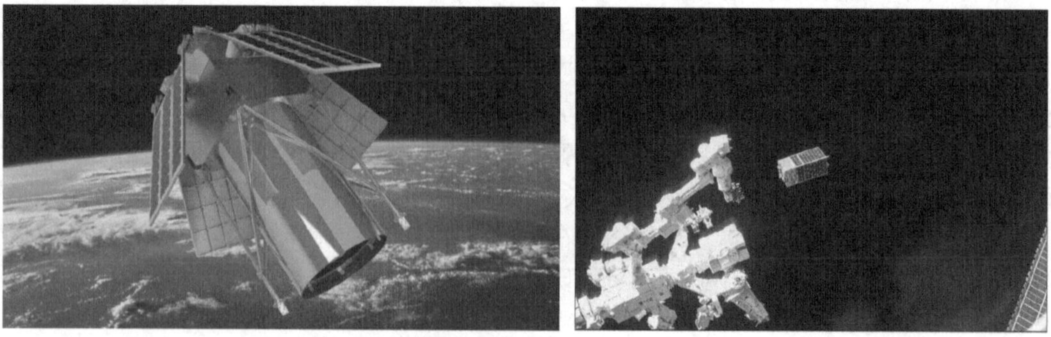

图 8-38　Kestrel Eye 卫星概念图与样机实物

国内关于微纳卫星的研究起步较晚，但经过多年的努力，也取得了长足的进步。国内进行小卫星研制的成果主要有：清华大学与英国萨瑞大学合作的“清华 1 号”（重 50kg），主要任务为环境和灾害监测、民用特种通信和科普教育；哈尔滨工业大学研制的“试验卫星一号”是国内第一颗传输型立体测绘小卫星（重 204kg），属于对地观测小卫星，其主要任务为光学遥感观测，有效载荷为 CCD 相机，姿态对地、对日定向；上海微小卫星工程中心的“创新一号”为一颗存储转发通信微型卫星，重 80kg，采用磁控与重力梯度杆组成的三轴稳定系统，其主要用来在交通运输、环境保护、防汛抗旱等数据信息传递中发挥重要作用；“北京一号”是一颗具有中高分辨率双遥感器的对地观测小卫星，重 166.4kg，轨道 686km，中分辨率遥感器为 32m 多光谱，幅宽 600km，高分辨率遥感器为 4m 全色，幅宽 24km，卫星具有侧摆功能，可通过任务编排，实现对热点地区的重点观测，该卫星具备较高的数据获取和实时存储、转发能力，遥感检测范围大、速度快、数据可靠，其中多光谱中分辨率传感器参加了国际灾害监测卫星网计划；台湾在小卫星的研制和应用领域也很活跃，成功发射了“环境与灾害监测预报小卫星”A、B 星[52]。

8.4.2　MEMS 惯性导航系统

惯性导航及控制系统最初主要为航空航天、地面及海上军事所应用，是现代国防系统的核心技术产品，被广泛应用于飞机、导弹、舰船、潜艇、坦克等国防领域。

惯性导航系统通常由惯性测量装置、计算机、显示器等组成。惯性测量装置由加速度计和陀螺仪两大核心惯性元器件组成。

惯性导航系统根据陀螺仪的不同，可分为机电（包含液浮、气浮、静电、挠性等种类）陀螺仪、光学（包含激光、光纤等种类）陀螺仪、MEMS 陀螺仪等类型。根据惯性导航系统的力学编排实现形式可以分为平台式惯性导航系统和捷联式惯性导航系统。

图 8-39 为平台式惯性导航系统结构原理图。平台式惯性导航系统是将陀螺仪和加速度计等惯性元件与运动载物台固联的惯性导航系统。其惯性测量装置（加速度计和陀螺仪）安装在机电导航平台上，以平台坐标系为基准，测量运载体运动参数。然后计算机根据测得的加速度信号计算出运载体的速度和位置数据。最后在控制显示器中显示各种导航参数。平台式惯性导航系统通过框架伺服系统隔离了载体的角运动，因此可以获得较高的系统精度。

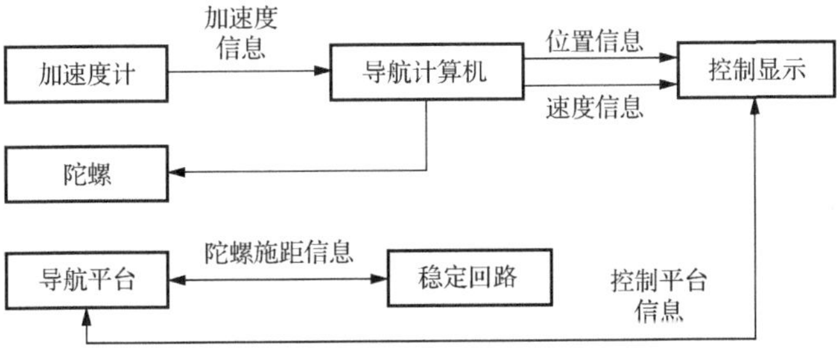

图 8-39　平台式惯性导航系统结构原理图

图 8-40 为捷联式惯性导航系统，其惯性测量装置（加速度计和陀螺仪）直接装在飞行器、舰艇、导弹等载体上，载体转动时，加速度计和陀螺仪的敏感轴也跟随转动。陀螺仪测量载体角运动，计算载体姿态角，从而确定加速度计敏感轴指向。再通过坐标变换，将加速度计输出的信号变换到导航坐标系上，进行导航计算。

由系统工作原理可知，性能先进的惯性器件是先进惯性导航系统的前提。越先进的惯性导航系统对于陀螺仪和加速度计的性能要求就较高。传统意义上的陀螺仪是安装在框架中绕回转体的对称轴高速旋转的物体。陀螺仪具有稳定性和进动性，利用这些特性制成了敏感角速度的速率陀螺和敏感角偏差的位置陀螺。陀螺仪的种类多样，目前发展前景较好的是MEMS陀螺仪，虽然精度略低，但低廉的价格使其具有广阔的应用前景。

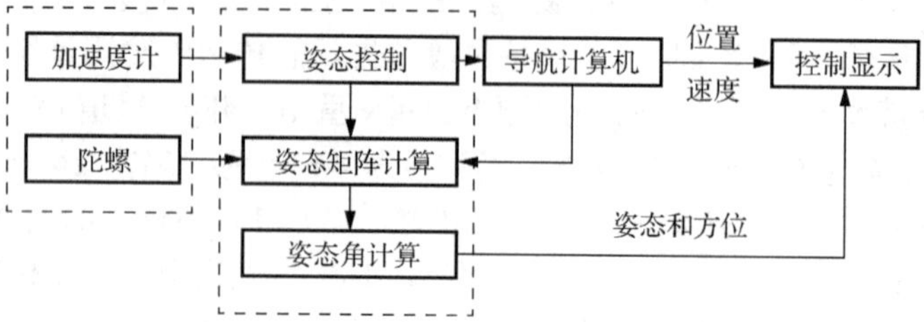

图 8-40　捷联式惯性导航系统结构原理图

美国的密歇根大学设计了一种基于振动环结构的微陀螺[53]，如图 8-41（a）所示，其拥有同样共振频率下的两种典型振动模态，避免了不必要的多轴耦合，偏移稳定性能达到 10°/s。德国的微系统与信息技术研究所基于解耦原理研究成功解耦角速度检测器[54]，如图 8-41（b）所示，这种微陀螺的偏移稳定性达到 65°/h。加州大学欧文分校设计了一个新颖的结构[55]，如图 8-41（c）所示，给质量块提供了两自由度的振动电容，并且把驱动和检测电极的自由度都限制在一个自由度，提高了系统的解耦程度。该设计提高了陀螺的鲁棒性，却牺牲了系统的灵敏度。土耳其的中东技术大学开发了一种具有相同驱动和检测机构的对称设计悬臂梁[56]，如图 8-41（d）所示，这种陀螺的偏移稳定性达到 7°/s。Invensense 公司生产的 IDG-600 是一个双轴的微振动陀螺仪，采用了新型的纳西里（Nasiri）封装技术，现在已经批量生产，用于运动姿势传感。

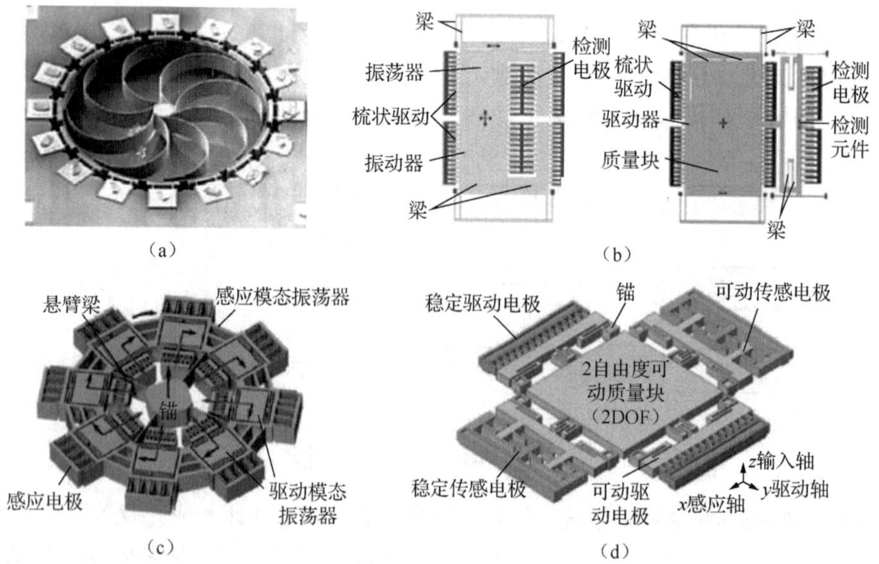

图 8-41　基于解耦原理的微振动式陀螺

惯导系统主要包含陀螺仪、加速度计，根据实际需求还可增加磁力计、气压计等 MEMS 器件。西方国家尤其是美国在 MEMS 惯性器件以及微型导航系统技术方面处于世界领先的位置。美国国防部高级研究计划局以及其他政府部门在 MEMS 的军事和商业应用方面进行战略性投入，每年的资金都在 1 亿美元以上，并且逐年增加。在 MEMS 惯性导航系统技术方面累计投入的资金也超过了 1 亿美元，研究低成本、战术级导航系统。这些都显示出美国对 MEMS 技术和基于 MEMS 的导航技术的重视。惯性技术领域的著名研究机构，如 Draper 实验室、喷气推进实验室、Litton、Honeywell、BEI 公司以及一些著名大学、研究中心等都在 MEMS 惯性器件、MEMS-IMU 和低成本战术级的微型惯性与组合导航技术等方面开展了大量研究，成效卓著，系统正在走向中精度、组合导航。

Draper 实验室在 MEMS 惯性技术领域进行了大量的研究工作[57]，并且取得了丰硕的成果，在过去的几年中，推动着 MEMS 惯性技术以及 MEMS INS/GPS 组合导航系统的发展和应用。在惯性测量单元（inertial measurement unit，IMU）和惯性导航系统（inertial navigation system，INS）传感器的选用方面，Draper 实验室采用性能不断改进的音叉式振动陀螺（tuning fork gyroscope，TFG）系列梳状线振动 MEMS 陀螺、平面陀螺和摆式 MEMS 加速度计以及平面加速度计。TFG 和摆式加速度计的敏感轴方向分别垂直于和平行于器件的封装平面，因此，在进行模块集成时，器件必须垂直于电路板安装，这对于系统体积的缩小有一定的影响。

惯性器件的模块集成所采用的技术不断改进，在超远程制导弹药（extended range guided munition，ERGM）阶段，采用的是标准的 PCB 技术，即器件直接安装在常规的印刷线路板上。在抗高过载弹药先进技术演示验证项目中，器件的集成采用了叠层型多芯片组件（multi-chip module-laminate，MCM-L）技术，即叠层型多芯片组件技术，惯性器件附着在多层层压的电路板上。在微机电惯性测量单元项目中，采用了低温共烧陶瓷技术，即低温烧结陶瓷技术（或低温共烧陶瓷技术），这是一种陶瓷多层基板技术，易于实现更多布线层数，组装密度高，具有良好的高频特性和高速传输特性，对惯性器件的集成来说，其显著特点是热膨胀系数小，减小了温度对系统的影响。

总而言之，MEMS 惯性导航系统是以低成本的通用 MEMS 器件为基础，根据应用、误差修正、误差补偿的需要结合使用各类传感器，充分利用每种传感器的特长，通过载体运动模式学习、滤波算法设计、硬件和结构设计等，达到高精度自主定位的目标。不依赖于导航卫星、无线基站、电子标签等任何辅助设备或先验数据库，仅通过载体自身配置的小型微型惯性传感器，可完成任何场景下人员、车辆、机器人等的准确定位。

复习思考题

8-1 查阅资料，了解功能材料在 MEMS 中的应用及发展。

8-2 查阅资料，了解 NEMS 的定义、特点、发展以及应用。

参考文献

[1] Iddan G, Meron G, Glukhovsky A, et al. Wireless capsule endoscopy[J]. Nature, 2000, 405(6785): 417.

[2] Cortes C, Vapnik V. Support-vector networks[J]. Machine Learning, 1995, 20(3): 273-297.
[3] Dudani S A. The distance-weighted k-nearest-neighbor rule[J]. IEEE Transactions on Systems, Man, and Cybernetics, 1976, SMC-6(4): 325-327.
[4] Kumar R, Zhao Q, Seshamani S, et al. Assessment of crohn's disease lesions in wireless capsule endoscopy images[J]. IEEE Transactions on Biomedical Engineering, 2012, 59(2): 355-362.
[5] Maghsoudi O, Talebpour A, Soltanian-Zadeh H, et al. Informative and uninformative regions detection in WCE frames[J]. Journal of Advanced Computing, 2014, 3: 12-34.
[6] Xi W, Solovev A A, Ananth A N, et al. Rolled-up magnetic microdrillers: towards remotely controlled minimally invasive surgery[J]. Nanoscale, 2013, 5: 1294-1297.
[7] Srivastava S K, Medina-Sánchez M, Koch B, et al. Medibots: dual-action biogenic microdaggers for single-cell surgery and drug release[J]. Advanced Materials, 2016, 28: 832-837.
[8] Lee S K, Lee S M, Kim S W, et al. Fabrication and characterization of a magnetic drilling actuator for navigation in a three-dimensional phantom vascular network[J]. Scientific Reports, 2018, 8(1): 3691.
[9] Hugemann B, Main F A, Schuster O, et al. Device for the release of substances at defined locations in the alimentary tract: US 4425117-A[P]. 1981-01-10.
[10] Lambert A, Vaxman F, Crenner F, et al. Autonomous telemetric capsule to explore the small bowel[J]. Medical & Biological Engineering & Computing, 1991, 29: 191-196.
[11] 陈扬枝, 魏劲松, 肖剑. 利用超声触发控制的化学反应气压式肠胃道药物释放装置: CN101301508B[P]. 2010-06-02.
[12] 陈扬枝, 魏劲松, 肖剑. 一种超声触发控制方法及装置: CN100589875C[P]. 2010-02-17.
[13] 皮喜田, 彭承琳, 郑小林, 等. 一种消化道定点药物释放工程药丸系统的研制[J]. 中国医疗器械杂志, 2004, 28(5): 319-321.
[14] Liu P, Seo T S, Beyor N, et al. Integrated portable polymerase chain reaction-capillary electrophoresis microsystem for rapid forensic short tandem repeat typing[J]. Analytical Chemistry, 2007, 79(5): 1881-1889.
[15] Mao Q L, Pawliszyn J. Demonstration of isoelectric focusing on an etched quartz chip with UV absorption imaging detection[J]. Analyst, 1999, 124(5): 637-641.
[16] Wang C, Oleschuk R, Ouchen F, et al. Integration of immobilized trypsin bead beds for protein digestion within a microfluidic chip incorporating capillary electrophoresis separations and an electrospray mass spectrometry interface[J]. Rapid Communications in Mass Spectrometry, 2000, 14(15): 1377-1383.
[17] Kakuta M, Jayawickrama D A, Wolters A M, et al. Micromixer-based time-resolved NMR: applications to ubiquitin protein conformation[J]. Analytical Chemistry, 2003, 75(4): 956-960.
[18] Li Y, Zuo S H, Ding L Q, et al. Sensitive immunoassay of cardiac troponin I using an optimized microelectrode array in a novel integrated microfluidic electrochemical device[J]. Analytical and Bioanalytical Chemistry, 2020, 412(30): 8325-8338.
[19] Huang C J, Chen Y H, Wang C H, et al. Integrated microfluidic systems for automatic glucose sensing and insulin injection[J]. Sensors and Actuators B: Chemical, 2007, 122(2): 461-468.
[20] Chen Q S, Wu J, Zhang Y D, et al. Qualitative and quantitative analysis of tumor cell metabolism via stable isotope labeling assisted microfluidic chip electrospray ionization mass spectrometry[J]. Analytical Chemistry, 2012, 84(3): 1695-1701.
[21] Abboud G, Kaplowitz N. Drug-induced liver injury[J]. Drug Safety, 2007, 30(4): 277-294.
[22] Arundel C, Lewis J H. Drug-induced liver disease in 2006[J]. Current Opinion in Gastroenterolog, 2007, 23(3): 244-254.
[23] 林炳承, 马波, 张国豪, 等. 一种基于分子和细胞水平研究药物代谢的方法: CN200710012625[P]. 2012-01-25.
[24] 徐创业, 蔺嫦燕, 刘修健, 等. "同心 Demo4"心室辅助装置动物存活实验研究[J]. 中国循环杂志, 2013(z1): 54.
[25] 李海洋, 吴广辉, 陈琛, 等. 心室辅助装置部分辅助对羊心脏血流动力学的影响[J]. 中国体外循环杂志, 2013, 11(2): 103-106.
[26] 吴广辉, 蔺嫦燕, 陈琛, 等. 绵羊植入左心室辅助装置在体实验手术管理[J]. 首都医科大学学报, 2015, 36(2): 291-298.
[27] Gantz B J, Turner C. Expanding cochlear implant technology: combined electrical and acoustical speech processing[J]. Cochlear Implants International, 2004, 5(S1): 8-14.
[28] Schurzig D, Labadie R F, Hussong A, et al. Design of a tool integrating force sensing with automated insertion in cochlear implantation[J]. Mechatronics, IEEE/ASME Transactions on Mechatronics, 2012, 17(2): 381-389.
[29] Rauschecker J P, Shannon R V. Sending sound to the brain[J]. Science, 2002, 295: 1025-1029.
[30] Yuksel M B, Koyuncuoglu A, Kulah H. Thin-film PZT-based multi-channel acoustic MEMS transducer for cochlear implant applications[J]. IEEE Sensors Journal, 2022, 22(4): 3052-3060.
[31] Michael K L C, Chen J, Gordijo C R, et al. In vitro and in vivo testing of glucose-responsive insulin-delivery microdevices in diabetic rats[J]. Lab on a Chip, 2012, 12(14): 2533-2539.

[32] 吴美平, 唐康华, 任彦超, 等. 基于 SiP 的低成本微小型 GNC 系统技术[J]. 导航定位与授时, 2021, 8(6): 19-27.
[33] Andrew R A, Okojie R S, Kornegay K T, et al. Simulation, fabrication and testing of bulk micromachined 6H-SiC high-g piezoresistive accelerometers[J]. Sensors and Actuators A: Physical, 2003, 104(1): 11-18.
[34] 侯刚, 朱朋, 李钰, 等. 基于硅双固态梁 PyroMEMS 安保机构的设计、制备及作动性能[J]. 含能材料, 2018, 26(3): 267-272.
[35] 赵玉清, 李建强, 刘言, 等. 弹道修正引信发展综述[J]. 探测与控制学报, 2016(38): 1-5+21.
[36] Wood R J. The first takeoff of a biologically inspired at-scale robotic insect[J]. IEEE Transactions on Robotics, 2008, 24(2): 341-347.
[37] Ma K Y, Chirarattananon P, Fuller S B, et al. Controlled flight of a biologically inspired, insect-scale robot[J]. Science, 2013, 340(6132): 603-607.
[38] Hoover A M, Fearing R S. Fast scale prototyping for folded millirobots[C]. 2008 IEEE International Conference on Robotics and Automation, Pasadena, CA, USA, 2008: 886-892.
[39] Yang X F, Chang L L,Pérez-Arancibia N O. An 88-milligram insect-scale autonomous crawling robot driven by a catalytic artificial muscle[J]. Science Robotics Engineering, 2020, 5(45): eaba0015.
[40] Raj A, Thakur A. Fish-inspired robots: design, sensing, a ctuation, and autonomy: a review of research[J]. Bioinspir Biomim, 2016, 11(3): 031001.
[41] 施云波, 张洪泉, 董新平, 等. 基于 MEMS 工艺的声表面波化学毒剂传感器[J]. 传感器技术, 2005, 9: 43-45.
[42] Martin P, Irina P, Edward J, et al. High-visibility, infrared beacons for IFF and combat ID[J]. Proceedings of SPIE, 2005, 5780: 18-25.
[43] Li Y, Xiao G. A new FOD recognition algorithm based on multi-source information fusion and experiment analysis[C]. International Symposium on Photoelectronic Detection and Imaging, 2011 Advances in Infrared Imaging and Applications, 2011.
[44] 梁春广, 徐永青, 杨拥军. MEMS 光开关[J]. 半导体学报, 2001, 22(12): 1551-1556.
[45] Marxe C, de Rooij N F. Micro-opto-mechanical 2×2 switch for single-mode fibers based on plasma-etched silicon mirror and electrostatic actuation[J]. Journal of Lightwave Technology, 1999, 17(1): 2-6.
[46] Mechels S, Muller L, Morley G D, et al. 1D MEMS-based wavelength switching subsystem [J]. IEEE Communications Magazine, 2003, 41(3): 88-94.
[47] 刘梅刚, 万江文. 全光网络中的 MEMS 光开关研究新进展[J]. 微纳电子技术, 2004, 41(5): 19-23.
[48] 武剑锋, 陈鹤鸣. 基于三维微光机电系统光开关的研究[J]. 山西电子技术, 2007(4): 95-96.
[49] Jung D, Sandner T, Kallweit D, et al. Vertical comb drive microscanners for beam steering, linear scanning, and laser projection applications[C]. MOEMS and Miniaturized Systems XI. International Society for Optics and Photonics, 2012.
[50] Janson S W, Welle R P. The NASA optical communication and sensor demonstration program: an update[C]. Proceedings of the AIAA/USU Conference on Small Satellites, North Logan, UT, US, 2014.
[51] George S, Paul L T, Lyle A. SENSE: the USAF SMC/ XR nano satellite program for space environmental monitoring[C]. Proceedings of the 27th AIAA/ USU Conference, Small Satellite Constella-tions, Logan, Utah, USA, 2013: 10-15.
[52] 张更新. 现代小卫星及其应用[M]. 北京: 人民邮电出版社, 2009.
[53] Ayazi F, Najafi K. A HARPSS polysilicon vibrating ring gyroscope[J]. Journal of Microelectromechanical Systems, 2001, 10(2): 169-179.
[54] Geiger W, Butt W U, Gaißer A, et al. Decoupled microgyros and the design principle DAVED[J]. Sensors and Actuators A: Physical, 2002, 95(2): 239-249.
[55] Cenk A, Shkel A M. Structurally decoupled micromachined gyroscopes with post-release capacitance enhancement[J]. Journal of Micromechanics and Microengineering, 2005, 15(5): 1092-1101.
[56] Alper S E, Silay K M, Akin T. A low-cost rate-grade nickel microgyroscope[J]. Sensors and Actuators A: Physical, 2006, 132(1): 171-181.
[57] Anderson R S, Hanson D S, Kourepenis A S. Evolution of low-cost MEMS inertial system technologies[A]. ION GPS 2001, Salt Lake City, Utah, USA, 2001: 1332-1342.